Avionik und Flugsicherungstechnik

Holger Flühr

Avionik und Flugsicherungstechnik

Einführung in Kommunikationstechnik, Navigation, Surveillance

3., Auflage

Springer Vieweg

Holger Flühr
Graz, Österreich

ISBN 978-3-662-64822-3 ISBN 978-3-662-64823-0 (eBook)
https://doi.org/10.1007/978-3-662-64823-0

Die Deutsche Nationalbibliothek verzeichnet diese Publikation in der Deutschen Nationalbibliografie; detaillierte bibliografische Daten sind im Internet über http://dnb.d-nb.de abrufbar.

Springer Vieweg

Lektorat/Planung: Michael Kottusch
Springer Vieweg ist ein Imprint der eingetragenen Gesellschaft Springer-Verlag GmbH, DE und ist ein Teil von Springer Nature.
Die Anschrift der Gesellschaft ist: Heidelberger Platz 3, 14197 Berlin, Germany

Für meine Lieben

Vorwort

Die Idee zur vorliegenden Arbeit entstand 2007 aus der Beobachtung heraus, dass im Bereich der nachrichtentechnischen Anwendungen in der Luftfahrt nur sehr eingeschränkt einführende und überblicksartige Literatur über das gesamte Fachgebiet zur Verfügung steht. Viele Werke behandeln lediglich ausgewählte Aspekte der Elektronik im Luftfahrzeug und der zur Flugsicherung verwendeten Technologien oder stellen diese nicht im größeren Zusammenhang des „System Luftfahrt" dar. Um diese Lücke zwischen den in einem nachrichtentechnischen Studium vermittelten technisch-wissenschaftlichen Grundlagen einerseits und der konkreten Anwendung in der Luftfahrtbranche andererseits zu füllen, führt der vorliegende Text – nach den 2010 und 2012 erschienenen Ausgaben – in der nunmehr dritten Auflage in die Avionik und Flugsicherungstechnik ein und möchte eine möglichst umfassende, aber trotzdem kompakte Darstellung des Fachgebiets bieten. Die erfreulich positive Aufnahme des Buches am Markt und seine Verwendung in der hochschulischen Lehre an einer mittlerweile großen Zahl von Hochschulen und Lehrveranstaltungen bestätigen den Bedarf an einem deutschsprachigen Werk zu diesem Thema. Das Buch richtet sich aber nicht nur an Studierende der Fachrichtungen Elektrotechnik, Nachrichtentechnik und Luftfahrzeugtechnik an Fachhochschulen und Universitäten, sondern auch an Ingenieurinnen und Ingenieure in Forschung, Entwicklung, Fertigung, in der Wartung, im Flugbetrieb, bei Flugsicherungsbetreibern und bei Behörden, die sich in den Bereich der Avionik und Flugsicherungstechnik einarbeiten möchten oder hierfür ein Nachschlagewerk suchen.

Auch die dritte Auflage hat weiterhin den Anspruch, die historisch getrennt gewachsenen Bereiche der Avionik und Flugsicherungstechnik zusammenzuführen. Dies ist aufgrund der momentan laufenden Transformation des europäischen Luftraums hin zum „Single European Sky", aufgrund der immer stärker ausgeprägten Vernetzung und Digitalisierung der luft- und bodenseitigen Systeme und Einrichtungen und bedingt durch den Trend hin zum IP-basierten Luftfahrt-Gesamtsystem aktueller denn je. Daher werden zunächst das Umfeld und die aktuell gegebenen Rahmenbedingungen und Entwicklungen des Themengebiets überblicksartig betrachtet. In einem zweiten Schritt werden die Systeme der Kommunikationstechnik, der Navigation und der Surveillance als zentraler und in beide Teilaspekte hineinreichender Themenbereich präsentiert. Letztlich werden ergänzend dazu wichtige Systeme und typische Architekturen der Flugzeugelektronik beschrieben.

In der dritten Ausgabe wurde die bisherige Strukturierung gestrafft und in einzelnen Kapiteln versucht, noch stärker einen roten Faden durch das Gesamtgebiet der Luftfahrt zu legen. Wiederum wurden neue Literaturstellen als Ausgangspunkt für eine weiterführende Beschäftigung mit den Themen ergänzt. Die verwendete Literatur und vertiefende Werke sind wie bsiher am Ende eines jeden Kapitels für die weiterführende Arbeit an speziellen Fragestellungen zusammengestellt. Das Buch ist jetzt durchgehend in Farbe illustriert, hierdurch sollen komplexe Zusammenhänge noch anschaulicher dargestellt werden. Die bisher im Buch enthaltenen Wissens- und Wiederholungsfragen sind zusammen mit reinen Grundlagen der Elektro- und Nachrichtentechnik in einem ergänzenden Anhang zusammengefasst. Dieses ist auf SpringerLink[1] zum Download verfügbar.

Die Luftfahrt und damit auch die Avionik und Flugsicherungstechnik sind sehr stark von der Verwendung englischsprachiger Abkürzungen geprägt. Daher ist dem Buch ein Abkürzungsverzeichnis hintangestellt, welches als Nachschlagewerk bei der Lektüre dienen soll. Im Text wurde trotzdem jede Abkürzung bei der erstmaligen Verwendung aufgelöst. Aus Gründen der Lesbarkeit sind in weiterer Folge abwechselnd die Abkürzung und/oder die ausführliche Schreibweise verwendet. Englischsprachige Begriffe sind im Text nahezu durchgängig in Großschreibung und damit im Sinne eines Eigenwortes angegeben. Der Index am Ende des Buchs dient dem schnellen Auffinden von Informationen. Internet-Zitate sind in verkürzter Form ohne vorangestelltes „http://" angegeben. Ebenso wurde hier auf die Angabe eines Datums verzichtet, welches auf die letzte Überprüfung eines Links hinweist.

Mein Dank gilt meinem Arbeitgeber, der FH JOANNEUM in Graz mit dem Institut Luftfahrt/Aviation. Durch das im Rahmen meiner FH-Professur aus Lehre sowie angewandter Forschung und Entwicklung vorhandene Umfeld wurde die Entstehung und Weiterentwicklung dieses Buches erst möglich. Ebenso danken möchte ich allen Kolleginnen und Kollegen, die durch Rückmeldungen zum Werk, durch Fragen und im Rahmen von Fachgesprächen zu einzelnen behandelten Themen und durch Hinweise auf Tippfehler zur kontinuierlichen Verbesserung beigetragen haben. Weiter möchte ich allen Personen und Organisationen danken, die freundlicherweise Bild- und Informationsmaterial zur Illustration des Buchs bereitgestellt haben. Ein besonderer Dank geht an den Springer-Verlag und insbesondere an Herrn Michael Kottusch für die – wie auch schon bei den früheren Auflagen – sehr angenehme und konstruktive Zusammenarbeit und Unterstützung, beginnend bei der Vorbereitung der Neuauflage bis hin zur wiederum professionellen und reibungslosen Herstellung des Buchs.

Graz, Österreich
November 2021

Holger Flühr

[1] link.springer.com/search?query=avionik+und+flugsicherungstechnik.

Inhaltsverzeichnis

1 Einleitung ... 1

2 Grundlagen der Flugsicherung ... 5
2.1 Relevante Behörden und Organisationen ... 5
2.1.1 Internationale Zivilluftfahrtorganisation (ICAO) ... 6
2.1.2 Europäische Union (EU) ... 6
2.1.3 Europäische Zivilluftfahrt-Konferenz (ECAC) ... 6
2.1.4 Europäische Agentur für Flugsicherheit (EASA) ... 7
2.1.5 EUROCONTROL ... 8
2.1.6 Nationale Behörden und Organisationen ... 8
2.2 Organisation der Luftfahrt und des Luftraums ... 9
2.2.1 Luftfahrtgesetzgebung ... 9
2.2.2 Strukturierung des Luftraums ... 11
2.2.3 Klassifizierung des Luftraums ... 13
2.2.4 Integration unbemannter Flugsysteme in den Luftraum ... 14
2.3 Flugsicherung und Flugsicherungsdienste ... 16

3 Anforderungen an die Fluggeräteelektronik ... 21
3.1 Zulassung und EASA-Regelwerk ... 21
3.1.1 Bauvorschriften ... 22
3.1.2 Zulassungsprozess ... 25
3.1.3 Herstellung und Instandhaltung ... 27
3.2 Ebenen der Standardisierung ... 28
3.3 Standardisierung der Fluggeräteelektronik ... 29
3.3.1 Anforderungen an die Hardware und Software ... 30
3.3.2 Anforderungen aus den Umgebungsbedingungen ... 32
3.3.3 Standardisierung am Beispiel von Avionik-Gehäusebauformen ... 32

3.4 Zuverlässigkeit von Avionik ... 34
3.4.1 Sicherheitsbewertung und Risiko-Klassifizierung ... 34
3.4.2 Fehlerrate eines Bauelements ... 36
3.4.3 Bestimmung der Fehlerrate und der MTBF ... 38
3.4.4 Parts-Stress-Methode ... 40
3.4.5 Ausfallwahrscheinlichkeit eines Systems ... 41
3.4.6 Systemverfügbarkeit ... 44
3.5 Bordautonome Energieerzeugung und -verteilung ... 46
3.5.1 Generatorantrieb ... 48
3.5.2 Wechselspannungsquellen ... 50
3.5.3 Gleichspannungsquellen ... 51
3.5.4 Externe Energieversorgung ... 53
3.5.5 Energieverteilung ... 54
3.5.6 Typische Bordnetzarchitekturen ... 57

4 Flugsicherungstechnik und Fluggeräteelektronik im Gesamtkontext des Luftfahrzeugs ... 63
4.1 Boden-Luft-Schnittstelle als Bindeglied ... 63
4.2 Modernisierung des Air Traffic Managements ... 68
4.2.1 Future Air Navigation System (FANS) ... 69
4.2.2 Future Communications Infrastructure (FCI) ... 72
4.3 Mathematische Beschreibung der Boden-Luft-Schnittstelle ... 72
4.3.1 Antennen ... 72
4.3.2 Wellenausbreitung ... 76
4.3.3 Signaldämpfung ... 80

5 Kommunikationstechnik ... 85
5.1 Sprachkommunikation ... 85
5.1.1 UKW-Sprechfunk ... 86
5.1.2 KW-Sprechfunk ... 94
5.2 Datenkommunikation ... 99
5.2.1 Aircraft Communications and Reporting System (ACARS) ... 99
5.2.2 HF Data Link (HFDL) ... 100
5.2.3 VHF Data Link (VDL) ... 103
5.2.4 Mode S Data Link ... 114
5.2.5 Satellitenkommunikation (SATCOM) ... 116
5.2.6 L-Band Digital Aeronautical Communications System (LDACS) ... 117
5.2.7 Aeronautical Mobile Airport Communication System (AeroMACS) ... 118
5.2.8 Universal Access Transceiver (UAT) ... 119

6 Radionavigation ... 121
6.1 Grundlagen zur Radionavigation ... 121
6.1.1 Verwendete Koordinatensysteme und Modell der Erde ... 122
6.1.2 Umrechnungen zwischen den Koordinatensystemen ... 124
6.1.3 Darstellung der Lageinformation ... 125
6.1.4 Kartendarstellung ... 125
6.2 Ungerichtete Funkfeuer (NDB) ... 126
6.2.1 Systemübersicht ... 127
6.2.2 Signalkomposition ... 127
6.2.3 Auswertung des Signals ... 130
6.3 Drehfunkfeuer (VOR) ... 136
6.3.1 Systemübersicht ... 136
6.3.2 Signalkomposition ... 137
6.3.3 Auswertung des Signals ... 143
6.4 Entfernungsmessung (DME) ... 145
6.4.1 Systemübersicht ... 145
6.4.2 Signalkomposition ... 147
6.4.3 Auswertung des Signals ... 149
6.5 Tactical Air Navigation (TACAN) ... 152
6.6 Satellitennavigation (GNSS) ... 155
6.6.1 Konzept eines Satellitennavigationssystems ... 156
6.6.2 GNSS-Komponenten ... 159
6.6.3 Missionsdateneinheit ... 160
6.6.4 Signalausbreitung ... 162
6.6.5 Konzept eines GNSS-Empfängers ... 163
6.6.6 Global Positioning System (GPS) ... 165
6.6.7 GLONASS ... 173
6.6.8 Galileo ... 175
6.6.9 GNSS-Augmentierung ... 180
6.7 Instrumentenlandesystem (ILS) ... 184
6.7.1 Systemübersicht ... 186
6.7.2 Signalkomposition ... 189
6.7.3 Auswertung des Signals ... 195

7 Surveillance ... 197
7.1 Primärradar ... 197
7.1.1 Grundlagen ... 199
7.1.2 Radargleichung ... 204
7.1.3 Hochfrequenzkopf ... 208
7.1.4 Zielerkennung ... 213
7.1.5 Zielverfolgung ... 215
7.1.6 Zieldarstellung ... 216

7.2 Sekundärradar ... 219
7.2.1 Air Traffic Control Radar Beacon System (ATCRBS) ... 220
7.2.2 Mode-S-Radarsystem ... 226
7.2.3 Automatic Dependent Surveillance – Broadcast (ADS-B) ... 233
7.2.4 Multilateration (MLAT) ... 234

8 Avionik-Busse ... 237
8.1 Grundprinzipien ... 237
8.2 ARINC 429 ... 239
8.3 Mil-STD-1553 ... 243
8.4 ARINC 629 ... 247
8.5 Time-Triggered Protocol (TTP) ... 248
8.6 ARINC 664-7 (Avionics Full Duplex Switched Ethernet) ... 254

9 Flugzeugsensoren ... 257
9.1 Luftdatenrechner ... 257
9.1.1 Normalatmosphäre ... 258
9.1.2 Luftdaten ... 259
9.1.3 Verarbeitung und Anzeige der Luftdaten ... 262
9.2 Inertiales Navigationssystem (INS) ... 263
9.2.1 Inertiale Messeinheit ... 263
9.2.2 Beschleunigungssensoren ... 264
9.2.3 Drehratensensoren ... 264
9.2.4 Verarbeitung der inertialen Messgrößen ... 266
9.2.5 Ausführungsformen des INS ... 271
9.2.6 Stützung des inertialen Navigationssystems ... 272
9.3 Radarhöhenmesser ... 275
9.3.1 Impulsradar-Höhenmesser ... 275
9.3.2 FMCW-Radarhöhenmesser ... 276
9.4 Wetterradar ... 279

10 Flugzeugsysteme ... 281
10.1 Systemintegration ... 281
10.1.1 Architektur der Flugzeugelektronik ... 282
10.1.2 Redundanzkonzepte ... 284
10.2 Flugführungssysteme ... 286
10.2.1 Flugkontrollsystem (FCS) ... 287
10.2.2 Autopilotensystem (AP/FD) ... 291
10.2.3 Flugmanagementsystem (FMS) ... 292
10.2.4 Autonome Triebwerkssteuerung (FADEC) ... 295
10.3 Flugsupport- und Maintenancesysteme ... 296
10.3.1 Zentrale Flugzeugüberwachung ... 296

10.3.2 Kollisionsverhinderung (ACAS) ... 297
10.3.3 Bodenannäherungswarnsystem (TAWS) ... 300
10.4 Weitere Flugzeugsysteme ... 301
10.4.1 Elektrische Flugzeugsysteme ... 302
10.4.2 Feuer- und Rauchdetektion ... 302

Bildnachweis ... 303

Literaturverzeichnis ... 305

Stichwortverzeichnis ... 313

Abkürzungsverzeichnis

A	Ampère
A	Autotuned Navaid
A/C	Aircraft
AAC	Aeronautical Administration Communications
AAC	Airline Administrative Communications
AC	Advisory Circular
AC	Alternating Current, Wechselstrom
ACARS	Aircraft Communications Addressing and Reporting System
ACAS	Airborne Collision Avoidance System
ACC	Area Control Center
ACE	Actuator Control Electronic
ACG	Austro Control (Österreichische Gesellschaft für Zivilluftfahrt)
ACMS	Aircraft Condition Monitoring System
ACU	Autopilot Control Unit
ACU	Antenna Control Unit
ADAHRS	Air Data Attitude Heading Reference System
ADC	Air Data Computer
ADF	Automatic Direction Finding
ADI	Attitude Direction Indicator
ADIRS	Air Data Inertial Reference System
ADL	Aeronautical Data Link
ADLP	Aircraft Data Link Processor
ADLP	Airborne Data Link Protocol
ADS	Automatic Dependent Surveillance
ADS-A	Automatic Dependent Surveillance – Addressed
ADS-B	Automatic Dependent Surveillance – Broadcast
AEEC	Airlines Electronic Engineering Committee
AES	Aircraft Earth Station
AFC	Automatic Frequency Control
AFCAS	Automatic Flight Control Augmentation System
AFCS	Automatic Flight Control System

AFDX	Avionics Full-Duplex Switched Ethernet
AFTM	Air Traffic Flow Management
AFTN	Aeronautical Fixed Telecommunications Network
A/G	Air/Ground, Air to Ground
AGC	Automatic Gain Control
AHRS	Attitude Heading Reference System
AIP	Aeronautical Information Publication
AIS	Aeronautical Information Service
ALTM	Altimeter
AM	Amplitude Modulation, Amplitudenmodulation
AMASS	Airport Movement Area Safety System
AMC	Avionics Maintenance Conference
AMCP	Aeronautical Mobile Communications Panel
AMS(R)S	Aeronautical Mobile Satellite (Route) Service
AMSS	Aeronautical Mobile Satellite Service
ANC	Air Navigation Commission
ANSI	American National Standards Institute
ANS	Air Navigation Service
ANSP	Air Navigation Service Provider
AOA	ACARS over AVLC
AOA	Angle of Attack
AOC	Airline Operational Control
AOC	Airline Operations Center
AOM	Aircraft Operating Manual
A/P	Autopilot
AP/FD	Autopilot/Flight Director
APPR	Approach
APU	Auxiliary Power Unit
ARINC	Aeronautical Radio, Inc.
ARTAS	ATM Surveillance Tracker and Server System
A/S	Airspeed
ASCII	American Standard Code for Information Interchange
ASDL	Aeronautical Satellite Data Link
ASDR	Airport Surface Detection Radar
ASM	Air Space Management
A-SMGCS	Advanced Surface Movement Guidance and Control System
ASR	Airport Surveillance Radar
A/T	Autothrottle
ATA	Air Transport Association of America
ATC	Air Traffic Control
ATS	Air Traffic Service
ATCRBS	ATC Radar Beacon System

ATIS	Airport Traffic/Automatic Terminal Information System
ATM	Air Traffic Management
ATM	Asynchronous Transfer Mode
ATR	Air Transport Racking
ATS	Air Traffic Services
ATSP	Air Traffic Service Provider
AUX	Auxiliary
AVLC	Aviation VHF Link Control
AVN	Avionics
AWG	American Wire Gauge
BAZL	Bundesamt für Zivilluftfahrt
BER	Bit Error Rate
BFO	Beat Frequency Oscillator
Bit	Binary Digit
BITE	Built-in Test Equipment
BNR	Binary
BOC	Binary Offset Coding
bps	Bits per Second
BPSK	Binary Phase Shift Keying, binäre Phasenumtastung
BTB	Bus Tie Breaker
CAA	Civil Aviation Authority
C&C	Command and Control
C/A-Code	(GPS) Course/Acquisition-Code
CAS	Collision Avoidance System
CAS	Computed Airspeed
CAT	Categories (I, II, IIIa/b/c) Approach
CCITT	Consultative Committee International Telephone and Telegraph
CDI	Course Deviation Indicator
CDR	Critical Design Review
CDU	Control Display Unit
CEPT	Conférence Européene des Postes et Télécommunications
CFDIU	Centralized Fault Display Interface Unit
CFMU	Central Flow Management Unit
CIDS	Cabin Interphone Distribution System
CMC	Central Maintenance Computer
CMM	Component Maintenance Manual
CMOS	Complementary Metal Oxide Semiconductor
CMU	Communication Management Unit
CNS	Communications, Navigation, Surveillance
CNS/ATM	Communications, Navigation, Surveillance/Air Traffic Management
CODEC	Coder/Decoder
COM	Communications

COMM	Communications
COTS	Commercial-off-the-Shelf
CPC	Controller-Pilot Communications
CPDLC	Controller-Pilot Data/Digital Link Communications
CPU	Central Processing Unit
CRC	Cyclic Redundancy Checking/Code
CS	Certification Specification
CSD	Constant Speed Drive
CSMA	Carrier Sense Multiple Access
CSMA/CD	Carrier Sense Multiple Access with Collision Detection
CSDB	Commercial Standard Data Bus
CTA	Control Area
CTS	Clear to Send
CVR	Cockpit Voice Recorder
CW	Continuous Wave
CWP	Controller Working Position
D8PSK	Differential 8-Phase Shift Keying
DADC	Digital Air Data Computer
DAR	Data Access Recorder
dB	Decibel
dBi	dB-isotrop, dB mit isotroper Antenne als Bezug
dBm	dB-Milliwatt, dB mit 1 Milliwatt als Bezug
dBW	dB-Watt, dB mit 1 Watt als Bezug
DC	Direct Current, Gleichstrom
DCE	Data Communications Equipment
DCS	Data Communication System
DDM	Difference in Depth of Modulation
DFDR	Digital Flight Data Recorder
DFS	Deutsche Flugsicherung GmbH
DGNSS	Differential GNSS
DGPS	Differential GPS
DH	Decision Height
DITS	Data Information Transfer System
DL	Data Link
DLE	Data Link Entity
DME	Distance Measuring Equipment
DME/N	DME (mit schmalbandiger Frequenzcharakteristik)
DME/P	Präzisions-DME
DoD	U.S. Department of Defense
DoT	U.S. Department of Transportation
DPSK	Differential Phase Shift Keying
DSB	Double Side Band

DSB-AM	Zweiseitenband-AM mit Träger
DTE	Data Terminal Equipment
EASA	European Aviation Safety Agency, Europäische Agentur für Flugsicherheit
EATCHIP	European Air Traffic Control Harmonization and Integration Programme
EATMP	European Air Traffic Management Programme
EATMS	European Air Traffic Management System
ECAC	European Civil Aviation Conference
ECAM	Electronic Central Aircraft Monitoring
ECEF	Earth-centered, Earth-fixed
EDA	Electronic Design Automation
EFB	Electronic Flight Bag
EFIS	Electronic Flight Instrument System
EGNOS	European Geostationary Overlay System
EGPWS	Enhanced Ground Proximity Warning System
EHA	Electro-hydrostatic Actuator
EHV	Electro-hydraulic Valve
EICAS	Engine Indication and Crew Alert System
EIRP	Equivalent Isotropic Radiated Power
ELMS	Electrical Load Management System
ELT	Emergency Locator Transmitter
EM	Electromagnetic
EMA	Electromechanical Actuator
EMC	Electromagnetic Compatibility
EMI	Electromagnetic Interference
ESA	European Space Agency
ESD	Electrostatic Discharge
ESARR	EUROCONTROL Safety Regulatory Requirement
ETSO	European Technical Standard Order
EUROCAE	European Organization for Civil Aviation Equipment
EUROCONTROL	European Organisation for the Safety of Air Navigation
FA	Final Approach
FAA	Federal Aviation Administration
FADEC	Full Authority Digital Engine Control
FANS	Future Air Navigation System
FAR	Federal Aviation Regulation
FBL	Fly By Light
FBW	Fly By Wire
FCC	Flight Control Computer
FCC	Federal Communications Commission
FCS	Flight Control System

FCU	Flight Control Unit
FD	Flight Director
FDDI	Fiber Distribution Data Interface
FDM	Frequency Division Multiplex
FDMA	Frequency Division Multiple Access
FDR	Flight Data Recorder
FEC	Forward Error Correction
FHA	Functional Hazard Assessment
FIR	Flight Information Region
FIS	Flight Information Services
FL	Flight Level
FM	Frequency Modulation, Frequenzmodulation
FMC	Flight Management Computer
FMCW	Frequency Modulated Continuous Wave
FMEA	Failure Mode and Effects Analysis
FMS	Flight Management System
F/O	First Officer
FOG	Fiber Optic Gyro
FRP	Federal Radionavigation Plan
ft	feet, Fuß
FTE	Flight Technical Error
G/A	Ground/Air, Ground-to-Air
GA	General Aviation
GaAs	Gallium Arsenide
GBAS	Ground-based Augmentation System
GCB	Generator Circuit Breaker
GCS	Ground Control Station, Bodenkontrollstation
GCU	Generator Control Unit
GDOP	Geometric Dilution of Precision
GFSK	Gaussian Frequency Shift Keying
G/G	Ground/Ground, Ground-to-Ground
GHz	Gigahertz
GLONASS	Global Navigation Satellite System
GND	Ground
GNSS	Global Navigation Satellite System
GPS	Navstar-Global Positioning System
GPU	Ground Power Unit
GPWS	Ground Proximity Warning System
GS	Ground Speed
G/S	Glideslope
HDG	Heading
HDOP	Horizontal Dilution of Precision

HF	High Frequency
HFDL	High Frequency Data Link
HIRF	High Intensity Radiated Field
HOW	Hand-over Word
hPa	Hektopascal
HSI	Horizontal Situation Indicator
HUD	Head-up Display
Hz	Hertz
IAS	Indicated Airspeed
IATA	International Air Transport Association
IC	Integrated Circuit
ICAO	International Civil Aviation Organization, Internationale Zivilluftfahrtorganisation
IDG	Integrated Drive Generator
IEC	International Electrotechnical Commission
IEEE	Institute of Electrical and Electronics Engineers
IF	Intermediate Frequency
IFE	In-flight Entertainment
IFR	Instrument Flight Rules
ILS	Instrument Landing System
IMA	Integrated Modular Avionics
INMARSAT	International Maritime Satellite Organization
INS	Inertial Navigation System
IOC	Initial Operating Capability
ILS	Instrument Landing System
IMU	Inertial Measurement Unit
INS	Inertial Navigation System
IP	Internet Protocol
IR	Infrared
IRS	Inertial Reference System
ISO	International Standards Organization
ITU	International Telecommunications Union
JAA	Joint Aviation Authorities
JAR	Joint Airworthiness Requirement
kbps	Kilobits pro Sekunde
kHz	Kilohertz
kn, knts	knots, Knoten
kVA	Kilovolt-Ampère
KW	Kilowatt
LAAS	Local Area Augmentation System
LAN	Local Area Network
LBA	Luftfahrt-Bundesamt

LCD	Liquid Crystal Display
LED	Light-emitting Diode
LEO	Low Earth Orbiting
LF	Low Frequency
LME	Link Management Entity
LNA	Low-noise Amplifier
LOC	Localizer
LORAN	Long-range Air Navigation
LOS	Line of Sight
LRM	Line Replaceable Module
LRU	Line Replaceable Unit
LSB	Least Significant Bit
LSB	Lower Sideband
M	Mach-Zahl
MAC	Medium Access Controller
MAN	Metropolitan Area Network
MASPS	Minimum Aviation System Performance Standards
MAV	Micro Air Vehicle
MAX	Maximum
MB	Marker Beacon
MCDU	Multifunctional Control Display Unit
MCU	Modular Concept Unit
MCP	Mode Control Panel
MET	Meteorologie
METAR	Meteorological Aviation Routine Weather Report
MF	Medium Frequency
MHz	Megahertz
MIC	Mikrofon
Mil-HDBK	Military Handbook
Mil-STD	Military Standard
MKR	Marker
MLS	Microwave Landing System
MMIC	Monolithic Microwave Integrated Circuit
MODEM	Modulator/Demodulator
MOPR	Minimum Operational Performance Requirements
MOPS	Minimum Operational Performance Standards
MOS	Metal Oxide Semiconductor
MSB	Most Significant Bit
MSK	Minimum Shift Keying
MSL	Mean Sea Level
MTBF	Mean Time Between Failures
MTI	Moving Target Indicator

MTOW	Maximum Take-off Weight
MTTF	Mean Time to Failure
MTTR	Mean Time to Repair
MUX	Multiplexer
N/A	Not applicable
NACA	National Advisory Committee for Aeronautics
NASA	National Aeronautics and Space Administration
NAV	Navigation
NAVAID	Navigational Aid
ND	Navigation Display
NDB	Non-directional Radio Beacon
NEXCOM	Next Generation Air/Ground Communications System
NIST	National Institute of Standards and Technology
NM	Nautische Meile
NOTAM	Notice to Airmen
NRZ	Non-return to Zero
OAT	Outside Air Temperature
OBS	Omnibearing Selector
OEM	Original Equipment Manufacturer
OFDM	Orthogonal Frequency Division Multiplexing
OM	Outer Marker
OOOI	Out, Off, On, In
OPS	Operations
OS	Operating System, Betriebssystem
OSI	Open Systems Interface
PA	Power Amplifier
PAM	Pulse Amplitude Modulation
PAR	Precision Approach Radar
P-Code	(GPS) Precision Code
PCB	Printed Circuit Board
PCC	Pilot Controller Communication
PCI	Peripheral Component Interface
PCM	Pulse Code Modulation
P-DME	Precision-DME
PDN	Public Data Network
PDOP	Position Dilution of Precision
PEP	Peak Envelope Power
PFC	Primary Flight Computer
PFD	Primary Flight Display
PHY	Physical
PM	Phase Modulation, Phasenmodulation
PMC	PCI Mezzanine Card

POTS	Plain Old Telephone System
PPDU	Physical Layer Protocol Data Unit
PPI	Planar Position Indicator
PPM	Parts per Million
PPS	Precise Positioning Service
PRF	Pulse Repetition Frequency
PRI	Pulse Repetition Interval
PRN	Pseudo Random Noise
PSTN	Public Switched Telephone Network
PTT	Push-to-Talk
PVT	Position, Velocity, Time
PWM	Pulse Width Modulation
QAM	Quadratur Amplitude Modulation
QAR	Quick Access Recorder
QOS	Quality of Service
RAIM	Receiver Autonomous Integrity Monitoring
RALT	Radar Altimeter
RAT	Ram Air Turbine
RCP	Radio Control Panel
RDP	Radar Data Processing
REQ	Request
RF	Radio Frequency
RGB	Red Green Blue
RMI	Radio Magnetic Indicator
RMP	Radio Management Panel
RNAV	Area Navigation
RNP	Required Navigational Performance
RTCA	Radio Technical Commission for Aeronautics
RTOS	Real-time Operating System
RTS	Request-to-Send
RVR	Runway Visual Range
RX	Receiver
SA	Selective Availability
SAE	Society of Automotive Engineers
SAR	Search-and-Rescue
SARP	Standard and Recommended Practise
SATCOM	Satellite Communications
SATNAV	Satellite Navigation
SBAS	Satellite-based Augmentation System
SBC	Single Board Computer
SDI	Source Destination Identifier
SDR	System Design Review

SELCAL	Selective Calling
SID	Standard Instrument Departure Route
SIGMET	Significant Meteorological Phenomena
SITA	Société Internationale de Télécommunications Aéronautiques
SLA	Service Level Agreement
SMD	Surface Mount Device
SMGCS	Surface Movement Guidance and Control Systems
SPS	Standard Positioning Service
SSB	Single Side Band
SSR	Secondary Surveillance Radar
STANAG	Standardization Agreement
STAR	Standard (Terminal) Arrival Route
STD	Standard
STDMA	Synchronized Time Division Multiple Access
STP	Shielded Twisted Pair
SW	Software
TA	Traffic Advisory
TA	Transition Altitude
TACAN	Tactical Air Navigation
TAF	Terminal Aerodrome Forecast
TAWS	Terrain Awareness and Warning System
TCA	Terminal Control Area
TCAS	Traffic Alert Collision Avoidance System
TCP/IP	Transmission Control Protocol/Internet protocol
TCS	Tower Communications System
TDM	Time Division Multiplex
TDMA	Time Division Multiple Access
TIS	Traffic Information Service
TRL	Transition Level
TSO	Technical Standard Order
TWR	Tower
TX	Transmit
UART	Universal Asynchronous Receiver Transmitter
UAT	Universal Access Transceiver
UAV	Unmanned Aerial Vehicle
UAS	Unmanned Aerial System
UHF	Ultra High Frequency
UIR	Upper Information Region
UTA	Upper Control Area
UTC	Universal Time Coordinated
UTP	Unshielded Twisted Pair
V	Volt

V/S	Vertical Speed
VCS	Voice Communication System
VDL	VHF Data Link
VDL2	VDL Mode 2
VDL3	VDL Mode 3
VDL4	VDL Mode 4
VDR	VHF data radio
VFR	Visual Flight Rules
VHF	Very High Frequency
VOR	VHF Omnidirectional (Radio) Range
VPN	Virtual Private Network
VTOL	Vertical Takeoff and Landing
WAAS	Wide Area Augmentation System
WAN	Wide Area Network
WGS	World Geodetic System
WPT	Waypoint
WSR	Weather Surveillance Radar
WXR	Weather Radar
XPDR	Transponder

1 Einleitung

Die folgenden Zeilen geben einen Überblick über die Entwicklung der Technologien zur Flugsicherung und der Flugzeugelektronik und deuten die Überschneidung der Themengebiete an. Dabei spielten insbesondere die rasante Entwicklung der Funkkommunikationstechnik einerseits und die Miniaturisierung und Computerisierung der Elektronik andererseits tragende Rollen.

Parallel zu den Leistungen von Otto Lilienthal,[1] des Brüderpaars Wilbur und Orville Wright[2] und weiterer maßgeblicher Pioniere wie beispielsweise Clement Ader,[3] Louis Blériot[4] oder Charles Lindbergh[5] wurde mit den Arbeiten von James Clerk Maxwell,[6] Heinrich Hertz[7] und Guglielmo Marconi[8] der Grundstein für die heutige Kommunikationstechnik gelegt. Bereits in der Frühzeit der Fliegerei wurden etwa ab 1906 an Bord der Luftfahrzeuge Empfänger eingesetzt. So waren etwa die Luftschiffe des Grafen Zeppelin

Elektronisches Zusatzmaterial Die elektronische Version dieses Kapitels enthält Zusatzmaterial, das berechtigten Benutzern zur Verfügung steht. https://doi.org/10.1007/978-3-662-64823-0_1.

[1] 1891: manntragender Erstflug mit Hilfe des „Derwitzer Flugapparats", 1893: 250-Meter-Streckenflug mit Hilfe des „Maihöhe-Rhinow-Apparats".

[2] 1903: erster bemannter gesteuerter Motorflug mit dem „Flyer", teilweise auch „Wright Flyer" oder „Kitty Hawk" genannt.

[3] erster ungesteuerter Motorflug.

[4] erste Ärmelkanalüberquerung.

[5] erster Nonstop-Alleinflug von New York nach Paris über den Atlantik.

[6] 1861–1864: Entwicklung der nach ihm benannten Maxwellschen Gleichungen.

[7] 1884: experimentelle Bestätigung der Maxwellschen Gleichungen, 1886: erstmalige drahtlose Übertragung elektromagnetischer Wellen zwischen Sender und Empfänger.

[8] 1901: erste transatlantische Funkverbindung.

H. Flühr, *Avionik und Flugsicherungstechnik*,
https://doi.org/10.1007/978-3-662-64823-0_1

zunächst mit Kristalldetektorempfängern und später auch aufwendigeren Funkanlagen ausgestattet [138]. Auch andere Fluggeräte verwendeten um 1910 Funkgeräte [145], die anhand mitgeführter Batterien betrieben wurden. Bodenseitig waren dazu Löschfunkensender aufgebaut, anhand derer eine Boden-Luft-Kommunikation ermöglicht wurde. Ab 1920 bis 1925 ersetzten Röhrenfunkstationen (etwa Telefunken ARS-80 [13]) die Löschfunkensender. Wurde die Kommunikation in der Verkehrsfliegerei zunächst auf Langwelle durchgeführt, verwendeten die Funkgeräte später bevorzugt auch Kurzwellen und ermöglichten in weiterer Folge auch Zielanflüge auf Funkfeuer [13]. Die Kommunikation wurde zunächst als Sprechfunk oder Telefonie durchgeführt, allerdings verdrängte die Telegrafie anhand der international vereinbarten Q-Codes diese Betriebsart ab 1930 immer mehr [138].

In Deutschland wurde 1911 der erste Flugsicherungsbetriebsdienst eingerichtet [138]. Das aeronautische Institut Lindenberg übermittelte anhand eines 3,5-Kilowatt-Löschfunkensenders das aktuelle Flugwetter. Wurde in den Anfangsjahren der Fliegerei auf den Einsatz von Funktechnik zur Radionavigation verzichtet – die Orientierung erfolgte bedingt durch die niedrigen Flughöhen und den Verzicht auf Nachtflüge anhand markanter Geländemerkmale –, wurde die am 1. Mai 1926 als weltweit erste Passagiernachtstrecke von der damaligen „Deutschen Luft Hansa AG" eröffnete Flugstrecke von Berlin-Tempelhof nach Königsberg durch einen weiteren Flugsicherungsbetriebsdienst markiert: Die Strecke wurde mittels Scheinwerferwagen der „Flug Sicherung" beleuchtet, die im Abstand von 30 Kilometern aufgestellt waren, sowie mit Neon-Baken, die innerhalb dieser Markierungen im Abstand von 5 Kilometern positioniert waren [135]. 1927 erfolgte die Gründung der Zentralstelle für Flugsicherung (ZFF), die mit der Koordination des zunehmenden Luftverkehrs betraut war [138]. Als Dienste wurden ein auf 125 kHz abgewickelter Streckenfernmeldedienst für die Boden-Boden-Kommunikation, Funkpeilung, Bord-Boden-Sprechfunk auf 322 und 333 kHz sowie ein Wetterfunkdienst auf 178 und 181 kHz angeboten. Ab 1929 wurde mit der „Four Course Radio Range" eine erste Radionavigationseinrichtung in Betrieb genommen. Von den bodenseitigen Sendern wurden vier rechtwinklig angeordnete Sendekeulen erzeugt, die mit einem morsecodierten „N" beziehungsweise „A" amplitudenmoduliert waren. Der gesuchte Kurs war genau dann erreicht, wenn beide Signale gleich stark empfangen wurden. 1933 waren bereits 90 derartige Stationen in Betrieb. Anhand eines Fächerfunkfeuers wurde später die Entfernungsinformation geliefert [145]. 1936 wurde von Robert Watson-Watt das Radar-Prinzip zur Ortung von Flugzeugen demonstriert. Nach der Gründung der Internationalen Zivilluftfahrtorganisation ICAO im Jahre 1944 standen später mit den Annexen zum Chicagoer Abkommen die als „Standards and Recommended Practices" (kurz: SARPs) bekannten Empfehlungen für die in der Luftfahrt verwendeten nachrichtentechnischen Systeme zur Verfügung.

Auf der Flugzeugseite begann bereits um 1910 durch die Ausrüstung mit Bordsendern auch die Elektrifizierung. Waren die ersten Empfänger noch durch mitgeführte Batterien mit Elektrizität versorgt, wurden die Sender mit einer ausklappbaren Windschraube mit integriertem Generator gespeist [138]. 1908 patentierten Elmer Ambrose Sperry in den

USA und Hermann Anschütz-Kaempfe in Deutschland die ersten Kreisel. Aus diesen entwickelte Sperry 1914 die erste kreiselgestützte Steueranlage für Geradeausflug [145]. Sie waren auch die Basis für die späteren Wendezeiger, künstlichen Horizonte (1918) und Kurskreisel. Nach dem Zweiten Weltkrieg entstand aus der Verbindung von Kreiselsystemen und Beschleunigungsaufnehmern die erste Trägheitsplattform: mit einem SPIRE (Space Inertial Reference Equipment) genannten System wurde 1953 das Funktionsprinzip anhand von Flugversuchen demonstriert [180]. Der Begriff der Avionik (Avionics) wurde um 1960 in den USA geprägt [145]. Als Kunstwort aus den Begriffen „Aviation“ und „Electronics“ bezeichnet es im engeren Wortsinn elektronische Flugzeugsysteme, die dem Informationsaustausch dienen. Die Avionik umfasst somit auch die mit der Flugsicherung in Verbindung stehenden Kommunikationssysteme (Sprechfunk, Navigationsempfänger) an Bord des Flugzeugs. Ebenso die zunächst weitgehend mechanisch und elektromechanisch aufgebauten Cockpit-Instrumente werden zum Bereich der Avionik gezählt (Abb. 1.1).

Das junge Fachgebiet der Avionik entwickelte sich rasch weiter: die 1929 gegründete Firma ARINC Inc. entwickelt bis heute Standards für Flugzeugelektronik [138], bereits Mitte der 1950er-Jahre wurden analoge Steuerungen der Triebwerke eingesetzt [146], ebenso standen erste servounterstützte Fly-by-Wire-Systeme zur Verfügung [8]. Waren um 1975 analoge Fly-by-Wire-Systeme mit mechanischem Backup als primäre Steuerung im Einsatz, wurde Mitte der 1980er-Jahre im Airbus A320 erstmalig eine digitale Flugsteuerung mit teilweise mechanischem Backup implementiert [146]. Die Digitalisierung erfolgte auch in anderen Bereichen: so wurde die zunächst analoge Triebwerkssteuerung bis Ende der 1970er-Jahre teilweise digital aufgebaut und ab Anfang 1980 als autonome digitale Triebwerkssteuerung (FADEC) ausgeführt. Ermöglicht wurde dies durch die zunehmende Verbreitung von digitalen Datenbussen (Avionik-Busse), wie sie ab den 1970er-Jahren hauptsächlich von ARINC (ARINC-Standard 429) und dem US-Verteidigungsministerium (Mil-STD-1553) spezifiziert wurden [146]. Ersterer wurde

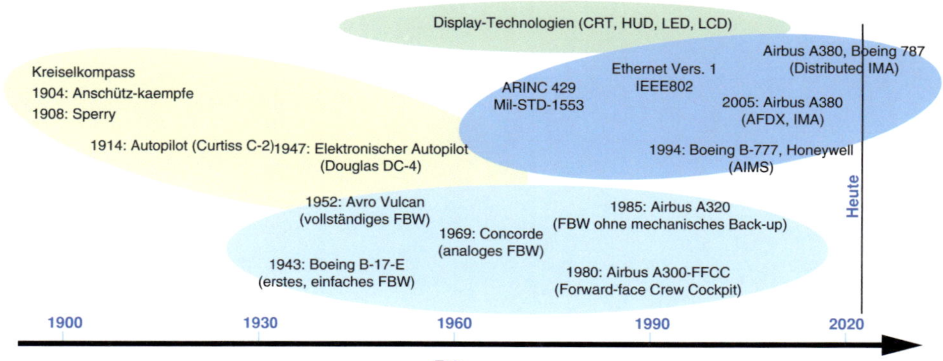

Abb. 1.1 Übersicht über wichtige Entwicklungen im Bereich der Fluggeräteelektronik (nach [90])

in einer Reihe von Boeing- und Airbus-Flugzeugen eingesetzt und ist noch heute ein wichtiger Busstandard.

Die zunehmende Technisierung des Cockpits führte auch zu massiven Veränderungen bei der Besatzung der Luftfahrzeuge [138]: Navigationsrechner, Langstreckennavigationssysteme und Trägheitsnavigationsanlagen ersetzten zunächst den Navigator. Später verlor auch der Funkoffizier durch den Wechsel der Übertragungsart von Morse-Telegrafie zurück zur bereits in den Anfängen der Funkkommunikation verwendeten Telefonie seinen Platz in der Flugzeugkanzel. Nicht zuletzt schied der Bordingenieur aus, seine Aufgaben wurden durch zentralisierte Wartungscomputer und Systemanzeigen abgedeckt.

Die heutige wirtschaftliche Bedeutung der Avionik wird deutlich, wenn man sich die Wertanteile der verschiedenen Flugzeugkomponenten an den Herstellungskosten vor Augen hält [93]. Während die klassische Flugzeugtechnik mit Flugzeugstruktur beziehungsweise -hülle, den Flügeln und dem Fahrwerk etwa 30 % ausmacht, erreichen die Avionik und die Flugzeugelektrik gemeinsam nahezu denselben Prozentsatz. Die Triebwerke bilden den dritten großen Anteil bei der Kostenaufteilung. Die zunehmende Digitalisierung des gesamten Luftfahrtsystems als auch die derzeit laufenden Entwicklungen von unbemannten Flugzeugen (Unmanned Aerial Vehicles, UAV) und Systemen (Unmanned Aerial Systems, UAS) [150] stellen ebenfalls wichtige Faktoren zur Weiterentwicklung der Avionik durch die damit verbundene Miniaturisierung und Kommerzialisierung von Hard- und Software dar.

2 Grundlagen der Flugsicherung

Die Rahmenbedingungen zum Einsatz technischer Hilfsmittel für die Flugsicherung sind durch gesetzliche Vorgaben, durch die Struktur und Organisation des Luftraums und die durch die Flugsicherung verwendeten Verfahren bestimmt. Das vorliegende Kapitel stellt in kurzer Form die am System Luftfahrt beteiligten internationalen und nationalen Organisationen sowie die Organisation der Luftfahrt und des Luftraums in Deutschland vor. Anschließend wird das Konzept der Flugsicherung präsentiert, welches den Rahmen für die anzuwendenden Techniken („Flugsicherungstechnik") bietet. Für eine weitergehende und umfassende Übersicht sei auf die Literatur (z. B. [29, 139, 142, 143]) sowie auf die SKYbrary-Website [67] verwiesen.

2.1 Relevante Behörden und Organisationen

Die Luftfahrt und der Luftverkehr sind stark durch die internationale, grenzüberschreitende Ausrichtung geprägt. Gerade die grenzüberschreitende Ausrichtung erforderte die internationale Abstimmung der verwendeten Verfahren, Standards und Technologien. Die an diesem Prozess beteiligten Organisationen und Behörden werden nachfolgend vorgestellt.

Elektronisches Zusatzmaterial Die elektronische Version dieses Kapitels enthält Zusatzmaterial, das berechtigten Benutzern zur Verfügung steht. https://doi.org/10.1007/978-3-662-64823-0_2.

H. Flühr, *Avionik und Flugsicherungstechnik*,
https://doi.org/10.1007/978-3-662-64823-0_2

2.1.1 Internationale Zivilluftfahrtorganisation (ICAO)

Die Internationale Zivilluftfahrtorganisation (International Civil Aviation Organization, ICAO [119]) mit Sitz in Montréal (Kanada) ist eine Sonderorganisation der Vereinten Nationen (United Nations, UN) und wurde 1944 aufgrund des Chicagoer Abkommens (Abkommen über die internationale Zivilluftfahrt) gegründet. Die Mehrzahl der Staaten haben sich als Mitglieder verpflichtet, gemeinsame Empfehlungen zu erarbeiten, um die Luftfahrt weltweit als einheitliches System zu implementieren. Diese Empfehlungen werden als „Standards and Recommended Practices" (SARPs) bezeichnet und decken sämtliche Aspekte der Luftfahrt ab – von der Lizenzierung des Personals, der verwendeten Phraseologie, der Lufttauglichkeit von Fluggerät über die Kommunikations-, Navigations- und Surveillancesysteme bis hin zu Aspekten des Umweltschutzes. Die SARPs sind als Anhänge zum Chicagoer Abkommen publiziert. Diese Empfehlungen werden erst rechtsverbindlich, wenn sie in einem Mitgliedstaat in nationales Recht umgesetzt werden. Folgt ein Mitgliedstaat den SARPs ausnahmsweise nicht, muss dies von dem betreffenden Staat publiziert werden und erscheint in den ICAO-Dokumenten als „Non-standard Practice".

Die im Folgenden kurz als SARPs bezeichneten 19 Annexe zum Chicagoer Abkommen decken alle Facetten der Zivilluftfahrt ab. In Tab. 2.1 sind die Annexe aufgelistet [118], sie können über die ICAO [119] bezogen werden.

2.1.2 Europäische Union (EU)

Die Europäische Union (EU) als Zusammenschluss von 27 europäischen Staaten[1] mit den Gremien Europäisches Parlament, EU-Rat, Europäische Kommission, Europäischer Gerichtshof sowie Europäischer Rechnungshof stellt das für die Luftfahrt in Europa zentrale legislative Organ dar. Mit Initiativen zur Flugsicherung (etwa „Single European Sky", SES) oder dem europäischen Satellitennavigationssystem „Galileo" trägt sie entscheidend zur Liberalisierung und Harmonisierung des europäischen Luftverkehrs bei.

2.1.3 Europäische Zivilluftfahrt-Konferenz (ECAC)

Die Europäische Zivilluftfahrt-Konferenz (European Civil Aviation Conference, ECAC) mit Sitz in Straßburg ist eine regionale Entsprechung der ICAO. Ihre Mitglieder sind mit 44 europäischen Staaten die Mitgliedsländer von EU, EFTA, EASA und EUROCONTROL [72]. Die ECAC arbeitet als autonome Organisation, trifft aber keine für ihre Mitglieder verbindlichen Beschlüsse und berät die ICAO in Belangen des europäischen Luftverkehrs.

[1] Stand: November 2021.

Tab. 2.1 Anhänge zum Chicagoer-Abkommen (SARPs) [118]

Annex 1	Personal Licensing (behandelt die Zulassung von Luftfahrtpersonal)
Annex 2	Rules of the Air (beschreibt die Luftverkehrsregeln)
Annex 3	Meteorological Service for International Air Navigation (Flugwetterdienst)
Annex 4	Aeronautical Charts (internationale Standardisierung der Luftfahrtkarten)
Annex 5	Units of Measurement to be used in Air and Ground Communications (legt die zu verwendenden Maßeinheiten fest)
Annex 6	Operation of Aircraft (standardisiert den Betrieb von Luftfahrzeugen mit dem Ziel der Maximierung von Sicherheit und Effizienz)
Annex 7	Aircraft Nationality and Registration Marks (legt die Markierung und Nationalitätskennzeichen von Flugzeugen fest)
Annex 8	Airworthiness of Aircraft (Lufttüchtigkeit)
Annex 9	Facilitation (Verkehrserleichterungen der operationellen Abläufe am Flughafen, z. B. Freigabe von Flugzeugen, Personen- und Warenverkehr)
Annex 10	Aeronautical Telecommunication (Flugfernmeldedienst, stellt mit den Bereichen Kommunikation, Navigation und Surveillance für die Flugsicherungstechnik einen wesentlichen Grundpfeiler dar und spielt daher auch stark in die Avionik hinein [108, 109, 114–116])
Annex 11	Air Traffic Services (Flugverkehrsdienste)
Annex 12	Search and Rescue (SAR, Such- und Rettungsdienst)
Annex 13	Aircraft Accident Inquiry (Flugunfalluntersuchungen)
Annex 14	Aerodromes (Flughäfen, von der Planung bis zu Betrieb und Maintenance)
Annex 15	Aeronautical Information Services (Flugberatungsdienst)
Annex 16	Environmental Protection (Umweltschutz, insbesondere bzgl. Fluglärm und Schadstoffemissionen)
Annex 17	Security (Sicherheit)
Annex 18	Safe Transport of Dangerous Goods by Air (Bestimmungen für den sicheren Transport gefährlicher Güter)
Annex 19	Safety Management (Risikomanagement)

Die Joint Aviation Authorities (JAA), ein Zusammenschluss der Zivilluftfahrtbehörden der europäischen Länder, waren bis zu deren Auflösung im Jahre 2009 ein Gremium innerhalb der Europäischen Zivilluftfahrt-Konferenz.

2.1.4 Europäische Agentur für Flugsicherheit (EASA)

Die Europäische Agentur für Flugsicherheit (European Aviation Safety Agency, EASA) mit Sitz in Köln wurde auf Beschluss des Europäischen Parlamants und des Europäischen Rates sowie auf Basis der Verordnung (EG) Nr. 1592/2002 am 15. Juli 2002 gegründet. Sie übernahm sukzessive die Agenden der im vorherigen Abschnitt erwähnten JAA, um die Harmonisierung der Vorschriften zu erleichtern und den Entscheidungsprozess zu beschleunigen. Die EASA ist die europäische Luftfahrtbehörde. Ihre Aufgaben bestehen in der Förderung und Entwicklung größtmöglicher gemeinsamer Standards für die Sicherheit und den Umweltschutz in der Zivilluftfahrt in Europa, der Überwachung der Einhaltung dieser Vorschriften durch die nationalen Luftfahrtbehörden in Europa und der Mitwirkung der Entwicklung von weltweiten Standards. Sie berät die Europäische Union in Fragen der Luftfahrt und vergibt Produktzertifikate.

2.1.5 EUROCONTROL

EUROCONTROL ist die Kurzbezeichnung der Europäischen Organisation für Flugsicherheit (European Organisation for Safety of Air Navigation) mit Sitz in Brüssel und unterstützt die Europäische Kommission bei der Entwicklung der Regulatorien des zukünftigen europäischen Luftverkehrssystems (Single European Sky, SES). Ihre Aktivitäten zielen auf laufende Verbesserungen des europäischen Luftverkehrsmanagements (Air Traffic Management, ATM) ab. Ihr Aufgabengebiet umfasst die folgenden Aspekte [74]:

- Netzwerk-Management und Weiterentwicklung der Central Flow Management Unit (CFMU)
- Einhebung von Gebühren (Route charges)
- Zivil-militärische Kooperation
- Durchführung von Forschung und Entwicklung zur Steigerung der Sicherheit und Effizienz des Luftverkehrs im gemeinsamen europäischen Luftraum (Single European Sky ATM Research, SESAR)
- Management und Betrieb des internationalen EUROCONTROL Air Traffic Centre in Maastricht (Maastricht Upper Area Control Centre, Maastricht UAC)
- Schulung und Training.

Im Rahmen der Safety Regulation Commission (SRC) erarbeitet EUROCONTROL zudem Richtlinien zur Sicherheit im Luftverkehr, die als EUROCONTROL Safety Regulatory Requirements (ESARRs) bezeichnet werden [54–58, 61].

2.1.6 Nationale Behörden und Organisationen

Auf nationaler Ebene sind meist die Verkehrsministerien, mit Einschränkungen auch die Verteidigungsministerien, die für die Luftfahrt verantwortlichen Behörden. Sie nehmen die damit verbundenen Aufgaben entweder selbst wahr oder delegieren sie per Gesetz oder Verordnung an untergeordnete Organisationen oder Einrichtungen. Der EU-Rechtsrahmen und die SARPs der ICAO stellen die übergeordnete und gemeinsame Basis ihrer Regelwerke dar (Abb. 2.1).

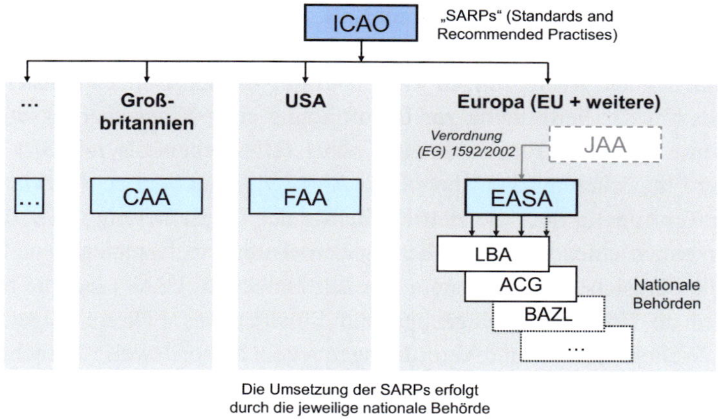

Abb. 2.1 Übersicht zum Behördenumfeld

2.2 Organisation der Luftfahrt und des Luftraums

Am Beispiel des Luftraums der Bundesrepublik Deutschland werden grundlegende gesetzliche Rahmenbedingungen, die darauf aufbauende Luftfahrtverwaltung und die Gestaltung des Luftraums vorgestellt. Die Ausführungen beziehen sich auf die in der Einleitung zum Kapitel vorgestellte Literatur (insbesondere [143]), sie stellen keine detaillierte oder vollständige Abhandlung des Luftfahrtrechts dar.

2.2.1 Luftfahrtgesetzgebung

Das Grundgesetz der Bundesrepublik Deutschland legt fest, „dass der Bund die ausschließliche Gesetzgebungsbefugnis für den Luftverkehr in der Bundesrepublik Deutschland besitzt" [143]. EU-Rechtsnormen die Luftfahrt betreffend (am Beispiel „Single European Sky" sind dies etwa [78–81]) werden durch Anpassungen an den jeweiligs betroffenen nationalen Gesetze umgesetzt. Das Luftverkehrsgesetz (LuftVG) stellt die Grundlage des Luftverkehrs in Deutschland dar und benennt das Bundesministerium für Verkehr und digitale Infrastuktur (BMVI)[2] als zuständig für das (mit Zustimmung des Bundesrats) Erlassen von Rechtsverordnungen, für die Durchführung der Bestimmungen des Luftverkehrsgesetzes und die Durchführung von Verordnungen der Europäischen Gemeinschaft. Im Geschäftsbereich des BMVI ist seit 2009 das Bundesaufsichtsamt für Flugsicherung

[2] 2013 wurde das bisher zuständige Bundesministerium für Verkehr, Bau und Stadtentwicklung in BMVI umbenannt.

(BAF) als Bundesoberbehörde eingerichtet [20]. Das BAF hat seinen Sitz in Langen und ist die nationale Aufsichtsbehörde für den Bereich der Flugsicherung.

Diese einleitenden Ausführungen sind relevant, da der Bundesminister auf dieser Gesetzesbasis mit der Verordnung zur Beauftragung eines Flugsicherungsunternehmens (FSAuftrV) die Deutsche Flugsicherung GmbH (DFS, ebenfalls mit Sitz in Langen) als nationaler Flugsicherungsdienstbetreiber (Air Navigation Service Provider) beauftragt und mit der Verordnung über die Betriebsdienste der Flugsicherung (FSBetrV) Art und Umfang der einzurichtenden Flugsicherungsbetriebsdienste festgelegt hat. Die Verordnung über die Flugsicherungsausrüstung der Luftfahrzeuge (FSAV) legt die notwendigen Ausrüstungen an Bord eines Flugzeugs und Pflichten des Führers, Eigentümers und Halters fest. Weitere Gesetze und Verordnungen regeln beispielsweise Berechtigungen für das Luftfahrtpersonal, Zulassungen von Luftfahrtgerät oder legen Betriebsordnungen fest.

Dem Verkehrsministerium als oberste Bundesbehörde sind mit dem Luftfahrt-Bundesamt (LBA), der Bundesstelle für Flugunfalluntersuchungen (BFU) und dem Deutschen Wetterdienst (DWD) weitere Bundesoberbehörden nachgeordnet. Die DFS übernahm per Beauftragung die Aufgaben der früheren Bundesanstalt für Flugsicherung (BFS), die als Bundesoberbehörde für die Flugsicherung verantwortlich war. Weiter wurden an die Bundesländer Aufgaben der Luftfahrtverwaltung (z. B. die Lizenzierung im Bereich der General Aviation, Außenstart- und Außenlandegenehmigungen) delegiert. Das Luftfahrt-Bundesamt wird im Zusammenhang mit der Zertifizierung (Abschn. 3.1) näher vorgestellt.

Die mit der Flugsicherung beauftragte DFS betreibt mehrere Flugsicherungsbetriebsdienste entsprechend der Verordnung über die Betriebsdienste der Flugsicherung (FSBetrV):

- Flugverkehrskontrolle
- Verkehrsflussregelung, Steuerung der Luftraumnutzung
- Fluginformationsdienst (FIS)
- Flugalarmdienst (SAR)
- Flugberatungsdienst (AIS)
- Flugfernmeldedienst (AFTN)
- Dokumentation von Betriebsdaten (Fernmeldeverkehr und Radardaten)

Der Flugberatungsdienst umfasst neben der Beratung bei der Flugvorbereitung insbesondere auch die Herausgabe der „Nachrichten für Luftfahrer“, des Luftfahrthandbuchs (Aeronautical Information Publication AIP), des Aeronautical Information Circular (AIC) und der „NOTAM“.

Die Luftverkehrsordnung (LuftVO) legt neben allgemeinen Regelungen und Bestimmungen über Sichtflugregeln (Visual Flight Rules VFR) sowie Instrumentenflugregeln (Instrument Flight Rules IFR) in einer Anlage auch die auf den SARPs der ICAO beruhende und nachfolgend erläuterte Luftraumklassifizierung fest.

2.2.2 Strukturierung des Luftraums

Der Luftraum eines Landes wird von der Erdoberfläche (GND) ausgehend in vertikaler Richtung als unbeschränkt angenommen. In horizontaler Richtung ist er in der Regel mit den geografischen Landesgrenzen identisch. Für Zwecke der Flugsicherung wird er in einen oberen (oberhalb Flugfläche 245 bzw. 24.500 ft) und unteren Luftraum (zwischen GND und Flugfläche 245 bzw. 24.500 ft, kurz: FL245) unterteilt. Beide Bereiche sind weiter in Fluginformationsgebiete (Flight Information Region) gegliedert, wobei die im unteren Luftraum befindlichen Fluginformationsgebiete als FIR, die im oberen Luftraum als UIR (Upper FIR) bezeichnet werden.

In den Fluginformationsgebieten befinden sich Kontrollbezirke (Control Area, CTA), die sich im unteren Luftraum (abgesehen von Ausnahmen, siehe unten) in vertikaler Richtung von 2500 ft über der Erdoberfläche (GND) bis zur Grenze zum oberen Luftraum bei Flugfläche 245 ausdehnen. Die Kontrollbezirke im oberen Luftraum werden als Upper CTA (UTA) bezeichnet und dehnen sich vertikal von Flugfläche 245 bis zur Flugfläche 460 aus (Abb. 2.2). Die Kontrollbezirke sind weiter in Radarsektoren unterteilt, die jeweils von einem Lotsenteam (einer Control Unit) betreut werden.

In die Fluginformationsgebiete eingebettet sind als Kontrollzonen (Control Zone, CTR) bezeichnete kontrollierte Lufträume im Umfeld eines Flugplatzes mit Flugverkehrskontrolle sowie Nahverkehrsbereiche (Terminal Control Area, TMA) genannte Räume zum Schutz an- und abfliegender Flugzeuge im Bereich von Flugplätzen. Die CTR richtet sich lateral nach der Konfiguration der Start- und Landebahnen, vertikal reicht sie von GND bis in eine bestimmte Höhe über NN, zumindest aber bis in die darüberliegende CTA oder TMA. Die TMA ist in Sektoren gestaffelt, wobei der Sektor „A“ bei 1000 ft (GND), der Sektor „B“ bei 1700 ft (GND) und der Sektor „C“ bei 2500 ft (GND) beginnt. Die TMA reicht bis zur Flugfläche 245 und grenzt damit an den oberen

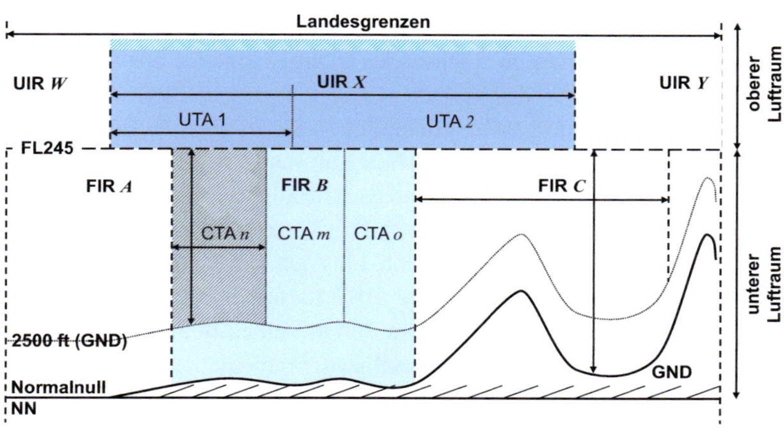

Abb. 2.2 Strukturierung des Luftraums in Fluginformationsgebiete (FIR, UIR) und Kontrollbezirke (CTA, UTA)

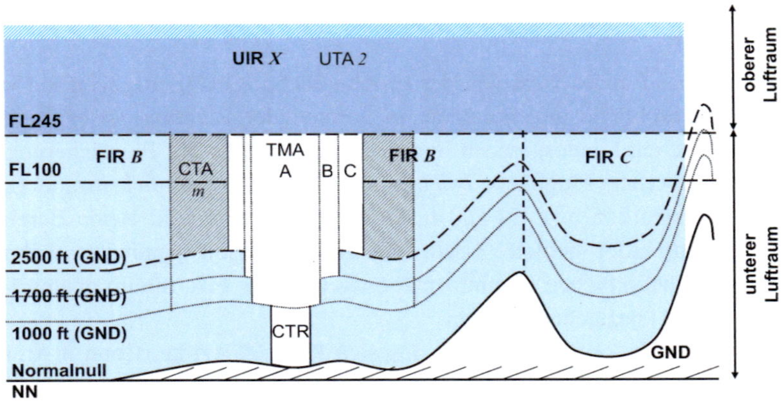

Abb. 2.3 Beispiel eines Luftraum mit CTR und TMA

Luftraum an (Abb. 2.3). Somit schneiden die CTR und TMA einen „Trichter" in den unteren Luftraum, damit an- und abfliegende Flugzeuge von einem Flugplatz in die darüber liegenden Flugräume einfädeln können. Neben diesen Bereichen werden noch Luftbeschränkungsgebiete „-R", temporäre Flugbeschränkungsgebiete „-R (TRA)" und Gefahrengebiete „-D" verwendet. In den Luftfahrtkarten werden solche Gebiete durch die Kombination aus der ICAO-Bezeichnung des Landes (z. B. ED für Deutschland), dem angegebenen Anhängsel und einer Zahl bezeichnet (etwa ED-R (TRA) 1234). Zusätzlich können als Special Rule Area (SRA) bezeichnete Bezirke definiert sein, beispielsweise im Bereich von Verkehrsflughäfen.

Da die Flugsicherung als hoheitliche Aufgabe im Verantwortungsbereich der jeweiligen Staaten liegt, führte dies in der Europäischen Union aufgrund der zahlreichen Landesgrenzen zu einer (im Vergleich zum Luftraum etwa der USA oder anderer Flächenstaaten) starken Fragmentierung der Fluginformationsgebiete und damit verbunden auch zu einer großen Anzahl an Flugsicherungseinrichtungen. Aus diesem Grund und vor der Perspektive eines weiterhin kontinuierlich wachsenden internationalen Luftverkehrs startete die Europäische Kommission 1999 das Vorhaben „Single European Sky" (SES).

Neben der Schaffung europaweit einheitlicher Sicherheitsstandards und dem Ziel der Erhöhung der Kapazität des europäischen Luftraums wurden mit den ersten SES-Verordnungen [78–81] 2004 auch die Grundlagen für funktionale Luftraumblöcke (Functional Airspace Blocks FABs) umgesetzt [82]. Das Konzept eines FAB sieht vor, mehrere UIR auch über unterschiedliche Länder und Flugsicherungsanbieter hinweg zu einem größeren Block zusammenzufassen. Im Jahr 2013 startete mit FAB Europe Central (FABEC) der erste funktionale Luftraumblock in Europa seinen Betrieb. FABEC umfasst die Lufträume von sechs Staaten (Belgien, Deutschland, Frankreich, Luxemburg, Niederlande und Schweiz) [86]. Neben FABEC decken derzeit acht weitere FABs den Luftraum über der EU, Großbritannien und den skandinavischen Ländern ab.

2.2.3 Klassifizierung des Luftraums

Von den ICAO-SARPs werden in Abhängigkeit von der Schärfe der Überwachung durch die Flugsicherung Luftraumklassen von A (höchste Überwachungsstufe) bis G (keine Überwachung) definiert und in diesen die anzubietenden Flugsicherungsdienste aufgelistet. Von diesen Klassen sind in Deutschland (und in Österreich) lediglich die Klassen C, D, E und G in Verwendung. Als Richtlinie für die Einstufung gilt: Als Klasse C ist der Luftraum oberhalb FL100 (Österreich: FL195) eingestuft. Klasse D wird für Kontrollzonen CTA verwendet, Klasse E erstreckt sich außerhalb der Nahverkehrsbereiche TMA von 2500 ft über der Erdoberfläche bis FL100 (Österreich: FL125). SRAs sind meist als Klasse C oder D eingestuft. Nicht kontrollierter Luftraum (in der Regel unterhalb 2500 ft GND) ist als unkontrollierter Luftraum der Klasse G eingestuft. Ein vereinfachtes Beispiel für die Einstufung der Lufträume ist in Abb. 2.4 dargestellt.

Die vertikale Trennung von Luftfahrzeugen (Höhenseparation) basiert auf dem Prinzip der Flugflächen. Am bordseitigen barometrischen Höhenmesser wird unter der Annahme der Standardatmosphäre der ICAO (siehe Abschn. 9.1.1), bei welcher der Zusammenhang zwischen Druck und Höhe bekannt ist, anhand der Messung des Luftdrucks die aktuelle Höhe angezeigt. Hierzu verwendet der Höhenmesser einen Referenzdruck, der dem Luftdruck an der Erdoberfläche entsprechen soll. Da der atmosphärische Luftdruck jedoch Schwankungen unterliegt, besitzen die Höhenmesser ein Stellrad, um diesen Referenzdruck verändern und so eine Korrektur der Anzeige durchführen zu können. Damit die im Flugzeug angezeigte Höhe nun bei allen Flugzeugen gleich justiert ist, wird unterhalb einer als Transition Altitude (TA, im Steigflug) bzw. Transition Level (TRL, im Sinkflug) bezeichneten Übergangshöhe als Referenzwert der aus dem Luftdruck am Flugplatz (in der Funktelegrafie als QFE bezeichnet) errechnete Luftdruck bei Normalnull (QNH) verwendet. Oberhalb der Übergangshöhe wird als Referenzwert 1013,25 hPa gewählt. Auf diese Weise verwenden alle Flugzeuge dieselbe Referenzierung und können

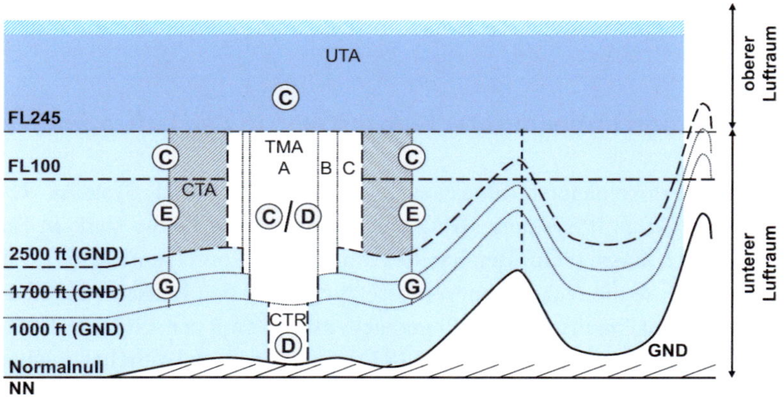

Abb. 2.4 Beispielhafte Klassifizierung der Lufträume

anhand der Druckmessung auf einer als „Flight Level“ bezeichneten Flughöhe betrieben werden.

Innerhalb des unteren und oberen Luftraums sind als Air-Traffic-Service- (ATS)-Routen bezeichnete Verkehrswege definiert, die als Großkreissegmente zwischen Radionavigationseinrichtungen am Boden verlaufen. Daneben sind in den Nahverkehrsbereichen zusätzlich standardisierte Anflug- (Standard Arrival Routes, STAR) und Abflugrouten (Standard Instrument Departure Routes, SID) definiert. Festlegungen zu den Verkehrswegen finden sich in den von den ANSPs publizierten Luftfahrthandbüchern (Aeronautical Information Publication, AIP), etwa [6, 32, 172]. Ergänzend existieren sogenannte RNAV-Gebiete (Area Navigation, RNAV), innerhalb derer ein Luftfahrzeug einen beliebigen Flugweg wählen kann, sofern es sich im Abdeckungsbereich einer Radionavigationsanlage befindet. Die Zulassung dafür erfordert, dass die Kombination aus Funkfeuer am Boden und Avionik an Bord des Luftfahrzeugs Mindestanforderungen (inklusive aller beteiligten Komponenten) bezüglich Kurshaltegenauigkeit und Verfügbarkeit während der Flugzeit erfüllt.

Für die Flugdurchführung sind des Weiteren Regeln definiert, nach denen das Luftfahrzeug operieren darf. Dies betrifft sowohl die Mindesthöhen, Ausweichregeln zur Vermeidung von Kollisionen, Signale und Zeichen, als auch die Regeln für Flüge nach Sicht (VFR) und für Instrumentenflüge (IFR). Abhängig davon, ob ein Flug nach IFR oder VFR durchgeführt werden soll, muss die Avionik des Fluggeräts bestimmte Voraussetzungen erfüllen. Flüge nach IFR erfordern eine Reihe von einfach (z. B. Transponder, Ausrüstung für R-NAV, für Instrumentenanflüge auch einen Empfänger für das Instrumentenlandesystem) sowie redundant vorhandene Avioniksysteme (barometrische Höhenmesser, UKW-Sprechfunkgeräte). Weiter sind Flugsicherungsverfahren definiert, welche etwa die Staffelung der Luftfahrzeuge, Sichtanflüge, Instrumentenanflüge, Platzrunden, Warteschleifen, Abflüge und Starts oder den Reiseflug betreffen. Flugplätze nehmen im Luftraumsystem eine besondere Rolle ein, da sie mit dem Transitbereich (Terminalbereich) den Übergang zwischen Luftraum (Airside) und der Landseite (Landside) schaffen. Luftseitig stellen Flugplätze An- und Abflugrouten (STARs, SIDs) und Warteräume auf flugbetriebliche Flächen (Rollwege, Start-/Landebahnen, Vorfeld) bereit.

2.2.4 Integration unbemannter Flugsysteme in den Luftraum

Der Bereich der unbemannten Flugsysteme (Unmanned Aerial Systems, UAS oder Remotely Piloted Aircraft Systems, RPAS) hat in den letzten Jahren stark an Bedeutung gewonnen und ist längst dem Bereich des reinen Flugsports entwachsen. Waren in einer Übergangsphase die rechtlichen Voraussetzungen für den Betrieb von unbemannten Flugsystemen national häufig individuell geregelt, existiert mit der seit Ende 2020 gültigen Durchführungsverordnung (EU) 2019/947 [83] ein EU-weit einheitlicher Rechtsrahmen. Dieser teilt unbemannte Flugsysteme in die drei folgenden Kategorien ein und legt für diese detaillierte Rahmenbedingungen fest [42]:

- „Open“: In der als „offen“ bezeichneten Kategorie finden sich UAS mit einer maximalen Abflugmasse von kleiner 25 Kilogramm, die in direkter Sichtlinie (Visual Line-of-sight, VLOS) betrieben werden. Für diese Flugsysteme ist keine Bewilligung, jedoch eine Registrierung bei der zuständigen Behörde erforderlich. Abhängig von der Masse des Fluggeräts und abhängig davon, in welchem Abstand das Fluggerät von anderen Menschen betrieben wird, gelten die in den daraus abgeleiteten Unterkategorien A1 bis A3 festgelegten Regelungen. Die maximale Flughöhe von Flugsystemen der „Open“-Kategorie beträgt 120 Meter über Grund. Kann der in dieser Kategorie definierte Rahmen nicht eingehalten werden, fällt das UAS in eine der beiden nächsten Kategorien und wird bewilligungspflichtig.
- „Specific“: Für unbemannte Flugsysteme der „spezifischen“ Kategorie ist vom Betreiber eine Analyse der vom geplanten Betrieb ausgehenden spezifischen Gefahren (Specific Operations Risk Assessment, SORA) durchzuführen. Die SORA-Systematik hat das Ziel, mit dem Betrieb des UAS verbundene Gefahren für andere Teilnehmer am Luftverkehr sowie für Personen und Sachwerte am Boden zu minimieren. In der Regel ist eine Bewilligung der zuständigen Behörde einzuholen. In die „Specific“-Kategrorie fällt insbesondere der Betrieb eines UAS außerhalb der direkten Sichtverbindung (Beyond Visual Line-of-sight, BVLOS) oder oberhalb der Flughöhe von 120 Meter über Grund.
- „Certified“: Der Betrieb unbemannter Flugsysteme mit der höchsten Risikoeinstufung – etwa beim Transport von Passagieren mit „Luft-Taxis“ oder der Transport von Gütern über bewohntem Gebiet – ist zertifizierungspflichtig und fällt in die „Certified“-Kategorie. Im weitesten Sinne gelten die aus dem Bereich der bemannten Luftfahrt bekannten Zulassungsregelungen für das Fluggerät und Anforderungen an Personal und Betreiber auch für UAS der Certified-Kategorie.

Auch der Betrieb von unbemannten Flugsystemen erfordert eine Systematik, wie sie vom Flugverkehrsmanagement der bemannten Luftfahrt her bekannt ist. Aus diesem Grund wird derzeit das Konzept eines Unmanned Traffic Managements bzw. eines UAS Traffic Managements (UTM) diskutiert und vorangetrieben. Das UTM soll überall dort zum Einsatz kommen, wo unbemannte Flugsysteme ohne direkte Sichtverbindung betrieben werden. Zudem soll es mit dem bereits etablierten ATM kompatibel sein, damit bemannte Fluggeräte wie etwa Hubschrauber von Einsatzorganisationen den unbemannten Flugverkehr erkennen können.

In der EU wird „U-space“ derzeit als Implementierung eines UTM erforscht und umgesetzt. Nach gegenwärtigem Stand soll U-space als eigener Luftraum definiert werden und die bisher bereits verwendeten Luftraumklassen ergänzen [41]. Im Zuge von vier aufeinanderfolgenden Schritten (U1 bis U4) ist angedacht, ausgehend von einer elektronischen Registrierung und Identifizierung des Fluggeräts eine vollständige Integration mit dem bestehenden Flugverkehrsmanagement zu erreichen [170].

2.3 Flugsicherung und Flugsicherungsdienste

Das Flugverkehrsmanagement (Air Traffic Management, ATM) regelt die Nutzung des Luftraums. Der Bereich des ATMs gliedert sich weiter auf und besteht aus den Instrumenten des Verkehrsflussmanagements (Air Traffic Flow Management, ATFM), des Luftraummanagements (Air Space Management, ASM) und den Flugverkehrsdiensten (Air Traffic Services, ATS). Während das Luftraummanagement unter Berücksichtigung der Interessen der verschiedenen Nutzer die verfügbare Kapazität des Luftraums optimiert und dazu auch besondere Nutzungen wie etwa Flugtage oder Ballonaufstiege berücksichtigt, dient das Verkehrsflussmanagement der Sicherstellung optimaler Verkehrsflüsse im Luftraum, wenn die Nachfrage die vorhandene Kapazität überschreitet. ATFM und ASM tragen damit zur effizienten Nutzung des Luftraums und der Flughäfen bei und minimieren Wartezeiten.

Um ein effizientes und sicheres Flugverkehrsmanagement zu ermöglichen, betreiben die Air Navigation Service Provider ihre eigene Flugsicherungsinfrastruktur und stellen mit dieser Flugsicherungsdienste bereit. Die von einem Flugsicherungsdienstbetreiber per gesetzlichem Auftrag (Deutschland: FSBetrV, Abschn. 2.2.1) anzubietenden Dienste können in fünf Hauptgruppen zusammengefasst werden. Abb. 2.5 stellt dies schematisch dar (angelehnt an [29]).

- Communications, Navigation, Surveillance (CNS)
- Meteorology (MET)
- Air Traffic Management (ATM)
- Search and Rescue (SAR)
- Aeronautical Information Service (AIS)

Der Bereich Kommunikation/Navigation/Surveillance (CNS bzw. mit der von der ICAO geprägten Abkürzung CNS/ATM, um die Anwendung im Flugverkehrsmanagement hervorzuheben) deckt die technischen Hilfsmittel und Systeme der Flugsicherung bezie-

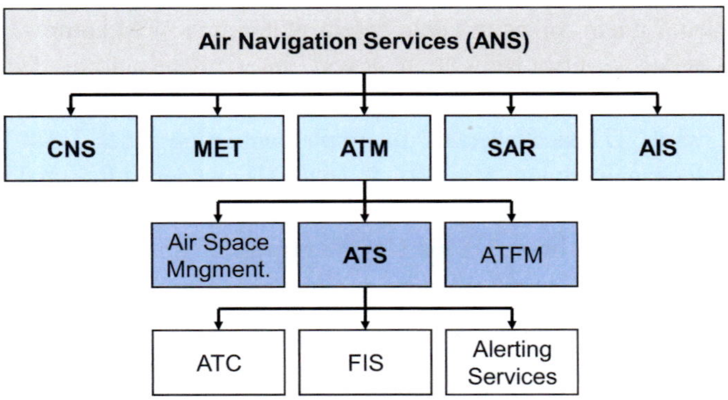

Abb. 2.5 Zur Definition der Flugsicherungsbetriebsdienste

hungsweise der Flugsicherungsbetriebsdienste ab. Diese werden auch als Flugsicherungstechnik bezeichnet und sind in den Kap. 5, 6 und 7 unter dem Gesichtspunkt der flugzeugseitigen Funktion betrachtet. Technische Festlegungen für CNS/ATM-Systeme finden sich im Annex 10 der ICAO-SARPs.

Der meteorologische Dienst (MET) stellt den an der Luftfahrt beteiligten Personen und Organisationen (auf Basis des ICAO-Annex 3) meteorologische Dienstleistungen bereit, um den Luftverkehr sicher gestalten zu können. Diese umfassen die Flugwetterüberwachung, Wettervorhersagen, Herausgabe von Warnungen über Wettererscheinungen oder auch meteorologische Beratungsleistungen. Hierzu werden meteorologische Betriebsdienste wie SIGMET (Significant Meteorological Phenomena, Information über signifikante meteorologische Erscheinungen), METAR (Meteorological Aviation/Aerodrome Routine Weather Report, Wetterbeobachtung an einem einzelnen Flugplatz) oder TAF (Terminal Aerodrome Forecast, Flugwetterprognose an einem einzelnen Flugplatz) unterhalten.

Der Flugalarmdienst (SAR) verwendet für die Alarmierung der Search-and-Rescue-Leitstellen drei Alarmstufen. Die „Ungewissheitsstufe" (INCERFA) wird 30 Minuten nach Überschreitung einer fälligen Meldung oder der an die Flugverkehrskontrolle übermittelten vorgesehenen Ankunftszeit ausgerufen. Bleiben die Nachforschungen während der Ungewissheitsstufe ergebnislos, wird die „Bereitschaftsstufe" (ALERFA) ausgerufen. Dies erfolgt auch, wenn nach einer entsprechenden Freigabe bis 5 Minuten nach der voraussichtlichen Landezeit keine Landung erfolgte und keine Sprechfunkverbindung besteht sowie wenn ein Luftfahrzeug nach einem widerrechtlichen Eingriff bedroht ist. Die „Notstufe" (DETRESFA) wird vom Flugalarmdienst ausgerufen, wenn in der Bereitschaftsstufe keine Sprechfunkverbindung hergestellt werden konnte, wenn der mitgeführte Treibstoffvorrat verbraucht ist oder für eine sichere Landung als unzureichend angesehen wird, oder wenn eine Notlandung aufgrund mangelnder Betriebssicherheit eines Fluggeräts wahrscheinlich ist oder durchgeführt wurde.

Der Flugberatungsdienst (AIS) wird basierend auf den Empfehlungen der SARPs (Annex 13) durchgeführt. Hierzu ist er für das Sammeln, das Auswerten und die Bekanntgabe der für die sichere, geordnete und effiziente Flugdurchführung nötigen Nachrichten zuständig. Er berät Luftfahrzeugführer bei den Flugvorbereitungen, nimmt Flugpläne entgegen, prüft diese und leitet sie weiter. Zudem ist er für die Herstellung und das Publizieren von Luftfahrtkarten zuständig. Die vom AIS veröffentlichten Nachrichten umfassen:

- „Nachrichten für Luftfahrer" (NfL)
- Luftfahrthandbuch (Aeronautical Information Publication, AIP)
- „Notice to Airman" (NOTAM)
- „Aeronautical Information Circular" (AIC)

Europaweit wird das Verkehrsflussmanagement (ATFM) mittels des von EUROCONTROL betriebenen Network Manager Operations Centre (NMOC) durchgeführt und von der Europäischen Kommission zuletzt für den Zeitraum von 2029 bis 2029 als Network

Manager nominiert. Das NMOC ging aus der früher für das ATFM zuständigen Central Flow Management Unit (CFMU) hervor.

Das Verkehrsflussmanagement teilt sich in verschiedene Phasen auf und ist der Verkehrsflusskontrolle vorgelagert. Anhand der bereits bekannten Flugpläne wird in der strategischen Phase (Fragestellung: An welchem Tag und zu welcher Zeit kann ein Flug stattfinden?) eine Planung der nächsten 7 Tage durchgeführt. In der folgenden prätaktischen Phase erfolgt eine Feinplanung der Strategie, bevor in der taktischen Phase (Fragestellung: Welche Streckenführung, welche Flugfläche nimmt ein geplanter Flug?) das Management der Zeitfenster (Slot Management) und die Routenführung behandelt werden. Die vom NMOC erstellte Planung wird von der lokal zuständigen Flugverkehrskontrolle übernommen und durch Sektorplanungen und taktische Anweisungen an die Flugzeugführer umgesetzt (Abb. 2.6). Diese Fragen sind zusätzlich unter den Randbedingungen äußerer Einflüsse (z. B. Wetter, vorhandene Infrastruktur oder anstehende militärische Flüge) zu betrachten [29, 66, 143].

Die Flugverkehrsdienste (ATS) gliedern sich in einer weiteren Hierarchieebene in die eigentliche Flugverkehrskontrolle (Air Traffic Control, ATC), den Fluginformationsdienst (Flight Information Service, FIS) sowie in Alarmdienste auf. Der Fluginformationsdienst umfasst Flugrundfunksendungen oder über eine Sprechfunkverbindung die individuelle Beratung durch einen FIS-Lotsen. Neben meteorologischen Informationen (SIGMET) werden über den FIS-Rundfunk der ATIS-Dienst (Automatic Terminal Information Service) mit Start- und Landeinformationen sowie aktuelle Gefährdungen oder Einschränkungen des Luftverkehrs ausgesendet. ATS umfasst auch eine Reihe von mittels digitaler Übertragung übermittelten Diensten wie etwa D-FIS (Datalink FIS), CPDLC (Controller Pilot Digital Link Communication) oder DAP (Downlink Aircraft Parameters) und greift dazu auf von CNS bereitgestellte Kommunikationstechnologien zurück.

Die Flugverkehrskontrolle (ATC) kann – angelehnt an flugbetriebliche Aspekte – weiter unterteilt werden. Dazu wird die Untergliederung nach den Phasen der Wechselwirkung zwischen Flugzeugbesatzung und Fluglotsen getroffen:

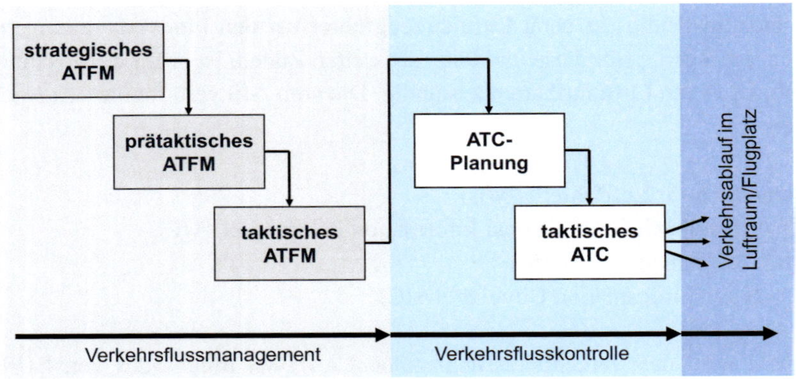

Abb. 2.6 Phasen des strategischen Verkehrsflussmanagements

- Apron Control: Die Vorfeldkontrolle ist für die Flughafenoberfläche exklusive der aktiven Start- und Landebahnen verantwortlich. Oft wird sie von dem Flughafenbetreiber durchgeführt, kann aber auch von Tower-Lotsen mit übernommen werden.
- Tower Control (TWR): Tower-Lotsen erteilen der Cockpit-Crew die Freigaben (etwa Triebwerksstart, Rollen, Startgenehmigung) und führen das Flugzeug bei Start und Landung.
- Approach Control (APPR): Nach dem Start wird das Flugzeug an die Anflugkontrolle übergeben, die das Flugzeug zu den Flugstraßen führt. Umgekehrt übernimmt die Anflugkontrolle ein Flugzeug im Landeanflug aus dem En-route-Verkehr, führt es an den Flugplatz heran und übergibt es zur Landung an die Tower-Lotsen.
- Area Control Centre (ACC): En-route-Verkehr wird von den Bezirkskontrollstellen der ANSP kontrolliert und koordiniert.

Als Hilfsmittel der Flugverkehrskontrolle dienen Primär- und Sekundärradargeräte zur Überwachung des Verkehrs, Kommunikationseinrichtungen (Sprechfunk auf UKW oder UHF, UKW-Datenfunk) stehen für die Kommunikation mit den Luftfahrzeugen zur Verfügung. Die Einheiten der Flugverkehrskontrolle (ACC, APPR, TWR) und das Verkehrsflussmanagement bilden das Kernstück der Flugverkehrsdienste und der Flugsicherung. Die Kommunikation zwischen diesen Einheiten sowie der Flugverkehrskontrolle mit den Luftfahrzeugen wird mit Hilfe des Flugfernmeldedienstes (Aeronautical Fixed Telecommunications Network, AFTN) sichergestellt. Das AFTN wird dazu in einen festen (Boden-Boden-Kommunikation, z. B. zwischen Bezirkskontrollstellen oder zum Datenaustausch mit dem NMOC) und einen beweglichen Teil (Bord-Boden-Kommunikation) unterteilt. Das von der ICAO standardisierte Aeronautical Telecommunications Network (ATN) soll das AFTN ablösen und anhand neuer digitaler Kommunikationstechnologien ATS-Dienste anbieten.

Im europäischen Raum initiierte die EUROCONTROL eine Reihe von Maßnahmen, welche die Fragmentierung des Luftraums überwinden und Kapazitätsengpässe beseitigen sollten. Aus den Programmen EATCHIP (European ATC Harmonisation and Integration Programme) und EATMP ging beispielsweise der mit ARTAS bezeichnete Radar-Tracker hervor, der mittlerweile bei vielen Kontrollcentern eingesetzt wird. Die Central Flow Management Unit ist für das europäische Flugverkehrsflussmanagement ein elementarer Stützpfeiler. Im Rahmen des Programms LINK2000+ wurde erstmalig ein digitaler Luft-Boden-Datenlink implementiert und operationell eingesetzt. Durch das 8,33-kHz-Programm sollte der Verknappung der Sprechfunkkapazitäten begegnet werden. CASCADE (Cooperative ATS Through Surveillance and Communications Applied in ECAC) beinhaltet die Implementierung von ADS-B. Auf dem Weg zum harmonisierten europäischen Luftraum werden derzeit im Rahmen des SESAR-Forschungsprogramms operationelle und technologische Fragestellungen zu einem noch effizienteren System der Flugsicherung bearbeitet.

Anforderungen an die Fluggeräteelektronik 3

In Analogie zur Flugsicherungstechnik sind auch bei der Entwicklung sowie beim flugbetrieblichen Einsatz von Avionik einige Randbedingungen zu berücksichtigen. Diese resultieren aus den Regelungen (Standards) der zuständigen europäischen und nationalen Behörden zur Zertifizierung (Certification) und Zulassung (Approval) vom Fluggerät als auch aus den Rahmenbedingungen des Einsatzes der Avionik während des Fluges. Im Folgenden wird ein Überblick über die an diesem Prozess beteiligten internationalen Organisationen sowie die Verzahnung deren Dokumente gegeben. Abschließend wird der Aspekt der Zuverlässigkeit von Avionik diskutiert und die bordseitige Energieversorgung als wesentliche Grundlage zum Betrieb der Avionik erläutert.

3.1 Zulassung und EASA-Regelwerk

Basierend auf der Verordnung (EG) Nr. 1592/2002 des Europäischen Parlaments und des Rates vom 15. Juli 2002 agiert die Europäische Agentur für Flugsicherheit (European Aviation Safety Agency, EASA [69]) auf europäischer Ebene als Luftfahrtbehörde (siehe Abschn. 2.1.4). Grundlage der Zulassung von Luftfahrtgerät und der Aufrechterhaltung dessen Lufttüchtigkeit ist die Verordnung (EG) Nr. 1592/2002 des Europäischen Parlaments und des Rates vom 20. Februar 2008, kurz Grundsatz-Verordnung beziehungsweise *Basic Regulation*. Der Grundsatz-Verordnung nachgereiht sind Durchführungsbestimmungen zur Zulassung (*Implementing Rule Certification*) und zur Aufrechterhaltung der Lufttüchtigkeit (*Implementing Rule Continuing Airworthiness*) [70].

Elektronisches Zusatzmaterial Die elektronische Version dieses Kapitels enthält Zusatzmaterial, das berechtigten Benutzern zur Verfügung steht. https://doi.org/10.1007/978-3-662-64823-0_3.

H. Flühr, *Avionik und Flugsicherungstechnik*,
https://doi.org/10.1007/978-3-662-64823-0_3

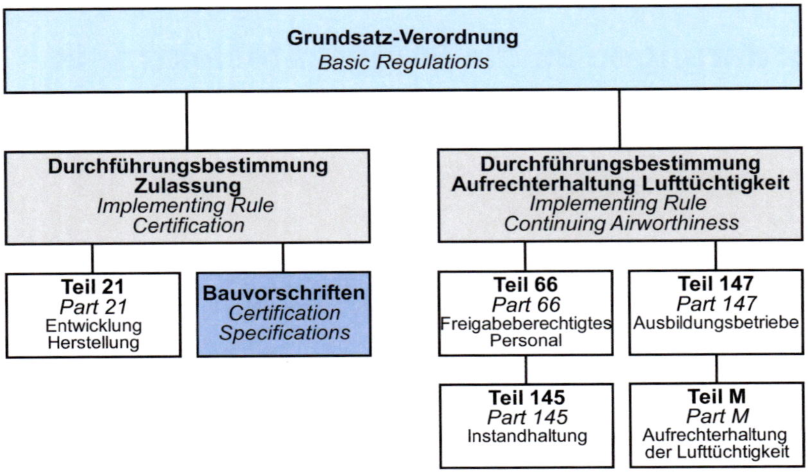

Abb. 3.1 Gliederung des EASA-Regelwerks

Das EASA-Regelwerk (siehe Abb. 3.1) deckt mit seinen Verordnungen die Entwicklung (Part 21/J), Produktion (Part 21/G), Wartung (Part 145) als auch die Aufrechterhaltung der Lufttüchtigkeit (Part M) ab. Es enthält weiter Bestimmungen zum freigabeberechtigtem Personal (Part 66) sowie zu Ausbildungsbetrieben (Part 147) für das in Luftfahrtunternehmen eingesetzte Personal. Der folgende Abschnitt gibt einen Überblick über das Regelwerk und dessen Relevanz für luftfahrttechnische Arbeiten. Eine detaillierte und sehr übersichtliche Darstellung der Bestimmungen des EASA-Regelwerks findet sich etwa bei [102], während [33] dieses den US-amerikanischen FAA-Vorschriften gegenüber stellt.

3.1.1 Bauvorschriften

Ist von „Zulassung" die Rede, wird darunter im EASA-Regelwerk zunächst die Zulassung von Flugzeugen bzw. Drehflüglern sowie derer Antriebe und von Propellern (dem „Produkt") verstanden. Hierzu hat die EASA eine Reihe von Bauvorschriften veröffentlicht, die technische Anforderungen zur Zulassung von Luftfahrtgerät spezifizieren [71]. Sie geben auch vor, wie die Lufttüchtigkeit dieser Produkte nachgewiesen wird. Für Fluggeräte sind die nachfolgend aufgeführten Bauvorschriften relevant:

- EASA CS-VLA: Certification Specifications for Very Light Aeroplanes. Mindestanforderungen für die Zulassung eines Motorflugzeugs mit einem maximalen Startgewicht MTOW bis 750 kg
- EASA CS-VLR: Very Light Rotorcraft. Mindestanforderungen für die die Zulassung eines Drehflüglers mit einem maximalen Startgewicht MTOW bis 600 kg
- EASA CS-22: Sailplanes and Powered Sailplanes (Segelflieger und Motorsegler)

- EASA CS-23: Normal, Utility, Aerobatic, and Commuter Category Aeroplanes (Motorflugzeuge)
- EASA CS-25: Large Aeroplanes (Große, turbinengetriebene Flugzeuge)
- EASA CS-27: Small Rotorcraft (Kleine Drehflügler bis 3175 kg)
- EASA CS-29: Large Rotorcraft (Große Drehflügler)

Im Wesentlichen folgt die Gliederung der Bauvorschriften für Fluggerät der in Abb. 3.2 gezeigten Struktur. Neben den eigentlichen Vorschriften (im Buch 1, auch als „Airworthiness Codes" bezeichnet) wird parallel dazu im gleichartig gegliederten Buch 2 dargelegt, wie diese Vorschriften zu interpretieren und ihre Einhaltung nachzuweisen ist. Diese Anwendungshinweise (Acceptable Means of Compliance, AMC) Es ist zu beachten, dass immer die zum Zeitpunkt der Entwicklung des Fluggeräts gültigen Bauvorschriften heranzuziehen sind. Vor 2003 waren dies etwa die von der JAA[1] herausgegebenen

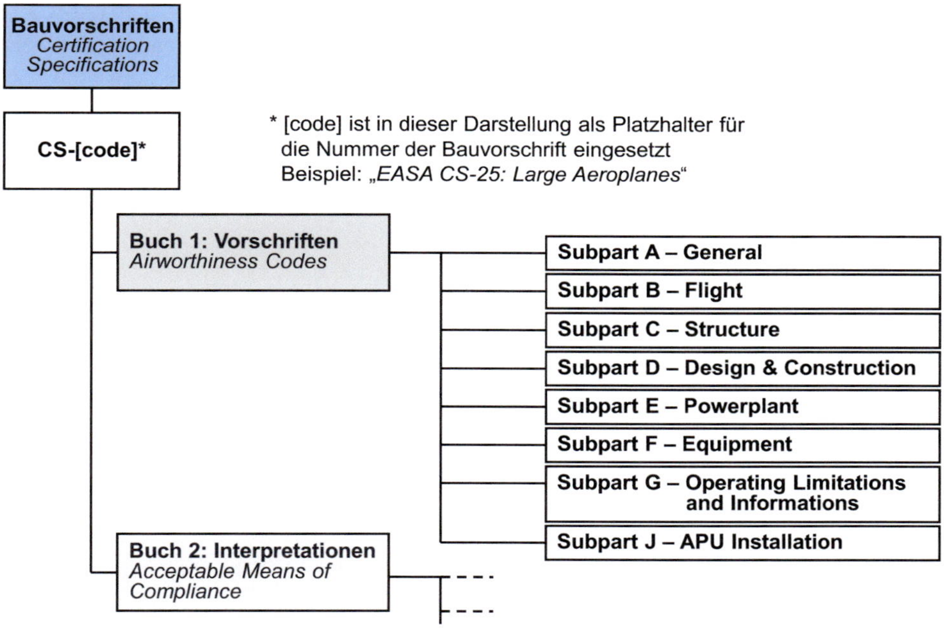

Abb. 3.2 Gliederung der Bauvorschriften

[1] Die JAA (Joint Aviation Authorities) war die Vorgängerorganisation der EASA. In der JAA waren die zivilen Luftfahrtbehörden von 34 europäischen Ländern zusammengeschlossen, sie vertrat diese in der Europäischen Zivilluftfahrt-Konferenz (ECAC, siehe Abschn. 2.1.3). Sie wurde 2009 aufgelöst.

Joint Aviation Requirementments (JAR), die von den EASA-CS abgelöst wurden. Auf der Basis der JAR wurde etwa die Airbus-A320-Familie entwickelt und erhielt ihre Musterzulassung.

Neben den als „Produkt“ bezeichneten Fluggeräten, Turbinen, Motoren und Propellern benennt das EASA-Regelwerk zusätzlich Ausrüstungsgegenstände und Bauteile („Parts and Appliances“). Diese werden in den Vorschriften nicht als Eigenständig angesehen, sondern immer in Verbindung mit einem luftfahrttechnischen Produkt betrachtet und zugelassen. So erhält beispielsweise ein Cockpit-Instrument oder ein Sprechfunkgerät eine Zulassung nur dadurch, dass es in der Musterzulassung des Fluggeräts (dem „Luftfahrtprodukt“) aufgelistet wird, in der es eingebaut werden soll.

Eine Ausnahme („optionale Gerätezulassung“) stellt die Europäische Technische Standardzulassung (European Technical Standard Order, ETSO), auch ETSO-Berechtigung genannt, dar. Hierzu sind in der Bauvorschrift EASA CS-ETSO Beschreibungen und Festlegungen enthalten, die Mindestkriterien für eine ETSO-Zulassung darstellen [39].

Die Struktur der CS-ETSO weicht von derjenigen den übrigen EASA-CS ab (Abb. 3.3). Anstelle der dort üblichen Zweiteilung in Airworthiness Codes und Anwendungshinweise finden sich in der CS-ETSO zwei Hauptteile. Der Subpart A umreist die Anwendbarkeit der Bauvorschrift und legt fest, welche Ausgabe der Anforderungen an Umweltbedingun-

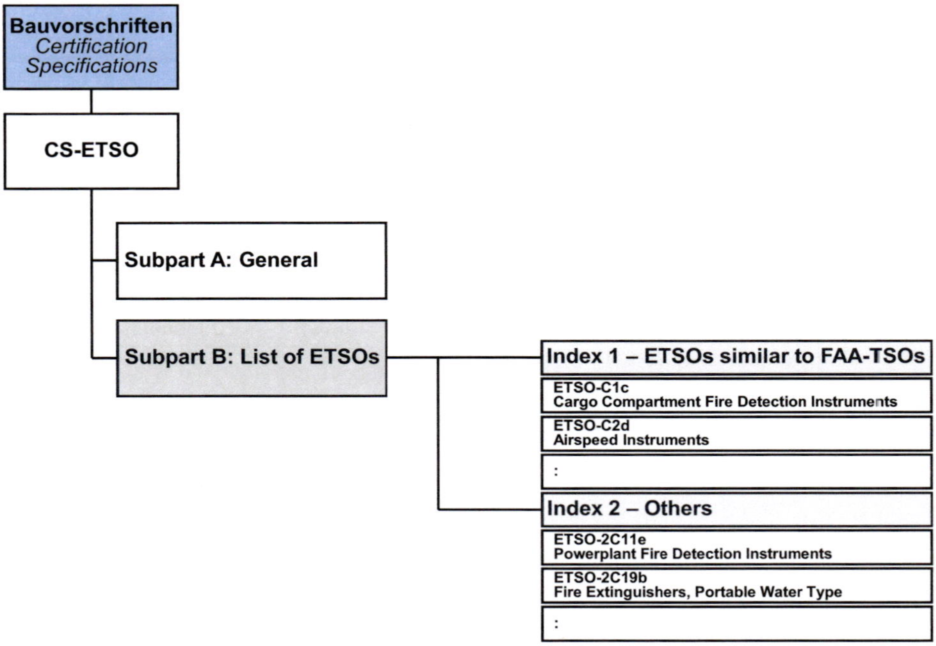

Abb. 3.3 Struktur der CS-ETSO

gen und Software (siehe hierzu Abschn. 3.3) anzuwenden ist. Im Subpart B sind diejenigen Geräte gelistet, für die eine ETSO-Zulassung erlangt werden kann. ETSO-Spezifikationen, die technisch einer FAA-TSO[2] entsprechen, sind hierzu im Index 1 gelistet. Dabei wird die selbe Nummer verwendet, die auch in der FAA-TSO verwendet wird (beispielsweise ETSO-C106: Air Data Computer). ETSOs, die keine FAA-TSO-Entsprechung haben, sind im Index 2 aufgeführt. Dies gilt für ETSOs, die von den FAA-TSOs abweichen oder für die keine Entsprechung existiert. Zum Unterschied von den Index-1-Standards wird diesen Vorschriften eine „2" vorangestellt (etwa ETSO-2C37e: VHF Radio Communication Transmitting Equipment Operating Within the Radio Frequency Range 117.975–137 Megahertz).

Liegt für ein Bauteil oder ein Ausrüstungsgegenstand eine ETSO-Zulassung vor, sagt dies nicht aus, dass es in ein beliebiges zugelassenes Luftfahrtzeug eingebaut werden darf. Die ETSO-Berechtigung bestätigt lediglich die Übereinstimmung mit den in der CS-ETSO gestellten Mindestanforderungen, sagt jedoch nichts über die Einbaufähigkeit in ein beliebiges Luftfahrtgerät aus. Der Einbau erfordert daher weiterhin eine Musterzulassung gemeinsam mit dem Fluggerät, in dem es verbaut werden soll. Im Zuge dieses Zulassungsprozesses können jedoch die im Rahmen der ETSO-Zulassung bereits erbrachten Nachweise berücksichtigt werden, diese müssen nicht erneut nachgewiesen werden. Hierdurch vereinfacht sich die Genehmigung zum Einbau des Geräts in ein bestimmtes Produkt – vor allem dann, wenn dieses in mehrere Typen von Luftfahrtgerät eingebaut werden soll.

3.1.2 Zulassungsprozess

Die Entwicklung eines luftfahrttechnischen Produkts zielt darauf auf, Unterlagen zur Konstruktion, zur Herstellung, zum Betrieb, zur Wartung und zur Reparatur (Entwicklungsunterlagen) zu erstellen. Durch eine Musterzulassung wird bestätigt, dass die anzuwendenden Bauvorschriften und eventuelle nationale Vorgaben eingehalten werden, eine Modellreihe oder ein Baumuster eines Fluggeräts erhält durch die EASA die Zulassung (Certification) zum Flugverkehr. In der Regel stellt die Musterzulassung die Basis für die Ausstellung eines Lufttüchtigkeitszeugnisses (Certificate of Airworthiness, C of A) eines individuellen Luftfahrzeugs dar. Nach einer Erstzulassung müssen alle darauf folgenden Änderungen, Ergänzungen oder Reparaturverfahren gesondert zugelassen werden. Das EASA-Regelwerk unterscheidet daher:

[2] Die FAA-TSO entsprechen von ihrer Bedeutung her den CS-ETSO.

- Musterzulassung (mittels Type Certificate, TC) eines Baumusters oder einer Modellreihe
- Änderung einer Musterzulassung (Change to TC) sind Änderungsentwicklungen, um etwa neue Varianten eines als Baumuster zugelassenen Basisdesign zu genehmigen
- Ergänzende Musterzulassung (Supplemental Type Certificate, STC) eines Baumusters, um in einem genehmigten Baumuster etwa alternative Cockpit-Instrumente verwenden zu können oder um die Turbinen durch einen neuartigen Typ ersetzen zu können
- Reparaturzulassungen (Repair Approvals) dienen der Genehmigung von Reparaturverfahren.

Eine Musterzulassung durch die EASA kann von einem zugelassenen Entwicklungsbetrieb (Part-21/J-Organisation) erwirkt werden, nachdem ein nach dem EASA-Regelwerk definierter Zulassungsprozess durchlaufen wurde. Hierzu hat, in Abhängigkeit vom Umfang der geplanten Entwicklung, die in der Part-21/J-Organisation angesiedelte Musterprüfleitstelle oder die EASA eine Klassifizierung dieser Aktivität vorzunehmen und ein Musterprüfprogramm (Certification Program) zu erstellen. Dabei werden die anzuwendenden Bauvorschriften identifiziert, daraus die zu erbringende Nachweisführung erstellt und das daraus resultierende Zulassungsprogramm mit der EASA abzustimmen und zur Genehmigung zu bringen. Neben dem Zulassungsprogramm wird ein Evaluationsprogramm definiert, das Stichprobenprüfungen für die abschließende Musterzulassung enthält.

Im Rahmen der nun folgenden Produktentwicklung sind Nachweise zu führen, um die Übereinstimmung der Entwicklung mit den im Vorfeld identifizierten Airworthiness Codes zu zeigen. Diese Nachweisführung verwendet sogenannte „Means of Compliance“, die von einer Begründung oder Erläuterung (Compliance Statement) über Labortests und Flugtests bis hin zu Gerätequalifikationen reichen kann (siehe Tab. 3.1). Hat ein einzubauendes Gerät bereits eine ETSO-Genehmigung, ist – wie oben bereits erläutert – für dieses die Nachweisführung bereits erbracht.

Die Nachweisführung der Entwicklungsabteilung wird von der Musterprüfleitstelle des Entwicklungsbetriebs verifiziert, bevor die Unterlagen der EASA zur Musterprüfung vorgelegt werden. Mit Hilfe des Evaluationsprogramms überprüft die Behörde die Entwicklungsdokumentation oder nimmt an Tests teil, anhand derer die Lufttüchtigkeit nachgewiesen werden soll. Sind die Entwicklung des Produkts und die Nachweisführung abgeschlossen, kann durch Ausstellung einer Musterzulassung die Zulassung des Baumusters durch die EASA erfolgen. Mit diesem Schritt werden die bisher als „anwendbare“ Entwicklungsunterlagen bezeichneten Dokumente zu sogenannten „genehmigten“ Herstellungs-, Instandhaltungs- und Reparaturvorgaben (Approved Data). Diese sind das eigentliche Ergebnis des entwicklungsbetrieblichen Entwicklungsprozesses. Der Part-21/J-Betrieb wird mit der behördlichen Zulassung des Baumusters zum Halter der Musterzulassung (TC- bzw. STC-Inhaber).

Tab. 3.1 Übersicht der Nachweismethoden (Means of Compliance)

MoC 0	Compliance Statement	Beschreibung, Erläuterung
MoC 1	Design Review	Überprüfung der Vorgabe mittels Dokumenten
MoC 2	Calculation, Analysis	Berechnungen, Analysen, Herleitungen
MoC 3	Safety Assessment	Risikobeurteilung eines Systems und seines Einbaus im Fluggerät anhand systematischer Fehleranalysen
MoC 4	Laboratory Tests	Labortests an Materialien oder Bauteilen
MoC 5	Test on Aircraft	Bodentests am/im Flugzeug nach dessen Herstellung
MoC 6	Flight Test	Test der Eigenschaften anhand eines Nachweisfluges
MoC 7	Inspection	Visuelle Überprüfung, z. B. des Einbaus von Bauteilen
MoC 8	Simulation	Simulation des erwarteten Verhaltens anhand eines Simulationsmodells
MoC 9	Equipment Qualification	Bei Einbau von Komponenten anhand der MoC 0 bis 8 oder durch ETSO-Approval, wenn noch keine behördliche Zulassung für die Ausrüstung vorliegt

3.1.3 Herstellung und Instandhaltung

Die genehmigten Herstellungsunterlagen des TC-Inhabers stellen die Basis für die Herstellung des Fluggeräts durch einen Herstellungs- oder Part-21/G-Betrieb dar. Dieser assembliert das Fluggerät schrittweise, indem zunächst (bei einem Flugzeug) die Rumpfschalen zu Rumpftonnen und schließlich zum kompletten Rumpf zusammengesetzt werden. In den Rumpf werden Ausrüstungsgegenstände montiert und schließlich das Fahrwerk und die Tragflächen angebracht. Neben der Instrumentierung des Cockpits und der Ausrüstungsmontage in der Endlinie erfolgen laufend Prüfungen am Rumpf und an den verbauten Systemen. Der Fertigungsprozess wird durch Bodentests mit laufenden Triebwerken und Werkstattflügen abgeschlossen. Zusammen mit dem Luftfahrtgerät wird dem Kunden das Lufttüchtigkeitszeugnis übergeben.

Ist das Fluggerät an den Kunden übergeben, wird dessen Lufttüchtigkeit anhand eines Wartungsmanagements nach EASA Part M sowie durch Regelungen zur Instandhaltung (EASA Part 145) sichergestellt. Hierzu muss der Betreiber des Fluggeräts einen Part-M-Betrieb (Continuing Airworthiness Management Organisation, CAMO) einrichten oder einen solchen mit dem Instandhaltungsmanagement beauftragen. Die eigentliche Instandhaltung wird von einem nach EASA Part 145 zugelassenem Instandhaltungsbetrieb durchgeführt. Dieser kann wiederum beim Halter angesiedelt sein oder es kann ein Part-145-Betrieb mit der Durchführung der Wartung beauftragt werden. Die Verantwortung für die Einrichtung des Instandhaltungsmanagements sowie der Durchführung der Instalndhaltung bleibt unabhängig von einer Beauftragung einer CAMO oder eines Part-145-Betriebs beim Betreiber.

Stellt sich nach der Zulassung eines Luftfahrzeugs heraus, dass dieses einen Mangel aufweist, der sowohl die Lufttüchtigkeit gefährdet als auch an anderen Fluggeräten des selben Baumusters auftreten kann, wird von der Luftfahrtbehörde und nach Abstimmung mit der Musterprüfleitstelle des TC-Inhabers eine verpflichtend umzusetzende Airworthiness Directive (AD) veröffentlicht. Wird die AD an einem Luftfahrzeug nicht innerhalb des vorgegebenen Zeitraums umgesetzt, gilt es als nicht lufttüchtig und darf nicht im Flugbetrieb geflogen werden. Im Gegensatz dazu sind Herstellerbekanntmachungen (Service Bulletin, SD) lediglich Empfehlungen des TC-Halters oder des Herstellers. Diese beinhalten meist technische Modifikationen, die vom Betreiber im Einzelfall auf Vorteile im Flugbetrieb geprüft und umgesetzt werden können.

3.2 Ebenen der Standardisierung

Die betriebliche Umsetzung der Standards wie beispielsweise die Verkehrszulassung einzelner Luftfahrzeuge sowie die Erteilung von Pilotenlizenzen obliegt den nationalen Luftfahrtbehörden. In der Bundesrepublik Deutschland ist das Luftfahrt-Bundesamt (LBA [134]) in Braunschweig die nationale zivile Luftfahrtbehörde (in Österreich: Österreichische Gesellschaft für Zivilluftfahrt mbH, kurz: Austro Control, ACG; in der Schweiz: Bundesamt für Zivilluftfahrt, BAZL). Das LBA wurde am 30. November 1954 gegründet, ist als Bundesoberbehörde für die Aufgaben der zivilen Luftfahrt in Deutschland zuständig und als solche dem Bundesministerium für Verkehr und digitale Infrastuktur (BMVI) untergeordnet [133]. Auch die Genehmigung und Überwachung von Hersteller- und Wartungsfirmen sowie von Fluggesellschaften obliegt den nationalen Behörden. Die Entsprechung der europäischen Behörden in den USA ist die Federal Aviation Administration (FAA [88]), die ebenfalls Aufgaben der Standardisierung, Zertifizierung und Zulassung wahrnimmt.

In ihren Zulassungsvorschriften zitieren die Luftfahrtbehörden regelmäßig Dokumente von Organisationen, die selbst keinen behördlichen Status haben. Solche Organisationen wie etwa die ICAO, die European Organization for Civil Aviation Equipment (EUROCAE [73]), die Radio Technical Commission for Aeronautics (RTCA [157]) als ihre US-amerikanische Entsprechung oder die Society of Automotive Engineers (SAE [173]) erarbeiten Empfehlungen („Aerospace Recommended Practice", ARP), Standards („EUROCAE Documents", ED bzw. „Aerospace Standards", AS) und Gerätevorschriften („Minimum Operational Performance Specification", MOPS bzw. „Minimum Aviation System Performance Specification", MASPS) unter anderem auch für Elektronik in Luftfahrzeugen. Durch die Referenzierung in den Vorschriften der Behörden erlangen sie rechtsverbindlichen Charakter. Exemplarische Beispiele hierfür sind:

- EUROCAE ED-79A/SAE ARP-4754A: Certification Considerations for Highly-Integrated or Complex Aircraft Systems
- EUROCAE ED-14G/RTCA DO-160G: Environmental Conditions and Test Procedures for Airborne Equipment

- EUROCAE ED-80/RTCA DO-254: Design Assurance Guidance for Airborne Electronic Hardware
- EUROCAE ED-12C/RTCA DO-178C: Software Considerations in Airborne Systems and Equipment Certification
- SAE AS-5678: Passive RFID Tags Intended for Aircraft Use
- RTCA DO-181F: MOPS for ATCRBS/Mode S Airborne Equipment
- EUROCAE ED-95: MASPS for a Global Navigation Satellite System GBAS to support CAT1 Operations

Eine dritte Ebene bilden Organisationen, Berufsverbände und Normungsorganisationen, die jeweils in technischen Teildisziplinen engagiert sind. Beispielhaft seien an dieser Stelle die Firma Aeronautical Radio, Inc. (ARINC [1]), die Air Transport Association (ATA [2]), das Europäische Komitee für Normung (Comité Européen de Normalisation, CEN [23]), das Europäisches Komitee für elektrotechnische Normung (Comité Européen de Normalisation Electrotechnique, CENELEC [24]), das European Telecommunications Standards Institute (ETSI [77]) oder militärische Organisationen wie die NATO (North Atlantic Treaty Organization) bzw. das US-amerikanische Verteidigungsministerium (U.S. DoD [184]) genannt. Zu dieser Ebene gehören Standards wie:

- ARINC Specification 429P1-17: Mark 33 Digital Information Transfer System (DITS), Part 1, Functional Description, Electrical Interface, Label Assignments and Word Formats
- Mil-STD-1553B: Department of Defense Interface Standard for Digital Time Division Command/Response Multiplex Data Bus
- ARINC Specification 600-16: Air Transport Avionics Equipment Interfaces.

In der Abb. 3.4 ist das Zusammenspiel der Vorschriften und Dokumente zusammengefasst dargestellt. Die behördlichen Zulassungsvorschriften der EASA oder der FAA referenzieren auf Dokumente von fachspezifisch orientierten Organisationen (EUROCAE, RTCA, SAE), die wiederum Normen und Standards von Fachorganisationen (ARINC, ETSI usw.) zitieren.

Neben diesen drei Säulen der Standardisierung existieren Firmenstandards der großen Flugzeughersteller wie Airbus oder Boeing. Diese schreiben für die Zukaufteile Mindestanforderungen fest und verweisen in der Regel auf Dokumente der zuvor erwähnten Organisationen.

3.3 Standardisierung der Fluggeräteelektronik

Die für den Bereich der Avionik wesentlichen Randbedingungen können in drei Teilbereiche, in Anforderungen an die Hardware (HW), Anforderungen an die Software (SW) sowie

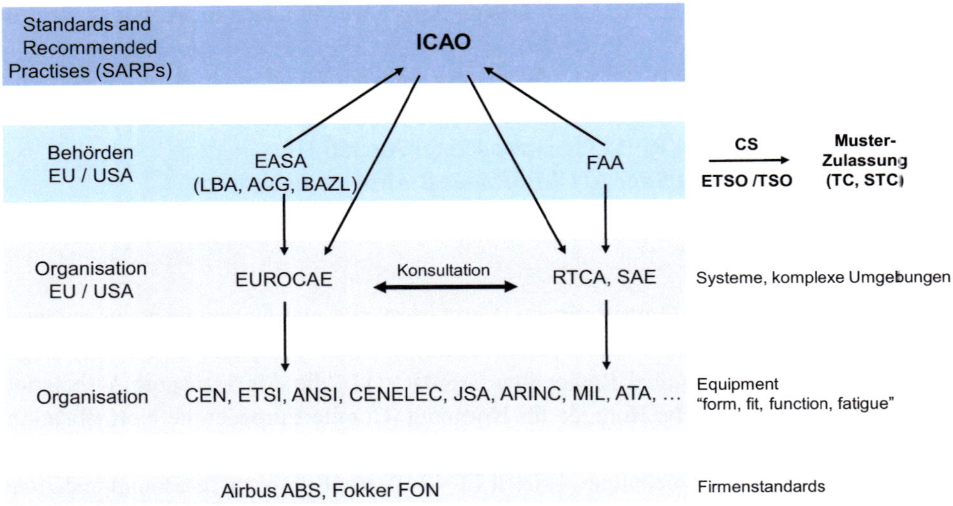

Abb. 3.4 Ebenen der Standardisierung

Anforderungen aus den Umgebungsbedingungen, unter denen das betrachtete System eingesetzt werden soll, unterteilt werden.

Der Entwicklungsprozess wird dabei vom Dokument EUROCAE ED-79A/SAE ARP 4754A: „Certification Considerations for Highly Integrated or Complex Aircraft Systems" [52, 163] vorgegeben. Es dient den an der Zertifizierung beteiligten Entwicklern und Zertifizierern als Leitfaden zur Vorbereitung und zur Durchführung der Zertifizierung. Als Rahmen hierfür wurde ein verallgemeinerter Entwicklungsprozess definiert, wie er bei Luftfahrtsystemen typisch ist. Er erläutert die relevanten Sicherheitsanalysen sowie die zugehörigen Daten und Methoden, um zu einer Zertifizierung zu gelangen. Das Dokument SAE ARP 4761: „Guidelines and Methods for Conducting the Safety Assessment on Civil Airborne Systems and Equipment" erläutert diese Methoden und Techniken wie etwa FTA (Fault Tree Analysis) oder FMEA (Failure Modes and Effects Analysis) exemplarisch. Aus dem Systementwicklungsprozess abgeleitete Anforderungen an zu entwickelnde Avionik werden darauf aufbauend anhand spezialisierter Entwicklungsprozesse für Hard- bzw. Software behandelt. Ebenso werden die Umwelteinflüsse im Entwicklungsprozess abgebildet (Abb. 3.5).

3.3.1 Anforderungen an die Hardware und Software

Die Dokumente EUROCAE ED-80 bzw. RTCA DO-254: „Design Assurance Guidance for Airborne Electronic Hardware" [48, 160] stellen eine Anleitung für die Prozesse bei der Entwicklung von elektronischen Geräten, Schaltungen und Bauteilen für Fluggeräte dar. Die Entwicklungsprozesse der Software sind durch die Dokumente EUROCAE

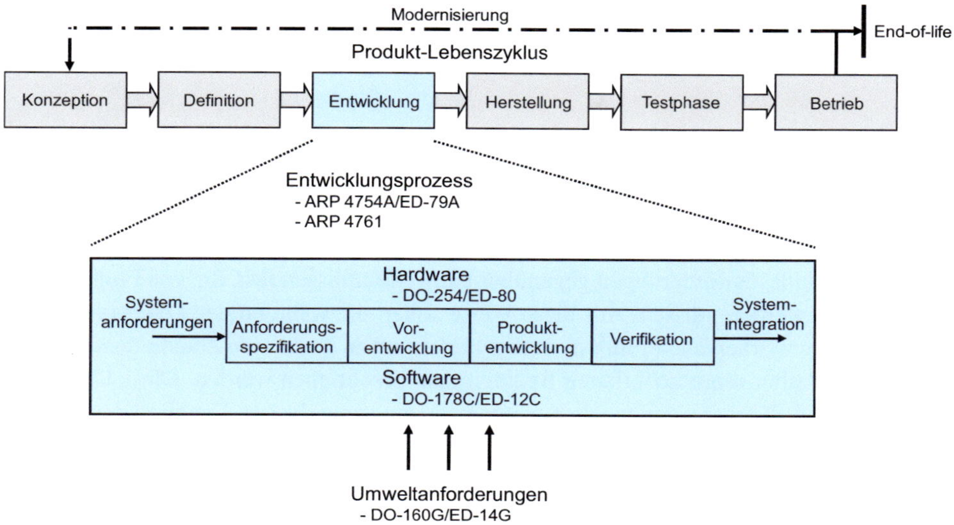

Abb. 3.5 Prozess der Systementwicklung mit relevanten Standards

Tab. 3.2 Hard- und Softwareentwicklung nach DO-254/ED-80 und DO-178C/ED-12C

Hardwareentwicklung (DO-254/ED-80)	Softwareentwicklung (DO-178C/ED-12C)
Systemaspekte zur HW-Entwicklung	Systemaspekte der SW-Entwicklung
HW-Lebenszyklus	SW-Lebenszyklus
HW-Planungsprozess	SW-Planungsprozess
HW-Entwicklungsprozess	SW-Entwicklungsprozess
Validierung und Verifikation	SW-Verifikation
Konfigurationsmanagement-Prozess	SW-Konfigurationsmanagement
HW-Prozesssicherung	SW-Qualitätssicherung
Zertifizierungsprozess	Zertifizierungsprozess
Daten zum HW-Lebenszyklus	Daten zum SW-Lebenszyklus

ED-12C bzw. RTCA DO-178C: „Software Considerations in Airborne Systems and Equipment Certification“ [47, 159] abgedeckt. Beide Gruppen von Dokumenten weisen eine vergleichbare Strukturierung auf, wie aus der Gegenüberstellung der wesentlichen Kapitel in Tab. 3.2 hervorgeht.

Ausgehend vom angestrebten Systemdesign beschreiben die Dokumente den Lebenszyklus betreffende hard- bzw. softwarespezifische Aspekte. Diese umfassen zunächst eine Beschreibung des Lebenszyklus selbst, die Planungsprozesse für die Entwicklung, Verifikation, Qualitätssicherung und Zertifizierung als auch den eigentlichen Entwicklungsprozess. Andererseits werden übergreifende Prozesse beschrieben. Diese umfassen neben der Verifikation das Konfigurationsmanagement, die Qualitätssicherung und die Zusammenarbeit mit den Zulassungsbehörden. In [5] und [101] findet sich eine ausführliche Abhandlung der Standards für Hardware- und Software-Zertifizierung. Im Abschn. 3.4 werden einzelne Aspekte dieser Standards näher betrachtet.

3.3.2 Anforderungen aus den Umgebungsbedingungen

Die korrespondierenden Dokumente EUROCAE ED-14G/RTCA DO-160G: „Environmental Conditions and Test Procedures for Airborne Equipment" [51, 162] legen eine Reihe von Mindestanforderungen gegenüber Umwelteinflüssen fest, die von Flugzeugsystemen erfüllt werden müssen. Auf diese Weise sollen die während des Lebenszyklus auf das System einwirkenden Einflüsse nachgebildet und in Form von standardisierten und jederzeit im Labor reproduzierbaren Bedingungen beschrieben werden. Diese Gerätevorschriften (MOPS) müssen eingehalten werden, um eine zuverlässige Funktion der Systeme und des gesamten Fluggeräts über dessen Lebensdauer sicherzustellen. Abhängig davon, in welcher Flugzeugumgebung ein System später verwendet wird, werden in den einzelnen Abschnitten Schärfeklassen definiert. So ist eine im Turbinenkompartment untergebrachte Generatorsteuerung wesentlich stärkeren Vibrationen und Temperaturunterschieden ausgesetzt als ein System, das sich innerhalb der Druckkabine befindet. Aufgrund der nach ED-14G/DO-160G durchgeführten Tests können nur Aussagen über die Funktion eines Systems unter den spezifizierten Bedingungen getroffen werden, diese dienen nicht als Instrument zur Abschätzung der Lebenszeit. In der Tab. 3.3 sind die Abschnitte des Standards mit den zugehörigen Umweltbedingungen aufgelistet.

3.3.3 Standardisierung am Beispiel von Avionik-Gehäusebauformen

Auf dem Wunsch der Fluglinien nach einer größeren Austauschbarkeit der Avioniksysteme basierend entstand in den dreißiger Jahren des letzten Jahrhunderts eine Standardisierung der Gehäusegrößen sowie der Racks zur Aufnahme der Systeme [145]. Die „Air Transport Racking (ATR) Unit Case" legte dabei die Breite des Gehäuses (Full, $^{1}/_{2}$, $1^{1/2}$) als auch dessen Länge (Short, Long) fest. Hieraus ging der Standard ARINC 404 hervor, der neben der Größe der ATR-Gehäuse auch die Lage und Abmessungen der Kühlöffnungen und Steckverbinder definiert. Diese auch als Line Removable Units (LRU) bezeichneten Gehäusebauformen ermöglichen es durch die Standardisierung der Schnittstellen, im Falle einer Wartung oder Reparatur während einer Line Maintenance Systeme leichter und schneller auszutauschen – stark vereinfacht vergleichbar mit einer Glühbirne, deren Fassungsgewinde und -größe ebenfalls normiert ist.

Später wurde das Konzept der „Modular Concept Unit (MCU)"-Gehäuseform standardisiert. Der Standard ARINC 600 (Air Transport Avionics Equipment Interfaces) definiert die Breite des Gehäuses in ganzen Vielfachen einer MCU (z. B. 3 MCU), die Tiefe und Höhe des Gehäuses bleiben dabei konstant. Auch hier sind Kühlung und Steckverbindungen standardisiert, um die Austauschbarkeit sicherzustellen. Das ATR- und LRU-Konzept sind in Abb. 3.6 gegenübergestellt.

Tab. 3.3 Umweltanforderungen nach RTCA DO-160G/EUROCAE ED-14G [51, 162]

Abschnitt	Umweltbedingung	Abschnitt	Umweltbedingung
4.0	Temperature and Altitude	16.0	Power Input
5.0	Temperature Variation	17.0	Voltage Spike
6.0	Humidity	18.0	Audio Frequency Conducted Susceptibility – Power Inputs
7.0	Operational Shocks and Crash Safety	19.0	Induced Signal Susceptibility
8.0	Vibration	20.0	Radio Frequency Susceptibility (Radiated and Conducted)
9.0	Explosion Proofness	21.0	Emission of Radio Frequency Energy
10.0	Waterproofness	22.0	Lightning Induced Transient Susceptibility
11.0	Fluids Susceptibility	23.0	Lightning Direct Effects
12.0	Sand and Dust	24.0	Icing
13.0	Fungus Resistance	25.0	Electrostatic Discharge
14.0	Salt Spray	26.0	Fire, Flammability
15.0	Magnetic Effect		

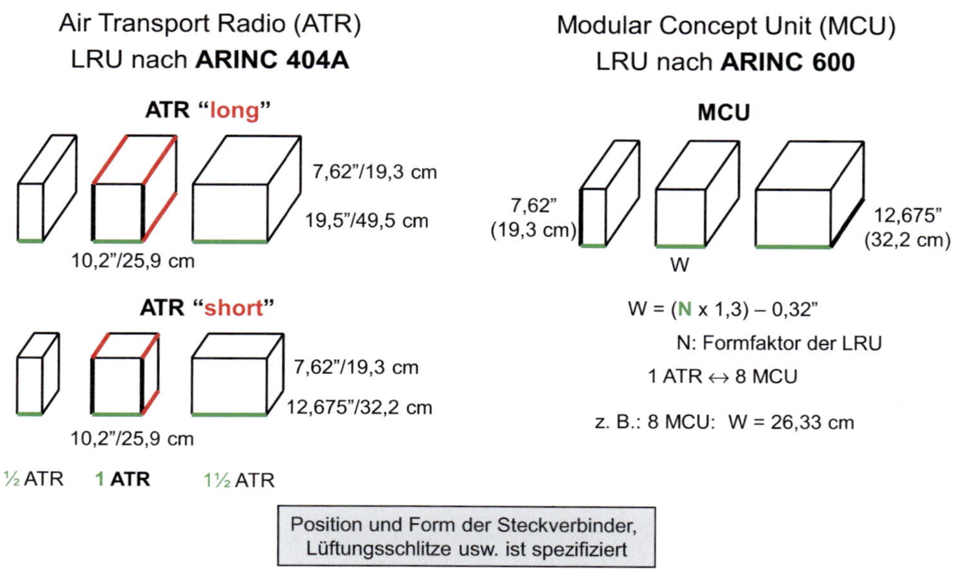

Abb. 3.6 Gehäusebauformen für Avioniksysteme

Mittlerweile wird durch die Entwicklung der Integrierten Modularen Avionik (IMA) eine neue Generation der Gehäusebauformen definiert. Hierbei werden die Systeme als „Line Replaceable Module" (LRM) in einem Rack mit eigener Stromversorgung eingebaut und über eine Backplane miteinander verbunden. Als Motivation für diesen Ansatz dient eine Betrachtung der Energieversorgung der Flugzeugsysteme: nach [146] machen die Stromversorgung und die Steckverbinder etwa 30–40 % der Kosten einer LRU aus. Selbst mit redundanten Stromversorgungen in einem IMA-Rack mit gemeinsam versorgten LRMs ist das Einsparungspotenzial (sowohl finanziell als auch von der Verlustleistung her betrachtet) ersichtlich.

3.4 Zuverlässigkeit von Avionik

In den folgenden Abschnitten wird dargestellt, welche Anforderungen an die Ausfallsicherheit einen Bauelements oder Geräts gestellt wird, wie diese errechnet und letztlich nachgewiesen wird.

3.4.1 Sicherheitsbewertung und Risiko-Klassifizierung

In den Dokumenten SAE ARP-4754A [163] und SAE ARP-4761 [164] sind die Abläufe einer Sicherheitsbewertung von Luftfahrtsystemen (SAE-Sicherheitsprozess) sowie mögliche Methoden für dessen Anwendung erläutert. Beginnend mit den gewünschten Eigenschaften des Luftfahrzeugs werden Anforderungen an die Systeme (Requirements) festgelegt, die dann im Rahmen des Entwicklungsprozesses umgesetzt und verifiziert werden. Dabei werden die nötigen Funktionen definiert, daraus die Systemarchitektur festgelegt und die Spezifikationen der dafür nötigen Hard- und Software formuliert (Abb. 3.7). Parallel dazu erfolgt eine laufende Sicherheitsbewertung im Rahmen des System Safety Assessments. Bereits mit der Festlegung der Requirements an das Fluggerät erfolgt auf dieser Betrachtungsebene eine funktionale Gefahrenanalyse (Functional Hazard Analysis, FHA). Diese wird im weiteren Verlauf der Flugzeugentwicklung auch auf der Ebene der einzelnen Systeme (wie etwa elektrisches Bordnetz, Flugsteuerung, Hydrauliksystem) durchgeführt.

Zur Zulassung von Flugzeugsystemen sind in den Bestimmungen der Behörden fünf Fehlerklassen definiert, deren Folgen von „katastrophal" bis „keine Auswirkung" reichen. Qualitativ werden deren Auswirkungen wie folgt umschrieben (nach [40]):

- Catastrophic (katastrophal): Zerstörung des Flugzeugs, mehrere Todesfällen
- Hazardous: massiver Verlust der Sicherheitsreserven oder der Flugzeugfunktion, einzelne Schwerverletzte oder Todesfälle
- Major: deutliche Reduktion der Sicherheitsreserven oder Funktionsverluste, Unbehagen oder Verletzungen

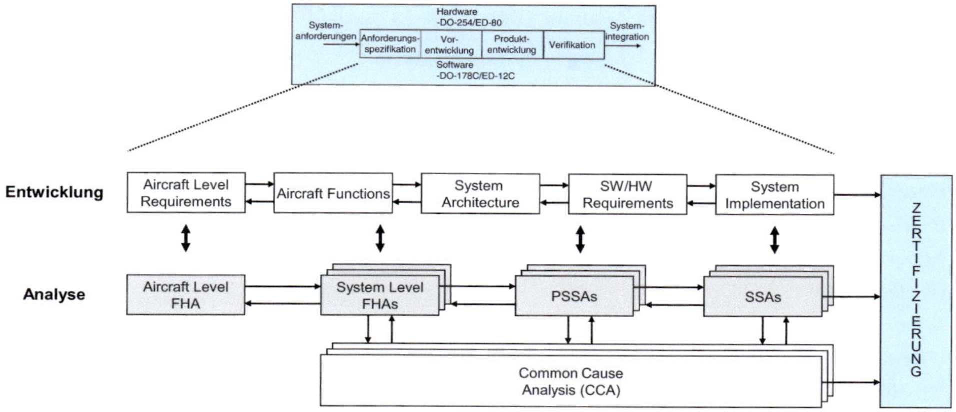

Abb. 3.7 Ablauf des System Safety Assessments (SAE-Sicherheitsprozess) in Relation zum Entwicklungsprozess (CCA: Common Cause Analysis, FHA: Functional Hazard Analysis, PSSA Preliminary System Safety Assessment, SSA System Safety Assesment)

- Minor: geringe Auswirkung auf Flugzeugfunktion und Sicherheitsreserven, Komfortverlust oder leichte Verletzungen
- No effect (keine Auswirkung)

Zudem wird in den Vorschriften festgelegt, dass die Auftretenshäufigkeit eines Systemfehler umso geringer sein muss, je schwerwiegender dessen Folge für die Sicherheit des Fluggeräts eingestuft wird. Ein Fehlerfall mit katastrophalen Folgen muss demnach extrem unwahrscheinlich sein.

Der Hintergedanke zur quantitativen Festlegung einer Fehlerwahrscheinlichkeit für diesen Fall wird etwa in den Bauvorschriften für Passagierflugzeuge ([40], Seite 2-F-39) dargelegt: Anhand historischer Daten ist bekannt, dass ein Fehler mit katastrophalen Folgen etwa einmal in einer Million Flugstunden ($10^{-6}/h$) auftritt. Davon sind etwa ein Zehntel der Fälle auf fehlerhafte Flugzeugsysteme zurückzuführen. Die durch Systeme des Flugzeugs bedingte Fehlerrate ist daher $p = 10^{-7}$ pro Flugstunde. Aufgrund der Vielzahl an Flugzeugsystemen wird nun pauschaliert angenommen, dass etwa 100 systembedingte Fehlersituationen existieren, die eine katastrophale Folge hätten. Hieraus resultiert letztlich die Festlegung einer Wahrscheinlichkeit von $p = 10^{-9}/h$ für derartige Fehler bei großen Passagierflugzeugen.

Anhand der Fehlerklassifizierung wird für die Entwicklung der Flugzeugsysteme eine Schärfeklasse zwischen „E" (keine Auswirkung) und „A" (katastrophal) festgelegt und mit verpflichtenden oder optionalen Sicherheitszielvorgaben versehen (Tab. 3.4). So könnte im Falle eines Systems, dessen Ausfall katastrophale Folgen hätte, eine Fehlerwahrscheinlichkeit von 10^{-9} pro Flugstunde (siehe hierzu Abschn. 3.4.2) vorgegeben werden. Im Zuge des Entwicklungsprozesses müsste durch Verwendung von hochzuverlässigen

Tab. 3.4 Festlegung von Design Assurance Levels (DAL) (nach [40, 164])

Fehler-klassifizierung	DAL	Ausfallwahrscheinlichkeit pro Flugstunde	Häufigkeit des Auftretens
Catastrophic (Katastrophal)	Level A	$< 10^{-9}$	extremely improbable (extrem unwahrscheinlich)
Hazardous (Gefährlich)	Level B	$< 10^{-7}$	extremely remote (äußerst gering)
Major (Bedeutend)	Level C	$< 10^{-5}$	remote (gering)
Minor (Gering)	Level D	$< 10^{-3}$	reasonable remote (vereinzelt)
No effect (Keine Auswirkung)	Level E	–	frequent (gelegentlich)

oder redundanten Systemen sowie durch Eigendiagnosesysteme (Built-in Test Equipment, BITE) diese Vorgabe erfüllt und mittels Sicherheitsanalysen nachgewiesen werden.

3.4.2 Fehlerrate eines Bauelements

Die Wahrscheinlichkeit dafür, dass ein Bauelement oder ein System nach einer bestimmten Einsatzzeit ausfällt, wird mit dem Begriff der Fehlerrate λ beschrieben. Die Häufigkeit eines Ausfalls folgt dabei der bekannten „Badewannenkurve“: Kurz nach der Inbetriebnahme ist diese hoch, nimmt dann stark ab und bleibt während einer längeren Zeitdauer auf niedrigem Niveau, bevor sie ab einem bestimmten Zeitpunkt wieder zunimmt (Abb. 3.8). Die erste Phase (I) mit sogenannten frühen Fehlern kann durch künstliche Alterung der Komponenten verkürzt werden. Bei diesem als „Burn-in“-Zyklus bezeichneten Prozess werden Bauelemente oder Systeme unter verschärften Umweltbedingungen (z. B. hohe Temperatur, hohe Luftfeuchte) betrieben, um durch das Fertigungsverfahren bedingte Fehler bereits früher zu induzieren. Die zweite Phase (II) stellt die eigentliche Nutzungsdauer des Geräts dar, während die dritte Phase (III) durch vermehrt auftretende zufällige Fehler

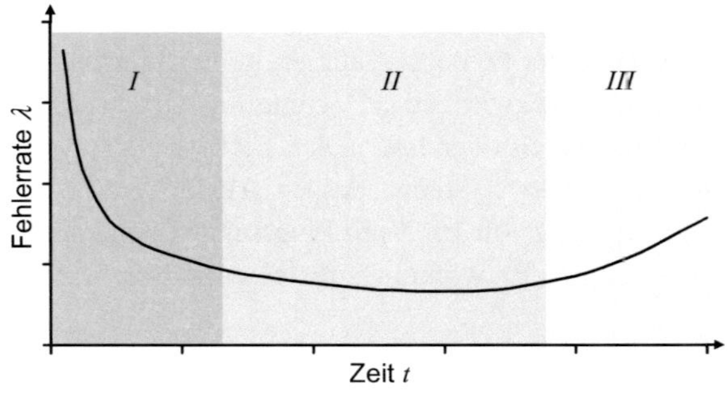

Abb. 3.8 Ausfallrate in Abhängigkeit der Lebensdauer

sowie Abnutzungserscheinungen geprägt ist. Diesem Bereich der Badewannenkurve wird durch das Design bzw. die Auslegung des betrachteten Geräts bestimmt.

Für ein einzelnes Bauelement kann die Ausfallwahrscheinlichkeit mit Hilfe der Weibull-Verteilung bestimmt werden:

$$f_{Weibull}(t) = \frac{\beta}{T}\left(\frac{t}{T}\right)^{(\beta-1)} e^{-(\frac{t}{T})^{\beta}} \tag{3.1}$$

In der Verteilungsdichte $f_{Weibull}(t)$ stellt t den betrachteten Zeitpunkt dar, zu dem die Wahrscheinlichkeit eines Ausfalls berechnet werden soll. T ist die charakteristische Lebensdauer, bei der die Ausfallwahrscheinlichkeit 63,2 % beträgt. β ist das sogenannte Weibull-Modul, das die Form der Verteilung beeinflusst. In der Abb. 3.9 ist die Verteilungsdichte exemplarisch für unterschiedliche Weibull-Module dargestellt.

Da sich ein Avioniksystem aus mehreren Komponenten zusammensetzt, deren Ausfallwahrscheinlichkeiten mit Hilfe der zugehörigen Weibull-Verteilungsdichten angegeben werden können, setzt sich die Ausfallrate des betrachteten Systems aus einer Überlagerung der einzelnen Verteilungsdichten zusammen, wie in Abb. 3.9 angedeutet: Überlagert man Weibull-Verteilungen mit unterschiedlichen Modulen β, wird die Form der Badewannenkurve aus Abb. 3.8 ersichtlich.

Häufig wird in der Weibull-Verteilung das Modul $\beta = 1$ gesetzt und für die charakteristische Lebensdauer T der Kehrwert der Fehlerrate λ eingesetzt. Dann geht (3.1) in die Exponential-Verteilungsdichte $f(t)$ über:

$$f(t) = \lambda\, e^{-\lambda\, t} \tag{3.2}$$

Aus der Verteilungsdichte folgt die Summenhäufigkeit bzw. Ausfallwahrscheinlichkeit p (auch Unzuverlässigkeits- oder Fehlerfunktion $F(t)$ genannt) durch Integration von $f(t)$ bis zum betrachteten Zeitpunkt t:

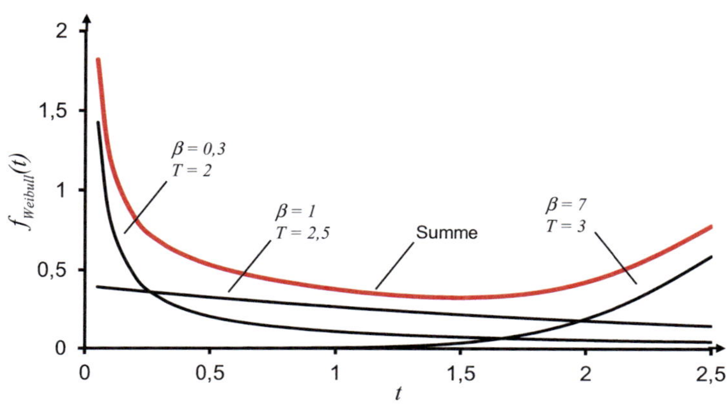

Abb. 3.9 Beispiele für Weibull-Verteilungen

$$p = F(t) = \int_0^t \lambda\, e^{-\lambda t}\, dt = 1 - e^{-\lambda t} \tag{3.3}$$

Ebenso folgt die Überlebenswahrscheinlichkeit q (auch als Zuverlässigkeitsfunktion $Q(t)$ bezeichnet) entweder durch Integration von $f(t)$ vom betrachteten Zeitpunkt t bis Unendlich oder aus der Differenz der Ausfallwahrscheinlichkeit auf 100 Prozent:

$$q = Q(t) = \int_t^\infty \lambda\, e^{-\lambda t}\, dt = 1 - p = e^{-\lambda t} \tag{3.4}$$

Die Ausfall- oder Fehlerrate $h(t)$ zu einem bestimmten Zeitpunkt errechnet sich aus der Verteilungsdichte und der Summenhäufigkeit:

$$h(t) = \frac{f(t)}{1 - F(t)} = \lambda \tag{3.5}$$

Für kleine Fehlerraten, wie sie in luftfahrttechnischen Systemen häufig vorkommen, gilt zudem die Näherung $p \approx \lambda t$ (wenn: $t \cdot \lambda \leq 0{,}01$), mit der die Berechnung der Zuverlässigkeit weiter vereinfacht werden kann.

3.4.3 Bestimmung der Fehlerrate und der MTBF

Ein zentraler Begriff bei der Beurteilung der Zuverlässigkeit von Avionik ist neben der Fehlerrate die „Mean Time Between Failures" (MTBF), also die Zeitspanne, die im betrachteten System im Mittel zwischen zwei aufeinanderfolgenden Fehlern verstreicht. Beide Größen sind miteinander verknüpft:

$$T_{MTBF} = \frac{1}{\lambda} \tag{3.6}$$

Die MTBF kann auch so aufgefasst werden, dass eine Stichprobe von N Bauelementen eine bestimmte Zeitdauer $\tilde{t}$ in Verwendung gesetzt und auf Ausfälle hin beobachtet wird. Treten in der Beobachtungsdauer n Ausfälle auf, kann hieraus die MTBF abgeschätzt werden:

$$T_{MTBF} = N\, \tilde{t} \tag{3.7}$$

Um aussagekräftige Werte zu erhalten, muss die Stichprobe ausreichend groß und die Beobachtungsdauer ausreichend lang gewählt werden.

Meist wird ein System nicht von Grund auf neu entwickelt, sondern es werden schon bekannte Bauelemente oder Teilschaltungen weiterverwendet. Daher ist bereits Kenntnis über das Ausfallverhalten dieser Strukturen vorhanden, auf die im Zuge der Zuverlässigkeitsbetrachtung zurückgegriffen werden kann.

Im Wesentlichen haben sich zwei Zugänge zur Vorhersage der MTBF und damit der Fehlerrate herausgebildet. Die erste Methode beruht auf der Betrachtung der individuellen Fehlerraten der verwendeten Bauelemente (vorhergesagte Zuverlässigkeit), während der zweite Ansatz auf einer Beobachtung des in Verwendung befindlichen Systems beruht (beobachtete Zuverlässigkeit).

Die Berechnungsmethodik für die Fehlerrate und damit der MTBF (vorhergesagte Zuverlässigkeit) hängt stark davon ab, welche inneren und äußeren Einflüssen wie verwendete Technologie, elektrische Parameter, Temperatur oder Vibrationen berücksichtigt werden sollen. In weiterer Folge werden drei häufig verwendete Methoden erläutert.

3.4.3.1 Failures-in-time-Ansatz

Gelegentlich wird die Ausfallrate auch in Anzahl der Ausfälle pro 10^{+9} Betriebsstunden angegeben. Hierfür hat sich der Begriff „Failures-in-time" (FIT) durchgesetzt. Ein Ausfall in einer Milliarde Betriebsstunden entspricht damit einer MTBF von $T_{MTBF} =$ 1.000.000.000 h. Zwischen FIT und T_{MTBF} besteht der Zusammenhang:

$$T_{MTBF} = \frac{1}{FIT} = \frac{1}{\lambda} \tag{3.8}$$

Setzt sich das System aus mehreren Teilkomponenten zusammen und sind deren Fehlerraten FIT_i bekannt, folgt durch eine einfache Summation die Gesamtfehlerrate $\lambda_{Equipment}$:

$$\lambda_{Equipment} = \frac{1}{T_{MTBF,\,Equip}} = \sum_{i=1}^{n} FIT_i \tag{3.9}$$

3.4.3.2 Parts-Count-Methode

Eine weit verbreitete Methode zur Bestimmung der vorhergesagten Zuverlässigkeit ist die Berechnung der MTBF nach dem Standard Mil-HDBK-217F [34]. Sie beruht auf einer statistischen Analyse von Feldausfällen und untergliedert sich in zwei Teilmethoden. Die „Parts-Count"-Methode kann auch dann eingesetzt werden, wenn nur wenig Information zu einem Systemdesign vorliegt. Sie wird daher bevorzugt in frühen Entwurfsphasen eingesetzt. Die „Parts-Stress"-Methode erfordert hingegen genauere Informationen zu den Umgebungsbedingungen, in denen das System eingesetzt werden soll, liefert dafür aber eine verfeinerte Vorhersage der Zuverlässigkeitsparameter λ und T_{MTBF}.

Die Parts-Count-Methode verwendet lediglich Informationen über die Art und Anzahl der im betrachteten System verwendeten Bauelemente. Werden gleichartige Komponenten zusammengefasst, errechnet sich die Ausfallrate des Systems wie folgt:

$$\lambda_{Equipment} = \sum_{i=1}^{n} N_i \left(\lambda_i \, \Pi_{Q,i}\right) \tag{3.10}$$

Dabei ist N_i die Anzahl gleichartiger Bauelemente vom Typ i, λ_i deren Ausfallrate und $\Pi_{Q,i}$ ein Qualitätsfaktor, der dem Anhang A von [34] entnommen werden kann. Ein Vergleich mit Gl. (3.9) zeigt, dass es sich hierbei um eine Erweiterung der Failures-in-time-Methode um eine Einflussgröße handelt.

Für einen im niederfrequenten Bereich eingesetzten npn-Transistor würde die Berechnung der Ausfallrate wie nachstehend dargestellt erfolgen:

$$\text{Einsatzszenario: „Airborne, Inhabited Cargo}(A_{IC})\text{"}$$

$$\text{(Frachtflugzeug mit Druckkabine)}$$

$$\begin{aligned}
\lambda &= 0{,}0030 \;\text{ Fehler}/10^{+6} \;\text{ h (Basisfehlerrate)}\\
\Pi_Q &= 8 \text{ (Qualität: Plastikgehäuse)}\\
\lambda_{npn} &= 0{,}0030 \;\text{ Fehler}/10^{+6}\,\text{h} \cdot 8\\
\lambda_{npn} &= 0{,}0240 \;\text{ Fehler}/10^{+6}\,\text{h} = 24 \cdot 10^{-9}/h
\end{aligned} \tag{3.11}$$

3.4.4 Parts-Stress-Methode

Die Parts-Stress-Methode erweitert die oben vorgestellte Parts-Count-Methode um zusätzliche Faktoren, die Umwelteinflüsse sowie einsatzbedingte Einflüsse abbilden:

$$\lambda_{Equipment} = \sum_{i=1}^{n} N_i \left(\lambda_i \, \Pi_{T,i} \, \Pi_{A,i} \, \Pi_{R,i} \, \Pi_{S,i} \, \Pi_{C,i} \, \Pi_{Q,i} \, \Pi_{E,i}\right) \tag{3.12}$$

Die Bedeutung dieser Faktoren $\Pi_{X,i}$ ist in Tab. 3.5 zusammengefasst. Wie der Qualitätsfaktor werden sie dem zugrunde liegenden Dokument Mil-HDBK-217F entnommen.

Für den bereits oben betrachteten npn-Transistor erfolgt die Berechnung der Ausfallrate wie nachstehend beispielhaft dargestellt:

Tab. 3.5 Gewichtungsfaktoren für die MTBF-Berechnung nach Mil-HDBK-217F [34]

Faktor	Bedeutung	Faktor	Bedeutung
Π_T	Temperaturfaktor	Π_C	Art/Aufbau der Kontaktierung
Π_A	Anwendung	Π_Q	Qualitätsfaktor
Π_R	Nennleistung	Π_E	Beanspruchung durch Umwelt
Π_S	Elektrische Belastung		

$$
\begin{aligned}
&\text{Einsatzszenario: „Airborne, Inhabited Cargo } (A_{IC})\text{“} \\
&\text{(Frachtflugzeug mit Druckkabine)} \\
\lambda &= 0{,}000\,74 \text{ Fehler}/10^{+6}\,\text{h (Basisfehlerrate)} \\
\Pi_A &= 1{,}5 \text{ (Anwendung: lineare Verstärkung)} \\
\Pi_T &= 2{,}5 \text{ (Temperaturfaktor: Grenzschichttemp. 70 °C)} \\
\Pi_R &= 0{,}43 \text{ (Nennleistung: 0,43 W)} \\
\Pi_S &= 0{,}11 \text{ (Spannungsbelastung: } V_{CE,ist}/V_{CE,0,Nenn}) \\
\Pi_E &= 13 \text{ (Umgebung: bemannte Cargokabine)} \\
\Pi_Q &= 8 \text{ (Qualität: Plastikgehäuse)} \\
\Pi_C &= 1 \text{ (Art/Aufbau der Kontaktierung: nicht verwendet)} \\
\lambda_{npn} &= 0{,}00074 \text{ Fehler}/10^{+6}\,\text{h} \cdot 1{,}5 \cdot 2{,}5 \cdot 0{,}43 \cdot 0{,}11 \cdot 13 \cdot 8 \cdot 1 \\
\lambda_{npn} &= 0{,}01365087 \text{ Fehler}/10^{+6}\,\text{h} = 13{,}651 \cdot 10^{-9}/h
\end{aligned} \tag{3.13}
$$

3.4.5 Ausfallwahrscheinlichkeit eines Systems

Die Ausfallwahrscheinlichkeit von Systemen wird mit Hilfe eines Zuverlässigkeits-Blockdiagramms ermittelt. Die Teilblöcke in einer solchen Darstellung repräsentieren Teilsysteme oder Bauelemente, die zur Gesamtfunktionalität beitragen. Funktioniert das Gesamtsystem nur dann, wenn alle Teilelemente funktionieren, wird dies durch eine Serienschaltung dargestellt (Abb. 3.10, links). Bei n Teilsystemen ist die Wahrscheinlichkeit q_{System}, dass alle gleichzeitig funktionieren, das Produkt der Teilfunktionswahrscheinlichkeiten. Die Differenz der Zuverlässigkeitsfunktion auf 100 % ist die Ausfallwahrscheinlichkeit:

$$q_{system} = Q(t) = \prod_{i=1}^{n} q_i \tag{3.14}$$

$$p_{system} = F(t) = 1 - q_{System} = 1 - \prod_{i=1}^{n} (1 - p_i) \tag{3.15}$$

Setzt man in Gl. 3.15 für die q_i die Exponential-Verteilung mit den Einzelfehlerraten λ_i ein, kann man zeigen, dass sich die Systemfehlerrate λ_{System} (wie schon von der Parts-Count-Methode her bekannt) aus den λ_i additiv zusammensetzt:

$$\lambda_{System} = \sum_{i=1}^{n} \lambda_i \tag{3.16}$$

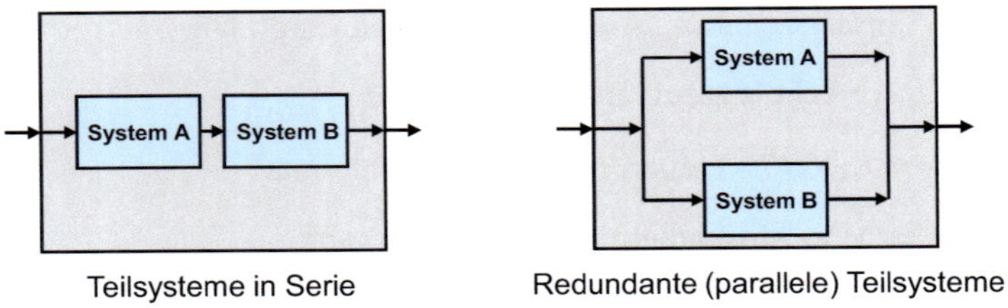

Abb. 3.10 Systemstrukturen für die Betrachtung der Gesamtavailability

Man sieht, dass bei einer solchen funktionalen Abhängigkeit unter den Teilelementen die Gesamtzuverlässigkeit geringer als die der Einzelwerte ist. Die Ausfallwahrscheinlichkeit sowie die Systemfehlerrate sind hingegen größer als die Einzelausfallwahrscheinlichkeiten und -fehlerraten.

Soll in einem System die Zuverlässigkeit erhöht und damit die Ausfallwahrscheinlichkeit verringert werden, müssen redundante Architekturen verwendet werden (Abb. 3.10, rechts). Hier ist das Gesamtsystem nur dann nicht funktionierend, wenn weder Teilsystem A noch B funktioniert. Es müssen 2 von 2 vorhandenen Teilsystemen ausfallen, damit es zum Ausfall des Gesamtsystem kommt. Bei n Teilsystemen ist die Wahrscheinlichkeit p_{System}, dass alle gleichzeitig ausfallen, das Produkt der Teilausfallwahrscheinlichkeiten. Die Differenz der Ausfallwahrscheinlichkeit auf 100 % ist die Zuverlässigkeitsfunktion:

$$p_{system} = F(t) = \prod_{i=1}^{n} p_i \tag{3.17}$$

$$q_{system} = Q(t) = 1 - p_{System} = 1 - \prod_{i=1}^{n} p_i \tag{3.18}$$

Werden im Gesamtsystem n Teilsysteme eingesetzt, von denen k Einheiten ausfallen müssen, damit ein Gesamtausfall („Fail“, F) auftritt, spricht man von einer k-out-of-n:F-Redundanz [123]. Somit bleibt das Gesamtsystem funktionsfähig („Good“, G), wenn von den n Teilsystemen nicht mehr als $l = n - k + 1$ ausfallen. Das selbe Ausfallverhalten kann auf diese Weise auch als l-out-of-n:G-Redundanz bezeichnet werden. Für die k-out-of-n:F-Redundanzen lässt sich die Ausfallwahrscheinlichkeit anhand statistischer Methoden und mit Hilfe grafischer Darstellungen ermitteln. In den Abb. 3.11 und 3.12 ist das Vorgehen dabei erläutert.

Bei einer 3-out-of-3:F-Redundanz tritt der Ausfall erst auf, wenn alle Teilsysteme A bis C ausfallen. Skizziert man die voneinander als unabhängig angenommenen Ausfallwahrscheinlichkeiten $p(\mathrm{A})$, $p(\mathrm{B})$ und $p(\mathrm{C})$ als Ellipsen im Wahrscheinlichkeitsraum ($p = 100\,\%$), ergeben sich überlappende Bereiche, die gleichzeitige Ausfälle mit den Wahrscheinlichkeiten $p(\mathrm{A\&B})$, $p(\mathrm{A\&C})$, $p(\mathrm{B\&C})$ und $p(\mathrm{A\&B\&C})$ redundanter Struktu-

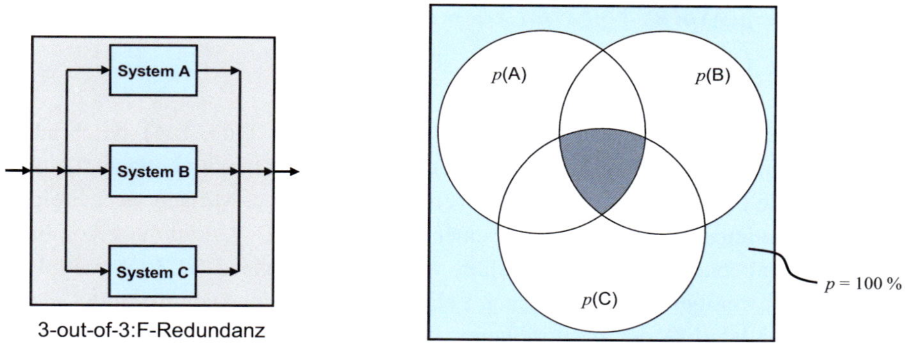

Abb. 3.11 Ausfallwahrscheinlichkeit bei der 3-out-of-3:F-Redundanz

ren nach 3.18 darstellen. Die Gesamtausfallwahrscheinlichkeit p_{system} kann somit als die in der Abb. 3.11 schraffiert dargestellte Teilfläche entsprechend p(A&B&C) interpretiert werden. Die Ausfall- und Überlebenswahrscheinlichkeiten folgen damit wie bereits aus Gl. 3.18 bekannt:

$$p_{system} = p(A)p(B)p(C) \tag{3.19}$$

$$q_{system} = 1 - p(A)p(B)p(C) \tag{3.20}$$

Führt erst der Ausfall eines zweiten von drei vorhandenen Teilsystemen (2-out-of-3:F-Redundanz) zum Gesamtausfall, kann dessen Wahrscheinlichkeit wie in Abb. 3.12 dargestellt aus den drei überlappenden Segmenten p(A&B), p(B&C) und p(A&C) ermittelt werden. Hierbei wird jedoch das mittlere Segment p(A&B&C) dreifach gezählt, die zwei zu viel gezählten Anteile müssen zur Berechnung der Ausfallwahrscheinlichkeit wieder subtrahiert werden:

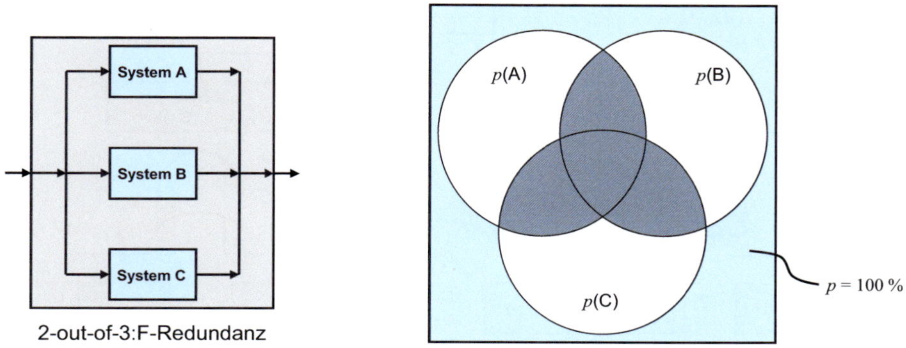

Abb. 3.12 Ausfallwahrscheinlichkeit bei der 2-out-of-3:F-Redundanz

$$p_{system} = p(A)p(B) + p(A)p(C) + p(B)p(C) - 2p(A)p(B)p(C) \quad (3.21)$$

$$q_{system} = 1 - p_{system} \quad (3.22)$$

Komplexere Systeme werden häufig mit Hilfe der bei [163, 164] beschriebenen Fehlerbaumanalyse (Fault Tree Analysis, FTA) analysiert. Hierzu wird betrachtet, wie sich Ausfälle von Teilsystemen auf das Gesamtverhalten auswirken. Müssen zwei Ereignisse gleichzeitig eintreten, werden diese mit einer logischen UND-Verknüpfung kombiniert. Die Wahrscheinlichkeiten der Einzelausfälle werden entsprechend Gl. 3.18 multipliziert, das Ereignis ist weniger wahrscheinlicher. Führt der Ausfall eines von mehreren Elementen zu einem Ausfall in der nächsthöheren Ebene, sind diese im Fehlerbaum logisch-ODER-verknüpft. Hierdurch addieren sich die einzelnen Ausfallwahrscheinlichkeiten, wie bereits in Gl. 3.15 beschrieben (Abb. 3.13).

Das Ergebnis der Ausfallwahrscheinlichkeitberechnung wird verwendet, um die im Rahmen der Sicherheitsbewertung und Risikoanalyse ermittelten Anforderungen aus der Festlegung der DAL-Klassen zu verifizieren (siehe Abschn. 3.4.1).

3.4.6 Systemverfügbarkeit

In der Flugsicherungstechnik wird anstelle der Ausfallwahrscheinlichkeit häufiger der Begriff der Verfügbarkeit (Availability) verwendet. Die Availability gibt an, wie viel Prozent der betrachteten Zeit das System statistisch gesehen für den geplanten Einsatz

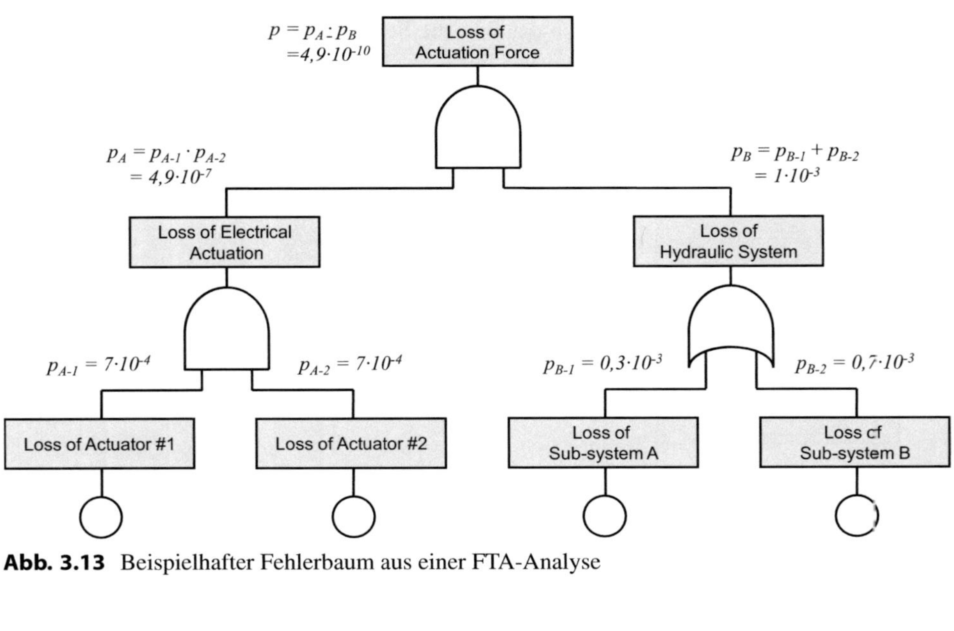

Abb. 3.13 Beispielhafter Fehlerbaum aus einer FTA-Analyse

zur Verfügung steht. Hierzu wird die Fehlerfunktion nach der MTBF aufgelöst:

$$T_{MTBF} = -\frac{t}{ln(1-p)} \tag{3.23}$$

Ist neben der MTBF auch die mittlere Zeit, die eine Reparatur benötigt, bekannt (Mean Time To Repair, MTTR), kann die Availability A berechnet werden:

$$A = \frac{T_{MTBF}}{T_{MTBF} + T_{MTTR}} \tag{3.24}$$

Häufig wird die MTTR pauschaliert angegeben: Ist beispielsweise ein Operator rund um die Uhr erreichbar und die Ersatzteile sind vor Ort verfügbar, wird hierfür eine Zeit festgelegt (z. B. $T_{MTTR} = 1$ h).

Ist die Availability bekannt, folgt daraus sofort die Non-availability NA. Beide ergänzen sich zu 100 %:

$$NA = 1 - A \tag{3.25}$$

In Entsprechung zu den Ausführungen im vorherigen Abschnitt errechnet sich die Systemverfügbarkeit von in Serie geschalteten Baugruppen durch Multiplikation der Einzel-Availabilities:

$$A = A_A \cdot A_B \cdot \dots \cdot A_n \tag{3.26}$$

Liegen redundante Einzelsysteme vor, folgt die Systemverfügbarkeit aus der Differenz der Non-availability auf 100 % wie folgt:

$$A = 1 - NA_A \cdot NA_B \tag{3.27}$$

$$A = 1 - (1 - A_A) \cdot (1 - A_B) \tag{3.28}$$

In der Abb. 3.14 ist das Berechnungsprinzip an einem kleinen Beispiel dargestellt. Ein ungerichtetes Funkfeuer (NDB, siehe Abschn. 6.2) bestehe aus einer Kette von Teilsystemen, die in Serie geschaltet sind. Um die Verfügbarkeit der Navigationshilfe zu erhöhen, sind zwei Sendeverstärker vorgesehen, die von einem automatisch arbeitenden Schalter umgeschaltet werden, falls die gerade aktive Stufe ausfällt. Hierdurch wird durch Parallelschaltung von Teilsystemen die Verfügbarkeit erhöht (siehe Gl. (3.28)). Ein Ausfall in der übrigen Kette führt dazu, dass die Navigationshilfe funktionsuntüchtig wird. Die Verfügbarkeit richtet sich daher nach dem schwächsten Glied in der Kette (3.26). Ist für eine Stufe die Verfügbarkeit nicht bekannt, sondern sind lediglich die Fehlerraten oder Ausfallwahrscheinlichkeit der Subsysteme gegeben, können damit die MTBF (und mit Kenntnis der MTTR die Verfügbarkeit) bestimmt werden.

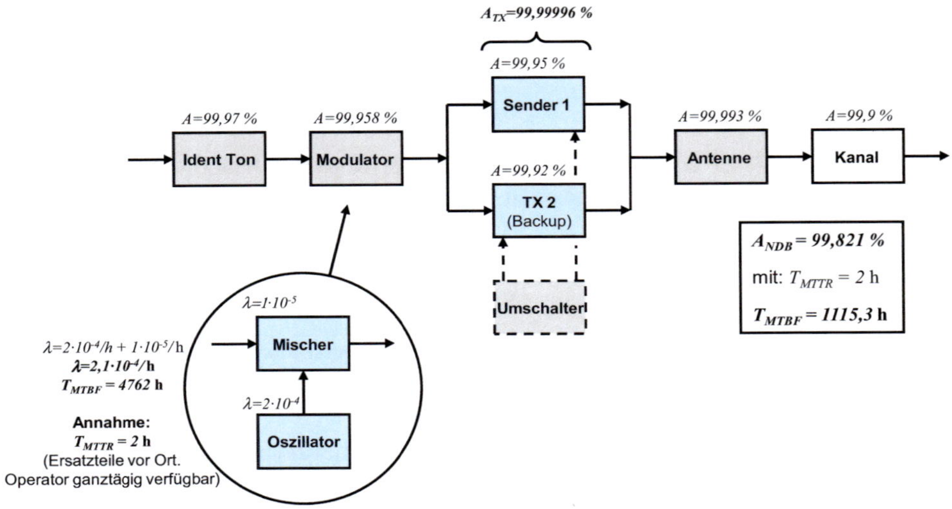

Abb. 3.14 Systemstrukturen für die Betrachtung der Gesamtavailability

3.5 Bordautonome Energieerzeugung und -verteilung

In der Frühzeit der Fliegerei ab 1920 wurden die Kommunikations- und Navigationsgeräte zunächst anhand mitgeführter Batterien, später aus Gleichspannungsgeneratoren gespeist. Aufgrund des in weiterer Folge stetig gestiegenen Bedarfs an elektrischer Leistung sowie des Bestrebens nach möglichst kleinen und leichten Systemen werden bei sehr vielen modernen Verkehrsflugzeugen heute Drehstrom-Wechselspannungsgeneratoren eingesetzt. Diese erlauben bei geringerem Gewicht und kleinerer Bauform eine höhere Energieausbeute als Gleichspannungsgeneratoren und stellen eine elektrische Leistung von bis zu 150 kVA pro Generator (Airbus A380) bereit.

Historisch haben sich dabei drei Grundarchitekturen entwickelt. Reine Gleichspannungsbordnetze weisen eine Bordspannung von 28 V (selten auch 14 V) auf und finden sich in Flugzeugen ohne umfangreiche elektrische Instrumentierung wie beispielsweise bei Kleinflugzeugen der General Aviation. Sie werden zudem bei den nachfolgend beschriebenen Architekturen als Backup zur Versorgung der elementaren Flugzeugsysteme eingesetzt. Als wesentliche Elemente werden dabei Batterien und Gleichstromgeneratoren eingesetzt.

Mit zunehmendem Bedarf an elektrischer Leistung wurden Gleichstrom- durch Wechselstromgeneratoren ersetzt. Diese zumeist mit Drehstromgeneratoren ausgeführten Bordnetze weisen eine Spannung mit Effektivwert von 115 V bei einer Frequenz von 400 Hz auf. Die von den in Haushaltsnetzen üblichen 50 Hz abweichende Frequenz des Flugzeug-Bordnetzes ergab sich aus Überlegungen bezüglich der Energiedichte in den Generatoren, der Strombelastbarkeit sowie des Blindwiderstands der elektrischen Leitungen. Während höhere Frequenzen kleinere und leichtere Generatoren ermöglichen und auch die Filterung von Transienten erleichtern, nimmt die Strombelastbarkeit der Leitungen aufgrund des Skin-Effekts mit größeren Frequenzen ab. Zudem nehmen aufgrund der größeren Reaktanzen Spannungsabfälle an den Leitungen und damit die Blindleistungsverluste zu. Bei etwa 400 Hz ergibt sich ein guter Kompromiss zwischen diesen Faktoren [186].

Da zwar die Konstanz der Frequenz des Bordnetzes gefordert ist (Mil-STD-704F [37] schreibt beispielsweise eine Toleranz von ± 7 Hz vor), hingegen die Drehzahl des Antriebsstranges mit dem Schub variiert, muss zwischen Turbine und Generator ein Konstantdrehzahlantrieb (Constant Speed Drive, CSD) verbaut werden, der zusätzliches Gewicht und mechanische Verluste mit sich bringt. Um diese Nachteile zu eliminieren, wird im Airbus A380 und nachfolgenden Flugzeugmodellen eine „More Electric Aircraft"-Architektur mit frequenzvariablen Generatoren eingesetzt, bei der Schwankungen der Frequenz im Bereich von 360 bis 800 Hz erlaubt sind. Die Qualität der Spannungsversorgung ist neben dem bereits erwähnten Dokument Mil-STD-704F auch in EUROCAE ED-14G/RTCA DO-160G [51, 162] sowie in Firmenstandards definiert.

Der Prinzipaufbau des Bordnetzes ist in der Abb. 3.15 dargestellt, durch Entfernen einzelner Komponenten kann jede der oben erläuterten Grundarchitekturen erstellt werden.

Im Folgenden werden die Einrichtungen des elektrischen Bordnetzes eines Flugzeuges in Anlehnung an die Sektionen des ATA-Kapitel 24 „Electrical Power" diskutiert. Diese finden in den für Herstellung, Betrieb und Wartung verwendeten Handbüchern (beispielsweise Aircraft Operations Manual AOM, Aircraft Maintenance Manual AMM, Aircraft Wiring Manual AWM) Verwendung und identifizieren sämtliche Systeme und Subsysteme eines Flugzeugs mit einem Nummerncode (Tab. 3.6) [4].

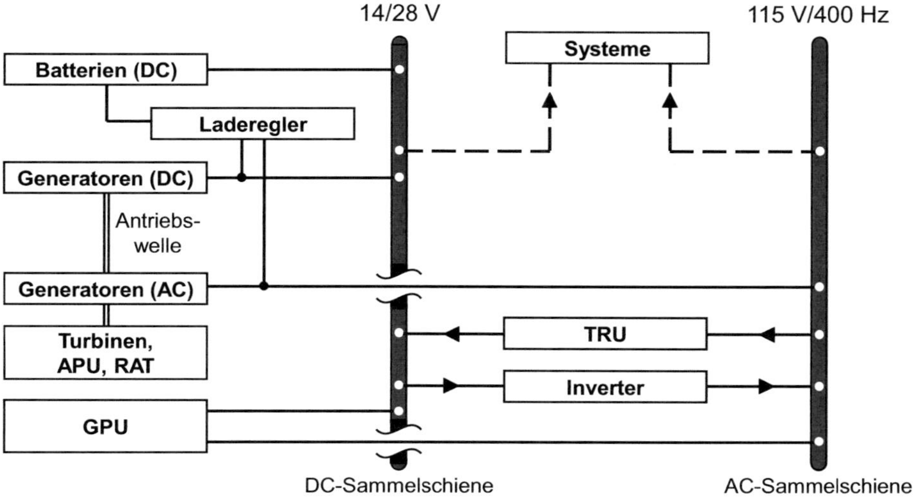

Abb. 3.15 Schematischer Aufbau eines Flugzeug-Bordnetzes

Tab. 3.6 Identifizierung von Flugzeugsystemen und Teilsystemen nach den ATA-Kapiteln (Auszug) [4]

Kennzahl (Chapter-Section-Subject)	Bezeichnung des System
22–00–00	AUTO FLIGHT
23–00–00	COMMUNICATIONS
24–00–00	ELECTRICAL POWER
24–**10**–00	Generator Drive
24–**20**–00	AC Generation
24–**30**–00	DC Generation
24–**40**–00	External Power
24–**50**–00	AC Electrical Load Distribution
24–**60**–00	DC Electrical Load Distribution
27–00–00	FLIGHT CONTROLS
33–00–00	LIGHTS
34–00–00	NAVIGATION

Nach der ATA-Nummernsystematik ist der erste Nummernkreis die Kapitelnummer (Chapter) als Bezeichner eines Hauptsystems („24“: Electrical Power). Die erste Dezimale des zweiten Nummernkreises (Section) beschreibt ein Teilsystem (z. B. „24–20“: AC Generation) des Kapitels. Anhand der zweiten Dezimale kann der Flugzeughersteller das Teilsystem in weitere Subsystemen unterteilen (z. B. „24–25“: Inverter). Der dritte Dezimalblock (Subject) wird dann dazu verwendet, die einzelnen Einrichtungen bzw. Geräte jedes Subsystems eindeutig zu identifizieren (z. B. „24–25–01“: Static Inverter). Ein einfaches Anwendungsbeispiel hierzu findet sich weiter unten (siehe Tab. 3.7 und Abb. 3.25).

3.5.1 Generatorantrieb

Eine frequenzkonstante Energieversorgung (CFG, Constant Frequency Generator) verwendet zwischen den Turbinen und dem Generator einen Konstantdrehzahlantrieb (CSD). Dieser besteht aus einer Hydraulikpumpe, die einen hydraulischen Motor antreibt und die Drehzahl des Generators auf der Nenndrehzahl hält. Das CSD ist konstruktiv entweder an den Generator angeflanscht oder mit diesem zu einem integrierten Stromgenerator (IDG, Integrated Drive Generator, z. B. Boeing 737 NG) kombiniert. Aktuelle Entwicklungen wie der Airbus A380 bauen auf einem „More Electric“-Bordnetz auf, dessen Nennfrequenz in einem bestimmten Bereich schwanken darf. Eine solche Struktur wird als frequenzvariable Energieversorgung (Variable Frequency Generator, VFG) bezeichnet.

Tab. 3.7 Beschreibung eines AC-Bordnetzes mit Hilfe der ATA-Kapitel. Wesentliche Elemente sind durch Fettdruck gekennzeichnet

Kapitel	Beschreibung
24-20-00	**AC GENERATION**
24-21-00	**Integrated Drive Generator**
24-21-01	2x **IDG** mit einem bürstenlosen **AC-Generator** sind vorhanden
24-22-00	**AC Main Generation**
24-22-01	Ein Generator kann das gesamte Bordnetz mit elektrischer Leistung versorgen
24-22-02	Generator Control Unit (GCU) steuert den **Generator Circuit Breaker (GCB)**
24-23-00	**AC Auxiliary Generation**
24-23-01	1x **APU** ist vorhanden
24-23-02	Auxiliary Power Control Unit (APCU) steuert den **APU Generator Circuit Breaker (ACB)**
24-24-00	**Static Inverter**
24-24-01	1x **Static Inverter** ist vorhanden
24-30-00	**DC GENERATION**
24-32-00	**DC Main Generation**
24-32-01	2x **TRU** ist vorhanden
24-38-00	**DC Generation (Batteries)**
24-38-01	1x **NiCd-Batterie** ist vorhanden
24-38-02	**Hot Battery Busbar** ist vorhanden
24-40-00	**EXTERNAL POWER**
24-40-01	keine **GPU** vorgesehen
24-50-00	**AC ELECTRICAL LOAD DISTRIBUTION SYSTEM**
24-50-01	**Left AC Generator** speist **AC Main Busbar** via **GCB**
24-50-02	**Right AC Generator** speist **AC Essential Busbar** via **GCB**
24-50-03	**APU** speist **AC Vital Busbar** via **ACB**
24-50-04	**Inverter** speist **AC Vital Busbar** aus **DC Switched Battery Busbar**
24-50-05	**Bus Tie Breaker (BTB)** verbindet **AC Main Busbar** und **AC Essential Busbar**
24-50-06	**Bus Tie Breaker (BTB)** verbindet **AC Essential Busbar** und **AC Vital Busbar**
24-60-00	**DC ELECTRICAL LOAD DISTRIBUTION SYSTEM**
24-60-01	**DC Main Busbar** wird über **TRU #1** aus **AC Main Busbar** gespeist
24-60-02	**DC Essential Busbar** wird über **TRU #2** aus **AC Essential Busbar** gespeist
24-60-03	**Batterie** ist direkt mit **Hot Battery Busbar** verbunden
24-60-04	**Bus Tie Breaker (BTB)** verbindet **Hot Battery Busbar** und **Switched Battery Busbar**
24-60-05	**Bus Tie Breaker (BTB)** verbindet **Switched Battery Busbar** und **DC Essential Busbar**
24-60-06	**Bus Tie Breaker (BTB)** verbindet **DC Essential Busbar** und **DC Main Busbar**

3.5.2 Wechselspannungsquellen

Bei kommerziellen Flugzeugen dominiert Wechselspannung zur Versorgung der elektrischen Systeme. In den folgenden Abschnitten werden die zur primären, sekundären und Notfall-Stromversorgung verwendeten Systeme behandelt. Als primäre Quellen kommen Wechselspannungsgeneratoren zum Einsatz, sie erzeugen Drehstrom und speisen diesen in das Flugzeugbordnetz ein. Der Anschluss der Generatoren an das Bordnetz erfolgt über ein Generatorrelais (GCB, Generator Circuit Breaker). Dieses wird mittels einer Hilfsspannung vom Generator-Steuergerät (Generator Control Unit, GCU) ein- bzw. ausgeschaltet (Abb. 3.16). Hierdurch ist sichergestellt, dass auch große Ströme sicher geschaltet werden können, ohne im Schalter einen Lichtbogen zu ziehen. Dabei übernimmt die GCU eine wichtige Schutzfunktion. Sie überwacht neben der Ausgangsspannung des Generators auch dessen Frequenz, den Erregerstrom sowie den Laststrom und öffnet den GCB im Fehlerfall.

Typische Leistungen von (zivilen) Generatoren mit konstanter Ausgangsfrequenz (CFG) erreichen Werte von 90 kVA (B737NG, A320, A340) bis zu 120 kVA (B777). Generatoren mit variabler Ausgangfrequenz (VFG) weisen ein Leistungsrating von 150 kVA (A380, B787) und mehr auf [146]. Die im Generator als Wärme entstehende Verlustleistung muss daher effizient abgeführt werden. Hierzu wird aus der Umgebung über eine Lufteinlassöffnung Stauluft über einen Luftfilter in das Flugzeuginnere und über den Generator hinweg geführt.

Als sekundäre Wechselspannungsquellen – sollte es im Bereich der primären Energieversorgung zu einem Ausfall komen – stehen drei Optionen zur Verfügung. Häufig sind Flugzeuge mit einer zusätzlichen Turbine zur Erzeugung von Hilfsenergie ausgestattet. Die Hilfsenergieversorgung (Auxiliary Power Unit, APU) befindet sich meist im Flugzeugheck und kann, sollte es zu einem Ausfall eines Triebwerks kommen, den damit verbundenen Verlust des Generators kompensieren. Die von der APU angetriebenen Wechselspannungsgeneratoren sind häufig so ausgelegt, dass sie einen primären AC-Generator im Fehlerfall komplett ersetzen können.

Als weiteres redundantes System zur Energiegewinnung dient eine Staudruckturbine (Ram Air Turbine, RAT). Diese kann beim sehr unwahrscheinlichen Fall des Ausfalls sämtlicher Hauptgeneratoren sowie der APU die Erzeugung der Energie für die am

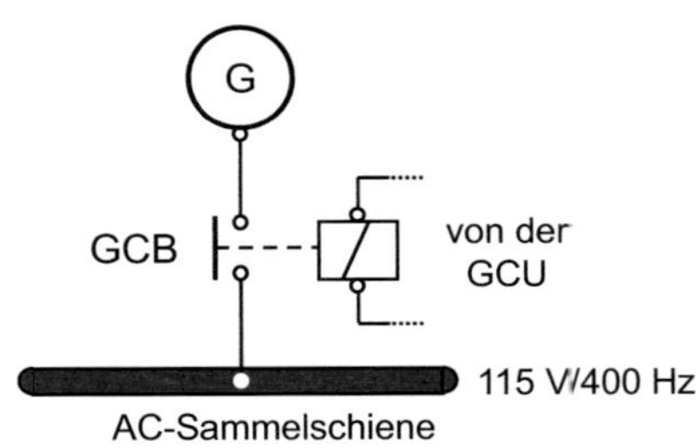

Abb. 3.16 Anschluss des AC-Generators an die Sammelschiene

Abb. 3.17 Ram Air Turbine (RAT) beim SAAB J-35 Draken (©Holger Flühr, FH JOANNEUM, Graz)

dringendsten benötigten Systeme liefern. Hierzu ist die RAT ausklappbar ausgeführt und wird über einen Propeller vom Staudruck angetrieben (Abb. 3.17). Während beim Airbus A320 jeder Hauptgenerator sowie die APU eine elektrische Leistung von 90 kVA liefert, stellt die RAT 5 kVA für essentielle Verbraucher bereit.

Wechselrichter (Inverter) werden am Gleichstromnetz oder der Batterie des Flugzeugs betrieben und versorgen die Bordsysteme mit Wechselspannung, wenn keine andere Wechselspannungsversorgung im Flugzeug vorhanden ist. Diese können entweder mittels Leistungselektronik als Solid-State- bzw. statische Inverter (Static Inverter) oder anhand einer Motor-Generator-Kombination als rotierende Umrichter (Rotary Inverter) ausgeführt sein. Solid-State-Inverter werden eingesetzt, wenn lediglich einzelne Wechselspannungsverbraucher zu versorgen sind, beispielsweise bei Kleinflugzeugen. Rotierende Inverter setzen einen Gleichstrommotor ein, der wiederum einen Wechselspannungsgenerator antreibt. Dessen Ausgangsspannung wird dann mittels eines Spannungsreglers konstant gehalten.

3.5.3 Gleichspannungsquellen

Gleichspannungsversorgte Bordnetze werden als Backup zu den zuvor diskutierten Wechselspannungsnetzen sowie bei Flugzeugen der General Aviation eingesetzt. In den folgenden Abschnitten werden die zur primären, sekundären und zur Notfall-Stromversorgung verwendeten Systeme behandelt. Als primäre Quellen kommen Gleichspannungsgeneratoren oder (etwa bei Kleinflugzeugen) Drehstromgeneratoren mit Gleichrichtdioden (Alternatoren) zum Einsatz. Die Zuschaltung des Generators ist wie oben beschrieben anhand des GCB von der GCU gesteuert.

Abb. 3.18 NiCd-Zellen unterschiedlicher Bauformen für den Einsatz in Flugzeugbatterien (©Saft S.A., Bagnolet und ISO, Bordeaux)

Die Flugzeugbatterien stellen von den primären Energiequellen unabhängige elektrische Speichermedien dar und werden als sekundäre Gleichspannungsquellen angesehen. In Notsituationen überbrücken sie als hochverfügbare Energiequellen die Zeit, bis redundante Quellen verfügbar werden. Zudem tragen sie als niederohmige Puffer zur Verringerung von transienten Störungen im Gleichspannungsnetz bei. In der Luftfahrt spielen Sekundärzellen bzw. Akkumulatoren eine Rolle. Bei ihnen können die chemischen Reaktionen umgekehrt werden, sie sind wieder aufladbar und mehrfach verwendbar. Heute kommen im Wesentlichen zwei Typen von Akkumulatoren zum Einsatz: Bleiakkus und Nickel-Cadmium- (NiCd-)Akkumulatoren. Für den praktischen Einsatz werden mehrere Sekundärzellen in Serie geschaltet. Hierdurch ergibt sich im Leerlauf eine Klemmenspannung von 12 V (Abb. 3.18).

Die Ladung des Akkus (Abb. 3.19) erfolgt mit einer Ladespannung von etwa 13,6 V. Da Flugzeugakkus unter operationellen Bedingungen immer an der Ladeendspannung von etwa 14 V betrieben werden, wird diese Spannung (und nicht die Leerlaufspannung von 12 V) zur Bezeichnung der Bordnetzspannung herangezogen [100]. Bei höheren Ladespannungen sowie zum Ende des Ladevorgangs hin neigt der Bleiakku zum Gasen; es werden mehr H_2-Ionen erzeugt als in Lösung gehen können. Der frei werdende Wasserstoff kann durch Funken entzündet werden, was beim Einsatz im Flugzeug katastrophale

Abb. 3.19 Ansicht eines NiCd-Akkumulators (©Saft S.A., Bagnolet und ISO, Bordeaux)

Folgen hätte. Um dies zu vermeiden, wird anhand eines Ladereglers der Ladevorgang mittels Messung der Klemmenspannung, des Ladestroms und der Temperatur des Akkus überwacht und kontrolliert durchgeführt. Häufig wird auch eine Belüftung der Batterie und des Batterie-Compartments vorgenommen, um Ansammlungen von Wasserstoff konstruktiv auszuschließen.

Die Montage der Batterie im Flugzeug erfolgt üblicherweise in einem eigenen Abteil, dem Batterie-Compartment. Dieses ist so gestaltet, dass es eine entsprechende Wärmeabfuhr und Belüftung bietet und die Flugzeugstruktur gegen eventuell austretende Batteriesäure geschützt ist. Hierzu wird die Batterie mit Bolzen in eine Halterung montiert, die mit der Flugzeugstruktur verbunden ist. Die Halterungen bilden gleichzeitig eine Wanne, in der ausgetretene Säure aufgefangen wird. Daher kommen als Materialien hierfür solche in Frage, die säureresistent sind (Kunststoff, geeignet beschichtete Metalle).

Unter bestimmten Umständen kommt es während des Ladevorgangs zum Ausgasen von Wasserstoff an den Elektroden der Batterie. Ursache sind zu hohe Temperaturen bzw. zu hohe Laderaten, die zum Aufkochen des Elektrolyten und letztlich zur Elektrolyse von Wasser führen. Um explosive Gasansammlungen zu vermeiden, werden Flugzeugbatterien daher belüftet. Dies geschieht durch einen Lüftungskanal zur Flugzeughaut. Häufig wird dieser durch eine Säurefalle ergänzt, damit austretende Säure nicht mit der Hülle in Kontakt kommt. Weiter wird durch Zwangsbelüftung über ein Rückstoßventil der Übertritt von Säure in das Batterie-Compartment verhindert.

Der Anschluss an das Bordnetz erfolgt (ähnlich wie die Zuschaltung der Generatoren) über ein Batterierelais. Dieses wird mittels einer Hilfsgleichspannung über den Energiewahlschalter (Power Selection Switch) ein- bzw. ausgeschaltet. Mittels des Energiewahlschalters kann auch die unten beschriebene externe bzw. die Hilfsenergieversorgung zugeschaltet werden. Ist die primäre Spannungsquelle vorhanden, werden die Flugzeugbatterien auf ihren vollen Ladezustand geladen und dort gehalten.

Bei Flugzeugen mit AC-Generatoren müssen auch Verbraucher am Gleichspannungs-Verteilnetz aus dieser primären Energiequelle versorgt werden. Hierzu werden Umformer-Gleichrichter-Einheiten (Transformer Rectifier Unit, TRU) eingesetzt. Diese wandeln die von den AC-Generatoren erzeugte Energie auf ein niedrigeres Spannungsniveau um (Transformation) und glätten die Wechselspannung (Gleichrichtung). Mit der so gewonnenen Gleichspannung können die Batterien nachgeladen bzw. das 28-V-Bordspannungsnetz versorgt werden. Der Transformator ist meist dreiphasig als Drehstromtranformator ausgeführt. Seine Ausgangsspannung wird in einem Brückengleichrichter geglättet. Als Gleichrichterelemente werden meist Leistungsdioden oder Thyristoren (Silicon Controlled Rectifier, SRC) eingesetzt.

3.5.4 Externe Energieversorgung

Befindet sich ein Flugzeug am Boden, werden die Flugzeugsysteme von einer externen Energieversorgung (Ground Power Unit, GPU) betrieben. Der Grund hierfür liegt darin,

Abb. 3.20 Anschluss der GPU am Flugzeug (©Holger Flühr, FH JOANNEUM, Graz)

dass die Flugzeugbatterien im Notfall zur Bereitstellung von Energie zur Verfügung stehen sollen und daher immer in einem Zustand maximaler Ladung gehalten werden. Teilweise führen Flugzeuge auch einen Batteriesatz als Redundanz zur GPU mit. Eine GPU beinhaltet einen über eine Verbrennungskraftmaschine betriebenen Generator und kann als DC-Quelle oder als AC-Quelle ausgeführt werden. Der Anschluss erfolgt über eine drei- (DC) bzw. fünfpolige (AC) Steckverbindung an eine Versorgungsbuchse hinter einer Wartungstür am Flugzeug (Abb. 3.20).

Dabei führt ein Kontakt der GPU-Steckverbindung eine Hilfsspannung, die über den Energiewahlschalter im Cockpit ein bordseitiges Relais schaltet. Da der Hilfskontakt mechanisch kürzer ausgeführt ist, wird das Relais zeitverzögert geschaltet, um sicherzustellen, dass zum Zeitpunkt des Zuschaltens bereits der Kontakt zur GPU hergestellt ist.

3.5.5 Energieverteilung

Die Verteilung der von den Generatoren erzeugten Energie hin zu den Verbrauchern erfordert ein systematisches und hierarchisches Verteilsystem. Hierzu eingesetzt werden folgende Elemente:

- Verteilerschienen (Busbars)
- Kabelbaum und Verdrahtung
- Anschlussklemmen und Steckverbinder
- Erdung
- Schutzeinrichtungen und Schaltautomaten.

Diese Elemente werden in den folgenden Abschnitten beschrieben.

3.5.5.1 Verteilnetz

Den Flugzeugsystemen darf im Fehlerfall nur dann die Energiezufuhr entzogen werden, wenn der Gesamtverbrauch die zur Verfügung stehende Energie übersteigt. Weiter dürfen Fehler im Verteilsystem (beispielsweise durch Fehlerströme, Erdung einer Verteilerschiene) möglichst keinen Effekt auf die Funktion des Gesamtsystems haben und möglichst kein Risiko von Brandbildung aufweisen. Auch dürfen Fehler in einzelnen Verbrauchern nicht die Energiezufuhr der anderen Verbraucher gefährden. Um diesen Forderungen Rechnung zu tragen, werden die Verbraucher in funktionelle Gruppen zusammengefasst und an Verteilerschienen angeschlossen. Jeder Verbraucherstromkreis erhält zudem einen Leitungsschutzschalter, um ihn im Fehlerfall vom restlichen Bordnetz isolieren zu können. Weiter werden die einzelnen Verteilerschienen hierarchisch über Relais an das Bordnetz angeschlossen. Auf diese Weise können Fehler in einem bestimmten Bereich des Bordnetzes isoliert werden.

Die Verbindung der Generatoren und Verbraucher mit den Sammelschienen erfolgt über einen Kabelbaum. Die zur Verdrahtung eingesetzten Leitungen weisen neben der üblichen Isolierung zusätzlich Armierungen aus Glasgewebe oder PTFE (Polytetraflourethylen) auf. Auf diese Weise wird ihre Haltbarkeit gegen Durchscheuern erhöht. Der Anschluss des Kabelbaumes an die Einrichtungen ist anhand schraubbarer Crimpanschlüsse ausgeführt. Hierzu wird eine gezahnte Hülse auf die Kupferadern gequetscht (gecrimpt). Verbindungen zwischen den Kabeln werden ebenfalls durch gecrimpte Anschlüsse vorgenommen.

Innerhalb des Kabelbaums sind Leitungen und Leitungsbündel eindeutig mit einem aufgedruckten Zahlencode gekennzeichnet. Die Bezeichnung orientiert sich ebenfalls an der ATA-Kapitelsystematik, unterschiedet sich aber von Hersteller zu Hersteller. Häufig besteht der aufgedruckte Nummerncode aus mehreren Gruppen von Kennzahlen bzw. Buchstaben, anhand derer die Zuordnung zu einem System bzw. Teilsystem, die fortlaufende Nummerierung und die Angabe von ergänzenden Informationen (Leitungsquerschnitt, Funktion, Farbe) ermöglicht wird. Beispiele zur Verdrahtungspraxis finden sich beispielsweise in [43, 129, 165].

Durch die Bewegung des Flugzeugs in der Atmosphäre lädt sich das Flugzeug elektrostatisch auf. Um zu vermeiden, dass zwischen einzelnen leitfähigen Teilen der Flugzeugstruktur hohe statische Spannungen entstehen, werden diese untereinander mit Erdungsbändern verbunden. So wird verhindert, dass es über ein Gelenk oder ein Lager hinweg zu einem Überschlag mit einem kurzzeitig hohen Entladungsstrom und in weiterer Folge zu möglichen Schädigungen der Struktur durch Verschweißungen kommt. Dies ist auch der Grund für die an den Hinterseiten der Tragflächen angebrachten Erder (static dischargers oder static wicks), welche statische Elektrizität an die Umgebung abführen.

Eine für die Auslegung des Bordnetzes sehr wichtige Maßnahme ist die Kategorisierung der Verbraucher nach ihrer Wichtigkeit. Hierzu werden diese in drei Verbraucherkategorien unterteilt und entsprechend der Kategorie hierarchisch in das Bordnetz eingefügt. Es werden unterschieden:

- Vitale Verbraucher sind Systeme, die nach einer Notlandung benötigt werden. Sie sind direkt mit der Batterieverteilerschiene verbunden. Beispiele hierfür sind Feuerlöscheinrichtungen oder die Beleuchtung der Notausgänge.
- Essenzielle Verbraucher ermöglichen die sichere Landung auch in Notsituationen. Sie sind mit DC- und AC-Verteilerschienen verbunden, ihre Versorgung muss wahlweise über die Batterie oder über die Generatoren möglich sein. Beispiele: Überziehwarnung, Fahrwerksteuerung.
- Nicht essenzielle Verbraucher wie die Bordküche sind für die Flugdurchführung ohne Bedeutung und können während einer Notsituation isoliert werden, um die Last zu reduzieren. Die Versorgung erfolgt über die Generatoren, sie werden ebenfalls auf dezidierten (DC- bzw. AC-)Verteilerschienen zusammengefasst.

Sind im Flugzeug mehrere Generatoren vorhanden, können diese entweder parallel oder unabhängig voneinander betrieben werden. Im ersten Fall muss vermieden werden, dass die Generatoren ungleichmäßig belastet werden. Dies würde dazu führen, dass der schwächer belastete Generator dem stärker belasteten Energie entnimmt. Beim Parallelbetrieb werden daher die Erregerfelder über die jeweiligen Lastzustände so kontrolliert, dass die Ausgangsspannung der Generatoren gleich bleibt. Bei Wechselspannungsgeneratoren muss zudem deren Frequenz und die Phasenlage der Ausgangsspannung synchron gehalten werden. Im unabhängigen Betrieb übernimmt jeweils ein Generator die Energieversorgung einer Gruppe von Verbrauchern. Diese sind auf den Generatoren zugeordneten Verteilerschienen angeschlossen. Mittels eines Isolationsrelais ist es im Fehlerfall möglich, elektrische Energie zwischen den ansonsten isolierten Verteilerschienen zu transferieren und den Ausfall einer primären Energiequelle zu kompensieren.

3.5.5.2 Schutzeinrichtungen

Im Verteilnetz eines Flugzeugs dienen die Batterien als Stütze der Spannungsversorgung und versorgen vitale Verbraucher für eine definierte Zeitspanne mit elektrischer Energie. Daher sollen sie möglichst immer den maximalen Ladezustand aufweisen. Wird ihnen Energie entnommen, muss diese über eine Ladeeinrichtung wieder rückgeführt werden. Da der Ladevorgang mittels Messung von Batteriespannung, Ladestrom und Batterietemperatur überwacht wird, muss durch entsprechende Einrichtungen der unkontrollierte Rückfluss von elektrischer Energie aus dem Bordnetz in die Batterien unterbunden werden. Dies gilt in ähnlicher Weise für (Gleichspannungs-)Generatoren: Sinkt deren Ausgangsspannung unter den Wert, den die Batterien an das Bordnetz liefern, würde es zu einem rückwärts (in den Generator) gerichteten Stromfluss kommen. Im Extremfall könnten die Windungen des Generators dabei thermisch überlastet werden.

Im einfachsten Fall, etwa bei leichten Flugzeugen der General Aviation, wird hierzu eine Diode eingesetzt. Diese wird in Flussrichtung geschaltet, um den Energietransfer in das Bordnetz zu ermöglichen, den Rückfluss jedoch zu unterbinden. Aufgrund der hohen Batterie- bzw. Generatorströme ist jedoch der Einsatz eines Rückstromrelais zielführender. Ein solches Reverse Current Relais weist zwei Spulen auf. Eine dieser Spulen ist als Span-

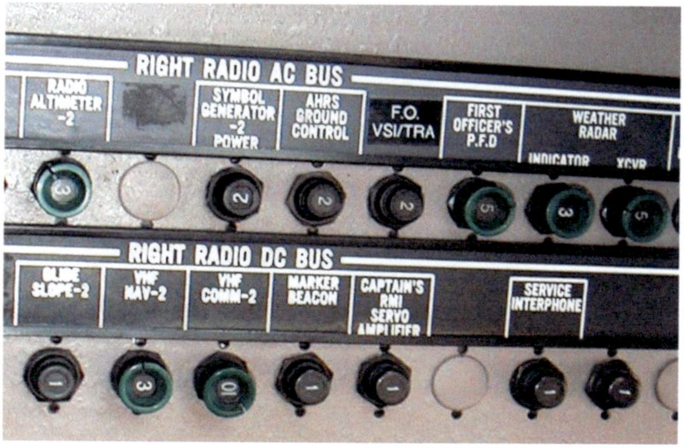

Abb. 3.21 Leitungsschutzschalter (©Holger Flühr, FH JOANNEUM, Graz)

nungsspule ausgeführt, die zweite als Stromspule. Solange die Richtung des Stromflusses in das Bordnetz gerichtet ist, überlagern sich deren Magnetfelder und schließen das Relais. Kommt es zu einem rückwärts gerichteten Stromfluss, löschen sich die Magnetfelder ab einer bestimmten Stromstärke aus, eine Feder öffnet den Schaltkontakt und der Generator wird vom Bordnetz getrennt.

Überspannungen auf dem Verteilnetz können zu Störungen oder Schädigungen der angeschlossenen elektronischen Einrichtungen führen. Daher werden durch Überspannungsschutzelemente Überschreitungen der Bordspannung detektiert bzw. begrenzt.

Im Falle eines Kurzschlusses im Verteilnetz oder bei Störungen der angeschlossenen Einrichtungen können auf den Leitungen hohe Stromstärken auftreten, welche die zulässige Strombelastung überschreiten würden. Das Bordnetz wird gegen solche Fehlerfälle durch Leitungsschutzschalter und Schmelzsicherungen abgesichert. Leitungsschutzschalter (Circuit Breaker) sind elektromechanische Schalter, die im Betriebsfall geschlossen sind. Kommt es zu einer Überschreitung der Nennstromstärke, wird dies anhand eines als Bimetallstreifen ausgeführten Thermoschalters detektiert. Dieser verformt sich bei Erhitzung und löst eine Verriegelung, die den Schaltkontakt öffnet.

Die Schutz- und Überwachungseinrichtungen für das Bordnetz sind in der Pilotenkanzel in sogenannten Panelen angeordnet. Die Flugzeugbesatzung hat auf diese Weise eine Übersicht über den Status des Bordnetzes und kann im Falles beispielsweise eines Generatorausfalls den Generator vom Bordnetz isolieren, nicht essenzielle Verbraucher vom Netz trennen und durch Herstellen von Transferschaltungen die vom Ausfall betroffenen Einrichtungen wieder mit Energie versorgen. Ein Beispiel für die Anordnung der Schutzeinrichtungen ist in der Abb. 3.21 dargestellt.

3.5.6 Typische Bordnetzarchitekturen

Nachfolgend werden exemplarisch Architekturen von Flugzeugbordnetzen vorgestellt. Speziell bei den Bordnetzen größerer Flugzeugmodelle werden aus Gründen der Über-

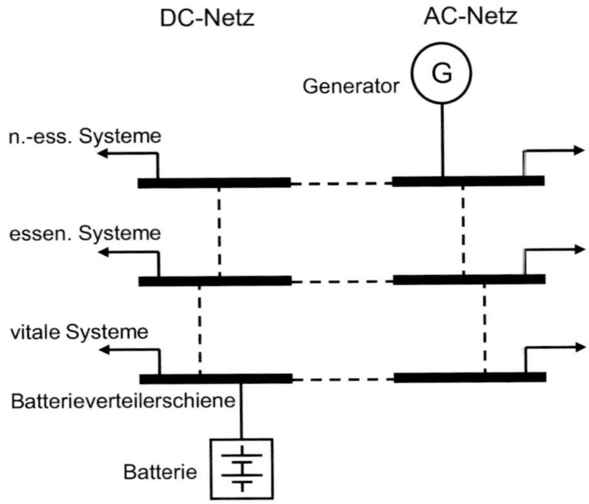

Abb. 3.22 Grundstruktur des hierarchischen Bordnetzes

sichtlichkeit nicht alle Details dargestellt, sondern die funktionalen Elemente in den Vordergrund gestellt. Den verschiedenen Architekturen sind zwei Prinzipien gemeinsam. Zum einen finden sich die oben beschriebenen Spannungsformen (28 V DC, 115 V/400 Hz AC) wieder, zum anderen werden die Verbraucherkategorien hierarchisch in das Netz eingefügt (Abb. 3.22).

Die Batterie bildet den Kern des Netzes. Sie stellt auch beim Ausfall der Generatoren für eine definierte Zeitspanne Energie für vitale und essenzielle Systeme zur Verfügung. Die Generatoren versorgen auch nicht essenzielle Systeme. Zwischen den dargestellten Ebenen sowie zwischen den Gleich- und Wechselspannungsbereichen des Bordnetzes muss der Austausch elektrischer Energie auch im Fehlerfall möglich sein. Hierzu werden TRU, Inverter und Schaltautomaten eingesetzt. Durch gezieltes Herausnehmen bestimmter Strukturen in der allgemeinen Darstellung erhält man die im Folgenden beschriebenen Fallbeispiele. Auch Beispiele in der Literatur (z. B. [30, 43, 146, 152]) können immer auf die vorgestellte Systematik zurückgeführt werden.

3.5.6.1 Kleinflugzeug mit DC-Netz

Im einfachsten Fall eines Flugzeugs mit Kolbenmaschine reduziert sich das Bordnetz auf mindestens eine Verteilerschiene, welche das DC-Netz bildet. An dieser werden die Batterie, die Lichtmaschine (Alternator) sowie der Starter über Relais bzw. Schaltautomaten angeschlossen. Nachdem der Energiewahlschalter auf die Stellung „Batterie" gestellt wird, schließt das Batterierelais und das Bordnetz wird spannungsführend. Ebenso wird der Spannungsregler in Betrieb gesetzt. Wird der Starterknopf betätigt, treibt der Startermotor die Kolbenmaschine an. Sobald diese selbsttätig arbeitet, liefert der Alternator Energie in das Bordnetz, der Laderegler lädt die Batterien wieder auf und stellt den optimalen Ladezustand sicher (Abb. 3.23). Eine Diode zwischen Alternator und Verteilerschiene

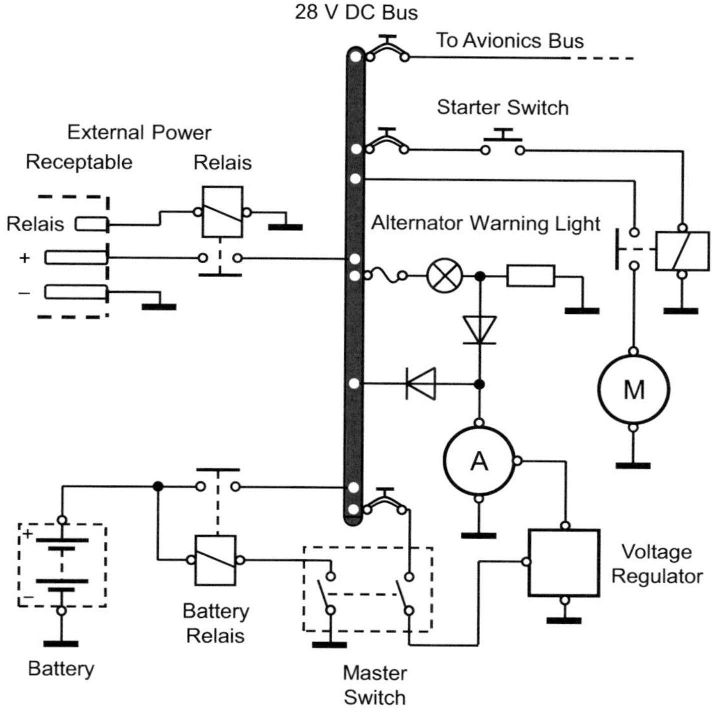

Abb. 3.23 Elektrisches Bordnetz eines Kleinflugzeuges

verhindert den Rückfluss von elektrischem Strom in den Generator. Liefert der Generator keine Spannung, wird dieser Zustand mittels einer Warnlampe angezeigt. Ist ein Anschluss für die GPU vorhanden, kann die Energie für den Startvorgang auch von dieser geliefert werden, die Batterie wird geschont. Mittels Schaltautomaten werden weitere Verbraucher oder Verteilerschienen an die 28-V-DC-Schiene angeschlossen.

3.5.6.2 Zweimotoriges Flugzeug mit DC-Netz

Bei einem Flugzeugmodell mit mehreren Generatoren werden diese entweder parallel betrieben und gemeinsam an eine Verteilerschiene angeschlossen, oder es wird das Bordnetz geteilt und je eine Sammelschiene den vorhandenen Alternatoren zugeordnet (Abb. 3.24). Bei einem solchen Split-Bar-System werden zwischen den Verteilerschienen Isolationsrelais (Bus Tie Breaker, BTB) eingefügt. Diese sind im normalen Betriebszustand geöffnet und werden erst beim Ausfall eines der Generatoren geschlossen. Der ausgefallene Generator wird zusätzlich durch Öffnen eines Schaltautomaten (Generator Cicuit Breaker, GCB) isoliert. Der verbleibende intakte Generator übernimmt dann die Energieversorgung der zweiten Verteilerschiene mit. Sind Wechselspannungssysteme im Flugzeug vorhanden, können diese wahlweise über den Inverter #1 oder #2 energieversorgt werden.

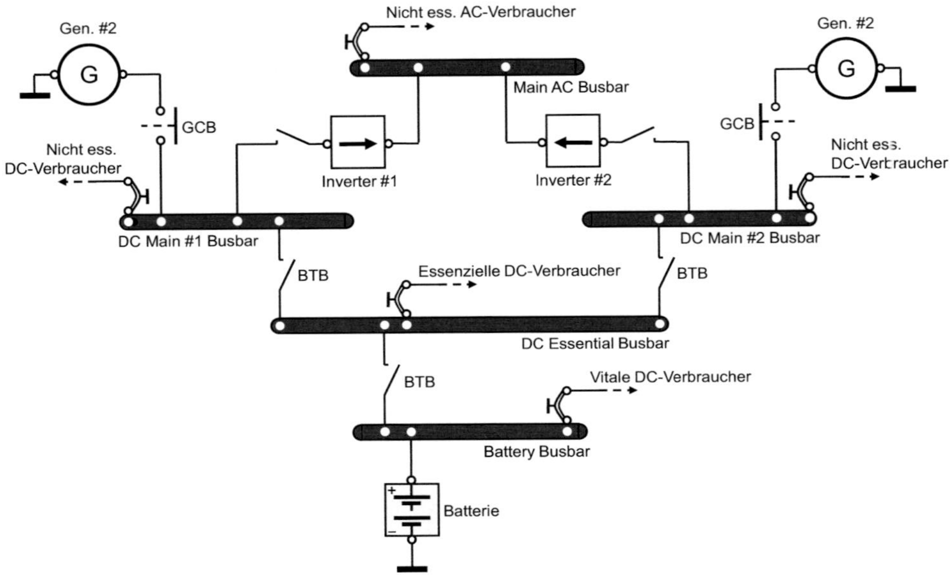

Abb. 3.24 Elektrisches Bordnetz eines zweimotorigen Flugzeuges

Sollen die Generatoren hingegen parallel an einer gemeinsamen Sammelschiene betrieben werden, ist die Ausgangsspannung der Generatoren mittels Spannungsregler auf demselben Wert zu halten. Andernfalls würde ein Generator den anderen mit elektrischer Energie versorgen. Eine Lastteilung wäre damit nicht möglich.

3.5.6.3 Verkehrsflugzeug mit AC-Netz

Bei größeren Flugzeugmodellen werden aufgrund des höheren Leistungsbedarfs der vorhandenen Verbrauchersysteme Wechselspannungsnetze eingesetzt. Da auch hier die Flugzeugbatterie das Rückgrat des Bordnetzes bildet, werden nun zusätzlich TRU und Inverter eingesetzt. Im normalen Betrieb erfolgt die primäre Energieversorgung aus den AC-Generatoren, Transformer Rectifier Units werden zur Umwandlung der Wechsel- in Gleichspannung eingesetzt (primäre Gleichspannungsversorgung). Um auch im Fehlerfall essenzielle und vitale AC-Verbraucher versorgen zu können, werden diese optional über Wechselrichter aus der Batterie versorgt. Auf diese Weise kann die Funktion für eine bestimmte Zeit aufrechterhalten werden. Die einzelnen Hierarchieebenen sind durch Schaltautomaten (BTB) im Fehlerfall trennbar. Ebenso sind Schaltautomaten (GCB) vorgesehen, um die Generatoren in einem Fehlerfall isolieren zu können (Abb. 3.25).

Wie oben bereits erläutert dürfen die Generatoren nur dann parallel betrieben werden, wenn zusätzlich zur Ausgangsspannung auch die Frequenz sowie die Phasenlage der erzeugten Spannungen identisch sind. Daher werden auch hier häufig Split-Bar-Systeme verwendet und Verteilerschienen nur beim Ausfall eines Generators verbunden. Der Aufbau eines solchen Bordnetzes wird anhand der schon diskutierten ATA-Chapter

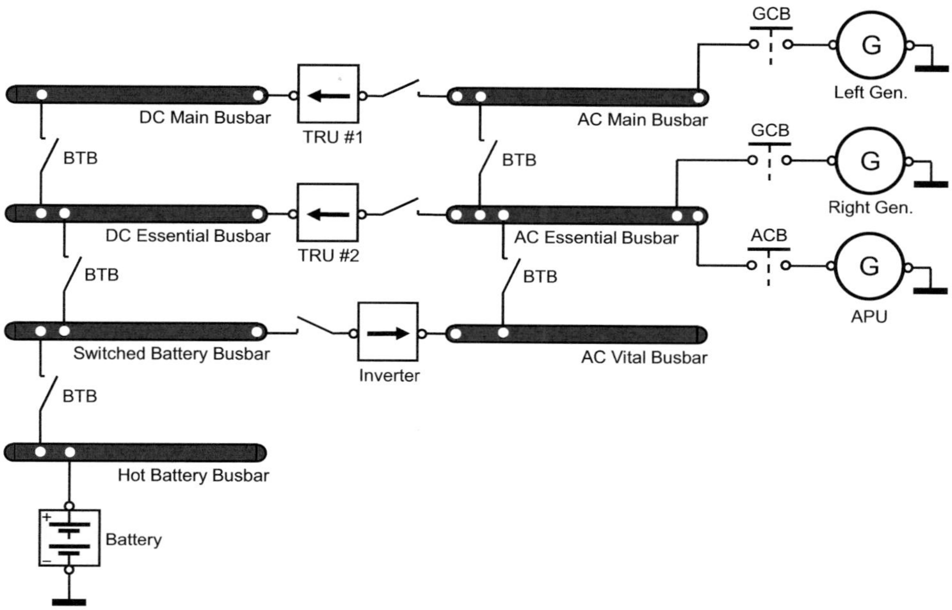

Abb. 3.25 Elektrisches Bordnetz eines Verkehrsflugzeugs mit AC-Netz

beschrieben (Tab. 3.7). In dieser Struktur werden kapitelweise die vorhandenen Elemente des Bordnetzes definiert (etwa 24-21-01: zwei IDG sind vorhanden) und die Verschaltung der Komponenten angegeben (etwa 24-50-01: Left AC Generator speist AC Main Busbar via GCB).

Überführt man diese Spezifikationen in ein Bordnetzschema, entsteht ein Aufbau wie in Abb. 3.25 dargestellt. Im normalen Betrieb sind die BTB zwischen den hierarchisierten Sammelschienen geöffnet, jeder Generator versorgt primär die ihm zugeordnete Wechselspannungsebene sowie sekundär die damit verbundene Gleichspannungsschiene. Kommt es zu einem Ausfall eines der Generatoren, wird dieser durch Öffnen des zugehörigen GCBs vom Bordnetz getrennt. Zusätzlich werden durch Schließen der BTBs zwischen den Hierarchiestufen die Verbraucher an der vom Ausfall betroffenen Verteilerschiene mit Energie versorgt.

4 Flugsicherungstechnik und Fluggeräteelektronik im Gesamtkontext des Luftfahrzeugs

Historisch gesehen erfolgten die Entwicklung der Avionik und der Flugsicherungstechnik als fachlich getrennte Disziplinen. Während die Flugsicherungstechnik durch die Verzahnung mit der Ausgestaltung des Luftraums stark von den nationalen und internationalen Flugsicherungsorganisationen vorangetrieben wurde, war die Entwicklung der Avionik aufgrund der Überwachung durch die Luftfahrtbehörden eher die Domäne der Flugzeughersteller und deren Zulieferbetriebe. Als Bindeglieder zwischen diesen Bereichen fungierten im Wesentlichen die ICAO, die mit den SARPs für die aeronautische Kommunikation [108, 109, 114–116] die Luft-Boden-Schnittstelle definierte, sowie Standardisierungsorganisationen, die für einzelne Geräteklassen der Kommunikation, Navigation und Surveillance (Communications, Navigation, Surveillance) für das Air Traffic Management (ATM) Standards publizierten. Von der ICAO wurde hierfür der Begriff CNS/ATM geprägt. Die Evolution und das Zusammenspiel der wichtigsten Systemebenen ist nachfolgend umrissen, die verwendeten Begriffe und Abkürzungen verweisen auf die Visualisierung des Zusammenspiels von Avionik und Flugsicherungstechnik auf der nächsten Doppelseite (Abb. 4.1 sowie 4.2).

4.1 Boden-Luft-Schnittstelle als Bindeglied

Die Kommunikationseinrichtungen (COM) am Boden und an Bord eines Flugzeugs stellen das direkte Bindeglied zwischen den Fluglotsen (der flugsicherungstechnischen Infrastruktur) und den Flugzeugführern (den Avioniksystemen) dar. Für die Sprachkommunikation (Voice Communications System, VCS) kommen neben UKW- und KW-Sprechfunk

Elektronisches Zusatzmaterial Die elektronische Version dieses Kapitels enthält Zusatzmaterial, das berechtigten Benutzern zur Verfügung steht. https://doi.org/10.1007/978-3-662-64823-0_4.

H. Flühr, *Avionik und Flugsicherungstechnik*,
https://doi.org/10.1007/978-3-662-64823-0_4

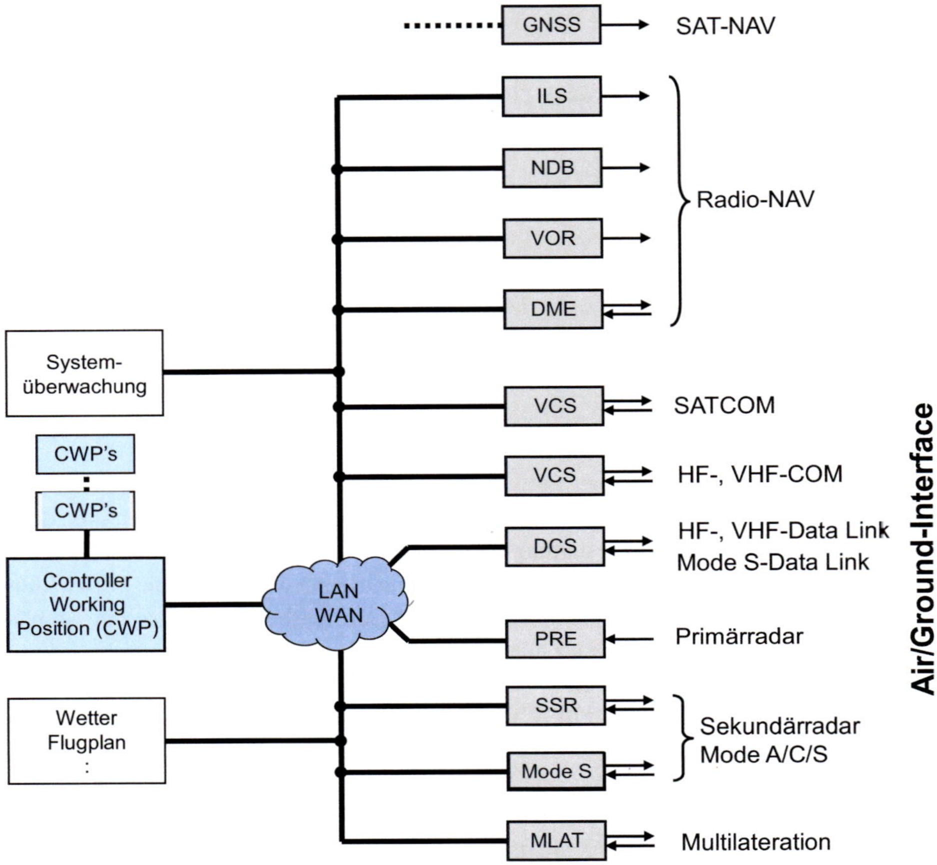

Abb. 4.1 Architektur der flugsicherungstechnischen Systeme

(VHF-, HF-COM) auch Satellitenkommunikation (SATCOM) und im militärischen Bereich UHF-Sprechfunk (UFH-COM) zum Einsatz. Seit einigen Jahren werden in der Zivilluftfahrt auch digitale Datenlinks (Data Communications System, DCS) operativ einsetzt. Diese basieren entweder auf digitaler Datenkommunikation in den bislang rein für Sprachkommunikation genutzten Frequenzbändern (VHF Data Link, VDL), auf Datenkommunikation von primär für die Surveillance eingesetzten Radarsystemen (Mode-S Data Link) oder auf digitaler Kommunikation unter Verwendung der Satellitenkommunikation (SATCOM).

Die verwendeten Navigationssysteme (NAV) richten sich auch nach der Art des Luftraums [143]: auf kontinentalen Strecken und in Nahverkehrsbereichen kommen traditionell ungerichtete Funkfeuer (NDB), Drehfunkfeuer (VOR), Entfernungsmeßeinrichtungen (DME), barometrische Höhenmesser und bordautonome inertiale Navigationssysteme (INS) zum Einsatz, werden aber in Zukunft durch satellitengestützte Systeme (GNSS)

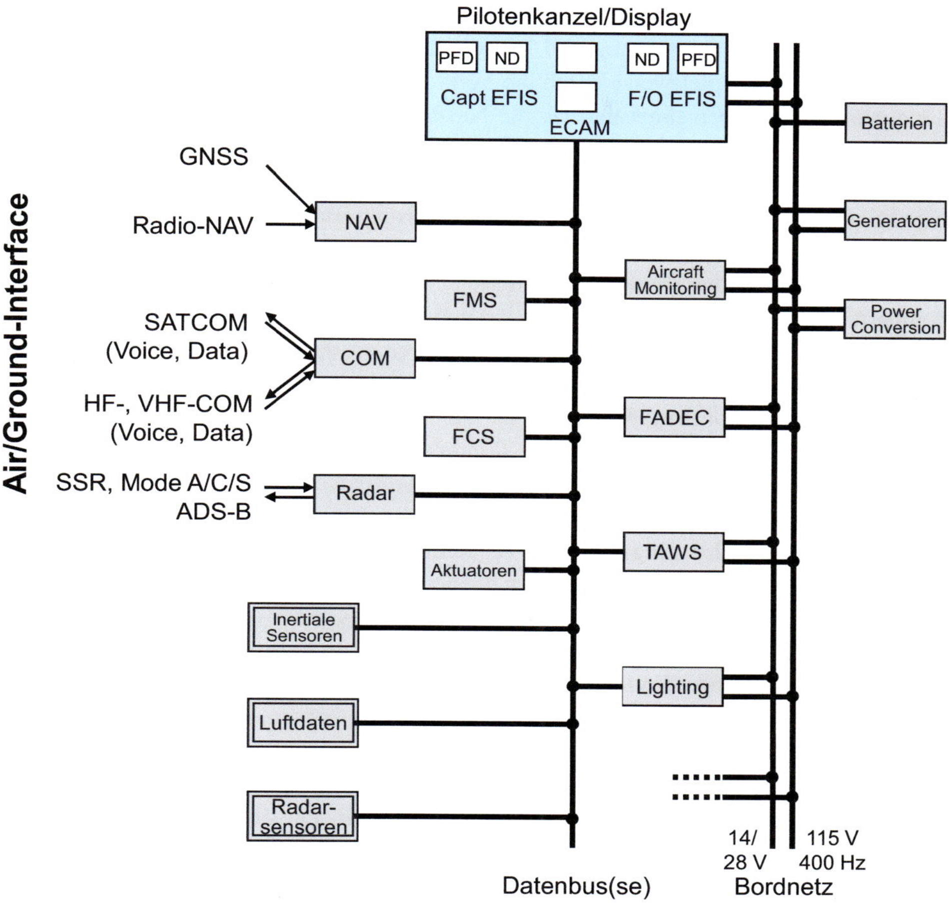

Abb. 4.2 Architektur der Flugzeugsysteme

ergänzt respektive in den Hintergrund gedrängt. Auf überseestrecken gilt dies umso mehr: Wurde früher neben den bereits erwähnten Systemen für die Langstreckennavigation LORAN C eingesetzt, verlor dieses System durch die Einführung von GPS stark an Bedeutung. Für den Landeanflug sind im Zusammenhang mit Navigationssystemen noch das Instrumentenlandesystem (ILS) sowie das Mikrowellenlandesystem (MLS) anzuführen. Durch GPS-Zusatzsysteme wie EGNOS oder GNSS-Systeme der zweiten Generation (Galileo) sollen zukünftig aber auch Präzisionsanflüge ohne diese konventionellen Landesysteme ermöglicht werden. Am Beispiel der Navigationseinrichtungen ist ein weiterer Aspekt der derzeit laufenden Modernisierung von CNS/ATM deutlich zu sehen: Während ursprünglich die Routenplanung darauf aufbaute, bestimmte Funkfeuer als Wegpunkte (Waypoints) anzufliegen und der Streckenverlauf daher stückweise definiert war, ist durch die Einführung der Flächennavigation (RNAV) eine flexiblere Nutzung des Luftraums ermöglicht worden. RNAV nutzt existierende Navigationseinrichtungen zur Berechnung einer optimierten Routenführung und koppelt dabei mehrere technische Navigationslösungen. So kann beispielsweise durch die Verbindung von VOR und DME (VOR/DME) die eigene Position berechnet und für die Navigation verwendet werden. Weitere Möglichkeiten wären die Kopplung von zwei DME-Empfängern oder (eingeschränkt) die Verwendung von GPS oder LORAN C. Der Einsatz der Flächennavigation erfordert dabei eine Mindestgenauigkeit der eingesetzten Gesamtlösung (Basic RNAV, B-RNAV: $\pm$ 5 NM; Precision RNAV, P-RNAV: $\pm$ 1 NM) sowie eine Mindestverfügbarkeit von $A > 95\,\%$. Somit wird anstelle eines einzelnen neuen Systems mit besserer Performance ein Verfahren definiert, welches bestehende Systeme nutzt und hieraus Daten fusioniert.

In der dritten Teildispziplin von CNS/ATM werden die zur überwachung des Flugverkehrs (Surveillance, SUR) eingesetzten Systeme beschrieben. Neben dem Primärradar (Primary Radar Equipment, PRE) und dem Sekundärradar (Secondary Surveillance Radar, SSR) zählen hierzu auch Peilverfahren (Dopplerpeilung) oder per Funk kommunizierte Positionsmeldungen (insbesondere auf überseestrecken). Das Sekundärradar kann weiter in die relevanten Betriebsmodi unterteilt werden. Waren bisher die Modi zum Reporting des von der Flugsicherung zugeteilten Transpondercodes (Mode A) sowie zur übermittlung der barometrisch gemessenen Flughöhe (Mode C) von Bedeutung, wurde mit der Einführung des Mode-S-Transpondersystems ein mächtiges, auch für die Datenkommunikation nutzbares Surveillance-System verfügbar. Speziell unter dem Aspekt des verbesserten Kollisionsschutzes ist die Erwartungshaltung an das derzeit in Einführung befindliche ADS-B (Automatic Dependent Surveillance – Broadcast Mode) sehr hoch. Dieses ist wiederum mehr ein betriebliches Verfahren als ein technisches System: Es verwendet vorhandene Flugzeugsensoren (etwa GPS, INS) und Kommunikationseinrichtungen (Mode-S-Datenlink, VDL), um durch den Austausch der Position und des geplanten Kurses mit anderen Verkehrsteilnehmern mögliche Kollisionen proaktiv zu vermeiden. Multilateration (MLAT) ist ein weiteres Beispiel für diesen Ansatz. Anhand vorhandener Flugzeugsysteme (Mode-S-Transponder, VDL) wird hier durch bodenseitige Installationen ein System zur Flugverkehrsüberwachung eingesetzt, welches die an manchen Flughäfen aufgrund geografischer Gegebenheiten nicht vorhandene Primärradarabdeckung ersetzen und damit den Flugverkehrsleitern ein wichtiges Instrument liefern kann. Auch die Rollführung auf Verkehrsflughäfen kann hiermit verbessert werden.

Bodenseitig müssen die vorgestellten Systeme für die flugsicherungstechnische Nutzung integriert werden. Die oft vom Operations-Center der Flugsicherung (ATM Center) disloziert aufgebauten Systeme speisen ihre Daten in ein Nah- oder Fernbereichsnetzwerk (Local Area Network, LAN; Wide Area Network, WAN) und stellen diese an den Arbeitsplätzen der Fluglotsen (Controller Working Position, CWP) zur Verfügung. Dort laufen auch Informationen zum Wettergeschehen, zum militärischen Flugverkehr oder Flugplaninformationen ein und bilden die Grundlage für die Entscheidungsfindung der Controller. Um die korrekte Funktion der Navigationseinrichtung sicherzustellen, wird diese mit einem Netz von Nah- und Fernbereichsmonitoren überwacht. Auch sie werden über Netzwerke mit der Systemüberwachung der Flugsicherungstechnik verbunden, so dass auch hier ein komplexes Lagebild vorhanden und im Bedarfsfall eine rasche Fehlerbehebung durch ein Eingreifen der Flugverkehrsleitung möglich ist. Nicht zuletzt müssen die einzelnen Controller Working Positions über ein Sprachvermittlungssystem mit den Funkkanälen verbunden werden, damit die für einen Sektor zuständigen Flugverkehrsleiter auf der in diesem Sektor veröffentlichten Frequenz mit den Flugzeugführern kommunizieren können.

Auf der Flugzeugseite ergibt sich ein vergleichbares Bild. Die bordautonome Energieversorgung, bestehend aus Generatoren, Batterien, Einrichtungen zur Energieumwandlung sowie dem eigentlichen Bordnetz, stellt die Grundlage für den Betrieb der unter dem Begriff der Avionik zusammengefassten Systeme dar. In der Bundesrepublik Deutschland legen die Betriebsordnung für Luftfahrtgerät (LuftBO) und die Verordnung über die Flugsicherheitsausrüstung der Luftfahrzeuge (FSAV) die gerätetechnische Mindestausrüstung für Flüge nach Sichtflugregeln (VFR) und Instrumentenflugregeln (IFR) fest [143]. So muss etwa ein nach VFR ausgerüstetes Flugzeug über ein UKW-Sprechfunkgerät und einen Sekundärradar-Transponder für Mode A/C verfügen. Unter bestimmten Voraussetzungen müssen auch ein VOR- oder ADF-Empfänger sowie ein Transponder für das Mode-S-Radarsystem vorhanden sein. Für IFR sind zwei UKW-Sprechfunkgeräte, zwei VOR-Empfänger, ein ADF-Empfänger, ein Transponder für das Mode-A/C/S-Radarsystem, ein DME-Abfragesender und, sofern vom Luftfahrtbundesamt (LBA) für den jeweiligen Luftraum vorgeschrieben und in den Nachrichten für Luftfahrer (NOTAM) publiziert, auch eine Flächennavigationsanlage für B-RNAV vorgeschrieben (in diesem Fall reduziert sich die Mindestausrüstung von zwei auf einen VOR-Empfänger). Zusätzlich wird für Anflüge mit dem Instrumentenlandesystem (ILS) eine vollständige ILS-Bordanlage vorausgesetzt. Die Architektur einer solchen IFR-Ausrüstung und deren Einbindung in das CNS/ATM-Konzept ist in Abb. 4.3 veranschaulicht.

Neben den Systemen für CNS/ATM sind Sensorsysteme wie Luftdatenrechner (Air Data Computer), Radarhöhenmesser und inertiale Sensorsysteme (Inertial Measurement Unit, IMU) als auch Systeme für das Flugmanagement (Flight Management System, FMS) und die Flugsteuerung/-regelung (Flight Control System, FCS), die Triebwerksregelung (Full Authority Digital Engine Control, FADEC), Bodenannäherungswarnsystem (Terrain Awareness and Warning System, TAWS), die zentralisierte Flugzeugüberwachung (Centralized Maintenance Computer, CMC; Engine Indication and Crew Alerting System, EICAS oder Electronic Central Aircraft Monitoring, ECAM) und nicht zuletzt die Aktuatoren für Landeklappen, Fahrwerk und Steuerflächen sowie die Beleuchtungseinrichtungen an Bord des Flugzeugs. Die tatsächlich vorhandenen Systeme, die verwendeten Bezeichnungen und Abkürzungen schwanken von Flugzeug zu Flugzeug sowie von Hersteller zu Hersteller, sodass diese Liste keinen Anspruch auf Vollständigkeit erhebt [146, 174, 175]. Sie dient vielmehr der Orientierung und soll die Einordnung der in den folgenden Kapiteln diskutierten Dienste, Systeme und Einrichtungen erleichtern.

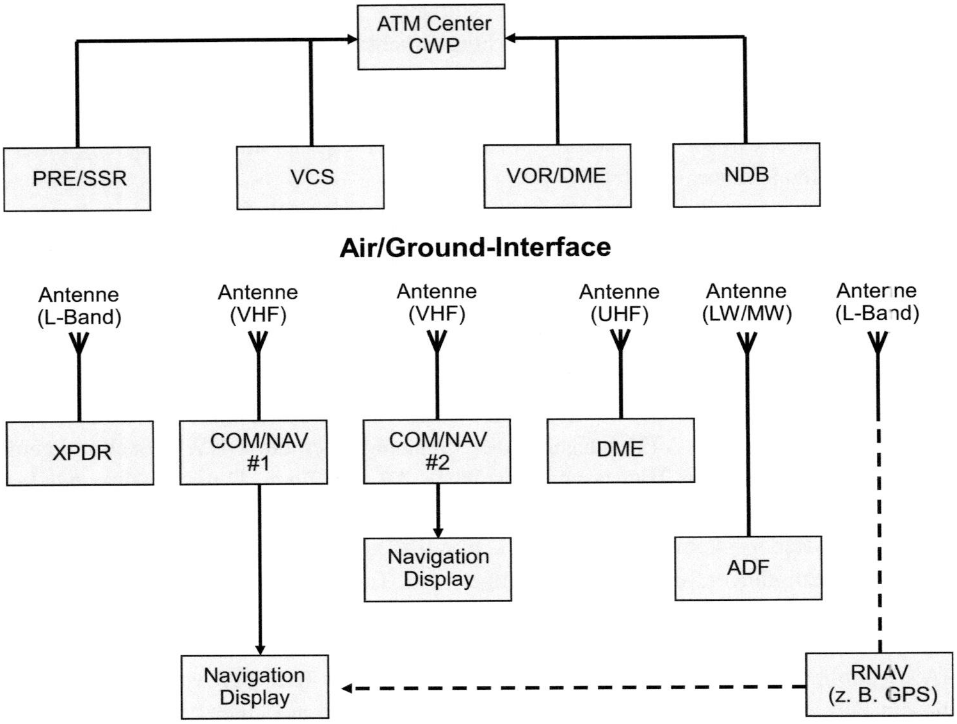

Abb. 4.3 Systemübersicht für ein Flugzeug nach Instrumentenflugregeln

4.2 Modernisierung des Air Traffic Managements

Das gegenwärtige sowie zukünftige Konzepte des CNS/ATMs setzen verstärkt auf den Gedanken von flugsicherungstechnischen Diensten. Diese verwenden Daten von einzelnen Flugzeugsystemen und greifen zum Datenaustausch mit Einrichtungen am Boden auf verfügbare Kommunikationskanäle des Luftfahrzeugs zurück, ohne dass Seitens der Cockpitcrew Aktionen wie etwa die Wahl der Übertragungsfrequenz nötig wären. Das moderne ATM führt durch Automatisierung zur Reduktion von routinemäßigen Tätigkeiten in der Pilotenkanzel. Ausgehend von der gegenwärtig dominierenden FANS-Struktur werden die unter dem Überbegriff der „Future Communications Infrastructure" (FCI) laufenden Modernisierungsprogramme wie SESAR oder NextGen angesprochen.

Sowohl FANS als auch FCI haben gemein, dass die Trennung zwischen den Domänen „Flugzeug" und „Air Traffic Management" aufgehoben wird: Flugzeugsysteme wie die IMU, das FMS, Radarempfänger und Cockpitinstrumente werden über die Kommunikationseinrichtungen und die Luft-Boden-Schnittstelle mit den Flugbetriebszentren (Airline Operations Centre, AOC) und der Flugverkehrskontrolle (Air Traffic Control, ATC) in ein ganzheitliches Konzept verbunden. Um die Darstellungsebenen besser voneinander abgrenzen zu können werden in den folgenen Abschnitten die Architekturen von FANS und FCI mit den dazu eingesetzten Lösungen überblicksartig erläutert. Die technischen Details zu den einzelnen Systemen rund um die Luft-Boden-Schnittstelle sind dann in den nachfolgenden Kap. 5 bis 7 ausgeführt.

4.2.1 Future Air Navigation System (FANS)

Während über den Kontinenten meist eine gute Funkabdeckung herrscht, sind transatlantische Flüge für Radareinrichtungen unsichtbar. Die daraus resultierende Unschärfe bei der Separation zweier Flugzeuge führt zu einer mangelnden Auslastung des vorhandenen Luftraums. Das ursprünglich von der ICAO spezifizierte „Future Air Navigation System" (FANS) wollte diesen Kapazitätsengpass beseitigen und setzt sich im Wesentlichen aus zwei sich ergänzenden Komponenten zusammen. Zum einen verwendet es eine Controller-Pilot-Data-Link-Kommunikation (CPDLC) auf HF-, VHF-, SATCOM-Bändern. Zum anderen kommt Automatic Dependent Surveillance–Contract (ADS-C) zum Einsatz. Die ursprünglichen Ausprägungen in der Luftfahrtindustrie waren FANS-1 (Boeing) und FANS-A (Airbus). FANS-1/A+ entstand aus den in weiterer Folge kombinierten Lösungen der beiden großen Flugzeughersteller. FANS erfordert die Ausrüstung des Luftfahrzeugs mit einer als Air Traffic Service Unit (ATSU) bezeichneten LRU oder mit einer als Avionics Communications Router (ACR) genannten Funktion in der Integrierten Modularen Avionik (siehe dazu Abschn. 10.1) sowie der zugehörigen Komunikationssysteme.

CPDLC bezeichnet zunächst kein spezielles System, sondern lediglich den Umstand des digitalen Datenaustausch von kurzen Textnachrichten über die Boden-Luft-Schnittstelle hinweg. Als technische Realisierungen für die Datenübermittlung sind ACARS (ARINC 724B), HFDL (ARINC 635), SATCOM (ARINC 781) und VDL Mode 2 (ARINC 631) in Verwendung. Mit ADS-C werden über die vorhandenen Flugzeugsysteme automatisch Surveillancedaten (etwa: Position, Flughöhe, Geschwindigkeit) an das Airline Operations Centre (AOC) oder an eine Air Traffic Control Unit übermittelt. Die Bodenstation und das Luftfahrzeug gehen dazu eine Abmachung, den „Contract" ein. Die Bodenstation kontrolliert dabei den Zeitpunkt, den Umfang und die Art der zu übermittelnden Daten. Die Übermittlung der Positionsmeldungen erfolgt über das bodenseitige ACARS-Netzwerk an die den „Contract" initiierende Station – nicht wie bei ADS-B als „Broadcast" an eine Reihe von Empfängern in der Umgebung des Senders. Anhand der Übersicht in Abb. 4.4 werden die für das Verständnis von FANS relevanten CNS-Systeme zusammengestellt.

Bei FANS-1/A+ erfolgt die Übertragung der (ADS-C- und ACARS-)Nachrichten von der ATSU gesteuert über das HF-, VHF- oder SATCOM-System des Flugzeugs. Am Boden werden die Nachrichten über das ACARS-Netzwerk (siehe Abschn. 5.2.1) an die Airlines und im Falle von CPDLC auch an die Flugverkehrskontrolle weitergeleitet. Zur Abgrenzung von später entwickelten FANS-Implementierungen wird daher teilweise auch der Begriff CPDLC-über-ACARS verwendet.

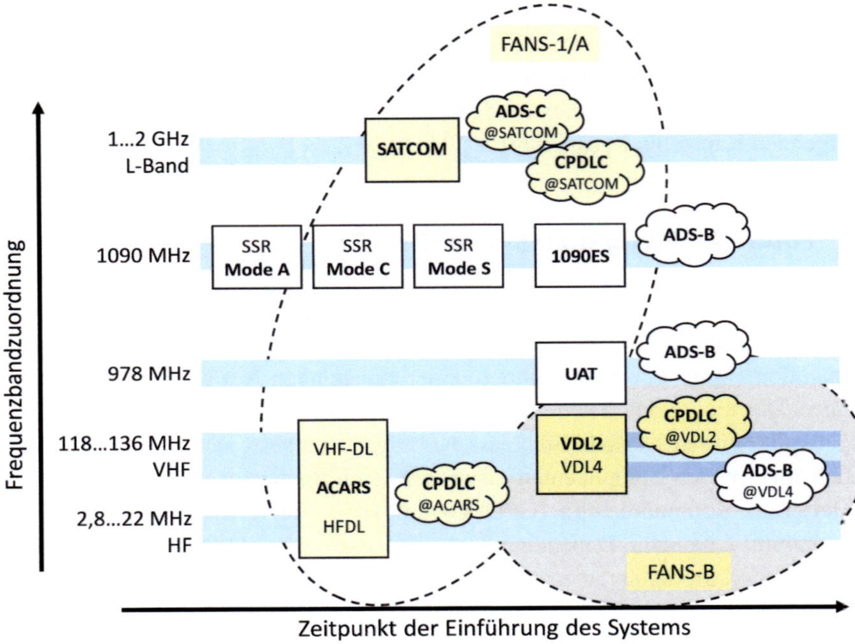

Abb. 4.4 Funkschnittstellen und darauf aufbauende Dienste im Zusammenhang mit FANS

Im Gegensatz dazu wird bei FANS-B das aeronautische Telekommunikationsnetzwerk (Aeronautical Telekommunications Network, ATN) als Bodeninfrastruktur verwendet. Das ATN kann als das „Internet der Luftfahrt" interpretiert werden. Es integriert eine Reihe von Datenverbindungen in ein umfassendes Netzwerk und wird in den SARPs der ICAO [115] anhand des hierarchischen OSI-Schichtenmodell der ISO beschrieben. Dabei werden funktionale Eigenschaften in einer „Schicht" (Layer) zusammengefasst, die einzelnen Schichten sind durch definierte „Schnittstellen" (Interfaces) miteinander verbunden. Meist wird in diesem Zusammenhang das OSI-Modell (Open Systems Interconnect) der internationalen Standardisierungsorganisation (International Standardisation Organisation, ISO) referenziert. Dieses besteht aus insgesamt 7 Schichten, wobei die unterste Schicht (Layer 1, z. B. Ethernet) die physikalische Übertragung auf einer Leitung oder mittels elektromagnetischer Wellen beschreibt, die oberste Schicht entspricht der Anwendung (Layer 7, z. B. Web-Browser) bzw. der Präsentation des Systems gegenüber dem Benutzer (Abb. 4.5).

In diesem einfachen Beispiel könnte die Schicht 1 eine leitungsgebundene Übertragungsstrecke sein, das Interface zur nächsthöheren Schicht 2 sei entsprechend EIA-232 (RS-232) definiert. Während in der physikalischen (Netzwerk-)Schicht die Spannungspegel und Leitungsimpedanzen definiert und damit die bitorientierte Übertragung behandelt würde, wären in der Schicht 2 die Umwandlung der Datenworte in den Bitstrom, die Fehlersicherung und -korrektur, Synchronisation und der zeitliche Zugriff auf den

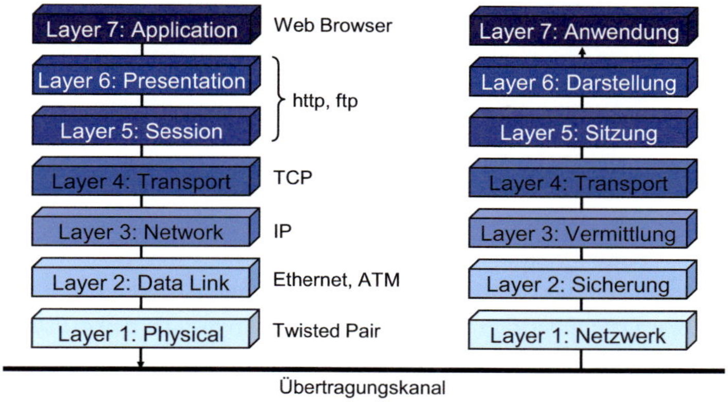

Abb. 4.5 OSI-Schichtmodell der ISO am Beispiel der Kommunikation in einem Ethernet-Netzwerk

Übertragungskanal abgedeckt. Auch Mehrfachzugriffsverfahren (Zeit-, Frequenz- oder Code-Multiplex) sind in diesem Layer enthalten. Die Netzwerkschicht (Layer 3) stellt die Verbindung zwischen den Teilnehmern her und könnte die zu übertragende Nachricht um Informationen zu Herkunft und Ziel der Daten ergänzen. Die folgenden Layer 4 bis 7 sind anwendungsabhängig definiert und müssen vor diesem Hintergrund gesondert betrachtet werden. Den reinen Anwendungsdaten wird in jeder Schicht eine Layer-spezifische Information in Form eines Header hinzugefügt.

Das ATN verwendet neben dem VHF Data Link auch den Mode-S-Datenlink, SATCOM und HFDL als Übertragungstechnologien [169]. Diese bilden die physikalische Schicht, die Sicherungsschicht sowie die Vermittlungsschicht. Die Details der Einbindung in das OSI-Schichtenmodell sind bei den jeweiligen Technologien erläutert. Boden- und bordseitig stellt ein ATN-Router die Verbindung zwischen den Subnetzwerken und der Luft-Boden-Schnittstelle her (Abb. 4.6). Flugzeugseitig stellt eine Communications Management Unit (CMU), wie die Air Traffic Service Unit in der Industrie teilweise

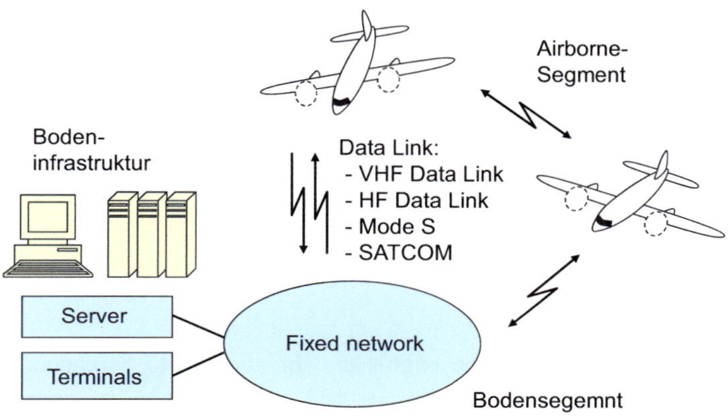

Abb. 4.6 Konzept des aeronautischen Telekommunikationsnetzwerks (ATN)

alternativ bezeichnet wird, die Mensch-Maschine-Schnittstelle dar und übernimmt die Auswahl der momentan geeignetsten beziehungsweise verfügbaren Verbindung. Auf diese Weise soll die Cockpitbesatzung von der Wahl eines Übertragungskanals entlastet werden.

4.2.2 Future Communications Infrastructure (FCI)

Das Konzept der Future Communications Infrastructure (FCI) dient dem Ziel, für zukünftige Anwendungen wie etwa dem 4D-Trajektorien basierenden Flugbetrieb eine ausreichend große Datenübertragungskapazität zu schaffen. Die europäische Umsetzung der FCI erfolgt im Rahmen von Single European Sky und entlang des Europäischen ATM Master Plans (EATMP) [68]. Andere wichtige Modernisierungsprojekte hin zur FCI sind NextGen in den USA oder CARATS in Japan.

Als Verbindungselemente zwischen Flugzeug und der Bodeninfrastruktur sind in der FCI vier mögliche Netzwerkklassen vorgesehen [89, 154]:

- LDACS ist ein im L-Band angesiedeltes digitales Kommunikationssystem
- SATCOM ist die satellitenbasierte digitale Kommunikation
- AeroMACS stellt im Flughafenumfeld eine Netzwerkanbindung bereit
- VDL Mode 2 ist der digitale Datenfunk im UKW-Band.

Die Future Communications Infrastructure soll als Internet Protocol Service (IPS) ausgelegt sein und Netzwerke in den Luftfahrzeugen über die aeronautischen Kommunikations-, Navigations- sowie Surveillancesysteme in ein umfassendes Gesamtnetzwerk integrieren. Das aeronautische Telekommunikationsnetzwerk ist dabei Teil dieses Konzepts. Das Bodennetzwerk bindet darüber hinaus auch weitere Luftraumnutzer, die ANSPs, ATM-Datenprovider wie auch das Network Manager Operations Centre ein.

4.3 Mathematische Beschreibung der Boden-Luft-Schnittstelle

Die Anbindung der boden- und luftseitigen Systeme an die Funkschnittstelle erfordert die Betrachtung der Antennentechnik, Aspekte der Wellenausbreitung in den verwendeten Frequenzbändern als auch die Ermittlung der Signaldämpfung anhand einfacher Kanalmodelle.

4.3.1 Antennen

Die ideale rundstrahlende Antenne strahlt die ihr zugeführte Sendeleistung P_{TX} ungerichtet in den sie umgebenden Raum ab. Sie wird auch als isotroper Kugelstrahler bezeichnet, da sich die Leistung auf einer Kugeloberfläche im Raum ausbreitet. Mit zunehmender Entfernung von der Antenne verteilt sich die vom isotropen Strahler abgestrahlte Leistung auf eine immer größer werdende Kugeloberfläche. Im Funkfeld liegt daher eine Leistungsflussdichte S_i (in Watt pro Quadratmeter) vor, die Sendeleistung nimmt mit dem Entfernungsquadrat ab:

$$S_i(R) = \frac{P_{TX}}{4\pi\ r^2} \tag{4.1}$$

Eine solche, technisch jedoch nicht realisierbare Antenne dient als Referenzmodell, um in der Praxis auftretende Antennenbauformen besser untereinander bezüglich ihrer Eigenschaften vergleichen zu können.

Eine Dipolantenne setzt sich aus zwei gleich langen und symmetrisch angeordneten Leitern zusammen, die von einer Stromquelle symmetrisch gespeist werden. Aufgrund der Länge des Dipols ist die Stromstärke nicht in jedem Punkt auf dem Leiter gleich groß, an den Leiterenden muss die Stromstärke gleich Null sein. Die Länge des Dipols im Bezug zur Wellenlänge der zu sendenden Frequenz ist daher eine wichtige Kenngröße der Antenne. In der Praxis von großer Bedeutung ist der sogenannte Halbwellen-Dipol, über seiner Länge findet man eine halbe Wellenlänge der eingespeisten Spannungs- bzw. Stromwelle. In diesem Fall verhält sich der Halbwellen-Dipol wie ein ohm'scher Widerstand, der auch als Strahlungswiderstand bezeichnet wird. Stimmen der Strahlungswiderstand R_S und der Innenwiderstand R_i der Quelle überein, liegt Leistungsanpassung vor. Die von der Quelle an die Antennen und weiter an den umgebenden Raum abgegebene Leistung wird maximal.

Das in der Umgebung des Dipols entstehende elektromagnetische Feld setzt sich aus einer kreisförmig um den Dipol verlaufenden magnetischen und einer senkrecht dazu stehenden elektrischen Feldkomponente zusammen. In unmittelbarer Nähe zur Antenne sind elektrisches und magnetisches Feld im Nahfeld um 90° phasenverschoben und stehen orthogonal zueinander. Entfernt man sich vom Dipol, nimmt die Phasenverschiebung ab, bis letztlich die elektrische und magnetische Feldkomponente zeitlich in Phase schwingen. Im sogenannten Fernfeld (Faustregel: $r \geq 4\ \lambda$) bilden sich ebene Wellenfronten parallel zum Dipol (E-Feld) bzw. senkrecht dazu (H-Feld). Die elektromagnetischen Feldkomponenten sind über den die Richtung des Leistungsflusses angebenden Poynting-Vektor und über die Impedanz Z_F des freien Raums verknüpft. Der zeitliche Mittelwert $\bar{S}$ folgt damit entweder aus dem Spitzenwert des elektrischen oder magnetischen Feldanteils:

$$\bar{S} = \frac{1}{2}\hat{H}_\varphi^2 \cdot Z_F = \frac{1}{2}\frac{\hat{E}_\vartheta^2}{Z_F} \tag{4.2}$$

Die Impedanz des freien Raums (auch als Freiraumwellenwiderstand bezeichnet) ist eine Konstante und beträgt $Z_F = 377\Omega$. Sie verknüpft die elektrische mit der magnetischen Feldstärke und kann auch über die dielektrische und magnetische Feldkonstante ausgedrückt werden:

$$Z_F = \frac{\hat{E}_\vartheta}{\hat{H}_\varphi} = \sqrt{\frac{\mu_0}{\varepsilon_0}} \approx 120 \cdot \pi \, \Omega \tag{4.3}$$

Da die in eine bestimmte Richtung abgestrahlte Leistungsflussdichte von der jeweiligen Elevation ϑ und vom Azimut φ abhängt, wird sie meist in den vertikalen und horizontalen Hauptebenen als Antennendiagramm oder Strahlungscharakteristik $C(\vartheta, \varphi)$ dargestellt. Dabei ist $C(\vartheta, \varphi)$ definiert als die Leistungsflussdichte (oder auch der elektrischen oder magnetischen Feldstärke) bezogen auf deren Maximalwert in der Umgebung der Antenne:

$$C(\vartheta, \varphi) = \frac{S(\vartheta, \varphi)}{S_{max}} = \frac{E(\vartheta, \varphi)}{E_{max}} = \frac{H(\vartheta, \varphi)}{H_{max}} \tag{4.4}$$

Die Abstrahlrichtung, in der die Leistungsflussdichte den größten Wert S_{max} hat, wird als Hauptstrahlrichtung bezeichnet. Sie geht meist auch aus der Darstellung der Abstrahlcharakteristik im Antennendiagramm (Abb. 4.7) klar hervor. Die Breite der Hauptstrahlkeule wird mit dem Halbwertswinkel θ_{HB} angegeben. Es ist der Winkel, bei dem die Stärke des Funkfelds gegenüber seinem maximal möglichen Wert um 50 % (um –3 dB) abgenommen hat. Durch direkten Vergleich von S_{max} mit der Leistungsflussdichte S_i des isotropen Kugelstrahlers wird der Antennengewinn G definiert. G ist meist als Gewinnmaß gegenüber dem isotropen Strahler g angegeben und in Dezibel-isotrop (dBi) ausgedrückt:

$$G = \frac{S_{max}}{S_i} \; ; \quad g = 10 \, \log_{10}\left(\frac{S_{max}}{S_i}\right) dBi \tag{4.5}$$

Da in der Praxis meist der Sender gemeinsam mit der Sendeantenne betrachtet wird, findet man in den SARPs und Schnittstellenbeschreibungen von Funksystemen häufig Leistungsangaben in EIRP (Equivalent Isotropic Radiated Power). Diese Angabe gibt an, welche Leistung man einem isotropen Strahler zuführen müsste, um im Funkfeld am selben Ort die gleiche Leistungsflussdichte zu erreichen wie in der Hauptkeule der betrachteten Antenne mit dem Gewinn G:

$$EIRP = P_{TX} \cdot G \; ; \quad L_{P,EIRP} = L_{P,TX} + g \tag{4.6}$$

Der Gewinn einer Antenne ist eng mit der Antennenwirkfläche (der Apertur) A_W verbunden. Diese gibt die Fläche in der Umgebung der Antenne im Empfangsfall an, innerhalb der diese die Leistungsflussdichte aus dem Funkfeld erfassen und in eine leitungsgebundene Empfangsleistung P_{RX} zurück umwandeln kann:

$$P_{RX} = S(r) \cdot A_W = S(r) \cdot \frac{\lambda^2 \cdot G}{4\pi} \tag{4.7}$$

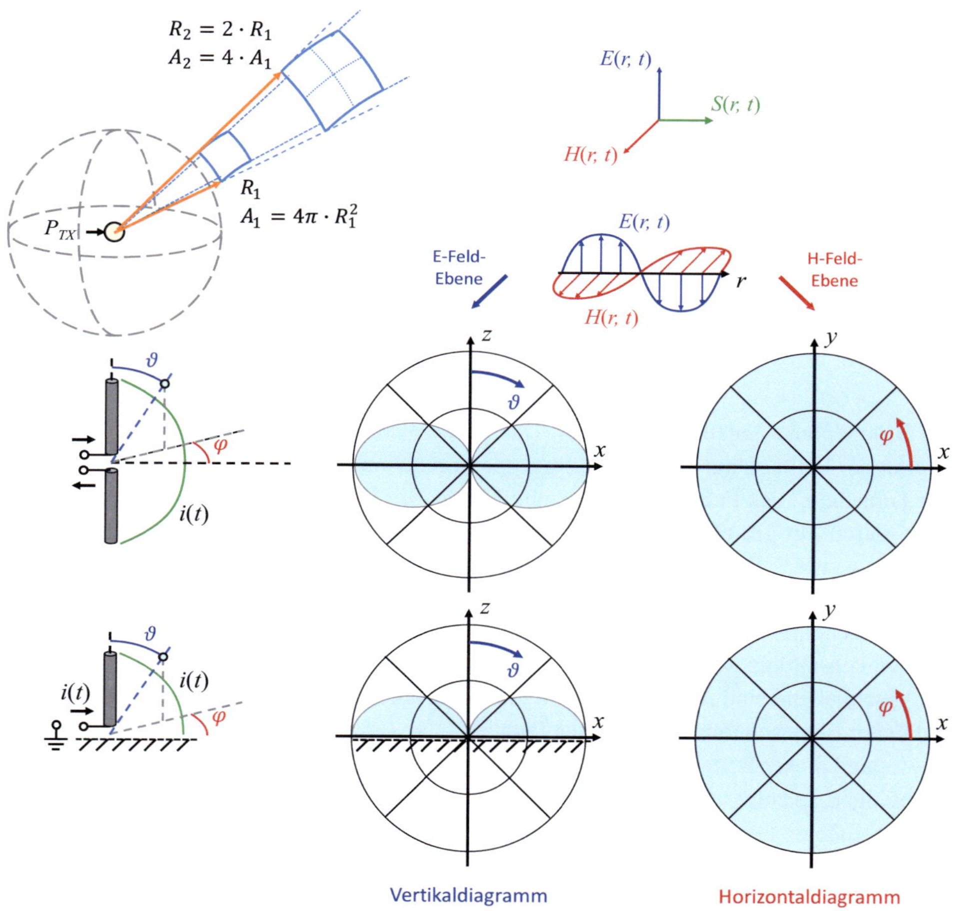

Abb. 4.7 Isotroper Stahler, Halbwellen-Dipol, Groundplane-Antenne (von oben) mit Antennencharakteristik im Vergleich

Neben diesen technischen Kenngrößen ist auch die Angabe der Polarisationsart und -richtung wichtig. Bei einer linear polarisierten Antenne schwingt die elektrische Feldkomonente in einer Ebene. Diese kann entweder horizontal oder auch vertikal orientiert sein. Manche Antennen, etwa solche für GNSS- oder SATCOM-Systeme, werden auch zirkular polarisiert. Bei der zirkularen Polarisation rotiert der elektrische Feldvektor entlang der Ausbreitungsrichtung und beschreibt so eine Schraubenbewegung. Diese kann sowohl im Sinne einer Rechts- als auch Linksschraube erfolgen, entsprechend werden die zirularen Polarisationen als „Right-handed Circular Polarized" (RHCP) oder als „Left-handed Circular Polarized" (LHCP) unterschieden.

Wird eine Dipolhälfte über einer leitfähigen Fläche montiert, entsteht ein Monopol- bzw. Marconi-Antenne. Aufgrund der Montage über der leitfähigen Ebene wird sie auch

Tab. 4.1 Technisch wichtige Antennen und deren Eigenschaften

Bezeichnung	Gewinn	Halbwertsbreite	Strahlungswiderstand
Isotroper Strahler (Referenz)	$G = 1$ ($g = 0\ dBi$)	–	–
kurzer Dipol ($l << \lambda/2$)	$G = 1{,}5$ ($g = 1{,}76\ dBi$)	$\theta_{HB} = 90°$	$R_S \approx (\frac{l}{\lambda})^2 \cdot 197\ \Omega$
Halbwellen-Dipol	$G = 1{,}64$ ($g = 2{,}15\ dBi$)	$\theta_{HB} \approx 78°$	$R_S \approx 73\ \Omega$
Groundplane-/Marconi-Antenne	$G = 3{,}27$ ($g = 5{,}15\ dBi$)	$\theta_{HB} \approx 39°$	$R_S \approx 36\ \Omega$

als Groundplane-Antenne bezeichnet. Die Länge einer Monopolantenne beträgt circa ein Viertel der Wellenlänge der zu übertragenden Frequenz. Eine solche Antenne erfordert in der Umgebung des Fußpunktes eine gute Masse, um Felder abstrahlen zu können. Diese kann durch ein großflächiges Metallgitter oder durch im Erdboden eingegrabene Erder erreicht werden. Da sich durch die Halbierung der Antenne der leistungsdurchströmte Feldraum ebenfalls halbiert, verdoppelt sich gegenüber dem Halbwellen-Dipol die Leistungsflussdichte, der Gewinn der Marconi-Antenne ist daher um 3 *dB* größer als der eines Halbwellen-Dipols, während sich ihr Strahlungswiderstand halbiert.

Abschließend sind in Tab. 4.1 wichtige Grundbauformen von Antennen für die Avionik mit deren Eigenschaften zusammengefasst.

Anhand dieser Betrachtungen kann der Signalpfad vom Sender über das Funkfeld zum Empfänger geschlossen werden und für den gewählten Abstand r zwischen empfangener und gesendeter Leistung eine Verbindung hergestellt werden. Hierzu geht man von der Empfangsantenne aus und ersetzt in der Gl. 4.7 die Leistungsflussdichte durch die von der Sendeantenne abgestrahlte Leistung P_{TX}. Die Wellenlänge kann auch in die Sendefrequenz umgerechnet werden:

$$P_{RX} = \frac{\lambda^2 \cdot G_{RX}}{4\pi} \cdot \frac{G_{TX}}{4\pi\ r^2} \cdot P_{TX} = \frac{c_0^2 \cdot G_{RX}}{4\pi\ f^2} \cdot \frac{G_{TX}}{4\pi\ r^2} \cdot P_{TX} \tag{4.8}$$

4.3.2 Wellenausbreitung

Im allgemeinen Fall wird ein Übertragungskanal anhand seiner Sendefrequenz (carrier frequency) oder Mittenfrequenz f_c charakterisiert. Seine Bandbreite Δf (oder B) umfasst neben dem oberen und unteren Seitenband (in welchen die gesendete Information redundant) noch sogenannte Schutzbänder. Diese verhindern ein Überlappen von benachbarten Kanälen, welches aufgrund der Geschwindigkeit des Luftfahrzeugs und wegen des Doppler-Effekt entstehen kann. Auf einen Übertragungskanal kann in mehreren Dimensionen zugegriffen werden. Beim UKW-Sprechfunk etwa teilen sich diesen Cockpit-Crew und ATC-Controller durch abwechselnde zeitliche Nutzung (Zeitmultiplex). Bei anderen Systemen (etwa GNSS) ist anhand von Verschlüsselung eine gleichzeitige Nutzung möglich (Codemultiplex). Zudem ist ein Zugriff im Frequenzmultiplex mit benachbarten Sendekanälen üblich.

Der Aufbau der Atmosphäre und insbesondere der Ionosphäre beeinflusst die Ausbreitung von elektromagnetischen Wellen. Der Name Ionosphäre legt bereits Nahe, dass in dieser Schicht freie Elektronen in unterschiedlicher Konzentration vorhanden sind. Diese rühren von der tages- und jahreszeitlich unterschiedlich starken Einstrahlung von der Sonne her. Die solare Einstrahlung, insbesondere UV- und Röntgenstrahlung, ionisieren die Gasmoleküle in der Erdatmosphäre. Es entstehen positiv geladene Ionen und freie Elektronen. Der Ionisierungsgrad hängt von der Rekombinationsrate der geladenen Teilchen ab. In einer Höhe von etwa 300–400 km ist diese gering , so dass dort die höchste Konzentration an freien Elektronen entsteht. Abseits dieses absoluten Maximums sind jedoch auch Nebenmaxima zu beobachten, die üblicherweise mit Buchstaben bezeichnet werden. Deren tages- und jahreszeitliche Schwankung kann wie folgt grob umrissen werden:

- D-Schicht: Die D-Schicht ist die der Erde am nächsten gelegene Schicht und existiert nur am Tage.
- E-Schicht: Oberhalb der E-Schicht bildet sich am Tag auf Grund weicher Röntgenstrahlung und ultravioletter Strahlung eine Ionisierungszone aus. Das Ionisationsmaximum tritt in der Mittagszeit auf und verschwindet nach Sonnenuntergang fast vollständig.
- F-Schicht: Sie wird durch extreme ultraviolette Strahlung ionisiert und beschreibt den Maximalwert der auftretenden Ionisierung. Der Gipfel des Profils liegt konstant in der F2-Schicht, während am Tag zusätzlich die F1-Schicht als der Ort größter Ionenproduktion auftritt. Ohne Sonneneinstrahlung geht diese stark zurück. Die F-Schicht liegt im Sommer höher als im Winter.

Die erste Konsequenz für die Ausbreitung von elektromagnetischen Wellen aufgrund der Eigenschaften der Atmosphäre ist der Umstand, dass nur bestimmte Frequenzen die Ionosphäre durchdringen können. Frequenzen unterhalb von etwa 15 MHz werden von der Ionosphäre komplett gespiegelt bzw. gebeugt. Frequenzen oberhalb von etwa 100 GHz werden von der Ionosphäre absorbiert. Lediglich Frequenzen im sogenannten Radiofenster können die Ionosphäre durchdringen, werden aber durch deren elektrische Eigenschaften beeinflusst. Darüber hinaus sind tages- und jahreszeitliche Veränderungen der Ausbreitungsfähigkeit in der Atmosphäre zu berücksichtigen. Ausgehend von der Sendeantenne können drei Ausbreitungswege unterschieden werden. Die sogenannte Bodenwelle folgt der Erdkrümmung und wird von dieser durch die Leitfähigkeit des Bodens beeinflusst. Die Raumwelle ist der von der Antenne in den freien Raum abgestrahlte Anteil der Funkwelle. Die Raumwelle unterliegt den oben beschriebenen atmosphärischen

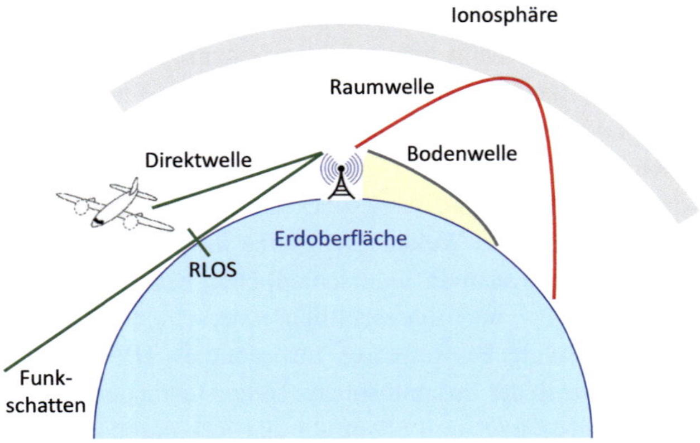

Abb. 4.8 Ausbreitung von elektromagnetischen Wellen anhand Boden-, Raum- und Direktwelle

Einflüssen. Die Direktwelle ist der Spezialfall einer Raumwelle, wenn zwischen Sender und Empfänger eine Sichtverbindung (Radio Line-of-Sight, RLOS) besteht. Abhängig vom betrachteten Frequenzband können diese Ausbreitungswege gleichzeitig existieren und variieren im Tagesverlauf (Abb. 4.8).

Bei tiefen Frequenzen im Bereich von Lang- und Mittelwelle (kleiner einige Megahertz, Abb. 4.9) breitet sich die Funkwelle primär als Bodenwelle aus. Die Felder folgen der Erdoberfläche und erreichen teilweise sehr große Reichweiten von bis zu 1000 km. Die Raumwelle wird in diesem Frequenzbereich tagsüber von der D- und E-Schicht gedämpft, so dass sie keine Rolle spielt. Nachts brechen diese Schichten jedoch zusammen, dann kommt es an der F-Schicht zur Reflexion bzw. Beugung und die Raumwelle läuft zur

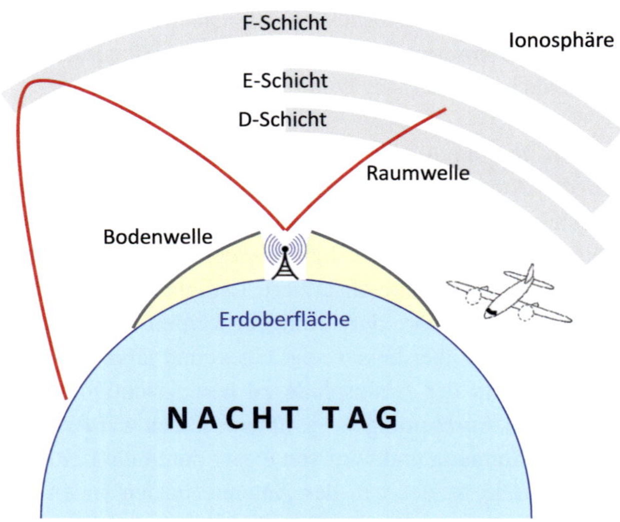

Abb. 4.9 Wellenausbreitung im Lang- und Mittelwellenbereich

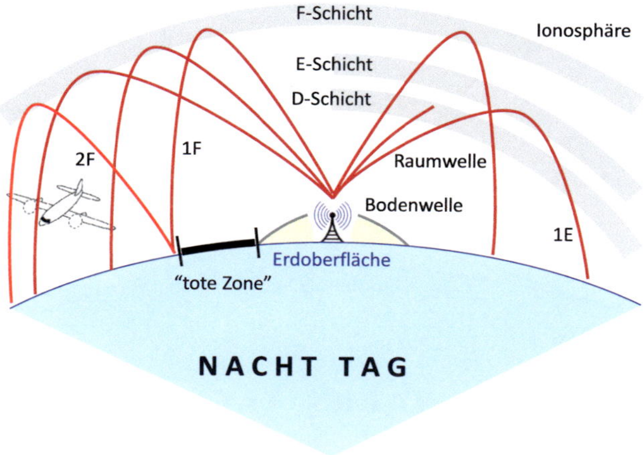

Abb. 4.10 Wellenausbreitung im Kurzwellenbereich

Erdoberfläche zurück. Dort kann sie sich mit der Bodenwelle konstruktiv oder destruktiv überlagern und die Ausbreitung beeinflussen. Treffen die Boden- und Raumwelle in der Nähe des Senders mit ähnlicher Intensität beim Empfänger ein, löschen sie sich gegenseitig aus. Dies wird als Nahschwund bezeichnet.

Im Bereich der Kurzwellen (etwa 3 bis 30 MHz, Abb. 4.10) ist insbesondere die Raumwelle von großer Bedeutung: Die Bodenwelle reicht hier nur ca. 50 km weit. Durch Reflexion der Raumwelle in der Ionosphäre (niedrige KW-Frequenzen: nachts in F-Schicht/tagsüber in E-Schicht, hohe KW-Frequenzen: auch tagsüber in den F-Schichten) legt die Welle weite Strecken zurück. Neben einfachen Reflexionen sind auch Mehrfachsprünge möglich, diese werden in der Reihenfolge der aufgetretenen Reflexionen (1F, 2F, usw.) bezeichnet. Unter besonderen Bedingungen, etwa bei Inversionswetterlagen oder bei Gewittern, können lokale Maxima in der E-Schicht auftreten. Durch solche sporadisch vorhandene E-Schichten kann die Welle innerhalb der Atmosphäre zwischen den oberen Schichten geführt werden und es kann zu ungewöhnlich hohen, oft nur kurzzeitig beobachtbaren Reichweiten (als Überreichweiten bezeichnet) kommen. Diese Einflüsse werden auch unter dem Begriff des Funkwetters zusammengefasst.

Im Bereich der UKW-Frequenzen (über 100 MHz, Abb. 4.11) und darüber verhalten sich die Funkwellen wie Lichtstrahlung, man bezeichnet diese daher auch als quasi-optische Welle. Die Bodenwelle spielt aufgrund der geringen Ausdehnung keine Rolle mehr. Aufgrund der hohen Frequenz durchdringen die Wellen die Ionosphäre und werden von dort nicht reflektiert. Man spricht daher vom Spezialfall einer Direktwelle. Der Empfang ist in der Regel bis zum Radiohorizont (RLOS) möglich und wird durch die Höhe der Antenne über der Erdoberfläche verbessert. Hingegen unterliegt die Direktwelle starken und häufig zeitlich schwankenden atmosphärischen Einflüssen und wird etwa durch Wolken, Nebel oder Regen gedämpft, von größeren Objekten reflektiert. Dies wird etwa beim Radar ausgenutzt.

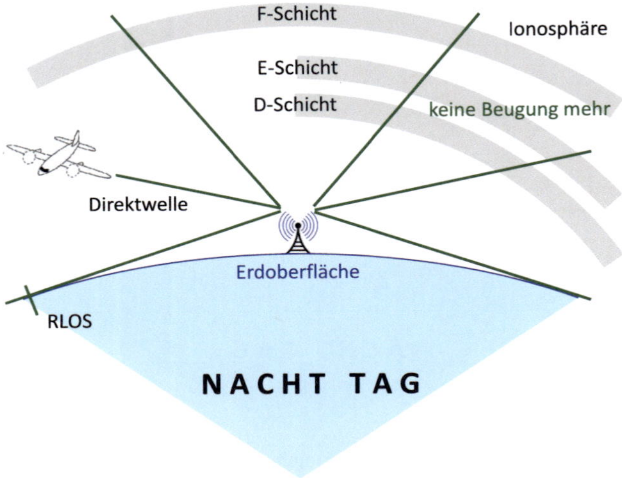

Abb. 4.11 Wellenausbreitung im und oberhalb des Ultrakurzwellenbereichs

4.3.3 Signaldämpfung

Die Übermittlung von Informationen über die Boden-Luftschnittstelle hinweg unterliegt aufgrund des Ausbreitungsweges in der Atmosphäre äußeren Einflüssen (Abb. 4.12). Neben der gewünschten direkten Ausbreitung (Line-of-Sight, LoS) zwischen Sender und Empfänger treten unerwünschte Ausbreitungsmechanismen auf. Zu diesen gehören Streuung und damit Abschwächung des Signals in Wolken, Beugung sowie indirekte Ausbreitungswege aufgrund von Reflexionen am Boden oder an Gebäuden. Zudem unterliegt das empfangene Signal aufgrund der in aeronautischen Systemen meist vorhandenen Relativgeschwindigkeit zwischen Sender und Empfänger auch einer Doppler-Frequenzverschiebung. Die Streuung an Hindernissen wie Staub, Wolken, Nebel oder Regentropfen werden in der atmosphärischen Dämpfung zusammengefasst. Diese hängt stark von der gewählten Frequenz der Funkwelle ab und wird empirisch beschrieben.

Abb. 4.12 Einflüsse auf die Ausbreitung von elektromagnetischen Wellen

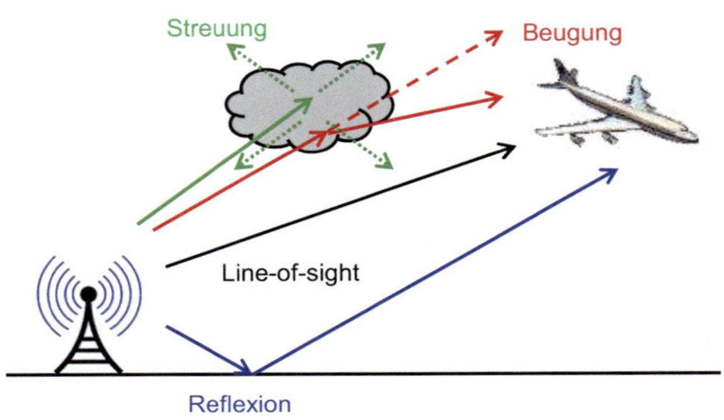

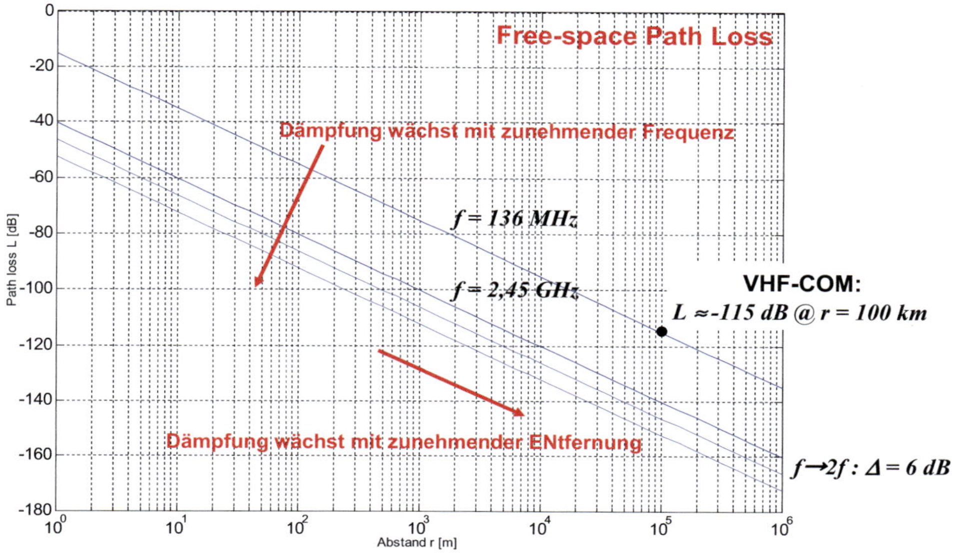

Abb. 4.13 Freiraumdämpfung in Abhängigkeit von der Sendefrequenz

Auf dem direkten Ausbreitungsweg erfährt die von der Antenne abgestrahlte elektromagnetische Welle eine als „Free-space Path Loss" bezeichnete, von der Frequenz f und der Schrägentfernung r abhängende Dämpfung L_{FS}. Ausgehend von Gl. 4.8 kann der von der Sendeleistung P_{TX} und dem Gewinn G_{TX} und G_{RX} der beteiligten Antennen unabhängige Dämpfungsanteil aufgrund des geometrischen Ausbreitungsweges formuliert werden:

$$L_{FS}(r, f) = \left[+20 \log_{10}(r) + 20 \log_{10}(f) - 147{,}6\right] dB \tag{4.9}$$

Wie aus Abb. 4.13 ersichtlich ist, nimmt die Freiraumdämpfung sowohl mit zunehmender Frequenz als auch zunehmender Schrägentfernung zu. Bei Verdoppelung der Frequenz erhöhen sich die Verluste jeweils um +6 dB. Ein auf einer Sprechfunkfrequenz von 136 *MHz* gesendetes Signal erfährt über eine Entfernung von 100 km eine Dämpfung von etwa 115 *dB*.

Im nächst komplexeren Ausbreitungsszenario wird neben der LoS-Welle auch eine indirekt empfangene, am Boden reflektierte Welle berücksichtigt. Anhand geometrischer Überlegungen kann aus der Entfernung Sender-Empfänger (d, am Boden gemessen) und den Höhen h_1 und h_2 der beteiligten Antennen die Dämpfung auf dem indirekten Ausbreitungspfad ermittelt und zu dem der LoS-Ausbreitung addiert werden. Aufgrund der unterschiedlichen Weglängen kommt es zur Überlagerung der beiden Anteile. Die Folge ist eine gegenseitige Auslöschung und Überlagerung der Signalanteile durch Interferenz, die wie folgt angegeben werden kann (Abb. 4.14):

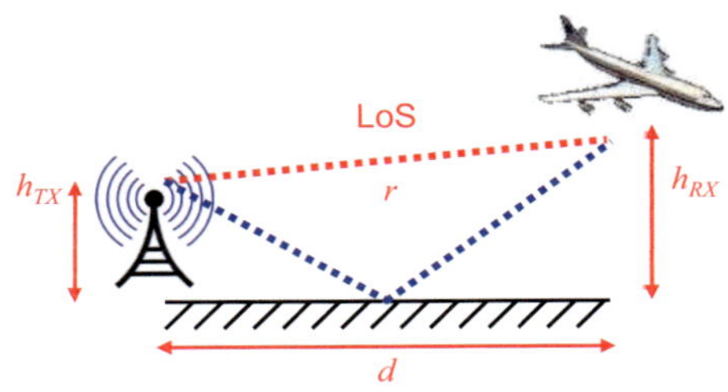

Abb. 4.14 Skizze zur Berechnung der Verluste am indirekten Ausbreitungsweg

$$L_{2W}(d,h_1,h_2,f) = \left[-10\log_{10}\left(2\left(\frac{c_0}{4\pi d f}\right)^2\left(1-\cos\frac{4\pi h_1 h_2 f}{c_0 d}\right)\right)\right] dB \tag{4.10}$$

Dabei ist die Entfernung d am Boden gleich $\sqrt{r^2 - \Delta h^2}$. Ein mit diesem Zusammenhang ermittelter Dämpfungsverlauf ist in Abb. 4.15 dargestellt. Sehr deutlich ist die Auslöschung der beiden Teilwellen erkennbar, die jedoch mit zunehmendem Abstand immer seltener auftritt. Gegenüber der Freiraumausbreitung sind die Minimalwerte der Dämpfung um 6 dB verringert. Durch eine Vereinfachung obiger Gleichung kann der asymptotische Verlauf für große Abstände gefunden werden:

$$\tilde{L}_{2W}(d,h_1,h_2,f) = \left[-20\log_{10}\left(\frac{h_1 h_2}{d^2}\right)\right] \text{dB} \tag{4.11}$$

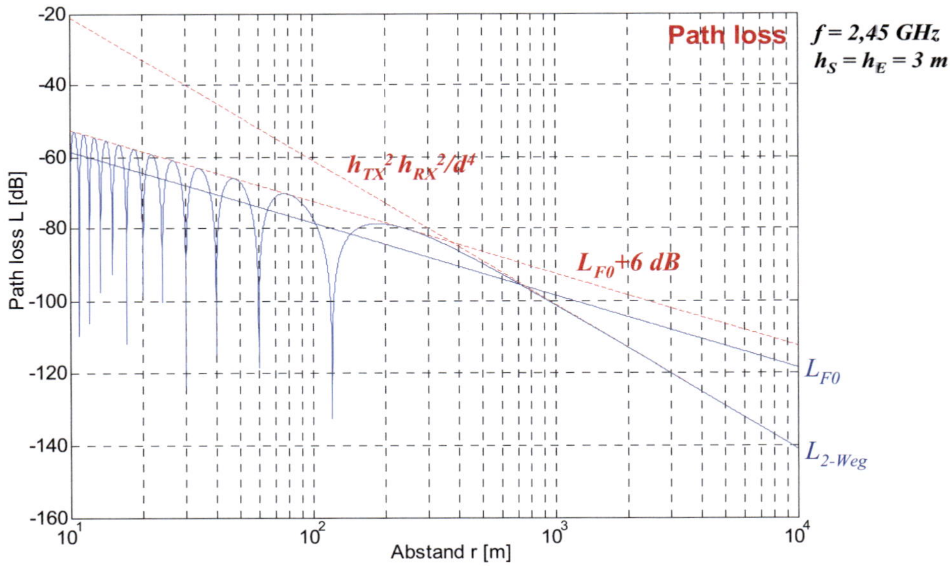

Abb. 4.15 Signaldämpfung im 2-Wege-Modell

Ergänzt man die Darstellung des 2-Wege-Modells um die so berechnete Asymptote, wird der Übergang vom Bereich der Interferenzen in den Bereich der asymptotischen Verluste ersichtlich. Gegenüber der reinen Freiraumausbreitung nehmen in diesem Bereich die Verluste quadratisch mit dem Abstand von Sender zu Empfänger zu.

In der Praxis treten neben diesen Effekten zusätzlich Variationen der Empfangsleistung (Signalschwund bzw. Fading) auf. Langsame Änderungen gehen dabei meist auf Abschattungseffekte zurück, während schnelle Änderungen der Signalstärke auf Mehrwegeausbreitung zurückzuführen sind. Gegenüber anderen Systemen wie etwa Mobilfunk (GSM, UMTS) oder Indoor-Kommunikation (WLAN) tritt in aeronautischen Systemen neben einem direkten Ausbreitungspfad meist auch ein Signalanteil aufgrund von Mehrwegeausbreitung auf. Ein solcher Übertragungskanal wird als Rice-Kanal bezeichnet und mit Hilfe einer Rice'schen Wahrscheinlichkeitsverteilung beschrieben. Fehlt der LoS-Anteil, liegt ein Rayleigh-Kanal vor, der anhand der gleichnamigen Wahrscheinlichkeitsverteilung modelliert wird. Allgemein muss davon ausgegangen werden, dass die Übertragungskanäle nicht den Bedingungen der linearen, zeitinvarianten Theorie genügen. Weder kann der Zeitpunkt des Auftretens von Signalschwund vorhergesagt werden, noch können die Dämpfungseffekte immer linear angenommen werden. Weiterführende Informationen zu Kanalmodellen und Ausbreitungsvorgängen elektromagnetischer Wellen finden sich beispielsweise bei [158, 168].

5 Kommunikationstechnik

Kommunikationseinrichtungen stellen eine zentrale Säule im modernen Flugverkehrsmanagement dar. Ausgehend von der reinen Sprachkommunikation auf KW- und UKW-Frequenzen zwischen Fluglotsen und Flugzeugführern entwickelten sich in den letzten Jahren digitale Datenübertragungssysteme, sogenannte Datenlinks, welche die gerade im europäischen Zentralraum knappen Frequenzressourcen entlasten sollen. Hierzu werden Routinemeldungen nicht mehr per Sprachkommunikation, sondern anhand von digital übermittelten Kurzmitteilungen ausgetauscht. In diesem Kapitel werden – ausgehend von der Technologie des analogen Sprechfunks – die Systeme der UKW-Datenkommunikation, der Datenkommunikation mit Hilfe des Mode-S-Transpondersystems sowie der Satellitenkommunikation vorgestellt.

5.1 Sprachkommunikation

Sprachkommunikationssysteme sind mit die ältesten elektrischen Einrichtungen an Bord von Fluggeräten. Bereits an Bord der Zeppeline wurden Funksysteme mit Löschfunkensendern und Kristalldetektoren verwendet [138]. Heute sind in der zivilen Luftfahrt drei Ausprägungen der Sprachkommunikation vorhanden. Neben dem weit verbreiteten UKW-Sprechfunk wird auf Überseeverbindungen auch Sprechfunk auf Kurzwelle oder per Satellit betrieben.

Elektronisches Zusatzmaterial Die elektronische Version dieses Kapitels enthält Zusatzmaterial, das berechtigten Benutzern zur Verfügung steht. https://doi.org/10.1007/978-3-662-64823-0_5.

H. Flühr, *Avionik und Flugsicherungstechnik*,
https://doi.org/10.1007/978-3-662-64823-0_5

5.1.1 UKW-Sprechfunk

Der zivile Flugfunk zur Kommunikation zwischen Luftfahrzeugführern und Flugverkehrsleitern wird als Funksprechen im VHF-Band von 117,975 bis 137,000 MHz betrieben. Die ursprüngliche Einteilung der Funkkanäle mit einem Kanalabstand von 50 kHz wurde bereits in den 70er-Jahren auf eine Bandbreite von 25 kHz reduziert und damit die Anzahl der Funkkanäle verdoppelt. Trotzdem sind in einigen Regionen die verfügbaren Frequenzen überwiegend belegt. Funkkanäle werden zur Vermeidung von Interferenzen erst wieder Stationen zugeteilt, die einige 100 nautischen Meilen entfernt sind. Der Grund dafür liegt an der Reichweite von Ultrakurzwellen. Diese ist mit der Sichtweite bzw. dem sogenannten Radiohorizont (Radio Line-of-Sight, LoS) begrenzt. Je höher die Position des Senders gegenüber der Erdoberfläche ist, umso weiter ist dessen Empfang möglich. Anhand einer Größenformel [100] kann ein Zusammenhang zwischen der Reichweite (in nautischen Meilen) und der Höhe des Senders über dem Erdboden (in Fuß) hergestellt werden:

$$R\,[\mathrm{NM}] = 1{,}225\,\sqrt{H\,[\mathrm{ft}]} \tag{5.1}$$

Die Reichweite einer Funkstation in 50.000 Fuß Höhe liegt daher bei 275 nautischen Meilen (theoretisch, in der Praxis werden 150–200 NM erreicht), während derselbe Sender in 5000 Fuß Höhe lediglich eine Reichweite von 87 NM aufweist. Vor diesem Hintergrund wurde 1999 für Flüge im oberen Luftraum oberhalb Flugfläche 245 (etwa 24.500 ft bzw. 7500 m [132]) und in weiterer Folge 2007 für Flüge oberhalb Flugfläche 195 (etwa 19.500 ft bzw. 6000 m [38]) die Kanalrasterung weiter auf 8,33 kHz reduziert.

5.1.1.1 Systemübersicht

Der im Frequenzband von 117,975 bis 137,000 MHz betriebene Flugfunk wird in der Betriebsart „Wechselsprechen“ betrieben, alle Teilnehmer teilen sich den Funkkanal. Zu einem bestimmten Zeitpunkt kann entweder nur gesendet oder empfangen werden. Das Sprachsignal wird amplitudenmoduliert mit Träger und beiden Seitenbändern auf der Funkfrequenz übertragen. Das Basisband besteht dabei aus einem Sprachsignal, dessen Leistungsdichte zwischen 300 und 800 Hz konstant ist und anschließend mit 10 dB/Oktave abnimmt.

Zwar ist aufgrund der AM die Qualität der Verbindung schlechter als beispielsweise bei Winkelmodulation, allerdings bleibt die Silbenverständlichkeit auch bei stark verrauschten Signalen mit geringem Signal-Rausch-Abstand SNR erhalten. Die Bandbreite eines Übertragungskanals beträgt, wie bereits oben ausgeführt, 8,33 bzw. 25 kHz, die Polarisation ist vertikal. Die ICAO-SARPs empfehlen eine Sendeleistung, um im vorgesehenen Empfangsbereich eine Feldstärke von 75 μV/m (bzw. -109 dBW/m^2) sicherzustellen [115]. In Tab. 5.1 sind diese Kenngrößen zusammengefasst und um typische Sendeleistung und Reichweite ergänzt.

Tab. 5.1 Systemübersicht zum UKW-Sprechfunk (VHF-COM) [44, 115]

Parameter	Wert
Frequenzbereich	117,975–137,000 MHz (UKW)
Kanalraster	8,33 bzw. 25 kHz
Bandbreite	8,33 bzw. 25 kHz
Modulation	Amplitudenmodulation, Träger mit Seitenbändern
Polarisation	Vertikal
Sendeleistung	etwa 10–40 W
Reichweite	bis etwa 200 NM

Tab. 5.2 Benennung der UKW-Sprechfunkkanäle im 25-kHz- und 8,33-kHz-Raster [115]

Sendefrequenz [MHz]	25-kHz-Raster	8,33-kHz-Raster
118,000 00	118,000	118,005
118,008 33		118,010
118,016 67		118,015
118,025 00	118,020 (118,025)	118,030
118,033 33		118,035
118,041 67		118,040
118,050 00	118,050	118,055

Durch die Koexistenz der unterschiedlichen Frequenzraster wurde eine Bezeichnungsweise eingeführt, um Kanäle mit gleicher Frequenz, aber unterschiedlicher Bandbreite eindeutig benennen zu können. Hierzu sind die Frequenzen im 25-kHz-Raster bis in die zweite Nachkommastelle, die im 8,33-kHz-Raster bis in die dritte Nachkommastelle definiert [115]. Tab. 5.2 verdeutlicht dieses Zuordnungsprinzip.

Da jedem Sektor eine eigene Sprechfunkfrequenz zugeordnet ist, dieser aber meist von mehreren ATC-Controllern betreut wird, müssen die einzelnen Controller-Arbeitsplätze über ein Sprachvermittlungssystem mit der Funkstelle verbunden werden. Zudem können die Lotsen zwischen verschiedenen Senderstandorten oder, falls es zu einem Ausfall der regulären Sendestation kommt, einer Notfunkstelle umschalten. Eine Methodik, um das manuelle Umschalten zwischen den Sendestandorten zu vermeiden, ist im nächsten Abschnitt beschrieben. Die Sende- und Empfangseinrichtungen für die einzelnen Kommunikationsfrequenzen sind redundant ausgeführt und werden von einer Systemüberwachung im Fehlerfall automatisch umgeschaltet. Die Funkstelle selbst ist oft mit getrennten Sende- und Empfangseinrichtungen aufgebaut. Wie auch die Navigationssysteme sind die Funkstellen zur Fernwartung mit der technischen Betriebszentrale verbunden. Ein vereinfachtes Konzept eines solchen VHF-Kommunikationssystems ist in Abb. 5.1 dargestellt. Das Sprachvermittlungssystem dient nicht nur der Luft-Boden-Kommunikation. Auch

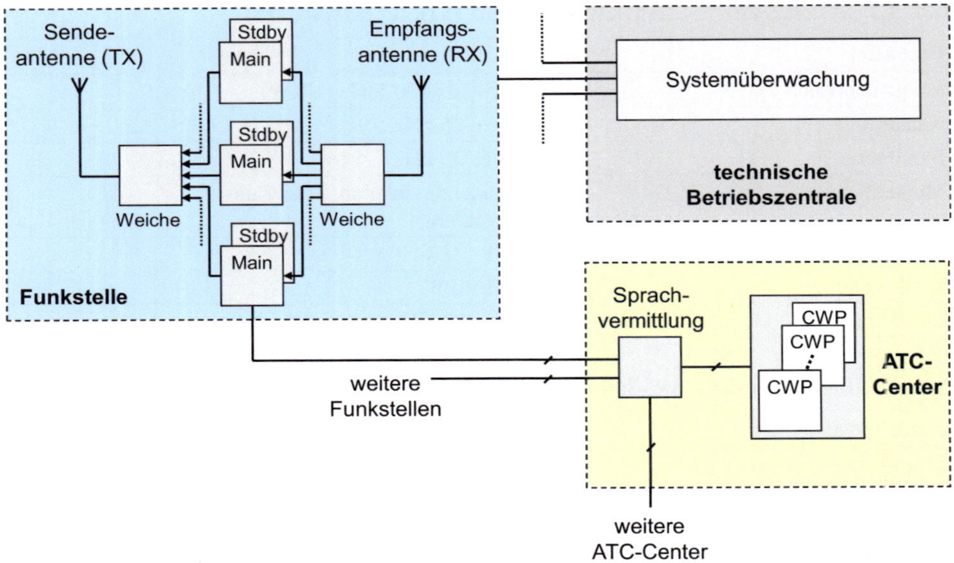

Abb. 5.1 Aufbau eines VHF-Kommunikationssystems und Einbindung in die flugsicherungstechnische Infrastruktur durch Verwendung eines Sprachvermittlungssystems

die Boden-Boden-Kommunikation (Telefonie) mit anderen ATM-Centern wird über das Sprachvermittlungssystem abgewickelt.

Aufgrund des Wechselbetriebs („Push-to-Talk", PTT) werden Sender und Empfänger speziell bei mobilen oder im Flugzeug verbauten Geräten zu einem Transceiver kombiniert, der Empfänger (Receiver) und Sender (Transmitter) enthält. Die Antenne wird dabei über einen Umschalter vom normalerweise aktiven Empfangszweig auf den Sendezweig umgeschaltet, wenn der PTT-Knopf gedrückt wird. In den nächsten Abschnitten sind die Aspekte des Sender- und des Empfängerteils getrennt dargestellt.

5.1.1.2 Signalkomposition

Auf der Sendeseite wird das Sprachsignal vor der Modulation des Trägers mittels eines Tiefpasses gefiltert, um die höherfrequenten Sprachanteile zu entfernen. Diese Filterung ist in der Regel schaltbar ausgeführt, um zwischen den möglichen Kanalrastern mit unterschiedlichen Basisbandbreiten umschalten zu können. Die Sendefrequenz wird mit Hilfe eines Oszillators erzeugt, mehrstufig verstärkt, moduliert und in einer Leistungsstufe auf die nötige Sendeleistung verstärkt (Abb. 5.2). Dabei wird das Prinzip der Serienmodulation eingesetzt.

Das Audiosignal beeinflusst bei der Serienmodulation die Versorgungsspannung der Leistungsstufe und prägt dem verstärkten Oszillatorsignal dabei eine Hüllkurve auf. Um den Fluglotsen das manuelle Umschalten der Funkstellen zu ersparen, verfügen einige Sender (sofern sie im 25-kHz-Raster arbeiten) über einen Offset-Carrier-Modus. Bei

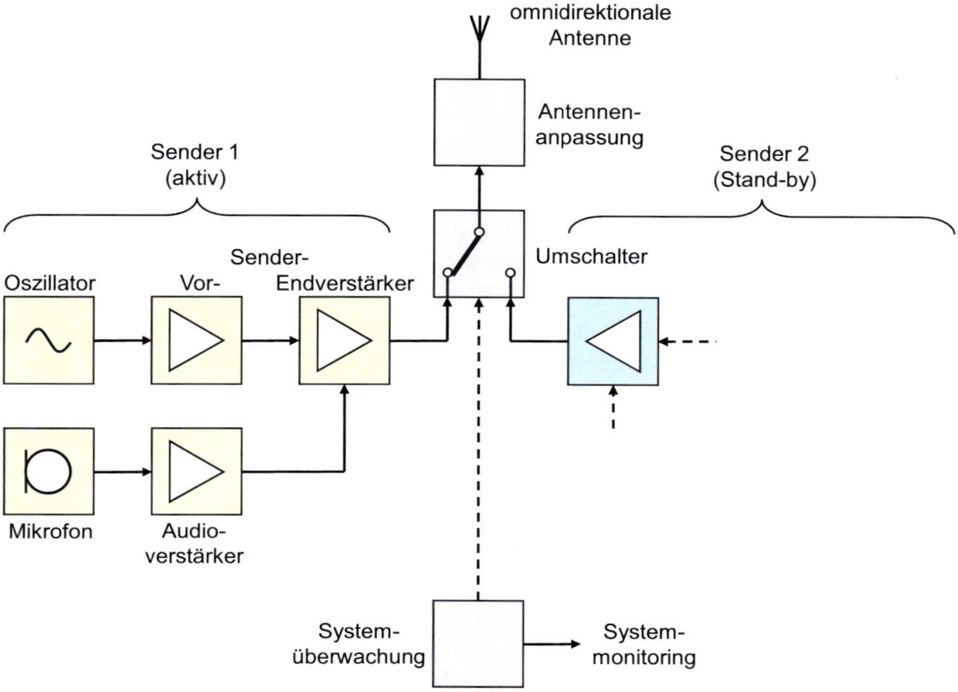

Abb. 5.2 Vereinfachter Aufbau eines VHF-Kommunikationssenders mit Serienmodulation

diesem Verfahren kann das Basisbandsignal durch eine um wenige Kilohertz trägerversetzte Modulation auf mehreren Funkstellen gleichzeitig ausgesendet werden. Durch den Offset der Funksignale gegeneinander wird vermieden, dass sich die Sender in den Überdeckungsbereichen der abgestrahlten Signale durch Interferenz stören. Aufgrund der Bandbreite der Empfänger wird auch das frequenzversetzte Signal demoduliert und hörbar gemacht.

Der gewählte Modulationsgrad muss mindestens 85 % betragen [44], in der Regel liegt er bei 90 %. Die Sendeleistung von VHF-Sprechfunksendern schwankt zwischen 5 Watt bei Handgeräten und 20 Watt bei bodenseitigen Installationen. Sender an Bord von Fluggeräten arbeiten meist mit einer Leistung von 10 Watt. Die angegebene Leistung ist dabei die des unmodulierten Trägers. Durch die Modulation wird die Einhüllende der Trägerfrequenz variiert. Der maximale Wert U_{PEP} (PEP: Peak Envelope Power) kann mit Hilfe des Modulationsgrades m aus der Amplitude $\hat{u}_{Carrier}$ des unmodulierten Trägers berechnet werden, die Größen sind wie folgt verknüpft:

$$m = \frac{U_{PEP} - \hat{u}_{Carrier}}{\hat{u}_{Carrier}} \tag{5.2}$$

Löst man diese Gleichung nach der Spannung für die Spitzenleistung der Einhüllenden auf, erhält man das Verhältnis der gesendeten Spitzenleistung P_{PEP} zur Leistung des unmodulierten Trägers $P_{Carrier}$:

$$\frac{P_{PEP}}{P_{Carrier}} = (1+m)^2. \tag{5.3}$$

Für einen Modulationsgrad von 90 % folgt so ein Verhältnis von 3,6 – bei einer Sendeleistung von 10 Watt ist die gesendete Spitzenleistung 36 Watt.

Um die angrenzenden Kanäle bei ±8,33 kHz beziehungsweise ±25 kHz oberhalb und unterhalb der gewählten Sendefrequenz nicht zu stören, darf die im Nachbarkanal gesendete Leistung einen bestimmten Wert nicht überschreiten. Dessen Angabe erfolgt üblicherweise als im Pegelmaß angegebenes Verhältnis zwischen der Leistung im Nachbarkanal P_{ACP} und der Sendeleistung $P_{Carrier}$ im Kommunikationskanal und wird als Adjacent Channel Power Ratio bezeichnet:

$$ACPR = 10 \log_{10} \frac{P_{ACP}}{P_{Carrier}} \tag{5.4}$$

In [44] wird für im 25-kHz-Raster arbeitende Sender ein $ACPR$ von −60 dB, im 8,33-kHz-Raster von −50 dB gefordert.

Das vom Sender abgestrahlte Signal kann allgemein wie folgt angegeben werden:

$$u_{VHF\text{-}COM}(t) = \hat{u}_{Carrier} \cos(\omega_{Carrier}\, t) \left(1 + m u_{Audio}(t)\right) \tag{5.5}$$

Das Sprachsignal u_{Audio} wird im Ausmaß des Modulationsgrades m auf die Trägerfrequenz eingeprägt.

5.1.1.3 Kommunikationsempfänger

Auf der Empfängerseite wird die Signalkette nahezu in umgekehrter Reihenfolge durchlaufen. Nach der Bandfilterung des empfangenen Signals wird dieses auf eine konstante Zwischenfrequenz gemischt, schmalbandig gefiltert (abhängig vom Kanalraster mit 25 kHz oder 8,33 kHz Bandbreite), weiter verstärkt und demoduliert, bevor es über einen Audioverstärker dem Headset zugeführt wird. War der Empfänger in der Vergangenheit traditionell als Überlagerungsempfänger ausgeführt, wird in den letzten Jahren vermehrt eine Software-Defined-Radio- (SDR-)Architektur verwendet.

Die Idee des Überlagerungsempfängers (Superheterodyn-Empfänger) besteht darin, durch Mischung (Überlagerung) des empfangenen hochfrequenten Signals mit einer variablen und mit der gewünschten Frequenz gekoppelten Lokaloszillatorfrequenz ein zwischenfrequentes Signal zu erzeugen. Dabei wird der Frequenzoffset Δf zwischen Eingangsfrequenz $f_{Carrier} = f_c$ und Lokaloszillatorfrequenz f_{LO} als konstant gewählt, er entspricht der gewünschten Zwischenfrequenz $f_{IF} = f_c - f_{LO}$:

$$
\begin{aligned}
u_{IF}(t) &= u_{VHF\text{-}COM}(t) \cdot u_{LO}(t) = u_{VHF\text{-}COM}(t)\, \hat{u}_{LO} \cos(\omega_{LO}\, t) \\
u_{IF}(t) &= \left(1 + m u_{Audio}(t)\right) \left(\hat{u}_c \cos(\omega_c\, t)\, \hat{u}_{LO} \cos(\omega_{LO}\, t)\right) \\
u_{IF}(t) &= \frac{1}{2} \hat{u}_c\, \hat{u}_{LO} \left(1 + m u_{Audio}(t)\right) \cdot \cdots \\
&\quad \cdots \cdot \left(\cos((\omega_c - \omega_{LO})\, t) + \cos((\omega_c + \omega_{LO})\, t)\right)
\end{aligned}
\tag{5.6}
$$

Hierdurch wird die in jedem Sektor unterschiedliche Kommunikationsfrequenz im Empfänger auf eine konstante Zwischenfrequenz verschoben. Dies ermöglicht erst, einen hochselektiven Kanalfilter mit einer Bandbreite entsprechend der Kanalbandbreite des Systems einzusetzen, um die Nachbarkanäle ausreichend zu unterdrücken. Das Konzept des Überlagerungsempfängers mit dem Hauptaugenmerk eines selektiven Empfangs ist in Abb. 5.3 dargestellt.

Da die Überlagerung aber immer zwei Mischprodukte nach sich zieht, muss sowohl auf der Ausgangsseite als auch auf der Eingangsseite des Mischers eine Filterung erfolgen.

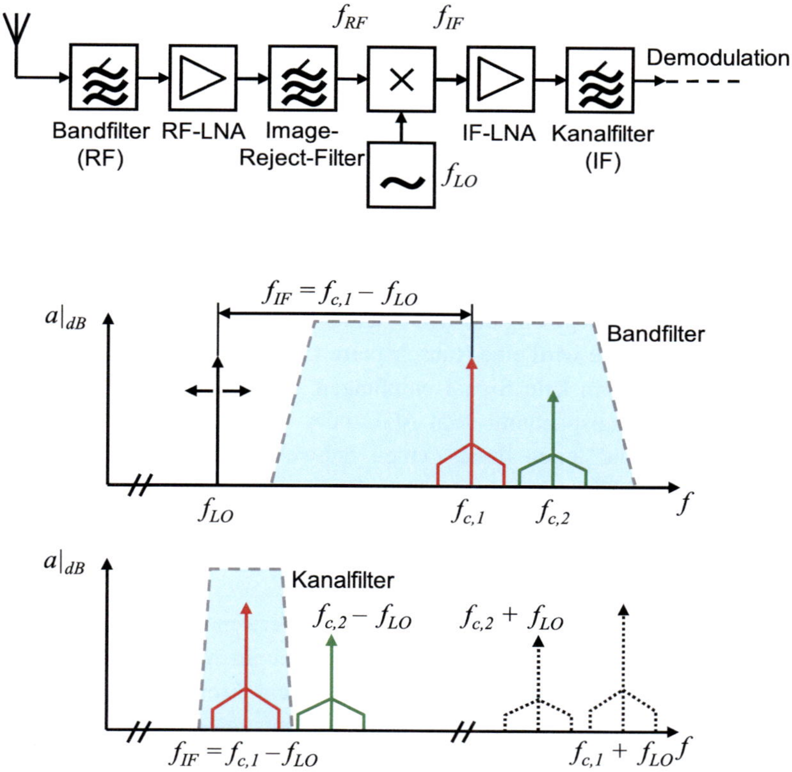

Abb. 5.3 Prinzip des Überlagerungsempfängers: durch Mischung zweier Signale wird eine konstante Zwischenfrequenz erzeugt

Ausgangsseitig wird das gewünschte Mischprodukt bei f_{IF} anhand des Kanalfilters vom zweiten Mischprodukt und den Signalanteilen außerhalb des gewünschten Übertragungskanals getrennt, auf der Eingangsseite muss mit einem sogenannten Image-Reject-Filter die spiegelbildlich zu f_c liegende und als Spiegelfrequenz bezeichnete Eingangsfrequenz $f_c + f_{LO}$ unterdrückt werden. Diese würde ansonsten ebenfalls in die zwischenfrequente Lage gemischt und würde sich mit dem gewünschten Signal überlagern.

Aufgrund der Bewegung des Flugzeugs ändert sich der Abstand r zur Funkstelle am Boden laufend. Wird Freiraumausbreitung angenommen, variiert die Empfangsleistung P_{RX} an der Antenne (entweder am Flugzeug oder an der Funkstelle) somit proportional mit dem Abstand r zum Quadrat. Als Bezug wird die von der Sendeantenne isotrop abgestrahlte Sendeleistung P_{TX} herangezogen (diese Annahme ist zunächst legitim, da die verwendeten Antennen in der horizontalen Ebene näherungsweise omnidirektional abstrahlen). Damit können die Ausbreitungsverluste angegeben werden [31], sie folgen der Gl. 4.9.

Der Unterschied der Empfangsleistung in Entfernungen r_1 und r_2 von einer Funkstelle kann damit angegeben werden. Zieht man als Extremfälle den Rand des Abdeckungsbereichs (r_2) sowie den Fall der unmittelbaren Nähe zum Sender heran (r_2), entspricht die auftretende Differenz ΔL dem variablen Anteil der Signalverstärkung, die im Empfänger aufgebracht werden muss, damit die Signalstärke am Ausgang konstant bleibt. Analog zur Radartechnik wird dieser Anteil auch als Entfernungsdynamik bezeichnet:

$$\Delta L|_{dB} = L_1|_{dB} - L_2|_{dB} = 20 \log_{10}\left(\frac{r_1}{r_2}\right) \tag{5.7}$$

Zur Kompensation der Entfernungsdynamik wird im Empfänger ein Regelkreis (Automatic Gain Control, AGC) implementiert, der die Signalstärke nach der Demodulation als Maß für die Verstärkungsregelung des IF-Verstärkers verwendet.

Als weitere Baugruppe wird eine Rauschsperre (Squelch) vorgesehen, um das Audiosignal abzuschalten, wenn kein Signal empfangen wird. Ältere Empfänger verwenden dazu entweder die Regelspannung vom AGC oder führen eine Hochpassfilterung des Audiosignals durch und leiten daraus einen Schwellenwert für das Aktivieren bzw. Deaktivieren der Rauschsperre ab. Moderne Empfängerkonzepte verwenden hingegen Methoden der digitalen Signalverarbeitung, um beispielsweise durch schnelle Fourier-Transformation (Fast Fourier Transformation, FFT) die Rauschanteile zu schätzen und das Signal zu filtern.

Solche digitalen Konzepte werden heute durch die Verwendung von Software-Defined-Radio-Architekturen verbreitet eingesetzt. Während bei einem konventionellen Transceiver (Abb. 5.4) neben den hochfrequenten Stufen (dem Frontend) auch die Filterung, Frequenzerzeugung, Mischung, Verstärkung, Modulation und Demodulation mittels überwiegend analoger Schaltkreise durchgeführt werden, verwendet der Software-Defined-Radio-Transceiver (Abb. 5.5) lediglich ein hochfrequentes Frontend. Die Erzeugung der Referenzfrequenzen, die Mischung, Filterung, Codierung und Demodulation sind in der

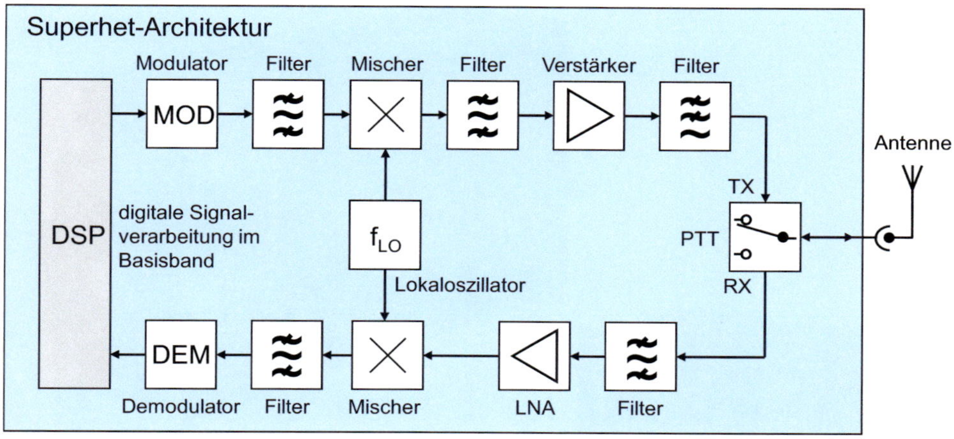

Abb. 5.4 VHF-COM-Transceiver in Superhet-Architektur

Firmware des verwendeten digitalen Signalprozessors enthalten. Auf diese Weise können durch Änderungen der Software sehr flexibel neue Signalverarbeitungsalgorithmen oder Übertragungsprotokolle implementiert werden. Durch Austausch der Frontend-Schaltung kann das System zudem leicht auf andere Funkstandards wie militärischen Sprechfunk auf UHF-Frequenzen umgerüstet werden.

Ein kommerzieller VHF-COM-Transceiver zum Einbau im Flugzeug ist in Abb. 5.6 exemplarisch dargestellt. Der Transceiver ist in einem Gehäuse nach ARINC 600 untergebracht und wird im Avionik-Abteil des Flugzeugs verbaut, das im Cockpit montierte Bedienteil wird über eine Busleitung mit dem Transceiver verbunden.

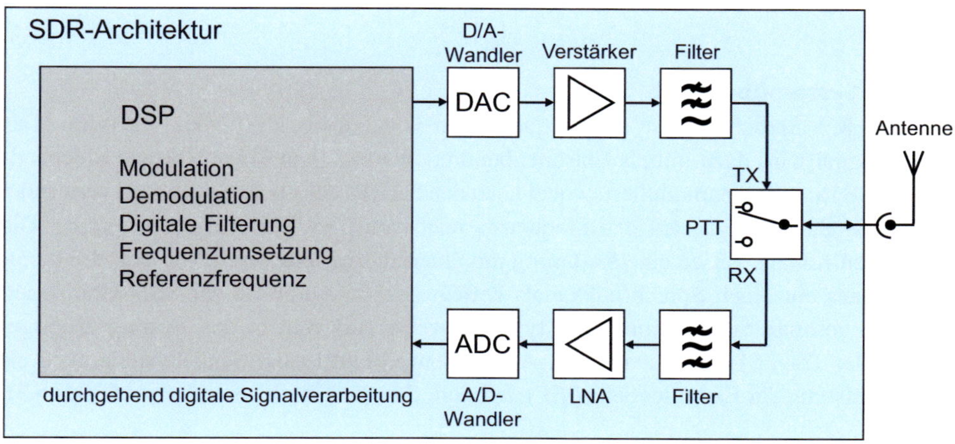

Abb. 5.5 VHF-COM-Transceiver mit einer Software-Defined-Radio-Lösung

Abb. 5.6 VHF-COM-Transceiver im ARINC 600-Gehäuse (rechts) mit Bediengerät zur Installation in der Pilotenkanzel (links) (©Rohde & Schwarz GmbH & Co KG, München)

5.1.2 KW-Sprechfunk

Während die Reichweite vom UKW-Sprechfunk auf den Radiohorizont (Radio Line-of-Sight) beschränkt bleibt und daher für Überseeflüge nicht zum Einsatz kommt, kann aufgrund der Ausbreitungscharakteristik von Kurzwellen bedingt durch die Reflexion an der Ionosphäre eine Ausbreitung über die Sichtlinie hinaus erreicht werden. Daher spielt der KW-Sprechfunk auf diesen Verbindungen neben der Satellitentelefonie eine große Rolle.

5.1.2.1 Systemübersicht

Für den KW-Sprechfunk ist das Frequenzband von 2,8 bis 22,0 MHz reserviert. Das Sprachsignal wird dazu mittels Einseitenbandmodulation ohne Träger (Single Sideband-Only, SSB) amplitudenmoduliert, wobei nach den SARPs das obere Seitenband verwendet wird. Das Basisband ist auf den Frequenzbereich von 300–2700 Hz bandbegrenzt. Die möglichen Kanäle weisen eine Rasterung mit einer Schrittweite von 1 kHz auf, die Bandbreite eines einzelnen Sprechfunkkanals beträgt 4 kHz. Aufgrund der SSB-Modulation wird die gesamte Sendeleistung von typischerweise 100 Watt in das Nutzsignal eingebracht, der Träger bleibt unterdrückt. Aus diesem Grund ist die Sendeleistung auch als Spitzenleistung der Einhüllenden (*PEP*) definiert, da kein Träger gesendet wird (Tab. 5.3).

Tab. 5.3 Systemübersicht zum KW-Sprechfunk (HF-COM) [115]

Parameter	Wert
Frequenzbereich	2,800–22,000 MHz (KW)
Kanalraster	1 kHz
Bandbreite	4 kHz
Modulation	Amplitudenmodulation, oberes Seitenband ohne Träger (SSB)
Polarisation	Horizontal
Sendeleistung	etwa 100 W (*PEP*)

5.1.2.2 Signalkomposition

Ein SSB-Signal kann entweder mit Hilfe der Filterungsmethode oder anhand der Phasing-Methode erzeugt werden. Bei der Filterungsmethode wird das Audiosignal mit einem Gegentaktmodulator (Balanced Modulator) auf die Trägerfrequenz moduliert:

$$u_{HF\text{-}COM}(t) = \hat{u}_{Carrier} \cos(\omega_{Carrier}\, t) \cdot u_{Audio}(t) \tag{5.8}$$

Der Einfachheit halber kann angenommen werden, dass das Audiosignal eine Kosinus-Schwingung ist. Dann folgt die ausmultiplizierte Darstellung des Signals:

$$\begin{aligned} u_{HF\text{-}COM}(t) = \frac{1}{2}\hat{u}_{Carrier}\,\hat{u}_{Audio} \Big(\cos\big(\omega_{Carrier} + \omega_{Audio}\big)\, t) + \cdots \\ \cdots + \cos\big(\omega_{Carrier} - \omega_{Audio}\big)\, t)\Big) \end{aligned} \tag{5.9}$$

Es entsteht eine Amplitudenmodulation mit zwei Seitenbändern und unterdrücktem Träger. Durch Bandpassfilterung wird entweder das untere (USB) oder obere Seitenband (OSB) selektiert, in weiterer Folge verstärkt und ausgesendet (Abb. 5.7). Diese Art der SSB-Erzeugung erfordert einerseits einen exakt symmetrischen Gegentaktmodulator, da ansonsten unerwünschte Trägeranteile entstehen. Zum anderen ist die Filterung aufgrund des geringen Abstands der Seitenbänder (600 Hz wegen der unteren Grenzfrequenz von 300 Hz im Basisband) schwierig zu realisieren.

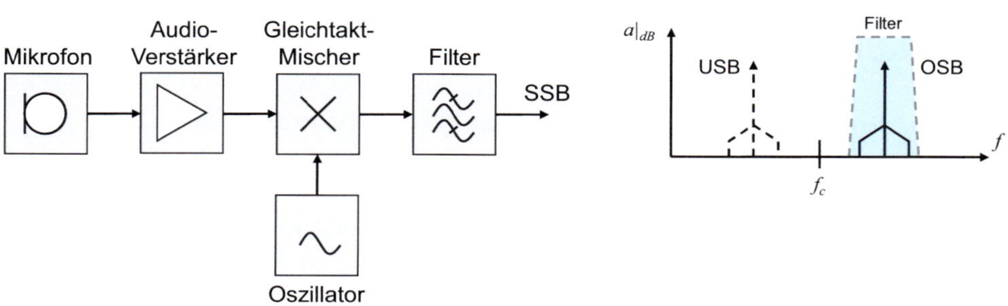

Abb. 5.7 Filter-Methode zur Erzeugung der SSB

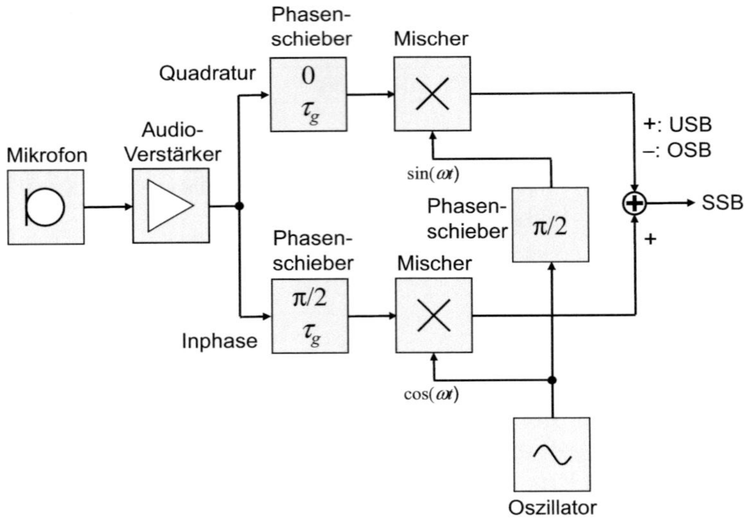

Abb. 5.8 Phasing-Methode (Hartley-Modulation) zur Erzeugung der SSB

Die Phasing-Methode (Hartley-Modulation) eignet sich besonders zur Realisierung in einem digital ausgeführten Sender. Hierzu wird das Audiosignal in einen In-Phase- und Quadraturzweig aufgeteilt und im Quadraturpfad um 90° phasenverschoben. Mit einem I/Q-Modulator werden die beiden Kanäle auf einen Träger gemischt und zum Summensignal kombiniert. Dabei löscht sich eines der beiden Seitenbänder aus (Abb. 5.8).

Bei der Umsetzung dieser Methode ist wichtig, dass die Gruppenlaufzeiten τ_g in beiden Zweigen exakt gleich sind, um eine vollständige Auslöschung des nicht erwünschten Seitenbandes zu erzielen. Nimmt man für die Ableitung der Signalkomposition wiederum an, dass das Audiosignal eine reine Kosinusschwingung sei, erhält man die Ausgangssignale am I/Q-Modulator wie folgt:

$$
\begin{aligned}
u_I(t) &= \hat{u}_{Carrier}\cos(\omega_{Carrier}\,t)\cdot\hat{u}_{Audio}\cos(\omega_{Audio}\,t)\\
u_Q(t) &= \hat{u}_{Carrier}\sin(\omega_{Carrier}\,t)\cdot\hat{u}_{Audio}\sin(\omega_{Audio}\,t)
\end{aligned}
\tag{5.10}
$$

Addiert man die beiden Komponenten, entsteht das untere Seitenband, subtrahiert man den Q- vom I-Anteil, resultiert das obere Seitenband:

$$
\begin{aligned}
u_{HF\text{-}COM}(t) &= \hat{u}_{Carrier}\cos(\omega_{Carrier}\,t)\cdot\hat{u}_{Audio}\cos(\omega_{Audio}\,t)+\cdots\\
&\quad\cdots+\hat{u}_{Carrier}\sin(\omega_{Carrier}\,t)\cdot\hat{u}_{Audio}\sin(\omega_{Audio}\,t)\\
&= \hat{u}_{Carrier}\,\hat{u}_{Audio}\cos\big((\omega_{Carrier}-\omega_{Audio})\,t\big)
\end{aligned}
$$

oder

$$\begin{aligned} u_{HF\text{-}COM}(t) &= \hat{u}_{Carrier} \cos(\omega_{Carrier}\, t) \cdot \hat{u}_{Audio} \cos(\omega_{Audio}\, t) - \cdots \\ &\quad \cdots - \hat{u}_{Carrier} \sin(\omega_{Carrier}\, t) \cdot \hat{u}_{Audio} \sin(\omega_{Audio}\, t) \\ &= \hat{u}_{Carrier}\, \hat{u}_{Audio} \cos\left(\omega_{Carrier} + \omega_{Audio}\right) t) \end{aligned} \tag{5.11}$$

Die weitere Verarbeitung sieht neben der Leistungsverstärkung und der Filterung der vom Verstärker erzeugten Oberwellen auch eine Anpassung an die Antenne vor. Aufgrund der großen Bandbreite des KW-Sprechfunkbandes wird die Antenne hierzu über einen Antennenkoppler angeschlossen. Meist sind die flugzeugseitigen HF-Antennen gegenüber Monolpol-Antennen mit einer Länge von $\lambda/4$ verkürzt ausgeführt. Die zugehörige Impedanz weist deshalb einen reaktiven Anteil auf. Durch eine zweistufige Anpassschaltung mit je einer einstellbaren Induktivität in Parallel- und Kapazität in Serienschaltung wird der Blindanteil kompensiert und eine Anpassung auf eine Wirkimpedanz erreicht. Da der verbleibende resistive Anteil der angepassten Antennenimpedanz durch den abzudeckenden Anpassbereichs ungleich 50 Ω ist, kommt als drittes Element ein Impedanztransformator hinzu, über dessen Wicklungsverhältnis die Anpassung auf die üblicherweise 50 Ω-Ausgangsimpedanz des Leistungsverstärkers erfolgt. Abb. 5.9 zeigt den Grundaufbau des Antennenkopplers mit den beschriebenen Anpasselementen.

Durch Messung des Antennenstroms und der Antennenspannung werden die veränderbare Induktivität und Kapazität gesteuert. Sind Strom und Spannung in Phase, weist die Antenne lediglich einen Wirkwiderstand auf. Das Verhältnis von Spannung und Strom ergibt die einzustellende Impedanz.

5.1.2.3 Kommunikationsempfänger

Abgesehen von wenigen Besonderheiten weist der HF-COM-Empfänger die gleichen Funktionsprinzipien auf wie der zuvor vorgestellte VHF-COM-Empfänger. Die erste Besonderheit ist die Verwendung eines Selektivruftonverfahrens (Selective Calling,

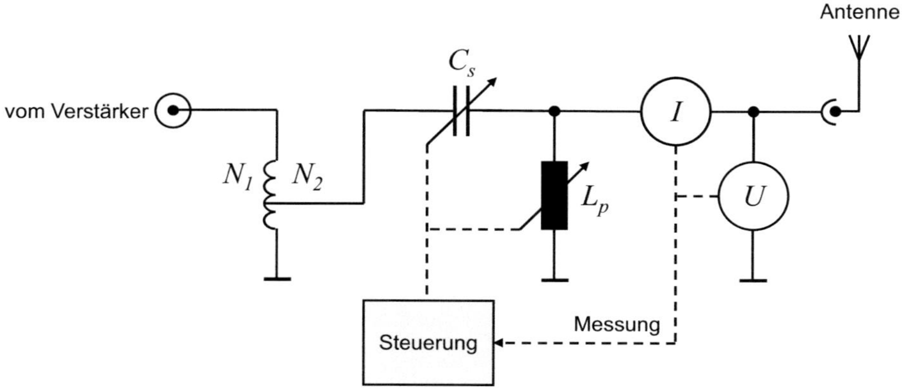

Abb. 5.9 Antennenkoppler mit variabler Anpassschaltung und Impedanztransformation

SELCAL), mit dem der Empfänger stummgeschaltet wird. Mit SELCAL werden sowohl Hintergrundgeräusche und Störungen als auch für das Flugzeug nicht relevante Kommunikationen ausgeschaltet. Die Adressierung des Flugzeugs erfolgt über einen 4-Buchstaben-Code, bei dem jeweils zwei Buchstaben eine Paarung aus zwei unterschiedlichen Tonfrequenzen im Bereich zwischen 312,6 Hz („A“) und 1478,1 Hz („S“) darstellen. Die Buchstaben „I“ und „O“ sind ausgespart [138]. Jedes Tonpaar wird etwa für eine Sekunde ausgestrahlt, nach einer Pause von etwa 0,2 Sekunden folgt das zweite Tonpaar.

Der zweite signifikante Unterschied zur Kommunikation auf UKW resultiert aus dem großen Frequenzbereich des HF-Kommunikationsbandes. Während die relative Breite des UKW-Bandes (bezogen auf die mittlere Frequenz) etwa 0,14 beträgt, ist sie beim für die Sprachkommunikation reservierten KW-Band mit 1,5 mehr als eine Größenordnung größer. Eine derart breitbandige Eingangsfilterung ist technisch nur aufwändig zu realisieren, daher wird der abzudeckende Bereich auf mehrere Bandfilter aufgeteilt, zwischen denen umgeschaltet werden kann.

Ein weiterer Unterschied ergibt sich aus der Verwendung von Einseitenbandmodulation. Da bei der SSB kein Träger mit übertragen wird, ist der Aufwand für die Demodulation größer. Nur bei einer sehr genauen Einstellung der Empfangsfrequenz erfolgt die Demodulation in das Basisband lagerichtig und das Sprachsignal wird verständlich. Aus diesem Grund muss der Frequenzfehler gering sein, die ICAO empfiehlt einen maximalen Fehler von 20 Hz [100, 115]. Hierzu verwendet der KW-Transceiver TCXO-Oszillatoren mit hoher Frequenzstabilität (z. B. 1 ppm bzw. 10^{-6}). Diese sind beheizt und mit einer Temperaturregelung versehen, um äußere Temperatureinflüsse zu eliminieren. Alle im Transceiver verwendeten Frequenzen sind aus der TCXO-Frequenz durch Frequenzteilung und -vervielfachung abgeleitet.

5.1.2.4 Peilung

Die Sprechfunkausrüstung eines Flugzeuges kann von den Fluglotsen auch dazu genutzt werden, um eine Richtungspeilung durchzuführen. Dazu wird anhand eines Arrays mit mehreren kreisförmig angeordneten Dipolantennen durch Differenzbildung der von den Einzelantennen erfassten Signale die Richtung zum Sender ermittelt und am Auswertegerät dargestellt. Über eine Netzwerkanbindung kann der Peiler mit weiteren Air-Traffic-Management-Systemen oder Radar-Sichtgeräten verbunden und in den Controller-Arbeitsplatz eingebunden werden. Die Möglichkeit, eine Richtungsbestimmung anhand eines Funkspruches durchzuführen, stellt einen gravierenden Zugewinn an Sicherheit dar. Auf diese Weise kann überprüft werden, ob eine empfangene VHF-Kommunikation auch tatsächlich von einem bestimmten Flugzeug stammt (Abb. 5.10).

Abb. 5.10 Antenne und Peilgerätesatz zur Peilung von flugzeugseitigen Transceivern (©Austro Control Österreichische Gesellschaft für Zivilluftfahrt mbH, Wien und Rohde & Schwarz GmbH & Co KG, München)

5.2 Datenkommunikation

Neben der reinen Sprachkommunikation spielen digitale Datenlinks in der Zwischenzeit eine große Rolle, um Kapazitätsengpässe durch Mangel an Sprechfunkkanälen zu kompensieren. Hierzu stehen verschiedene Technologien zur Verfügung, die wiederum für unterschiedliche Dienste eingesetzt werden können. Aufgrund der verwendeten digitalen Modulation wird auch die zur Sprach- und Datenkommunikation verwendete Satellitenkommunikation in diesem Abschnitt betrachtet.

5.2.1 Aircraft Communications and Reporting System (ACARS)

Bereits seit den 70er-Jahren steht der Zivilluftfahrt ein einfacher Datenlink zum Austausch von operationellen Daten zwischen Flugzeug und Flugbetriebsleitung zur Verfügung. Flugbetriebliche Routinemeldungen wie Abflugmeldung, Treibstoffmeldung, Meldung der Position und des weiteren Kurses oder Aktualisierungen des Dienstplans können mit dem von ARINC eingeführten Aircraft Communications and Reporting System (ACARS) mittels digitalem Datenfunk übermittelt werden.

ACARS wird von Netzwerkprovidern (hauptsächlich SITA und ARINC) betrieben und stellt mit deren Bodenstationen die Luft-Boden-Schnittstelle zum Flugzeug dar. Bodenseitig wird die Nachricht leitungsgebunden von oder zur Flugbetriebszentrale (Airline Operational Center, AOC) auch auch zu den für die Flugsicherung verantwortlichen Stellen vermittelt. Teilweise wird das System auch als „privat" bezeichnet, da es in der ursprünglichen Implementierung nicht der Flugsicherung dient wie beispielsweise der UKW-Sprechfunk. Die mit ACARS übertragenen Nachrichten werden auch als „OOOI" -Messages bezeichnet, in Anlehnung an die mit „Out, Off, On, In" referenzierten Schlüsselzeiten (Out of park position, weight Off wheels, weight On wheels, In park position) eines Fluges. Abhängig von der Flugphase werden betrieblich vorgesehene Standardmitteilungen (Freigaben, Take-off-Report, Wetterberichte, Angaben zum Flugverlauf) oder spontane Ad-hoc-Nachrichten (Verspätungen, Aktualisierung des Dienstplans, Meldung von defekten Systemen an die technischen Bereiche der Fluglinie) gesendet. Diese Nachrichten können entweder von den flugzeug- oder bodenseitigen Systemen automatisiert oder von einem Benutzer manuell generiert werden. In der Zwischenzeit wird der ACARS-Datenlink aber auch zur Übermittlung von flugbetrieblichen Freigaben eingesetzt.

Das Aircraft Communications and Reporting System kann in drei Teilsegment unterteilt werden. Im flugzeugseitigen (Airborne) Subsystem dient eine Multipurpose Control and Display Unit (MCDU) der manuellen Eingabe sowie der Anzeige von Nachrichten. Die MCDU versendet auch systemseitig automatisch erzeugte Standardmitteilungen, wenn der Kommunikationskanal dies zulässt. Das Ground System mit Sende- und Empfangsanlagen sowie Computern zur Prozessierung der Daten stellt die Schnittstelle zwischen dem Luft-Boden-Link und dem Netzwerk am Boden dar. Über die bodenseitigen Netzwerke erfolgt auch die Anbindung des dritten Subsegments, der AOC- und ATC-Center.

Das System verwendet eine Frequenzumtastung (FSK) auf einzelnen für ACARS spezifizierten UKW-Sprechfunk-Frequenzen und erreicht eine Übertragungsrate von 2400 bit/s. Die Fehlersicherung erfolg durch eine an die Nachricht angehängte Prüfsumme. Die Adressierung wird als Header der Nachricht versendet und stellt sicher, dass diese an den gewünschten Teilnehmer weitergeleitet wird.

5.2.2 HF Data Link (HFDL)

Der HF Data Link (HFDL) ist ein von ARINC als Dienstanbieter auf den auch vom KW-Sprechfunk verwendeten Frequenzband zwischen 2,8 und 22 MHz eingesetzter Datenlink. Seine Schlüsselrolle im CNS/ATM-Konzept besteht darin, Flugzeuge ohne Ausrüstung für Satellitenkommunikation (SATCOM) mit einem digitalen Datenlink für große Reichweiten auszustatten. Auch in polaren Regionen, in denen die Systemperformance von SATCOM abnimmt, ergänzt der HFDL die flugzeugseitigen Datenkommunikationseinrichtungen [107].

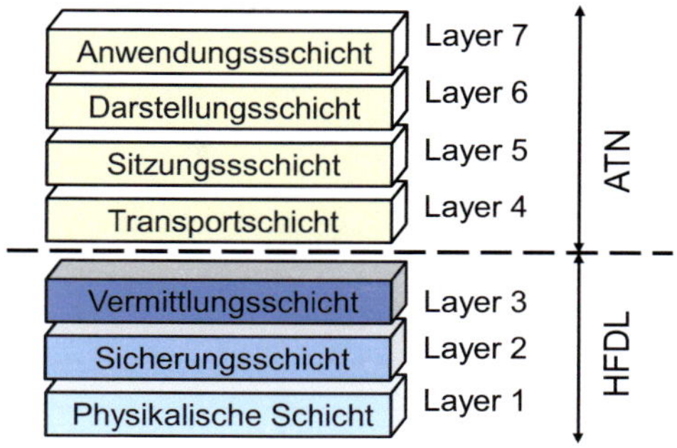

Abb. 5.11 Einbettung des HF Data Links in das OSI-Schichtmodell

HFDL ist kompatibel mit dem OSI-Schichtmodell und ist Teil des aeronautischen Telekommunikationsnetzwerks (siehe Abschn. 4.2.1). Der physikalische Layer, die Sicherungsschicht (Link Layer) und die Vermittlungsschicht (Network Layer) sind in den Standards [106, 115] definiert, die höheren Schichten sind Teil des ATN (Abb. 5.11).

Die Aufgabe der Vermittlungsschicht (Layer 3, Network Layer) besteht darin, die Verbindung zwischen der (boden- oder flugzeugseiten) Station und den tieferliegenden Schichten herzustellen. Hierzu wird eine bidirektionale, transparente und paketorientierte Datenübertragung verwendet und der Verbindung eine Kanalnummer zugeteilt. Der Network Layer gruppiert die zu übermittelnden Informationen in Oktette und ergänzt im Header die Kanalnummer, die Adresse des gerufenen und rufenden Teilnehmers und Angaben zu den Längen dieser Datenfelder.

Im Layer 2 (Link Layer bzw. Sicherungsschicht) werden Funktionalitäten für die Einstellung der Sende- und Empfangsfrequenz, für die Umschaltung zwischen Sende- und Empfangsbetrieb sowie für die Slotzuteilung ergänzt und an die physikalische Schicht weitergeleitet. HFDL verwendet Zeitmultiplex (TDMA) als Mehrfachzugriffsverfahren. Die Synchronisation des Zeitmultiplexes zwischen Sender und Empfänger wird durch die Bodenstation initiiert und erfolgt durch die Referenzierung auf UTC-Zeit.

In der physikalischen Schicht wird der Zugang zum Übertragungskanal geregelt und hierzu der Begriff eines HFDL-Frames eingeführt (Abb. 5.12). Ein HFDL-Frame hat eine Dauer von 32 Sekunden und ist in 13 Zeitschlitze (Slots) unterteilt. Die HFDL-Bodenstationen senden auf zumindest einer, häufiger aber simultan auf mehreren Frequenzen. Dazu wird von diesen alle 32 Sekunden im Zeitschlitz „0" ein als SPDU (Squitter Protocol Data Unit) bezeichnetes Datenpaket abgestrahlt. Es enthält Informationen zu den aktuellen Sendefrequenzen der gewählten Station, zu weiteren HFDL-Bodeninstallationen und auch Daten zum Link Management. Auf diese Weise kann der flugzeugseitige Transceiver eine Liste der aktiven Frequenzen erstellen, diese gezielt abhören und in weiterer Folge die Sendefrequenz mit dem besten Empfang selektieren.

Bevor die Datenübertragung zwischen Luft- und Bodeneinrichtung erfolgen kann, meldet sich der flugzeugseitige Transceiver bei der gewählten Station an und wird dort registriert. Hierdurch wird einer der verbleibenden Zeitschlitze der Luft-Boden-Datenkommunikation zugeordnet. Der Datenaustausch der als PPDUs (Physical Layer

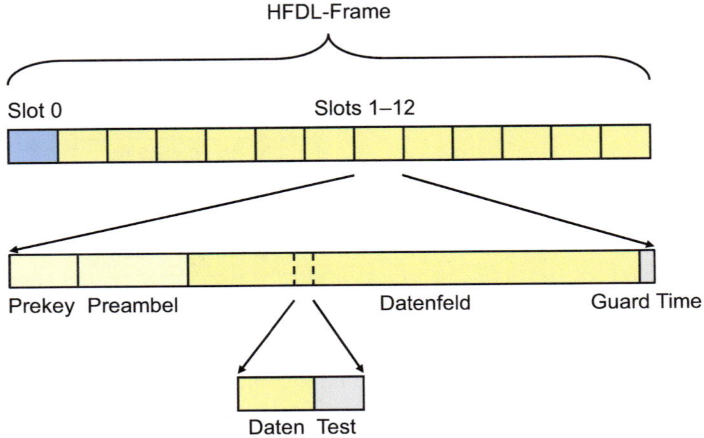

Abb. 5.12 Slot-Einteilung bei HFDL und Segmentierung eines TDMA-Slots

Protocol Data Units) bezeichneten Daten wird so lange mit dieser Station und in dem zugeteilten Zeitschlitz wiederholt, bis das Flugzeug (beispielsweise durch Registrierung bei einer anderen Bodenstation oder bei Nichtbeantwortung von Anfragen) wieder abgemeldet ist. Eine PPDU setzt sich dabei aus vier Phasen zusammen. Unmittelbar nach dem zeitlichen Beginn eines Slots wird ein als Prekey bezeichnetes Signal abgestrahlt. Dieses besteht aus 2-PSK-modulierten Symbolen und weist eine Phasenlage von $\varphi = 180°$ auf. Als zweite Phase folgt eine 531 Symbole lange Präambel, die aus einer vordefinierten Datenfolge zusammengesetzt ist [107]. Das Datenfeld selbst enthält abwechselnd Benutzer- und Testdaten. Als letzte Phase ist ein Schutzbereich (Guard Time) eingefügt, damit sich aufeinanderfolgende HFDL-Bursts nicht überlagern (Abb. 5.12). Der Datenstrom wird durch einen Interleaver mit variabler Länge verschränkt und gegen Bündelfehler gesichert. Zusätzlich wird mit einem Halb- oder Viertelraten-Codierer die Datenrate eingestellt.

Die vom Data Link Layer bereitgestellten Daten werden in der physikalischen Schicht für die Aussendung prozessiert beziehungsweise empfangene Daten decodiert und an die Sicherungsschicht retourniert. Abhängig von der Empfangsstärke der Bodenstation werden die Daten mit einer Bitrate von 300, 600, 1200 oder 1800 bit/s gesendet. Die 8-bit-Symbole (Oktette) aus der Vermittlungsschicht werden mit einer Symbolrate von 1800 $Symbolen/s$ zum physikalischen Layer übertragen. Als Modulation wird eine M-fach-Phasenumtastung (M-PSK) eingesetzt, durch Wahl der Anzahl der möglichen Phasenlagen zu $M = 2, 4$ oder 8 und Berücksichtigung von Interleaver und Coder ist der Übergang von Symbol- zu Bitrate und umgekehrt definiert. M kann in jedem Zeitschlitz einen anderen Wert annehmen. Die PSK-Symbolrate beträgt somit $T = 1/1800$ s.

Zur Begrenzung der benötigten Bandbreite wird ein Cosinus-Roll-on-/-Roll-off-Filter mit Parameter $b = 0{,}31$ verwendet. Dieses ist durch seine Fourier-transformierte $P(f)$ definiert [115]:

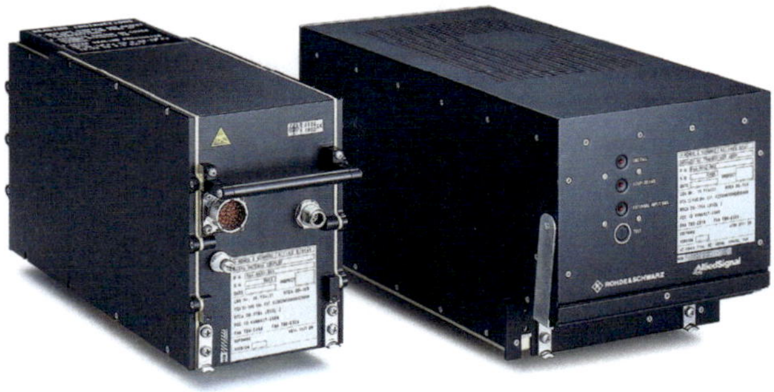

Abb. 5.13 Transceiver für den HF Data Link. Rechts: Sender-Empfänger-Kombination, links: Antennenkoppler (©Rohde & Schwarz GmbH & Co KG, München)

$$\underline{P}(f) = \begin{cases} 1 & ; \quad 0 \leq |f| < \frac{1-b}{2T} \\ \cos\left(\frac{\pi\,(2|f|-1+b)}{4b}\right) & ; \quad \frac{1-b}{2T} \leq |f| < \frac{1+b}{2T} \\ 0 & ; \quad |f| \geq \frac{1+b}{2T} \end{cases} \tag{5.12}$$

Das abgestrahlte HFDL-Signal ist damit (innerhalb eines Übertragungsschrittes) von der folgenden Form:

$$s(t) = \hat{s}\left(p(t - k\,T)\,\cos(2\pi f_c\,t + \varphi_k)\right) \tag{5.13}$$

Die Sendefrequenz f_c liegt dabei um 1,4 kHz oberhalb der SSB-Trägerfrequenz (Referenzfrequenz). Somit wird das digital modulierte Signal im oberen Seitenband ausgestrahlt. Die Spezifikation für den HFDL sieht vor, dass die abgestrahlte Leistung bei $f_c \pm 1{,}5$ kHz um 30 dB, bei $f_c \pm 4{,}5$ kHz um 38 dB abnehmen muss. Die Spitzenleistung beträgt dabei für Bodenstationen 6 kW, für die bordseitigen Sender 400 W (jeweils *PEP*).

Abb. 5.13 zeigt exemplarisch eine flugzeugseitige Installation für den HF Data Link bestehend aus einer Sender-Empfänger-Kombination und einem Antennenkoppler.

5.2.3 VHF Data Link (VDL)

Analog zu dem auf den Frequenzen des KW-Sprechfunks eingesetzten HF-Datenlinks wurden auf den UKW-Sprechfunkfrequenzen von der ICAO vier Betriebsmoden eines UKW-Datenlinks (VHD Data Link, VDL) standardisiert:

- VDL Mode 1: nicht in Verwendung, kompatibel mit ACARS
- VDL Mode 2: Data-only-Mode (31,5 kbit/s, D8PSK
- VDL Mode 3: Daten (16,5 kbit/s) und Sprache (19,2 kbit/s, D8PSK)
- VDL Mode 4: Data-only-Mode (19,2 kbit/s), GFSK, bis zu 128 Teilnehmer

Diese teilen sich das Betriebsfrequenzband (117,975–137,000 MHz mit Kanalraster 25 kHz) sowie die vertikale Polarisation, unterscheiden sich in den technischen Details jedoch teilweise gravierend. Der VHF Data Link Mode 1 (VDL1) verwendet ACARS als physikalische Schicht und wurde zur Untersuchung des VDL-Systemkonzepts eingesetzt. Er ist mittlerweile aus den ICAO SARPs gelöscht, wird nicht im Flugbetrieb eingesetzt und in weiterer Folge nicht näher betrachtet. In Europa wurden von der EUROCONTROL die VDL Moden 2 (VDL2) und 4 (VDL4) als reine Datenlinks für zukünftige Anwendungen im Bereich der Flugsicherungstechnik angesehen, während in den USA von der FAA der VDL Mode 3 als gemischter Daten-/Sprachlink präferiert wurde. Da das Konzept der FAA bei den Fluglinien auf wenig Akzeptanz stieß, wurde mittlerweile von einer Implementierung abgesehen. In der Zwischenzeit hat sich der VDL2 in der operationellen Flugsicherung (Controller Pilot Data Link Communications, Abschn. 4.2) etabliert und ist in den Programmen „Link2000+" und „CASCADE" der EUROCONTROL vorgesehen [62, 63]. VDL4 war als Übertragungstechnologie für Kollisionsverhinderungssysteme (ADS-B, siehe Abschn. 7.2.3) und Multilateration (MLAT, siehe Abschn. 7.2.4) angedacht, speziell für ADS-B hat sich die Flugzeugindustrie auf den unten beschriebenen Mode-S-Datenlink als primäre Technologie festgelegt [64].

5.2.3.1 VHF Data Link Mode 2 (VDL2)

Auch der VHF Data Link Mode 2 wurde kompatibel zum OSI/ISO-Referenzmodell spezifiziert und bildet die physikalische, die Sicherungs- und den untersten Teil der Vermittlungsschicht des ATN ab (Abb. 5.14). Die folgende Beschreibung dieser Layer und Datenverarbeitung baut auf den für VDL2 relevanten Standards auf [45, 110, 161].

Der Layer 3 (Vermittlungsschicht) stellt die Verbindung, den sogenannten virtuellen Link, zwischen der Kommunikationsmanagement-Unit (CMU) des Flugzeugs und einem Router am Boden her. Hierzu wird ein Sub-Network Access Protocol (SNAcP) eingesetzt, aufgrund der Konformität zur ISO/IEC 8208 auch als VDL 8208 bezeichnet. Die Vermittlungsschicht arbeitet Paket-orientiert: zu sendende Daten werden in Blöcke unterteilt, ankommende Blöcke zu einem Datenstrom zusammengefasst. Dies umfasst auch eine

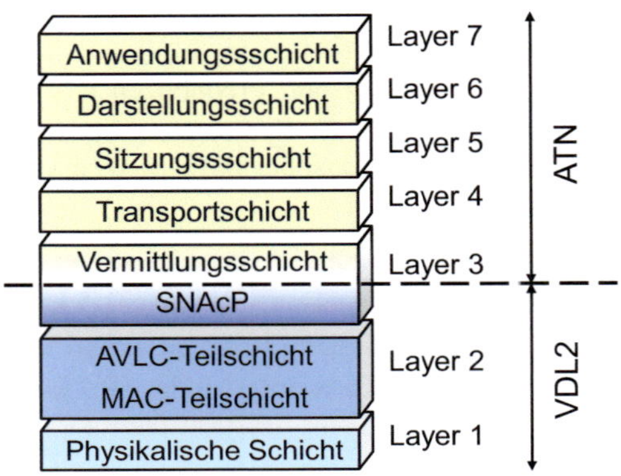

Abb. 5.14 VHF Data Link Mode 2 als Teil des ATN im OSI-Schichtenmodell

Fehlerbehandlung, indem bei einem Übertragungsfehler Datenpakete erneut angefordert werden. Für diese Aufgaben wird den zu übermittelnden Daten ein Layer-3-spezifischer Header (3 Byte, teilweise als Header 8208 bezeichnet) vorangestellt.

Die Sicherungsschicht (Layer 2) kann in zwei Teilschichten unterteilt werden. Die obere Teilschicht wird als Aviation VHF Link Control (AVLC, auch Data Link System DLS) bezeichnet. Mittels einer zugeordneten Link Management Entity (LME) überwacht sie den Verbindungsaufbau zwischen den beteiligten Stationen und hält die Verbindung aufrecht. Hierzu werden dem um den VDL-8208-Header erweiterten Datenfeld zusätzliche Informationen zum Verbindungsaufbau (9 Byte für Herkunfts- und Zieladresse, Linkkontrolle), zur Fehlersicherung (2 Byte für eine CRC-16-Prüfsumme) sowie zur Abgrenzung des AVLC-Frames (2 Byte als Start-/Stopp-Flag) der Daten hinzugefügt. Die Prüfsumme unterstützt den Layer 3 bei der Erkennung und Korrektur von Übertragungsfehlern. Hierzu wird ein zyklischer Redundanzcheck (CRC) angewandt, dessen Generierungspolynom $g(x)$ entsprechend CRC-CCITT wie folgt aufgebaut ist und dessen bei der Modulo-2-Division des Datenwortes entstehender Übertrag die Prüfsumme bildet:

$$g(x) = 1 + x^5 + x^{12} + x^{16} \tag{5.14}$$

Das am Anfang und Ende des AVLC-Frames stehende Start- und Stopp-Flag besteht jeweils aus einer 8-bit-Folge entsprechend dem folgenden Aufbau:

$$d_{Flag} = [0\,1\,1\,1\,1\,1\,1\,0] \tag{5.15}$$

Der komplette AVLC-Frame setzt sich demnach aus mehreren Anteilen nach Abb. 5.15 zusammen.

Die untere Teilschicht des Layers 2 stellt die Verbindung zum Übertragungskanal (Media Access Control, MAC) dar, ohne dabei die AVLC-Frames zu verändern. Mittels eines als p-persistent Carrier Sense Multiple Access (p-persistent CSMA) bezeichneten

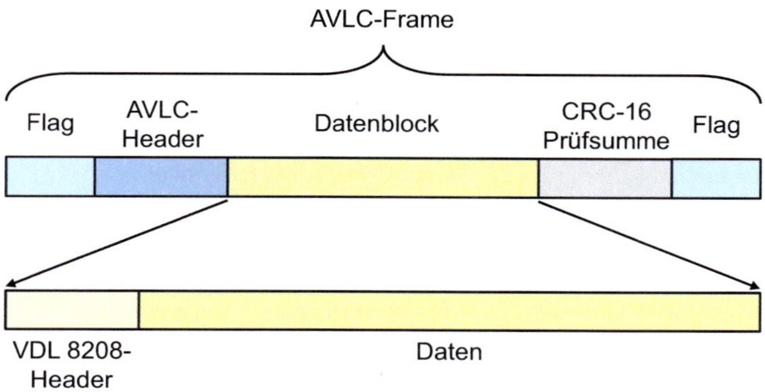

Abb. 5.15 Struktur eines VDL2/AVLC-Frames

Verfahrens teilt der MAC-Sublayer der AVLC-Teilschicht mit, ob über den Kanal Daten übertragen werden können. Hierzu überwacht die MAC-Teilschicht laufend die Kommunikation auf dem Kanal. Ist dieser frei, wird mit der Wahrscheinlichkeit p ein AVLC-Frame gesendet (bzw. mit der Wahrscheinlichkeit $1 - p$ erfolgt keine unmittelbare Aussendung, diese wird auf einen späteren Zeitpunkt verschoben). Unterbleibt eine unmittelbare Aussendung, wird der Entscheidungsprozess nach einer Pause von mindestens 0,5 ms wiederholt. Dieses stochastische Verfahren trägt dazu bei, die Anzahl der Kollisionen auf dem Kanal zu minimieren.

Die physikalische Schicht (Layer 1) übernimmt die Daten aus dem Layer 2 und bereitet sie für die Übertragung auf dem VHF-Kanal vor. Hierzu wird der Sender, sofern der Kanal nicht bereits belegt ist, auf die nominelle Sendeleistung geregelt, dem AVLC-Frame eine Trainingssequenz vorangestellt und die Sendefrequenz gewählt und stabilisiert. Die Übertragung der Daten ist durch ein Fehlersicherungsprotokoll gegen Übertragungsfehler auf dem Funkkanal geschützt. Aus jeweils 3 bit des Datenstroms wird ein Symbol gebildet und die entstehende Symbolfolge senderseitig auf die Trägerfrequenz moduliert. Auf der Empfängerseite erfolgt die Demodulation, die Synchronisierung der demodulierten Daten mit dem Sender, die Entfernung der Trainingssequenz und der Fehlersicherungsinformation sowie die Weitergabe der Daten an die nächsthöhere Schicht im OSI-Modell. Die Eigenschaften der physikalischen Schicht sind in Tab. 5.4 zusammengestellt, der vereinfachte Signalfluss im Sender in Abb. 5.16 dargestellt.

Die der eigentlichen Aussendung vorangestellte Trainingssequenz setzt sich aus 5 Abschnitten zusammen (Abb. 5.17). Zunächst erfolgt während der ersten 5 Symbole, gemessen von der Mitte des 6. Symbolslots, die Stabilisierung der Sendeleistung bzw. der Verstärkung des Empfängers. Die nachfolgenden 16 Symbole dienen der Synchronisation des Empfängers mit der anschließenden Aussendung sowie der Auflösung von Mehrdeutigkeiten. Hierzu wird ein „einmaliges Wort" (Unique Word) eingefügt. Die folgenden Abschnitte 3 und 4 bilden gemeinsam den Header der VDL2-Nachricht. Der dritte Abschnitt (Symbol Nr. 22) ist ein reserviertes Symbol ($[R_1,\ R_2,\ R_3] = [0\,0\,0]$). Im vierten Abschnitt wird über eine Länge von 17 bit die Anzahl der der Trainingssequenz

Tab. 5.4 Eigenschaften des physikalischen Layers von VDL2

Parameter	Beschreibung
Bitrate (Symbolrate)	31500 1/s (10500 baud)
Timing Codierung	Gray-Code, 3 bit pro Symbol $b_{0,LSB}[n-2]\, b_1[n-1]\, b_{2,MSB}[n] \rightarrow s[k]$
Modulationsschema	D8PSK
Pulsformung	Raised Cosine-Filter, $\alpha = 0,6$
Trägerfrequenz	112,000 (108,000) – 139,975 MHz
Kanal-Bandbreite	25 kHz
Kanalzugang (MAC)	Carrier Sense Multiple Access (CSMA)
Bitfehlerrate BER (korrigiert)	$\leq 10^{-4}$

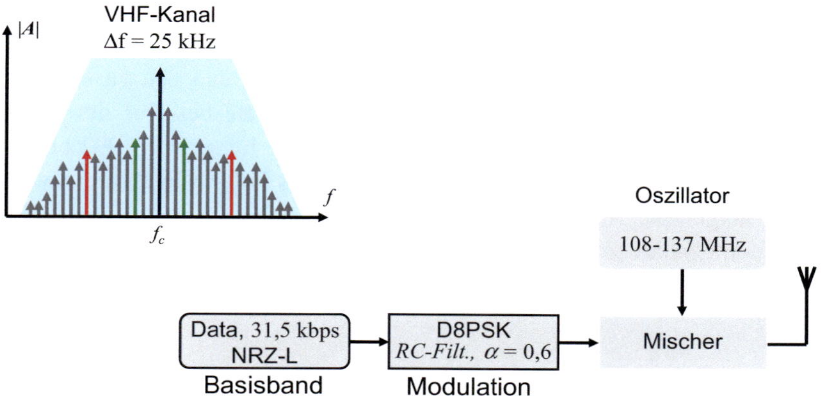

Abb. 5.16 Vereinfachtes Schema zur Datenübertragung bei VDL2

folgenden reinen Datenbits codiert ($[TL_1,\ TL_2,\ \ldots TL_{17}]$), bevor im fünften Abschnitt eine Information zur Sicherung des Headers gegen Übertragungsfehler hinzugefügt wird. Die Fehlersicherung erfolgt mittels FEC-Codierung anhand eines (25, 20)-Blockcodes. Die 5 Paritätsbits werden dabei nach folgender Rechenvorschrift ermittelt:

$$[P_1,\ P_2,\ \ldots P_5] = [R_1,\ R_2,\ R_3, TL_1,\ \ldots TL_{17}] \cdot \mathbf{H}^{\mathrm{T}}$$

mit:

$$\mathbf{H} = \begin{Bmatrix} 0\,0\,0\,0\,0\,0\,0\,0\,0\,1\,1\,1\,1\,1\,1\,1\,1\,1\,1\,1 \\ 0\,0\,1\,1\,1\,1\,1\,1\,0\,0\,0\,0\,1\,1\,1\,1\,1\,1\,1\,1 \\ 1\,1\,0\,0\,0\,1\,1\,1\,0\,0\,1\,1\,0\,0\,0\,0\,1\,1\,1\,1 \\ 1\,1\,0\,1\,1\,0\,1\,1\,0\,1\,0\,1\,0\,0\,1\,1\,0\,0\,1\,1 \\ 0\,1\,1\,0\,1\,0\,0\,1\,1\,1\,1\,0\,0\,1\,0\,1\,0\,1\,0\,1 \end{Bmatrix} \tag{5.16}$$

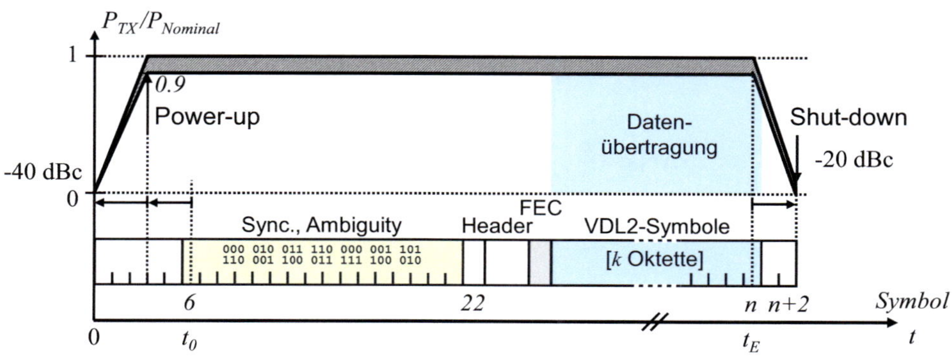

Abb. 5.17 VDL2-Burst: AVLC-Frame mit vorangestellter Trainingssequenz

Die an die Trainingssequenz anschließenden Daten werden mittels Reed-Solomon-FEC gegen Übertragungsfehler gesichert. Dies reduziert die Anzahl der von der SNAcP-Teilschicht des Layer 3 als fehlerhaft zurückzuweisenden und neu zu übermittelnden Frames und trägt zu einer höheren Netto-Übertragungsrate bei. Für das Fehlersicherungsverfahren wird der Datenstrom in Blöcke mit einer Länge von 1992 bit unterteilt. Jeder Block wird dabei als Folge von Oktetten, also als Folge von Bytes bzw. Gruppen zu je 8 bit aufgefasst. Auf jedes der entstehenden 249 Oktette wird eine (255, 249)-Reed-Solomon-Codierung [21] angewandt. Der dem Verfahren zugrundeliegende endliche Körper (Galois-Feld) GF(2^8) mit $2^8 = 256$ Elementen entsteht aus dem Generierungspolynom $p(x)$:

$$p(x) = (x^8 + x^7 + x^2 + x + 1). \tag{5.17}$$

Jedes Informations-Datenwort (Oktett) wird durch die RS-Codierung auf eines der Elemente im Feld abgebildet. Deren Erzeugung geschieht mittels nachfolgendem Code-Generierungspolynom [21, 115]:

$$\prod_{i=120}^{125} (x - \alpha^i) \tag{5.18}$$

In dieser Gleichung ist α ein primitives Element des Feldes GF(2^8). Mit der RS(255, 249)-Codierung können bei einer Übertragungsstörung bis zu 3 Byte korrigiert werden. Die Oktette mit den angehängten FEC-Prüfbits werden in einem Interleaver verschränkt, um die Wahrscheinlichkeit von Bündelfehlern zu reduzieren. Anschließend werden sie in einem Scrambler mit dem Generierungspolynom $x^{15} + x + 1$ zerwürfelt. Die resultierende Symbolfolge weist aufgrund des Scrambling statistisch gleichverteilte logische Nullen und Einsen auf.

Die Übertragung auf dem Kanal erfolgt durch D8PSK-Modulation. Hierzu werden die Symbole mittels Gray-Codierung auf Phasensprünge $\Delta\phi$ abgebildet (Abb. 5.18).

$$s[k] = \begin{cases} 0 \\ 1 \\ 2 \\ 3 \\ 4 \\ 5 \\ 6 \\ 7 \end{cases} \qquad \Delta\phi[k] = \frac{\pi}{4} \begin{cases} 0 \\ 1 \\ 3 \\ 2 \\ 6 \\ 7 \\ 5 \\ 4 \end{cases}$$

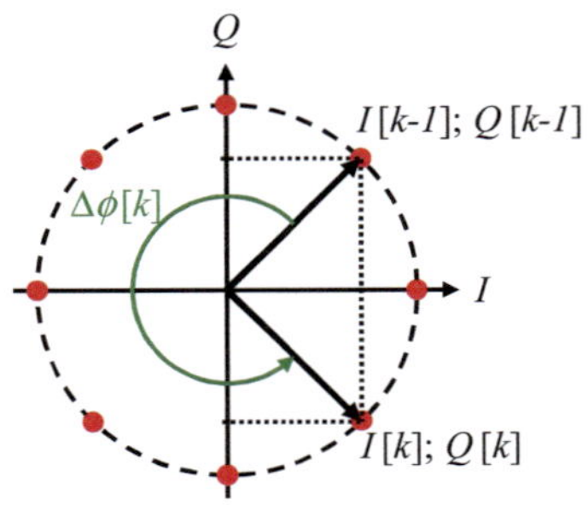

Abb. 5.18 Graycodierung beim VDL2

Aus der Darstellung im Konstellations-Diagramm in Abb. 5.18 kann mittels geometrischer Überlegungen der nächstfolgende I/Q-Zustand für das D8PSK-Verfahren errechnet werden:

$$\begin{aligned} I[k] &= \cos(\Delta\phi)I[k-1] - \sin(\Delta\phi)Q[k-1] \\ Q[k] &= \sin(\Delta\phi)I[k-1] + \cos(\Delta\phi)Q[k-1] \end{aligned} \tag{5.19}$$

Um die Bandbreite des Signals zu begrenzen, werden wie beim HFDL die Übergänge zwischen den diskreten Zuständen durch eine Pulsformung geglättet. Jedoch wird beim VHF Data Link Mode 2 ein Raised-Cosine-Filter verwendet. Das hierzu eingesetzte RC-Filter weist die nachfolgend definierte Übertragungsfunktion $\underline{P}(\omega)$ mit korrespondierender Impulsantwort auf:

$$\underline{P}(\omega) = \begin{cases} 1\,; & \omega < \omega_c(1-\alpha) \\ \frac{1}{2}(1+\cos\frac{\pi(\omega-\omega_c(1-\alpha))}{2\alpha\omega_c})\,; & \omega_c(1-\alpha) \leq \omega < \omega_c(1+\alpha) \\ 0\,; & \omega \geq \omega_c(1+\alpha) \end{cases} \tag{5.20}$$

Im letzten Schritt wird in einem I/Q-Modulator der hochfrequente Träger mit dem aufbereiteten Signal moduliert, verstärkt und über die Antenne abgestrahlt. Auf der Empfängerseite erfolgt die Verarbeitung beginnend mit der Demodulation sinngemäß in umgekehrter Reihenfolge.

Die räumliche Abdeckung des VDL2-Dienstes wird durch eine gemeinsame Signalisierungsfrequenz (Common Signaling Channel CSC) auf 136,976 MHz sichergestellt. Jede Bodenstation muss auf dieser Frequenz regelmäßig einen Identifikationsframe aussenden. Der eigentliche Datenaustausch erfolgt (im europäischen Raum) über drei weitere Frequenzen. Die Sendeleistung der Bodeninstallation muss größer -109 dBW/m^2 (im Operationsgebiet), die der flugzeugseitigen Installation größer -120 dBW/m^2 (jeweils nach Free-Space-Ausbreitungsregeln) sein.

5.2.3.2 VHF Data Link Mode 4 (VDL4)

Die Datenkommunikation nach VDL Mode 4 unterstützt sowohl die direkte Bord-zu-Bord-Übertragung unter zeitkritischen Randbedingungen als auch die Bord-Boden- (und Boden-Bord-)Kommunikation. Es werden sowohl direkte Verbindungen zwischen zwei Teilnehmern (Point-to-Point-Übertragung) als auch an alle Teilnehmer im Abdeckungsbereich gerichtete Mitteilungen (Broadcast-Mitteilungen) zugelassen (VDL4-spezifische Services, VSS). Wie HFDL und VDL2 stellt VDL4 neben den VSS auch einen Kommunikationskanal im Rahmen des aeronautischen Telekommunikationsnetzwerkes dar. Die folgende technische Beschreibung greift auf die relevanten SARPs zurück [46, 49, 50, 59, 111, 112]. Diese definieren die Layer 1 und 2 sowie die an die Sicherungsschicht anschließenden Sublayer der Vermittlungsschicht (SNAcP). Die Einbettung in das ATN ist in Abb. 5.19 dargestellt.

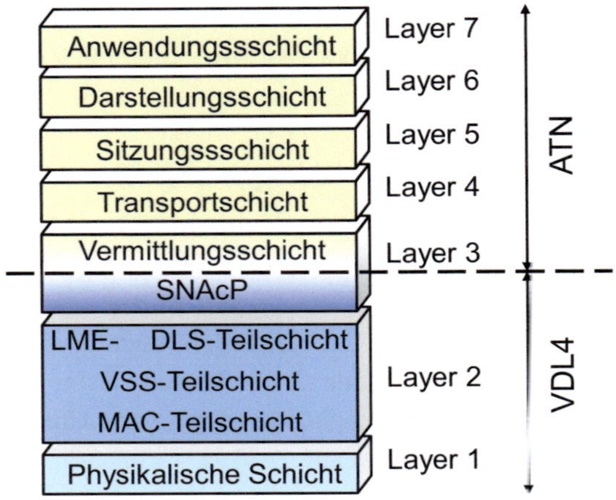

Abb. 5.19 VHF Data Link Mode 4 als Teil des ATN im OSI-Schichtenmodell

Während der Layer 3 mit dem SNCaP nach dem beim VDL2 vorgestellten Prinzip arbeitet, setzt sich der Layer 2 aus 4 Unterschichten zusammen. Eine Link Management Entity (LME) bindet die Vermittlungsschicht an den Layer 2 an und ist für die Verbindungsherstellung und -wartung von ATN-spezifischen Verbindungen verantwortlich. Hierzu übermittelt sie an die in der Hierarchie tiefer liegende Data-Link-Services-Teilschicht (DLS) benutzerspezifische Daten, aus denen die VSS-Teilschicht (VDL4 Specific Services Sublayer) durch Hinzufügen von Fehlersicherungsinformationen den eigentlichen VDL4-Burst erstellt. Die VSS-Teilschicht unterstützt zudem auch die VDL4-spezifischen Dienste. Der Kanalzugriff wird von der Media-Access-Teilschicht überwacht, sie verwaltet den STDMA-Multiplex und damit die Verwendung der vorhandenen Zeitschlitze.

Der zeitliche Ablauf eines VDL4-Bursts ist in Abb. 5.20 veranschaulicht. Die von der LME bereitgestellte Trainingssequenz dient der Frame- und Bitsynchronisation des Empfängers für die folgende Datenübermittlung. Die in der DLS und VSS ergänzten

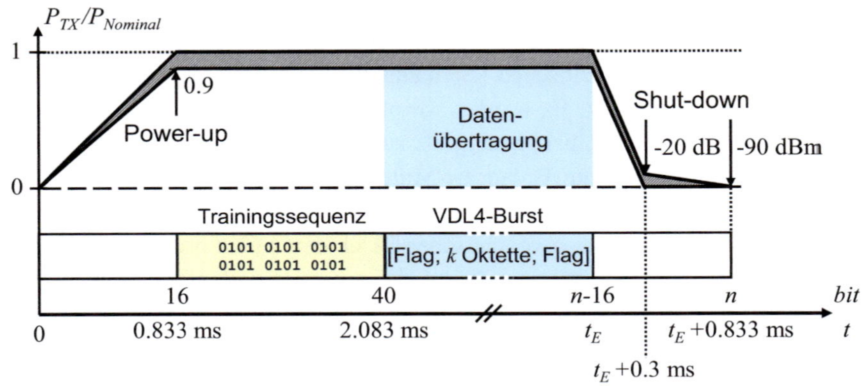

Abb. 5.20 VDL4-Burst

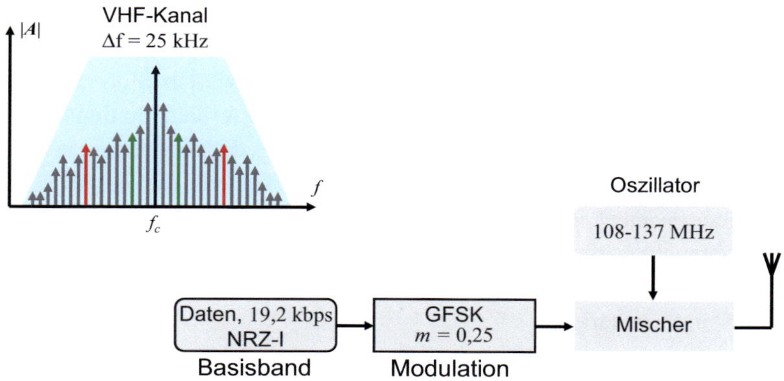

Abb. 5.21 Vereinfachtes Schema zur Datenübertragung bei VDL4

Frame- und Fehlersicherungsinformationen werden mit den Daten und der Trainingssequenz zum eigentlichen VDL4-Burst komplettiert und über dem MAC-Sublayer an die physikalische Schicht geleitet. Die Regelung der Sendeleistung und -frequenz, des Timings, die Leitungscodierung und die Modulation der Trägerfrequenz werden in der ersten Schicht vorgenommen (Abb. 5.21). Auf der Empfängerseite wird der Zyklus in umgekehrter Reihenfolge durchlaufen.

Der Ablauf der Kommunikation ist durch ein selbstorganisierendes TDMA-Protokoll (STDMA) gesteuert, daher kommt VDL4 ohne synchronisierende Bodenstation aus. Die Zuweisung und Belegung der einzelnen Slots erfolgt autonom durch die beteiligten Stationen. Aus demselben Grund muss jedoch eine genaue Referenzierung auf UTC vorhanden sein, um allen Teilnehmern eine exakte Synchronisation mit den TDMA-Frames zu ermöglichen. In der Regel ist die UTC anhand eines GNSS-Empfängers gegeben, die SARPs lassen jedoch auch andere Zeitquellen zu. VDL4 verwendet für das STDM-Konzept den Begriff eines Super-Frames, der eine Zeitdauer von 60 Sekunden hat und in 4500 Zeitschlitze unterteilt ist. Jeder Zeitschlitz hat eine Länge von 256 bit, woraus mit der Dauer des Slots von 13,33 Millisekunden eine Bitrate von 19,2 kbit/s resultiert. Das Konzept der Selbstorganisation ist im Folgenden kurz skizziert [59].

Die Teilnehmer des VHF Data Links Mode 4 senden Reservierungen aus, in denen sie allen anderen Teilnehmern im Empfangsbereich mitteilen, in welchen Zeitschlitzen sie im nächsten MAC-Zyklus bzw. Super-Frame auf den Funkkanal zugreifen werden. Möchte ein neuer Teilnehmer selbst Daten übermitteln, muss ein Slot für seine Datenübertragung oder für die Platzierung einer Reservierung für die Übertragung gefunden werden. VDL4 wendet dazu ein Verfahren an, bei dem auch vorreservierte Slots verwendet werden können, wenn diese von einer weit entfernten Station gemeldet wurden. Hierdurch wird, wenn die Auslastung des Kanals steigt, die Reichweite aufgrund einer Verringerung der Sendeleistung stetig verringert, um einen plötzlichen Abbruch der Verbindung zu verhindern.

Ist ein Kanal nicht ausgelastet, verwendet das VDL4-Radio den nächsten freien, nicht reservierten Slot. Bei einem stärker ausgelasteten Kanal wählt der Teilnehmer in einem mehrstufigen Prozess zunächst die freien und nicht reservierten Slots aus und ergänzt in einer zweiten Selektionsrunde auch die von weit entfernten Stationen reservierten Zeitschlitze, wenn diese bestimmte Kriterien erfüllen. Aus dieser Menge von Zeitschlitzen selektiert der neue Teilnehmer nach dem Zufallsprinzip einen für die Aussendung aus. Um zu verhindern, dass zwei oder mehr VDL4-Stationen denselben Timeslot wählen und damit unbrauchbar machen („Garbling"), beträgt die Anzahl der Kandidaten-Slots mindestens vier. Damit sinkt die Wahrscheinlichkeit einer gleichzeitigen Belegung durch zwei VDL4-Stationen stark ab.

Ein bereits reservierter Kanal kann nach zwei Auswahlprinzipien für die Benutzung durch einen anderen Teilnehmer gewählt werden:

- Robin-Hood-Prinzip: Beim Robin-Hood-Prinzip wird der vom entferntesten Teilnehmer für Broadcast-Mitteilungen reservierte Zeitschlitz verwendet. Um Interferenzen zu verhindern, sendet der Teilnehmer seine eigene Broadcast-Nachricht in diesem Slot mit einer geringeren Sendeleistung – die Reichweite reduziert sich und mit ihr die Größe der Funkzelle (Abb. 5.22).
- Co-channel-Interference-Protection-Prinzip: Für Punkt-zu-Punkt-Verbindungen macht sich VDL4 das CCI-Prinzip zunutze. Ein Empfänger kann eine Nachricht auch dann demodulieren und decodieren, wenn diese von einem schwächeren Signal überlagert ist. Beim hier verwendeten Modulationsverfahren GFSK muss das zu empfangende Signal das störende um 12 dB überschreiten. Ein für Point-to-Point-Verbindungen reservierter

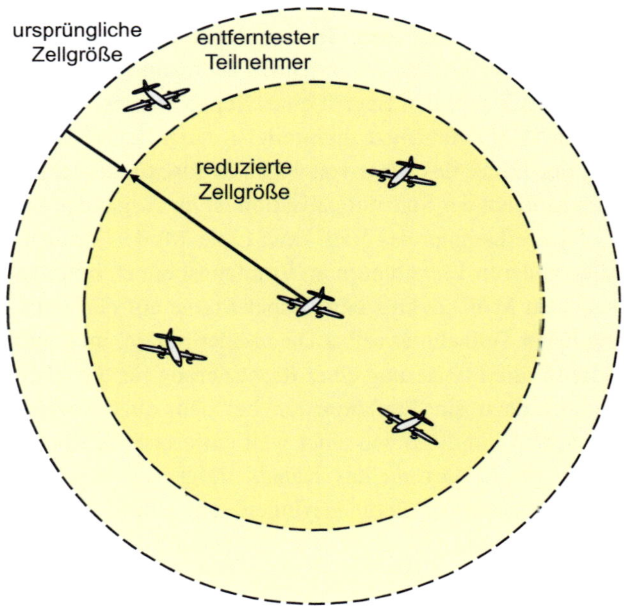

Abb. 5.22 Schrumpfung der Zellgröße beim Robin-Hood-Prinzip

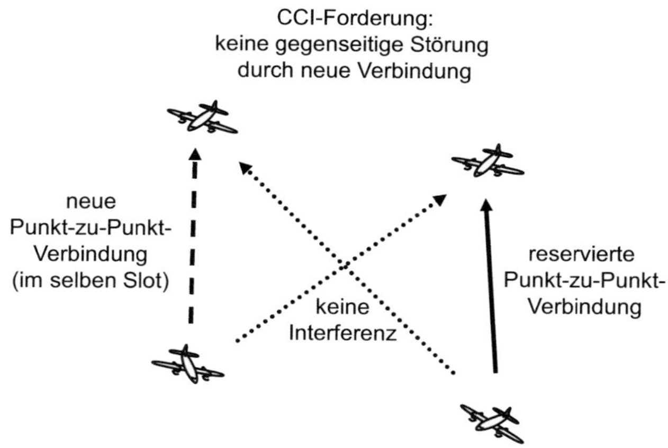

Abb. 5.23 Das Co-channel-Interference-Protection-Prinzip erlaubt die gleichzeitige Aussendung von VDL4-Nachrichten im gleichen Zeitschlitz

Slot kann dann verwendet werden, wenn durch die gleichzeitige Verwendung weder die bereits reservierte Verbindung gestört wird noch die bereits reservierte Aussendung die neue Punkt-zu-Punkt-Kommunikation stört (Abb. 5.23).

Wie bereits in Abb. 5.21 dargestellt, wird der um Trainingssequenz und Flags komplettierte Datenstrom aus den höheren Schichten des OSI-Modells in der physikalischen Schicht für die Übertragung am UKW-Kanal aufbereitet. Hierzu werden die binären Daten zunächst NRZ-I-codiert. Der neue binäre Wert $b[n]$ wird aus dem vorherigen Zustand $b[n-1]$ abgeleitet:

$$b[n] = \begin{cases} b[n]; & b[n] = 0 \\ b[n]; & b[n] = 1 \end{cases} \tag{5.21}$$

Die entstehende Bitfolge wird mit einem Filter bandbegrenzt und damit der Übergang zwischen den logischen Zuständen verschliffen. Die Übertragungsfunktion $\underline{P}(\omega)$ des verwendeten Gaußfilters kann mittels Laplace-Transformation aus seiner Impulsantwort $h(t)$ abgeleitet werden.

$$\underline{P}(\omega) = \underline{H}(s)\,|_{s=j\omega} \quad \bullet\!\!-\!\!\circ \quad h(t) = \frac{e^{\frac{-t^2}{2\delta^2}}}{\sqrt{2\pi}\,\delta};\ \delta = \frac{\sqrt{\ln(2)}}{2\pi BT} \tag{5.22}$$

Im letzten Schritt folgt eine Frequenzmodulation des nun kontinuierlichen Spannungsverlaufs $u_p(t)$ auf die Trägerfrequenz:

$$u_{FM}(t) = \hat{u}\,\cos\left(\omega_c\, t + \int_a^b u_p(t)\, dt\right) \tag{5.23}$$

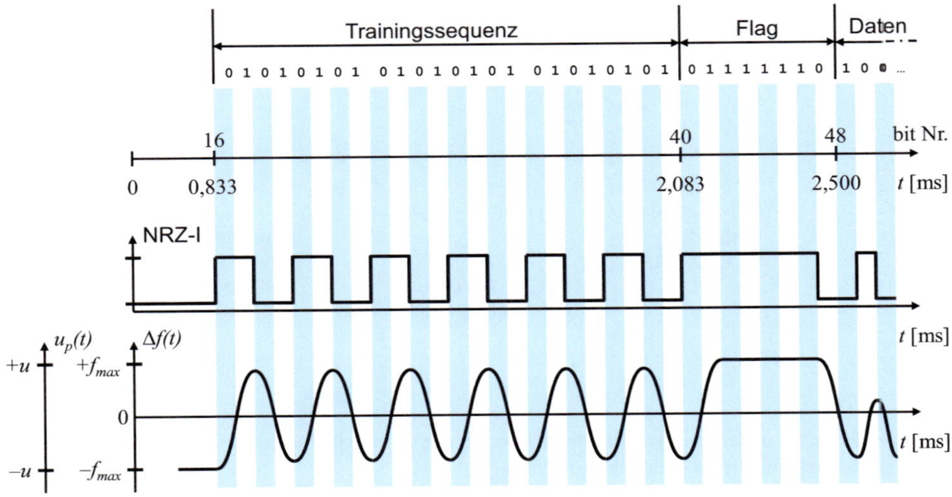

Abb. 5.24 Schrittweise Verarbeitung der Binärdaten und Entstehung der GFSK, ausgedrückt als Abweichung Δf von der Trägerfrequenz

Am Beispiel des Beginns eines VDL4-Bursts ist die Entstehung der GFSK in Abb. 5.24 dargestellt. Der aus der Pulsformung hervorgehende Spannungsverlauf moduliert die Trägerfrequenz und stellt den Übergang zwischen den logischen Zuständen mit konstanter Phase sicher.

Die verwendete gaußförmige Pulsformung zusammen mit der Frequenzmodulation bewirkt eine GFSK-Modulation, bei der das Bandbreite-Periodendauer-Produkt des Gauß-Filters auf einen Wert von $BT = 0{,}28$ und der Modulationsgrad der Frequenzmodulation auf $m = 0{,}25$ festgelegt sind. Das erste Bit der Trainingssequenz wird dabei als die höhere der beiden möglichen Konstellationsfrequenzen übertragen, ein Wechsel des Tons findet jeweils dann statt, wenn eine logische Null übertragen wird. Durch die Gauß-Filterung erfolgt der Übergang zwischen den Konstellationsfrequenzen mit konstanter Phase. Die Eigenschaften des physikalischen Layers sind in Tab. 5.5 zusammengestellt.

5.2.4 Mode S Data Link

Der Mode-S-Datenlink stellt einen weiteren physikalischen Layer für das ATN bereit, wird aber auch für Applikationen wie Multilateration eingesetzt. Zudem hat sich Mode S als primärer Datenlink für ADS-B etabliert [62, 64]. Hierzu unterstützt das System anhand von Uplink- (Boden-Luft-) und Downlink- (Luft-Boden-)Übertragungen Punkt-zu-Punkt-Verbindungen im Rahmen des ATN, anhand von regelmäßigen und nicht von der Bodenstation angeforderten Aussendungen (Squitter) einen Broadcast-Modus. Wird der Mode-S-Datenlink im Zusammenhang mit solchen regelmäßigen Aussendungen (Broadcast-Modus) verwendet, spricht man auch von „Extended Squitter" (1090ES).

Tab. 5.5 Eigenschaften des physikalischen Layers von VDL4

Parameter	Beschreibung
Bitrate	19200 1/s
Timing	1 Super-Frame = 60 s = 4500 Zeitschlitze 1 Zeitschlitz = 13,333 ms umfasst 256 bit
Codierung	NRZ-I, Start mit hohem Ton in der Trainingssequenz, Wechsel bei logisch Null
Modulationsschema	GFSK, $m = 0{,}25 \pm 0{,}03$
Pulsformung	Gauß-Filter, $BT = 0{,}28 \pm 0{,}03$
Trägerfrequenz	112,000 (108,000) – 139,975 MHz
Kanal-Bandbreite	25 kHz
Kanalzugang (MAC)	Selbstorganisierender Time Division Multiple Access (STDMA)
SNR	10 dB
Synchronisation	UTC-Zeit (z. B. mittels GNSS)
Bitfehlerrate BER (korrigiert)	$\leq 10^{-4}$

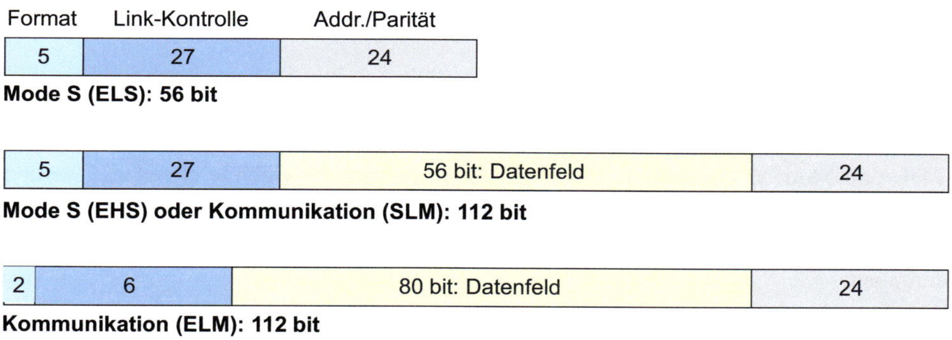

Abb. 5.25 Datenformate beim Mode-S-Datenlink

Die SARPs für den Mode-S-Datenlink [115, 116] unterscheiden im langen Datenfeldformat die Verwendung eines kurzen (Standard Length Message, SLM) oder eines langen (Extended Length Message, ELM) Informationsblocks (Message field). Abb. 5.25 stellt den Aufbau dieser Formate vor. Während Mode S für Surveillanceaufgaben (neben dem Short-Squitter-Format) nur das SLM-Format verwendet, kann für den Aufbau einer Kommunikationsverbindung sowohl das SLM- als auch das ELM-Format eingesetzt werden.

Das Datenfeld wird nach der bei Mode S üblichen Präambel eingefügt und beinhaltet mehrere Funktionen. Im Formatfeld wird zunächst eine Kennzahl für die Art der gesendeten Nachricht übermittelt (beispielsweise Mode-S-Squitter, ADS-B), das Feld Linkkontrolle enthält Angaben zum Verbindungsaufbau (z. B. 24-bit-Adresse) und das Adresse/Parität-Feld die Fehlersicherungsinformation (siehe AP-/PI-Feld in

Abschn. 7.2.2). Die Datenraten betragen 4 Mbit/s (mit BPSK-Modulation) im Uplink und 1 Mbit/s (mit PPM-Modulation) im Downlink.

Aufgrund der Übertragungsrichtung (Up-/Downlink) sowie der Länge des Informationsblockes (56 bit bzw. 80 bit) werden 4 Kommunikationsmoden unterschieden:

- COMM-A: Uplink-Kommunikation, 56-bit-Datenfeld
- COMM-B: Downlink-Kommunikation, 56-bit-Datenfeld
- COMM-C: Uplink-Kommunikation, 80-bit-Datenfeld
- COMM-D: Downlink-Kommunikation, 80-bit-Datenfeld

Sollen größere Datenmengen übertragen werden, können die einzelnen Formate zu Frames zusammengefügt werden. Bis zu vier SLM-Formate bilden einen SLM-Frame, bis zu sechzehn ELM-Formate einen ELM-Frame. Die Einbindung in das aeronautische Telekommunikationsnetzwerk erfolgt (analog zu den obigen Ausführungen bzgl. VDL2 und VDL4) mittels eines an ISO 8208 angelehnten Interfaces [15].

5.2.5 Satellitenkommunikation (SATCOM)

Die Satellitenkommunikation (Aeronautical Mobile Satellite Service, AMSS [115]) stellt ebenfalls ein Subnetzwerk für die Bord-Boden-Kommunikation innerhalb des ATN dar. Mit Hilfe von SATCOM können die Einschränkungen der Übertragungsreichweite bei VDL und Mode S überwunden und somit auch ozeanische Gebiete abgedeckt werden. Ergänzt um HFDL steht somit ein umfassendes digitales Kommunikationsnetz bereit.

Die ICAO unterscheidet drei Systemgenerationen mit unterschiedlich strengen Anforderungen:

- Class C (kompatibel mit ICAO SARPs und derzeit in Betrieb, etwa INMARSAT Classic Aero, INMARSAT SB Safety, Iridium)
- Class B (Weiterentwicklung von Class C, etwa INMARSAT SwiftBroadband/Iris, Iridium NEXT)
- Class A (Weiterentwicklung von Class B.)

Das AMSS wurde zunächst über die geostationären Satelliten der International Maritim Satellite Organisation (INMARSAT) abgewickelt, in weiterer Folge aber auch Material zur Implementierung im Iridium-Satellitennetzwerk bereitgestellt [117]. Hierdurch stehen neben den 4 Inmarsat-Satelliten weitere 66 Kommunikationssatelliten auf einem Low-Earth-Orbit zur Verfügung [15]. Die folgenden Ausführungen beziehen sich auf die Implementierung im Inmarsat-Netzwerk [84, 115].

Das AMSS-System setzt sich aus drei Komponenten zusammen. Die Bodenstation (Ground Earth Station, GES) steuert und überwacht den Ablauf der Kommunikation. Sie stellt auch die Einspeisung in das bodenseitige Kommunikationsnetzwerk bereit. Die flugzeugseite Kommunikationseinheit (Aircraft Earth Station, AES) stellt die Entsprechung der GES an Bord des Flugzeugs dar. Sie verbindet das flugzeugseite Netzwerk mit der Luft-Boden-Schnittstelle. Die Verbindung zwischen GES und EAS wird über die Kommunikationssatelliten (dem Space Segment, SS) bereitgestellt.

Als physikalischer Layer wird für die Kommunikation zwischen GES und SS eine Funkverbindung im C-Band (4,1 bzw. 6,1 GHz) verwendet, zwischen SS und AES wird der Downlink (AES empfängt) und Uplink (AES sendet) im L-Band bei 1,5 bzw. 1,6 GHz implementiert. Abhängig von der Datenrate werden Varianten von BPSK- und QPSK-Modulation engesetzt. Flugzeugseitig können entweder Antennen mit niedrigem (Low Gain Antenna, LGA) oder hohem Gewinn (High Gain Antenne, HGA) eingesetzt werden. Mit LGA beträgt die Datenrate des AMSS-Systems maximal 2,4 kbit/s, mit HGA werden höhere Raten erreicht. Für Datenraten bis 2,4 kbit/s wird eine als aeronautische bipolare Phasenumtastung (A-BPSK) bezeichnete Modulation verwendet, bei der den logischen Zuständen Null beziehungsweise Eins des Datenstroms Phasenwinkel von 90° bzw. 270° zugeordnet werden. Bei den mit HGA erzielten Übertragungsraten kommt eine aeronautische Quadratur-Phasenumtastung (A-QPSK bzw. Offset-QPSK, OQPSK) zum Einsatz. Hierbei wird den logischen Zuständen Null und Eins alternierend ein Phasenwinkel von 0° beziehungsweise 180° und 90° beziehungsweise 270° zugeordnet. In beiden Fällen wird die Bandbreite des entstehenden Signals mit einem Pulse-shaping-Filter begrenzt.

Das im INMARSAT-Netzwerk implementierte AMSS unterscheidet vier Kanäle, die nachfolgend kurz vorgestellt werden:

- C-Kanal: Der C-Kanal (Circuit Mode Single Channel per Carrier, SCPC) dient der Übermittlung von Telefon und FAX.
- P-Kanal: Der P-Kanal (Packet Mode Time Division Multiplex) überträgt im Uplink Systeminformationen zu den bei einer GES registrierten AES und kontrolliert den Zugriff auf die Zeitschlitze für die Downlink-Datenübertragung. Zusätzlich kann er für die Datenkommunikation zu des AES eingesetzt werden.
- R-Kanal: Im R-Kanal (Random Access Channel) erfolgt die Downlink-Übertragung von Daten bis zu einer Länge von 33 Byte.
- T-Kanal: Längere Daten als 33 Byte werden im T-Kanal (Reserved Time Division Access) zur GES übertragen.

5.2.6 L-Band Digital Aeronautical Communications System (LDACS)

Im L-Band zwischen 960 und 1164 MHz soll ein Datenlink implementiert werden, der die heute knappen Frequenzen für den UKW-Sprechfunk entlasten soll. Für diesen als L-Band Digital Aeronautical Communications System (LDACS) bezeichneten Link werden gegenwärtig mögliche Architekturen untersucht. So wurden im Rahmen von SESAR bis 2016 zwei mögliche Technologien für LDACS evaluiert. Die erste Option eines solchen

Links (L-DACS1) geht aus dem europäischen Forschungsprojekt „B-VHF" [7] hervor und setzt für kommerzielle Kommunikationssysteme (WiMAX, IEEE 802.16e) verwendete Technologien ein. Die zweite evaluierte Option (L-DACS2) basierte auf den Erfahrungen mit aeronautischen Datenlinks (VDL4, UAT) und dem GSM-Mobilfunksystem. Mit L-DACS1 soll anhand eines einzelnen Systems sowohl eine Luft-Luft- als auch Luft-Boden-Kommunikation ermöglicht werden [65]. Der erste Betriebsmode wird als Air-to-Air- (A/A-), der zweite als Air-to-Ground- (A/G-) -Subsystem bezeichnet. Beide verwenden unterschiedliche physikalische Layer.

Mit dem A/G-Subsystem sollen sowohl die Kommunikation für die Flugsicherung (Air Traffic Services, ATS) als auch für den Flugbetrieb (Aeronautical Operational Control, AOC) ermöglicht werden. Hierzu wird eine zelluläre Point-to-Multipoint-Architektur eingesetzt, das in das ATN integriert werden kann. Neben der reinen Datenkommunikation wird auch Sprachkommunikation unterstützt. Innerhalb einer LDACS-Zelle ist eine sternförmige Topologie vorgesehen, bei der die flugzeugseitigen Stationen (Airborne Stations, AS) nach einem Registrierungsvorgang mit der Bodenstation (Ground Station, GS) verbunden werden. Eine direkte Kommunikation zwischen zwei Flugzeugen wird hierbei nicht erlaubt. Im physikalischen Layer wird ein OFDM-basiertes Schema mit Frequenzduplex (FDD) verwendet, das die gleichzeitige Nutzung des Up- und Downlinks (bezeichnet als Forward Link FL und Reverse Link RL) ermöglicht.

Das „Orthogonale Frequenzmultiplex-Verfahren" (Orthogonal Frequency-Division Multiplexing, OFDM) ist eine Mehrträger-Technologie, bei der die Datenrate durch gleichzeitige Verwendung benachbarter Kanäle erhöht wird. Der Kanalabstand ist dabei so zu wählen, dass eine Orthogonalitätsbedingung erfüllt wird. Eine sehr anschauliche Einführung in Multicarrier-Systeme und OFDM findet sich zudem in [98] und [155]. Bei LDACS sind in je 498,05 kHz breiten Frequenzbändern 50 OFDM-Kanäle mit einem Kanalabstand von 9,765625 kHz vorgesehen. Jeder der Unterträger wird gesondert moduliert, wobei die Zeitdauer eines Symbols 120 μs beträgt. Im A/A-Mode wird neben einer Punkt-zu-Punkt-Verbindung zwischen zwei Flugzeugen auch ein Broadcast-Mode für Surveillance-Dienste ermöglicht. Wie bei ADS-B auch wird für dieses Feature eine globale Zeitreferenz vorausgesetzt.

5.2.7 Aeronautical Mobile Airport Communication System (AeroMACS)

Das Aeronautical Mobile Airport Communication System (AeroMACS) ist als Flughafen-Datenlink konzipiert und soll Fluglinien, Flughafenbetreiber als auch Flugsicherungsanbieter vernetzen. AeroMACS ist im C-Band zwischen 5,091 und 5,150 GHz angesiedelt und basiert auf dem IEEE 802.16e-Standard (WiMAX) [148]. Die zugrunde liegende LTE-Technologie kommt aus dem Mobilfunkbereich und hat sich dort seit Jahren bewährt. So sollen auch im funktechnisch anspruchsvollen Flughafenumfeld stabile und breitbandige Datenverbindungen herstellen lassen.

5.2.8 Universal Access Transceiver (UAT)

Für die Zielgruppe der General Aviation in Gebieten ohne Radarabdeckung wurde im L-Band bei 978 MHz ein broadcastfähiger Datenlink mit der Bezeichnung Universal Access Transceiver (UAT) entwickelt und demonstriert. Das System verwendet einen breitbandigen Übertragungskanal mit einer Datenrate von 1 Mbit/s und einer binären Frequenzumtastung [113]. UAT dient auch als physikalische Schicht für das unten beschriebene ADS-B und ermöglicht durch die regelmäßigen Aussendungen des Zustandsvektors des Luftfahrzeuges eine Luftraumüberwachung.

6 Radionavigation

Die Systeme der Radionavigation haben einen wesentlichen Anteil am Bereich CNS/ATM und sind für die Flugdurchführung von sehr großer Bedeutung. Historisch gesehen umfassen sie einfache Navigationshilfen wie ungerichtete und gerichtete Funkfeuer, Einrichtungen zur Entfernungsmessung, integrierte Navigationssysteme mit kombinierter Richtungs- und Entfernungsbestimmung als auch Landehilfen für den Anflug auf einen Flughafen. Den aktuellsten Beitrag zur Radionavigation liefern weltweit verfügbare Satellitennavigationssysteme sowie Overlay-Systeme zur Satellitennavigation. Durch diese Systeme wird eine effiziente Nutzung des Luftraums und die sichere Durchführung des Flugbetriebs auch bei gestiegenem Luftverkehrsaufkommen ermöglicht. Im vorliegenden Kapitel werden die wesentlichen Systeme der Radionavigation vorgestellt und ihre Funktionsweise erläutert. Deren Einbindung in die Flugzeugarchitektur mittels Avionik-Bussystemen ist in Kap. 8, die Verwendung in komplexeren Systemen des Fluggeräts im Kap. 10 und operationelle Randbedingungen im Kap. 2 dargestellt.

6.1 Grundlagen zur Radionavigation

Die Systeme der Radionavigation dienen der Bestimmung der Position des Luftfahrzeuges und greifen dabei auf Prinzipien der Geodäsie zurück. Die wichtigsten Aspekte – wie etwa die Modellierung der Erde sowie mathematische Repräsentation der Position und Koordinatentransformationen – sind im Folgenden überblicksartig zusammengestellt.

Elektronisches Zusatzmaterial Die elektronische Version dieses Kapitels enthält Zusatzmaterial, das berechtigten Benutzern zur Verfügung steht. https://doi.org/10.1007/978-3-662-64823-0_6.

H. Flühr, *Avionik und Flugsicherungstechnik*,
https://doi.org/10.1007/978-3-662-64823-0_6

6.1.1 Verwendete Koordinatensysteme und Modell der Erde

Die Erde wird aufgrund ihrer komplexen Formgebung für Navigationsaufgaben vereinfacht als Geoid dargestellt. Das Geoid stellt eine Annäherung an die tatsächliche Gestalt der Erde dar, wobei der mittlere Meeresspiegel des ruhenden Meeres einen Teil seiner Oberfläche bildet (und außerhalb der Landmasse auch sichtbar ist). Theoretisch wird das Geoid aus dem Gravitationsfeld abgeleitet, seine Oberfläche schneidet die Feldlinien der Schwerkraft überall im rechten Winkel. Das Geoid wird häufig als Bezugsfläche für Höhenmessungen herangezogen. Da es mathematisch aber nur schwer handhabbar ist, wird als Erdmodell zumeist eine einfachere Form verwendet.

Hierzu wird auf ein Rotationsellipsoid zurückgegriffen, dessen Parameter standardisiert und unter der Bezeichnung „World Geodetic System 1984" (WGS 84) veröffentlicht wurden [53, 151]. Es ist ein geodätisches Referenzsystem und dient als einheitliche Grundlage für Positionsangaben auf der Erde. Das Rotationsellipsoid ist mit den Halbachsen a und b, der Abflachung f sowie Krümmungsradien R_n und R_e angenommen. Die verwendeten Parameter sind in der folgenden Tab. 6.1 zusammengestellt.

Als nächster Schritt werden die für die Navigation verwendeten Koordinatensysteme (KS) im Bezug auf das zugrunde liegende Modell der Erde erläutert. Die Koordinatensysteme (Abb. 6.1) sind jeweils rechtshändig und kartesisch, die Erde wird mit Hilfe des Erdmodells WGS 84 modelliert (siehe etwa [151, 180, 189]).

Dabei gelten folgende Festlegungen:

- Der Ursprung des Inertialkoordinatensystems $(x_i, y_i, z_i)^T$ (i-Frame) befindet sich im Ursprung des die Erde approximierenden Rotationsellipsoids. Die Koordinatenachsen sind am Fixsternhimmel ausgerichtet, die x-Achse zeigt in Richtung des Frühlingspunktes.
- Das erdfeste Koordinatensystem $(x_e, y_e, z_e)^T$ (e-Frame) besitzt denselben Ursprung wie das inertiale KS, jedoch sind die Koordinatenachsen fest im Bezug zur Erde („Earth Centered, Earth Fixed", ECEF). Wie beim inertialen KS liegen die x- und y-Achse in der Äquatorebene, die z-Achse stimmt mit der Achse der Erdrotation überein. Die x-Achse schneidet weiter die Ebene des Nullmeridians („Greenwich-Länge").

Tab. 6.1 Parameter des Erdmodells WGS-84 [151]

Bezeichnung	Symbol	Wert
Große Halbachse	a	6.378.137, 000 0 m
Kleine Halbachse	b	6.356.752, 314 2 m
Abflachung	f	$(a-b)/a = 1/298,257\,223\,563$
Exzentrizität	e	$\sqrt{f \cdot (2-f)} = 0,081\,819\,190\,842\,6$
Durchschnittlicher Krümmungsradius	R_0	$\sqrt{R_n \cdot R_e}$
Nord-Süd-Krümmungsradius	R_n	
Ost-West-Krümmungsradius	R_e	
Erddrehrate	Ω	$7{,}292115 \cdot 10^{-5}$ rad/s

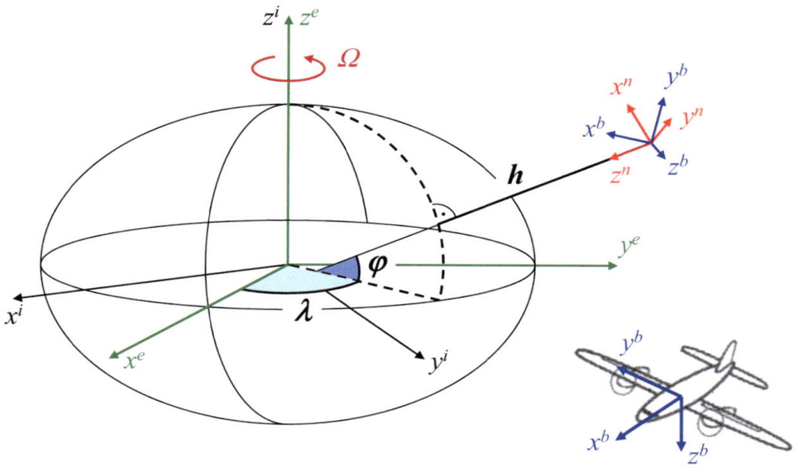

Abb. 6.1 Darstellung der relevanten Koordinatensysteme

- Das körperfeste Koordinatensystem $(x_b, y_b, z_b)^T$ hat seinen Ursprung im Schwerpunkt des Luftfahrzeugs. Seine x-Achse weist in Fahrzeugrichtung, seine y-Achse nach rechts, die z-Achse nach unten.
- Das Navigationskoordinatensystem $(x_n, y_n, z_n)^T$ (n-Frame) weist denselben Ursprung wie das körperfeste Koordinatensystem auf. Jedoch zeigt die x-Achse in Richtung Nord, die y-Achse in Richtung Ost. Beide liegen in der Tangentialebene an den Erdellipsoid. Die z-Achse zeigt nach unten und ist parallel zur Schwerebeschleunigung („gravity"), der Summe aus Gravitation (Schwerkraft, „gravitation") und erdrotationsbedingter Zentripetalbeschleunigung. Aufgrund der Richtungen der Achsen wird es häufig auch als NED-KS (von „North, East, Down") bezeichnet.

Die Schwerebeschleunigung wird in Form von mathematischen Modellen (z. B. [180, 187, 189] angegeben. Dabei werden sowohl die geometrische Breite φ am betrachteten Ort sowie die Höhe h über dem Rotationsellipsoid berücksichtigt. Der vertikale Restfehler solcher Modelle liegt dabei bei etwa 10^{-6} m/s^2, der horizontale Fehler bei 10^{-4} m/s^2 (geografieabhängig, im Flachland). Damit ist die lokale Schwerebeschleunigung g_l in Koordinaten des n-Frames wie folgt gegeben [187]:

$$
\begin{aligned}
&\mathbf{g_l^n} = (0; 0; g_l)^T; \\
&\text{mit:} \\
&g_l = 9{,}780327 \frac{\mathrm{m}}{\mathrm{s}} \left(1 + 5{,}30251 \cdot 10^{-3} \sin^2 \varphi - 5{,}82 \cdot 10^{-6} \sin^2 2\varphi\right) + \cdots \\
&\qquad \cdots + \left(3{,}08769 \cdot 10^{-6} - 4{,}40 \cdot 10^{-9} \sin^2 \varphi\right) \frac{\mathrm{h}}{\mathrm{s}} + 7{,}21257 \cdot 10^{-13} \frac{\mathrm{h}}{\mathrm{ms}}
\end{aligned}
\tag{6.1}
$$

6.1.2 Umrechnungen zwischen den Koordinatensystemen

In weiterer Folge werden physikalische Größen anhand dreier Indizes wie im Beispiel dargestellt bezeichnet:

$$\mathbf{v}_{eb}^{n} \tag{6.2}$$

Der obere Index (hier: n) gibt an, in welchem Koordinatensystem die Größe angegeben ist (hier: Navigations-KS, Geschwindigkeit in den Koordinatenrichtungen Nord, Ost, Unten). Die unteren Indizes geben an, dass es sich um eine Geschwindigkeit des körperfesten (hier: b) bezüglich des erdfesten Frames (hier: e) handelt. Damit können für die Umrechnung zwischen den Koordinatensystemen Rechenregeln angegeben werden.

Liegt eine physikalische Größe (beispielsweise die Geschwindigkeit $\mathbf{v}$ eines Fluggeräts) in einem Frame vor, führt die Vertauschung der unteren Indizes zu einem Vorzeichenwechsel:

$$\mathbf{v}_{eb}^{n} = -\mathbf{v}_{be}^{n} \tag{6.3}$$

Auch Verkettungen der verwendeten physikalischen Größen sind damit möglich. So kann beispielsweise die Drehung des körperfesten gegenüber dem erdfesten Koordinatensystem aus der Summe der Drehung des inertialen gegenüber dem erdfesten und der Drehung des körperfesten gegenüber dem inertialen Frame errechnet werden:

$$\boldsymbol{\omega}_{eb}^{n} = \boldsymbol{\omega}_{ei}^{n} + \boldsymbol{\omega}_{ib}^{n} \tag{6.4}$$

Sollen Vektoren einer physikalischen Größe wie Position oder Geschwindigkeit zwischen zwei Koordinatensystemen transformiert werden, kann dies mit der unten behandelten Richtungskosinusmatrix (DCM-Matrix) $\mathbf{C}_a^b$ erfolgen. Der untere Index a der Drehmatrix gibt den Ausgangs-, der obere Index b den Ziel-Frame an:

$$\boldsymbol{\omega}_{ei}^{n} = \mathbf{C}_b^n \boldsymbol{\omega}_{ei}^{b} \tag{6.5}$$

Richtungskosinusmatrizen können (wie oben für Vektoren dargestellt) verkettet werden, um aufeinanderfolgende Drehungen zu beschreiben:

$$\mathbf{C}_b^e = \mathbf{C}_b^n \cdot \mathbf{C}_b^e \tag{6.6}$$

Da die DCM eine orthonormale Matrix darstellt, geht die inverse DCM aus ihrer Transponierten hervor:

$$\mathbf{C}_n^b \mathbf{C}_b^n = \mathbf{I} \tag{6.7}$$

6.1.3 Darstellung der Lageinformation

Insbesondere für die in einem späteren Kapitel behandelten inertialen Navigationssysteme (Abschn. 9.2) spielt auch die Darstellung der Fluglage eine wichtige Rolle. Mittels der drei Eulerwinkel (Roll, Pitch, Yaw) werden drei aufeinanderfolgende Drehungen beschrieben, die das Navigations- in das körperfeste Koordinatensystem überführen. Der Yaw-Winkel Ψ (Azimut, lokale Vertikale) beschreibt dabei die erste Drehung um die z-Achse des n-Frames, der Pitch-Winkel θ (Nick-Winkel) die zweite Drehung um die neue y-Achse, der Roll-Winkel ϕ (Hänge-Winkel) die dritte Drehung um die neue x-Achse (siehe hierzu auch Abb. 6.2). Die Abfolge der Drehungen ist nicht vertauschbar.

Mit Hilfe der Eulerwinkel kann die Richtungskosinusmatrix zur Überführung physikalischer Größen aus dem körperfesten Frame (Luftfahrzeug-Koordinaten) in das Navigations-Koordinatensystem angegeben werden:

$$\mathbf{C}_b^n = \begin{pmatrix} \cos\theta\cos\psi & -\cos\varphi\sin\psi + \sin\varphi\sin\theta\cos\psi & \sin\varphi\sin\psi + \cos\varphi\sin\theta\cos\psi \\ \cos\theta\sin\psi & \cos\varphi\cos\psi + \sin\varphi\sin\theta\sin\psi & -\sin\varphi\cos\psi + \cos\varphi\sin\theta\sin\psi \\ -\sin\theta & \sin\varphi\cos\theta & \cos\varphi\cos\theta \end{pmatrix} \tag{6.8}$$

6.1.4 Kartendarstellung

Zur Darstellung der Position auf einer Karte wird das Ellipsoid in eine ebene Rechenebene transformiert. Eine solche konforme Abbildung führt zu einem rechtwinkligen (Landes-) Koordinatensystem. Bei der Gauß-Krüger-Transformation (eine transversale Mercator-Transformation) wird dazu ein elliptischer Zylinder so um das Rotationsellipsoid gelegt, dass sein Mantel das Ellipsoid im Grundmeridian und an den Polen berührt. Dann wird das Ellipsoid in 3° breite Zonen unterteilt, diese auf den Zylinder projiziert und dieser abgewickelt.

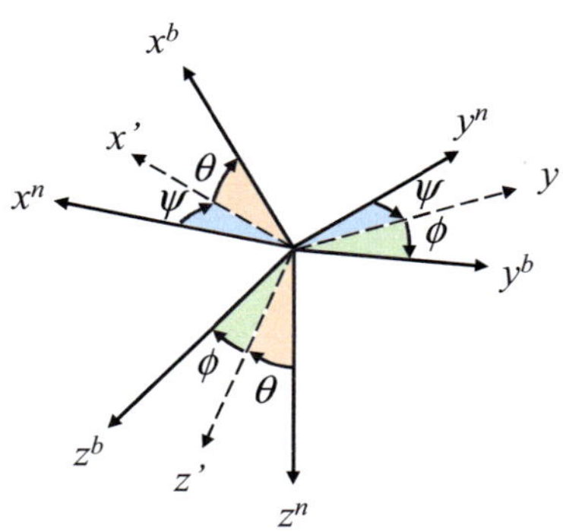

Abb. 6.2 Zur Koordinatentransformation anhand der Eulerwinkel: Eulerwinkel zwischen n-Frame und b-Frame

Die UTM-Projektion (Universal Transverse Mercator Projection) verläuft nach demselben Schema wie die Gauß-Krüger-Projektion. Unterschiede sind die geänderte Zonenbreite von 6° sowie die nicht längengetreue Abbildung des Grundmedians. Dieser wird bei UTM mit dem Faktor 0,9996 gewichtet. Es entstehen dabei 60 Streifen mit einer Breite von 6° (maximal 800 km). Die Region des Südpols und des Nordpols werden aufgrund der Verzerrungen in eine eigene Zone abgebildet.

6.2 Ungerichtete Funkfeuer (NDB)

Ungerichtete Funkfeuer (Non Directional Beacon) stellen mit die ältesten Radionavigationshilfen dar. Sie dienen durch Angabe von Funkstandlinien (Line of Position, LOP), der Markierung von Airways, der Bestimmung des Funkstandortes (Fix) durch Schneiden zweier Peilungen oder als Marker beim Instrumentenlandesystem. Es sind Funkanlagen, die eine elektromagnetische Welle omnidirektional abstrahlen und so als Navigationssignal zugänglich machen (Abb. 6.3). Historisch wurde die Richtung zum Funkfeuer vom Navigator an Bord des Flugzeugs mit Hilfe einer drehbaren Peilantenne bestimmt. Dieses Prinzip der Seitenpeilung wurde primär dazu genutzt, um zur Station zu finden („home in"). Die Peilung wurde mittlerweile mittels eines ADF-Empfängers (Radiokompass) automatisiert.

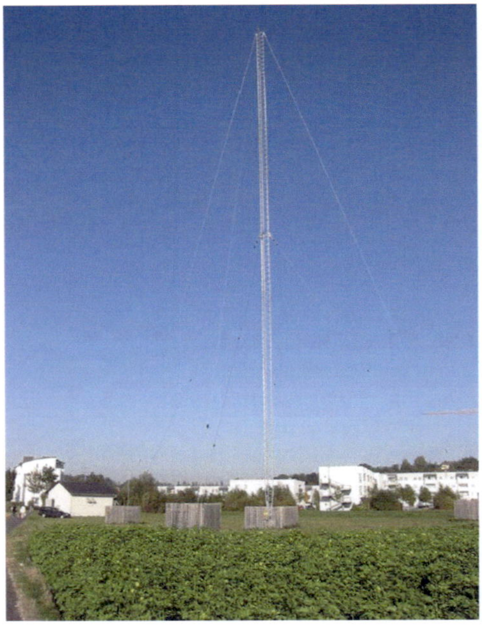

Abb. 6.3 Ungerichtetes Funkfeuer (NDB) (©Austro Control Österreichische Gesellschaft für Zivilluftfahrt mbH, Wien)

6.2.1 Systemübersicht

Non Directional Beacon (NDB) arbeiten als Navigationshilfe im (auch von anderen Funkeinrichtungen wie beispielsweise MW-Rundfunk genutzen) Lang- bzw. Mittelwellenband von 0,190 bis 1,750 MHz, das Kanalraster beträgt 1 kHz. Ihre Sendeleistung variiert zwischen 100 und 200 W, um im Abdeckungsgebiet eine Mindestfeldstärke von 70 μV/m sicherzustellen. Es werden damit Reichweiten von wenigen nautischen Meilen bei Anflug-NDB (Locator) bis hin zu 150 nautischen Meilen bei Strecken-NDB erzielt. Das Navigationssignal selbst wird auf der Trägerfrequenz amplitudenmoduliert übertragen (Tab. 6.2).

Flugzeugseitig empfängt eine Rahmenantenne das vom Sender ausgehende Magnetfeld. Aufgrund des Faradayschen Induktionsgesetzes weist das empfangene Signal eine Richtungsabhängigkeit auf. Zeigt die Rahmenantenne zum NDB, wird das empfangene Signal maximal. Zeigt hingegen die von der Antenne aufgespannte Fläche zum NDB, wird das empfangene Signal minimal. Auf diese Weise kann entweder durch Drehen der Antenne (als Seitenpeilung bezeichnet) oder durch Verwendung eines Systems von orthogonal angeordneten Rahmenantennen die relative Peilung durchgeführt werden.

6.2.2 Signalkomposition

Jedes NDB ist mit einer eindeutigen, 2- oder 3-stelligen Stationskennung versehen, die im internationalen Morsecode ausgedrückt wird. Dieses Signal $x_{Morse}(t)$ wird meist mit einer Geschwindigkeit von 7 Wörtern pro Minute und mit einer Wiederholrate von 30 Sekunden auf einen hochfrequenten Träger mit Frequenz f_c amplitudenmoduliert (Abb. 6.4). Der Modulationsgrad m soll dabei möglichst 95 % betragen.

Nach den ICAO SARPs [114] können dafür entweder eine Tastung des Trägers im Rhythmus des Morsecodes (On-off keying, OOK) oder die Übertragung der Kennung mit einem Ton (tönende Telegrafie) erfolgen. Die Tonfrequenz für die Signalisierung der Kennung kann dabei entweder 400 Hz oder 1200 Hz betragen. Im ITU-Standard der internationalen Fernmeldeunion (International Telecommunications Unit, ITU) werden diese durch die Bezeichnung A1A (OOK) bzw. A2A (Morsetelegrafie mit Tönen) bezeichnet.

Tab. 6.2 Systemübersicht zu ungerichteten Funkfeuern (NDB) [114]

Parameter	Wert
Frequenzbereich	0,190–1,750 MHz (LW, MW)
Kanalraster	1 kHz
Modulation	Amplitudenmodulation
Polarisation	Vertikal
Sendeleistung	100–200 W
Reichweite	10–150 NM

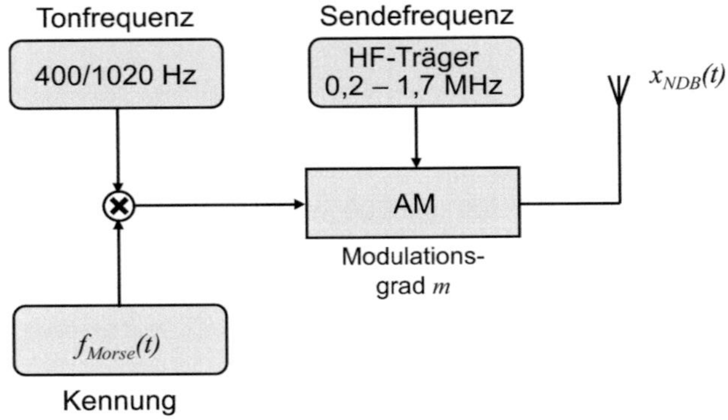

Abb. 6.4 Signalkomposition bei einem NDB

Mathematisch kann das an die Antenne gelieferte Signal wie folgt angegeben werden:

$$
\begin{aligned}
x_{NDB}(t) &= \hat{x}\,\cos(2\pi\, f_c\, t)\ (1 + m\,\cos(2\pi\ 1020\,\mathrm{Hz}\, t)\ f_{Morse}(t)) \\
x_{NDB}(t) &= \hat{x}\big(\cos(2\pi f_c t) + \cdots \\
&\quad \cdots + \frac{m}{2}\,\cos(2\pi(f_c - 1020\,\mathrm{Hz})t)\ f_{Morse}(t) + \cdots \\
&\quad \cdots + \frac{m}{2}\,\cos(2\pi(f_c + 1020\,\mathrm{Hz})t)\ f_{Morse}(t)\big)
\end{aligned} \tag{6.9}
$$

Ein Auszug aus einem solchen Signal ist in Abb. 6.5 veranschaulicht. Der Unterschied zwischen den Modulationsarten A1A (Träger wird ein- und ausgeschaltet) und A2A (Träger wird nicht unterdrückt) ist dabei gut zu beobachten.

Die Abstrahlung des elektromagnetischen Feldes erfolgt vertikal polarisiert – die Feldlinien des elektrischen Feldes stehen dabei senkrecht auf die Erdoberfläche. Hierdurch wird die Signalschwächung durch die leitfähige Erdoberfläche vermindert. In einem kegelförmigen Bereich von etwa 30–40° gegenüber der Normalenrichtung oberhalb des Senders ist der Empfang nicht zuverlässig möglich. Dieser Bereich wird auch als Schweigekegel (Cone of silence) bezeichnet.

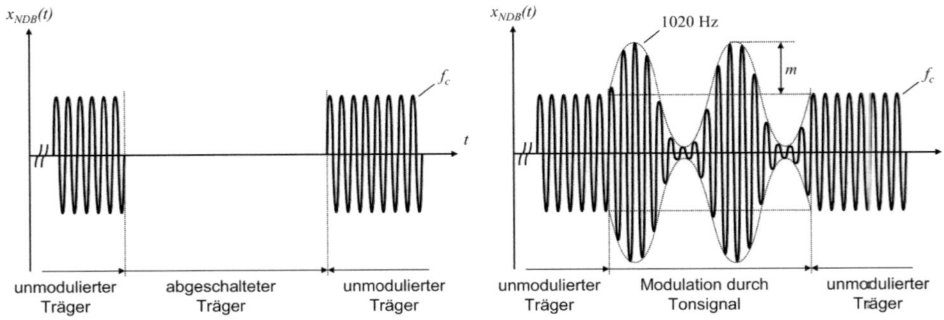

Abb. 6.5 Ausschnitt aus dem Signalverlauf eines NDB bei Modulationsart A1A (links) bzw. A2A (rechts). Die Zeitachse ist nicht maßstäblich dargestellt

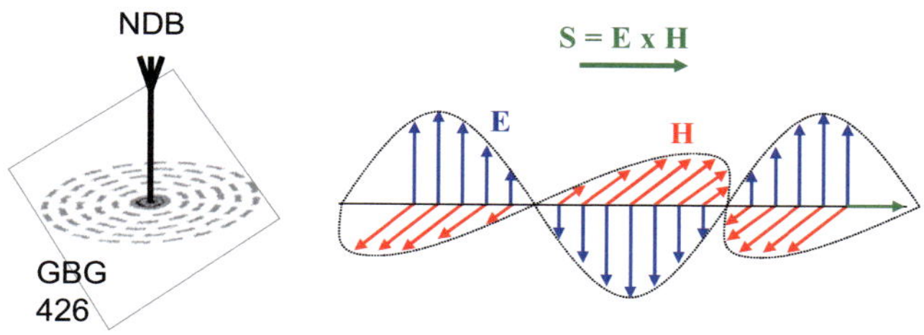

Abb. 6.6 Orientierung der Feldanteile in der vom NDB abgestrahlten elektromagnetischen Welle

Für die später mit Hilfe des Radiokompasses durchgeführte Signalauswertung soll besonders in Erinnerung gerufen werden, dass im Fernfeld einer Antenne das elektrische Feld **E** und magnetische Feld **H** in Phase sind, diese Anteile jedoch räumlich orthogonal liegen (Abb. 6.6). Durch die Verwendung von Sendefrequenzen im Mittel- bzw. Langwellenbereich erfolgt die Ausbreitung hauptsächlich als Bodenwelle. Die Leitfähigkeit des Geländes beeinflusst die Ausbreitung und stellt eine potentielle Fehlerquelle dar. Ursachen und Auswirkungen solcher Fehlerquellen werden im nächsten Abschnitt diskutiert.

Für die weiteren Betrachtungen zur Auswertung der Navigationsnachricht wird angenommen, dass auch das elektromagnetische Feld bezüglich seiner Grundfrequenz als kosinusförmige Schwingung vorliegt.

In Abb. 6.7 ist der vereinfachte Aufbau eines ungerichteten Funkfeuers dargestellt. Charakteristisch für flugsicherungstechnische Sendeanlagen ist der Aufbau als Doppelan-

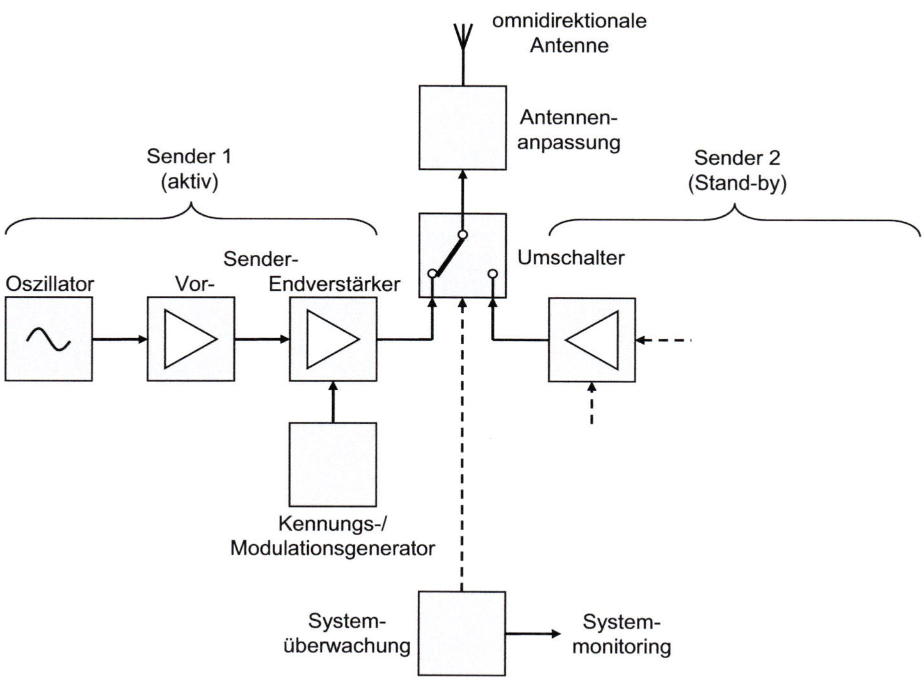

Abb. 6.7 Aufbau eines ungerichteten Funkfeuers als Doppelanlage mit automatischer Umschaltung

lage mit automatischer Umschaltung, sollte ein Sendeverstärker einen Defekt aufweisen. Ein Oszillator erzeugt das Sendesignal, welches in einer mehrstufigen Verstärkerkette verstärkt wird. Die Kennung des NDB (A1- und A2-Betrieb) bzw. der Modulationston (A2-Betrieb) wird in den dafür zuständigen Stufen erzeugt und im Senderendverstärker der hochfrequenten Schwingung aufmoduliert. Die Verbindung der redundanten Senderketten erfolgt über einen Umschalter und eine Anpassschaltung. Eine Systemüberwachung kontrolliert laufend die Versorgungsspannung, die abgestrahlte Leistung und abhängig vom gewählten Betrieb die Kennung und/oder die Modulation. Der Zustand des Systems wird dem Fernwartungssystem der Flugsicherungstechnik übermittelt.

6.2.3 Auswertung des Signals

Die flugzeugseitige Auswertung der Richtungsinformation erfolgt mit Hilfe einer Peilantenne (Loop-Antenne). Diese ist als Spule ausgeführt, die durch die von ihr aufgespannte Fläche A_{Spule} durchtretende magnetische Flussänderung $d\phi/dt$ induziert nach dem Faradayschen Gesetz in den Windungen eine elektrische Spannung $u_{H,NDB}$. Dabei ist der Winkel θ_{RB} zwischen der Peilung zum NDB und der Flächennormalen der Loop-Antenne zu berücksichtigen (Abb. 6.8). Dieser gibt die wirksame Antennenfläche $\left(A_{Spule} \cdot \cos\theta_{RB}\right)$ an, durch welche die Magnetfeldlinien unter einem senkrechten Winkel durchtreten und ist daher für den magnetischen Fluss maßgeblich. Durch eine metallische Abschirmung wird das elektrische Feld abgeschirmt, sodass dieses keinen Spannungsanteil an der Spule liefert. Hierdurch ist sichergestellt, dass nur magnetische Feldanteile erfasst werden. Die Entfernungsabhängigkeit des empfangenen Signals ist in der zweiten Zeile der folgenden Gleichung berücksichtigt und in der Spannung U_{Loop} angegeben:

$$
\begin{aligned}
u_{H,NDB}(t) &= N\,\frac{d}{dt}\phi(t) = N\,\left(A_{Spule}\,\cos\theta_{RB}\right)\mu_0\,\mu_r\,\frac{d\,H_{NDB}}{dt}(t) \\
u_{Loop}(t,R) &= \frac{1}{R}\,u_{H,NDB}(t) \sim \hat{u}_{Loop}\,\cos\theta_{RB}\,\sin\left(2\pi\,f_c\,t\right)\,f_{Morse}(t)
\end{aligned}
\tag{6.10}
$$

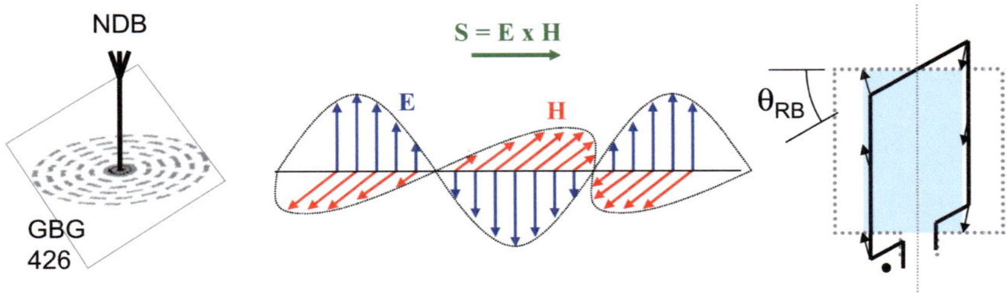

Abb. 6.8 Empfang des NDB-Signals in der Loop-Antenne

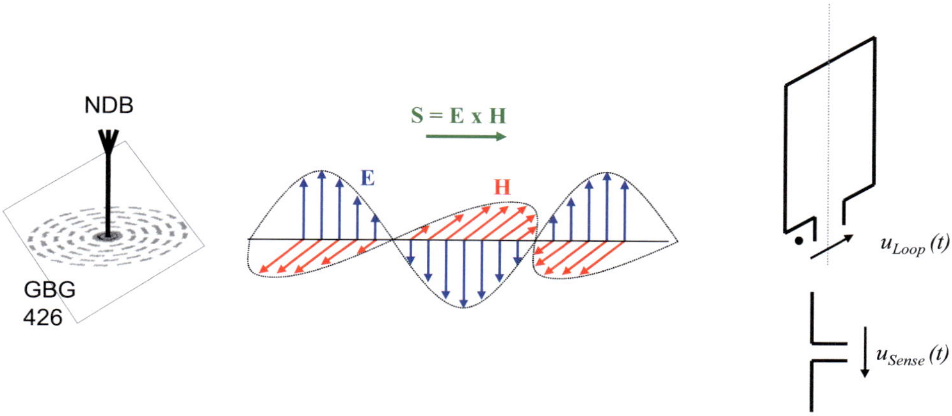

Abb. 6.9 Empfang des NDB-Signals in der Sense-Antenne

Die von der Peilantenne gelieferte Richtungsinformation ist jedoch zweideutig. Die Sendestation kann beiderseits auf einer gedachten Achse durch die Rahmenantenne liegen. Somit muss zur eindeutigen Identifizierung der Richtung eine weitere Informationsquelle verwendet werden. Nachdem mit der Rahmenantenne lediglich die magnetische Komponente des abgestrahlten Signals ausgewertet wird, wird die zusätzlich benötigte Information dem elektrischen Feldanteil entnommen – denn dessen Phasenbeziehung zum magnetischen Feldanteil im Fernfeld des NDB-Signals ist bekannt. Dazu wird mit Hilfe einer kurzen Drahtantenne (Sense-Antenne) auch ein dem elektrischen Feld proportionales Signal u_{Sense} erfasst (Abb. 6.9). Dieses weist aufgrund der vertikalen Polarisation keine Abhängigkeit mit dem gesuchten Winkel θ_{RB} der Seitenpeilung auf:

$$u_{Sense}(t,R) = \frac{1}{R}\, u_{E,NDB}(t) \sim \hat{u}_{Sense}\, \cos(2\pi\, f_c\, t)\, f_{Morse}(t) \tag{6.11}$$

Für die Bestimmung der relativen Peilung wird nun das Loop-Signal bezüglich einer willkürlich festgelegten Polarität (in den Abbildungen durch einen Orientierungspunkt gekennzeichnet) erfasst und um 90° phasenverschoben. Anschließend werden das Loop- und das Sense-Signal so weit verstärkt, dass ihre Amplituden übereinstimmen. Schließlich werden die Teilsignale zur Gesamtspannung $u_{NDB,RX}$ addiert. Dabei muss eine Fallunterscheidung getroffen werden (Abb. 6.10).

Im Fall (a) sind nach der Phasenverschiebung beide Teilsignale identisch, sie überlagern sich zu einem auswertbaren Signal:

$$\begin{aligned} u_{NDB,RX} &= u_{Loop(a)}\left(t + \frac{\pi}{2}, R\right) + u_{Sense}(t,R) = \cdots \\ &= u_0(R)\, f_{Morse}(t)\, \left(\sin\left(2\pi\, f_c\, t + \frac{\pi}{2}\right) + \cos(2\pi\, f_c\, t)\right) \\ &= 2\, u_{Loop(a)}(t,R) \end{aligned} \tag{6.12}$$

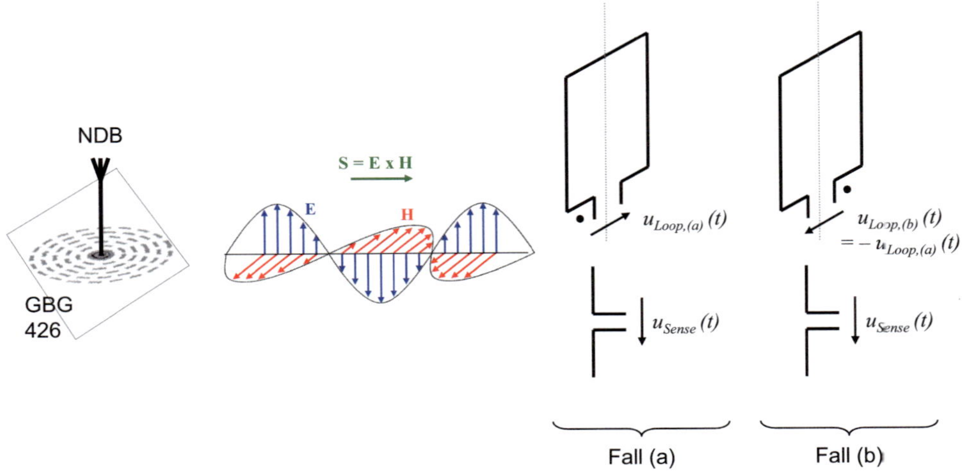

Abb. 6.10 Auflösung der Richtungszweideutigkeit beim NDB

Zeigt der Orientierungspunkt vom Sender weg, addieren sich die Teilspannungen zu Null, da sich die Polarität der Loop-Spannung im Vergleich zum Fall (a) invertiert ($\cos(\theta_{RB} + 180°) = -\cos(\theta_{RB})$):

$$\begin{aligned} u_{NDB,RX} &= u_{Loop(b)}\left(t + \frac{\pi}{2}, R\right) + u_{Sense}(t, R) = \cdots \\ &= u_0(R)\, f_{Morse}(t)\, \left(-\sin\left(2\pi\, f_c\, t + \frac{\pi}{2}\right) + \cos\left(2\pi\, f_c\, t\right)\right) \\ &= 0 \end{aligned} \quad (6.13)$$

Damit ist durch eine einmalige Festlegung des Orientierungssinnes der Loop-Antenne, die beim Einbau in das Fluggerät beibehalten werden muss, die Auflösung der Richtungszweideutigkeit gelungen. Auf der Empfängerseite wird meist auf konventionelle Receivertechnologien zurückgegriffen und der Navigationsempfänger entweder in Superhet- oder (bei modernen Systemen) als Direct-Conversion-Receiver realisiert. Aufgrund des großen Frequenzbandes von 0,190–1,750 MHz wird die Frontend-Filterung zur Begrenzung des zu empfangenden Bandes häufig mit mehreren parallel geschalteten Bandpassfiltern realisiert. Zudem wird (bei Überlagerungsempfängern) die Zwischenfrequenz meist größer als die zu empfangenden Frequenzen gewählt (beispielsweise zu 10,7 MHz), da hier die Kanalfilterung mit Hilfe von steilflankigen Quarzfiltern leichter möglich ist [100]. Die nachfolgende Verstärkung und Demodulation liefert das auf den Träger modulierte Signal des NDB.

Um auch A1A-modulierte NDB-Signale hörbar zu machen, weisen die Empfänger einen Schwebungsmodulator (Beat Frequency Oscillator, BFO) auf. Dessen Frequenz weicht von der Trägerfrequenz des zu empfangenden NDBs geringfügig ab. Durch Multiplikation der beiden hochfrequenten Signale entsteht eine Schwebung, die im hörbaren

Tonbereich liegt. Somit wird auch im Falle des mit OOK modulierten Trägers die Kennung hörbar.

Beim Automatic Direction Finding (ADF) wird ein Empfänger mit zwei orthogonal orientierten Loop-Antennen verwendet. Eine als x-Loop bezeichnete Antenne wird in der Flugzeuglängsachse orientiert verbaut, während eine zweite als y-Loop bezeichnete Antenne in der Flugzeugquerachse angeordnet wird. Hierdurch wird die Peilung des NDB mit manueller oder motorisierter Nachführung der Schleifenantenne vermieden. Die Verwendung zweier rechtwinklig angeordneter Schleifenantennen erlaubt die Erfassung und damit auch die Rekonstruktion der Magnetfeldkomponenten – unter der Voraussetzung, dass beide Feldanteile exakt gleich verstärkt und verarbeitet werden:

$$\begin{aligned} u_{Loop,x}(t,R) &= \frac{1}{R}\, u_{H,NDB}(t) \sim \hat{u}_{Loop}\, \cos\theta_{RB}\, \sin(2\pi\, f_c\, t)\, f_{Morse}(t) \\ u_{Loop,y}(t,R) &= \frac{1}{R}\, u_{H,NDB}(t) \sim \hat{u}_{Loop}\, \sin\theta_{RB}\, \sin(2\pi\, f_c\, t)\, f_{Morse}(t) \end{aligned} \tag{6.14}$$

Der gesuchte Winkel θ_{RB} lässt sich anhand der mathematischen Beziehungen am rechtwinkligen Dreieck bestimmen:

$$\tan\theta_{RB} = \frac{u_{Loop,y}}{u_{Loop,x}} \tag{6.15}$$

Die auch hier auftretende Richtungszweideutigkeit wird wiederum mit Hilfe der Sense-Antenne aufgelöst. Zudem wird die Abmessung der Loop-Antenne durch den Einsatz von ferromagnetischen Werkstoffen stark reduziert.

Da bereits geringe Unterschiede in der Verstärkung beider Loop-Anteile nach Gl. (6.15) die Peilung verfälschen würden, fasst man die Loop-Signale als Komponenten I und Q eines Quadratursignals auf und „kennzeichnet" diese durch Mischung mit der ebenfalls orthogonalen Hilfsfunktion. Die Literatur (etwa [100]) gibt hierfür eine Frequenz von 45 Hz an, die zur Veranschaulichung des Prinzips auch hier verwendet wird. Mit Gl. (6.10) erhält man die Quadraturkomponenten

$$\begin{aligned} u_I(t) &= \cos(2\pi\, 45\ \text{Hz}t)\, u_{Loop,x}(t) \\ &\sim \hat{u}_{Loop} \cos(2\pi\, 45\ \text{Hz}\, t) \cos(\theta_{RB}) \sin(2\pi\, f_c\, t) \\ &= \frac{1}{2}\hat{u}_{Loop} \cos(\theta_{RB}) \left(\sin(2\pi\, (f_c - 45\ \text{Hz})\, t) + \sin(2\pi\, (f_c + 45\ \text{Hz})\, t)\right) \end{aligned} \tag{6.16}$$

und

$$\begin{aligned} u_Q(t) &= \sin(2\pi\, 45\ \text{Hz}\, t)\, u_{Loop,y}(t) \\ &\sim \hat{u}_{Loop} \sin(2\pi\, 45\ \text{Hz}\, t) \sin(\theta_{RB}) \sin(2\pi\, f_c\, t) \\ &= \frac{1}{2}\hat{u}_{Loop} \sin(\theta_{RB}) \left(\cos(2\pi\, (f_c - 45\ \text{Hz})\, t) + \cos(2\pi\, (f_c + 45\ \text{Hz})\, t)\right) \end{aligned} \tag{6.17}$$

Aus der Mischung mit den Hilfsgrößen resultieren zwei Sätze von je zwei AM-Seitenbändern ohne Träger, die Seitenbänder im Abstand von 45 Hz zu f_c stehen orthogonal aufeinander. Der Träger wird durch das richtungsunabhängige Signal der Sense-Antenne hinzugefügt:

$$
\begin{aligned}
u_{ADF}(t) &= u_{Sense}(t) + u_I(t) + u_Q(t) \\
&\sim k \Big[\hat{u}_{Sense} \cos(2\pi\, f_c\, t) + \cdots \\
&\cdots + \frac{1}{2}\, \hat{u}_{Loop} \cos(\theta_{RB}) \big(\sin(2\pi (f_c - 45\,\text{Hz})\, t) + \cdots \\
&\cdots + \sin(2\pi\, (f_c + 45\,\text{Hz})\, t) \big) + \cdots \\
&\cdots + \frac{1}{2}\, \hat{u}_{Loop} \sin(\theta_{RB}) \big(\cos(2\pi (f_c - 45\,\text{Hz})\, t) + \cdots \\
&\cdots + \cos(2\pi\, (f_c + 45\,\text{Hz})\, t) \big) \Big]
\end{aligned}
\tag{6.18}
$$

Das zusammengesetzte Signal u_{ADF} erscheint dem Empfänger somit als hochfrequenter Träger mit je zwei orthogonalen AM-Seitenbändern. Dieses Signal wird zunächst bandgefiltert, vorverstärkt, auf eine Zwischenfrequenz gemischt, dann selektiv gefiltert (Kanalfilterung), verstärkt und einem AM-Demodulator zugeführt (Abb. 6.11).

Aus der AM-Demodulation resultieren drei Signalanteile: ein Gleichanteil sowie zwei orthogonale Signale bei 45 Hz:

$$
\begin{aligned}
u_{ADF}(t) &= k\, (\hat{U}_{Sense,RX} + \cdots \\
&\cdots + 1/2 \cos(\theta_{RB}) \sin(2\pi\, 45\,\text{Hz}\, t) + \cdots \\
&\cdots + 1/2 \sin(\theta_{RB}) \cos(2\pi\, 45\,\text{Hz}\, t))
\end{aligned}
\tag{6.19}
$$

Der Konstantanteil $U_{Sense,RX}$ entstammt der Sense-Antenne und spiegelt die Signalstärke wider. Dieser Anteil kann für eine automatische Verstärkungsregelung verwendet werden, um das Signal-Rauschverhältnis zu verbessern. Die Signalanteile bei 45 Hz rühren von den Loop-Antennen her und werden nochmals mit den zuvor verwendeten Markerfunktionen gleicher Frequenz gemischt. Dadurch entstehen wiederum je zwei Mischungsprodukte, von denen eines bei 0 Hz, das zweite bei der doppelten Frequenz der Markerfunktion von 90 Hz liegt. Der Wechselanteil wird durch Tiefpassfilterung entfernt, es verbleiben letztlich zwei weitere Gleichspannungen $U_{Loop,x,RX}$ und $U_{Loop,y,RX}$.:

$$
\begin{aligned}
U_{Loop,x,RX} &= u_{ADF}(t) \sin(2\pi\, 45\,\text{Hz}\, t) = \cdots \overset{\textit{DC-Anteil}}{=} \frac{k}{4} \cos(\theta_{RB}) \\
U_{Loop,y,RX} &= u_{ADF}(t) \cos(2\pi\, 45\,\text{Hz}\, t) = \cdots \overset{\textit{DC-Anteil}}{=} \frac{k}{4} \sin(\theta_{RB})
\end{aligned}
\tag{6.20}
$$

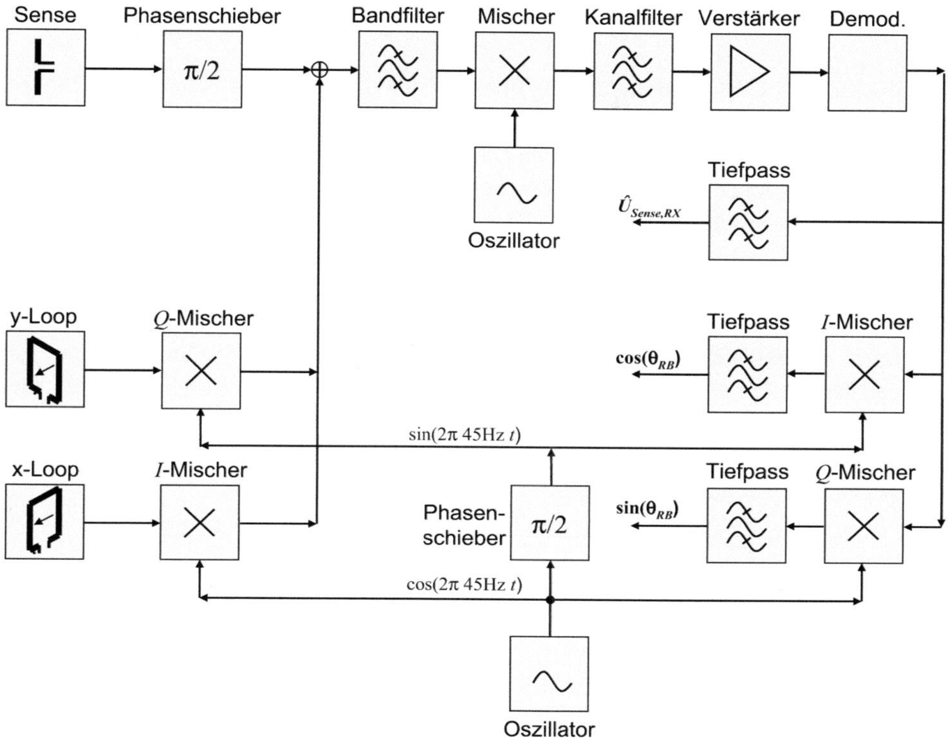

Abb. 6.11 Verarbeitung des NDB-Signals in einem Automatic Direction Finding-Empfänger

Mit $U_{Sense,RX}$, $U_{Loop,x,RX}$ und $U_{Loop,y,RX}$ stehen drei Größen für die Signalamplituden an den drei Antennen zur Verfügung. Diese werden digitalisiert und in einem Mikroprozessor verarbeitet, um den Peilungswinkel θ_{RB} zu errechnen und am Radiokompass (RMI) anzeigen zu können.

Die Genauigkeit der gewonnenen Peilung ist äußeren Einflüssen unterworfen. Die wichtigsten sind:

- Aufgrund der leitfähigen Flugzeugoberfläche kommt es zu Feldverzerrungen, die in Fehlern bis zu etwa 10° resultieren können. Diese werden eliminiert, indem der Radiokompass nach dem Einbau in das Flugzeug durch Ermittlung von Korrekturwerten kalibriert wird.
- Ebenso führen sprunghafte Veränderungen der Leitfähigkeit an der Erdoberfläche zu Feldverzerrungen, die als „Küsteneffekt" bekannt sind. Ähnliches gilt für bergige Regionen.
- Da die Ausbreitung im Lang- und Mittelwellenband während der Nacht aufgrund der zunehmenden Ionisation der Atmosphäre auch als Raumwelle erfolgt, treten Überlagerungseffekte mit der Bodenwelle auf. Dies macht sich als Schwund (Fading), also als räumlich veränderliche Stärke des Empfang, bemerkbar.

6.3 Drehfunkfeuer (VOR)

Drehfunkfeuer (VHF Omnidirectional Beacon, VOR) liefern dem Nutzer eine Navigationsinformation in Form einer Standlinie (Radial, LOP). Diese Richtungsinformation (Track) ist der zwischen einer gedachten Linie vom Standort des Funkfeuers zum magnetischen Nordpol und einer weiteren gedachten Linie zur eigenen Position eingeschlossene Winkel. Technisch wird hierzu die Phasendifferenz zwischen einem Referenzsignal und einem rotierenden Hauptstrahl, die beide vom VOR abgestrahlt werden, ausgewertet. Eine zur Veranschaulichung des Prinzips häufig verwendete Analogie ist die eines Leuchtturms: Strahlt dieser einen rotierenden Leuchtkegel mit einer bekannten Rotationsfrequenz und zusätzlich ein ungerichtetes Licht aus, immer wenn der rotierende Strahl die Linie nach magnetisch Nord durchläuft, kann ein Beobachter durch Messen der Zeit vom Aufleuchten des ungerichteten Lichts bis zur Beobachtung des rotierenden Lichtstrahls seine Richtung zum Leuchtturm bestimmen. Beim Drehfunkfeuer werden die Lichtstrahlen durch funktechnische Entsprechungen ersetzt (Abb. 6.12).

6.3.1 Systemübersicht

VHF Omnidirectional Beacon (VOR) arbeiten als Navigationshilfe im Ultrakurzwellenband von 108,000 bis 117,975 MHz, das Kanalraster beträgt 50 kHz. Den unteren Bereich des genutzten Frequenzspektrums bis 111,950 MHz teilen sich VOR-Stationen mit dem unter Abschn. 6.7 betrachteten Localizersystem des Instrumentenlandesystems (ILS). Die Bandbreite eines VOR-Kanals beträgt 50 kHz, die Mittenfrequenz der Kanäle befindet sich bei geradzahligen Vielfachen von 50 kHz (etwa 108,00 MHz, 108,05 MHz, 108,10 MHz, $\cdots$). Die ICAO SARPs [114] fordern im Abdeckungsbereich eine Feldstärke

Abb. 6.12 Drehfunkfeuer (VOR) (©Austro Control Österreichische Gesellschaft für Zivilluftfahrt mbH, Wien)

Tab. 6.3 Systemübersicht zu Drehfunkfeuern (VOR)

Parameter	Wert
Frequenzbereich	108,000–117,975 MHz (UKW)
Kanalraster	50 kHz
Modulation	Amplitudenmodulation mit frequenzmoduliertem Hilfsträger
Polarisation	Horizontal
Sendeleistung	ca. 100 W
Reichweite	25–130 NM

von 90 μV/m, die an der Empfängerantenne einer Eingangsleistung von −80 dBm entspricht. Abhängig von Abdeckungsradius und Flughöhe beträgt die Sendeleistung etwa 100 W. Die Reichweite eines VOR variiert von etwa 25 NM (Anflug- bzw. Terminal-VOR, TVOR) bis zu etwa 130 NM (High Altitude VOR, HVOR). Die Navigationsinformation selbst setzt sich aus einem frequenzmodulierten Hilfsträger und unmodulierten Signalen zusammen und wird auf der Trägerfrequenz amplitudenmoduliert übertragen (Tab. 6.3).

Abhängig von der technischen Realisierung der Navigationshilfe wird das Funkfeuer als VHF Omnidirectional Range (VOR) oder als Doppler-VOR (DVOR) bezeichnet. Beide erzeugen ein Navigationssignal, welches mit der Vorgabe aus dem ICAO-Annex [114] kompatibel ist.

6.3.2 Signalkomposition

Das Signal einer VOR-Station setzt sich aus insgesamt drei Signalanteilen zusammen. Da die gesuchte Standlinie anhand eines Phasenvergleichs zweier Signale mit gleicher Frequenz von jeweils 30 Hz gewonnen wird, muss eines dieser Signale auf einem Hilfsträger übertragen werden. Andernfalls würden sich die beiden Signale im Abdeckungsgebiet der Station überlagern bzw. auslöschen. Die Frequenz des Hilfsträgers wurde mit 9,96 kHz festgelegt, der kosinusförmige Verlauf eines der 30 Hz-Signale frequenzmoduliert diesen mit einem Frequenzhub von ± 480 Hz. Damit ändert sich die Momentanfrequenz des Hilfsträgers 30 mal pro Sekunde von 9,96 kHz über 9,96+0,48 kHz nach 9,96 kHz, 9,96−0,48 kHz und zurück auf 9,96 kHz. Das verbleibende 30-Hz-Signal wird zu dem Hilfsträger addiert, ebenso wie der dritte Anteil, der sich aus der Kennung des VOR bildet. Ähnlich wie beim NDB wird die Kennung als tönende Telegrafie übertragen, der Morsecode also mit einem 1020-Hz-Ton hörbar gemacht. Manche VOR-Stationen übertragen die Kennung zusätzlich als Sprachsignal. Die Summe dieser drei Anteile bildet die Navigationsnachricht (Navigation Composite) der VOR-Station, ihr zeitlicher Verlauf ist in Abb. 6.13 dargestellt.

Alle drei Signalanteile werden mit einem Modulationsgrad von 30 % auf den hochfrequenten Träger amplitudenmoduliert. Auf diese Weise entsteht ein Frequenzspektrum des abgestrahlten Signals wie aus Abb. 6.14 ersichtlich. Jedes der beiden Seitenbänder enthält

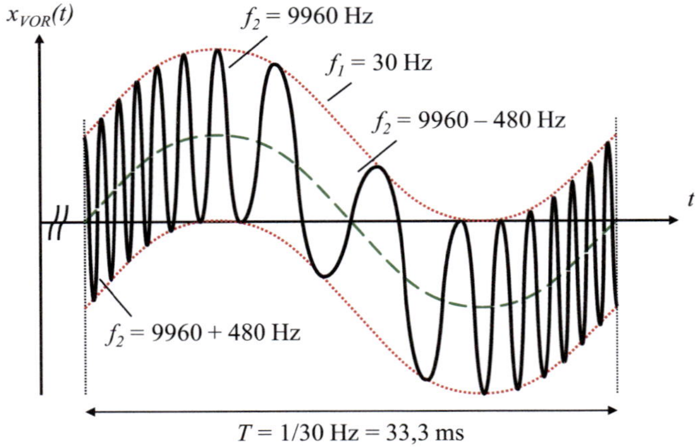

Abb. 6.13 Signalverlauf der unmodulierten Navigationsnachricht beim VOR (ohne Ident, die Zeitachse ist nicht maßstäblich dargestellt)

in den drei Unterbändern die oben beschriebene Navigationsnachricht: im Abstand von ± 30 Hz zur Trägerfrequenz ein Sinussignal, im Unterband von $f_c \pm$ (300...3300) Hz die Morse- bzw. Sprachkennung sowie im Unterband bei $f_c \pm$ 9,96 kHz das frequenzmodulierte Sinussignal. Die in der Abb. 6.14 grau dargestellten Spektrallinien im Unterband bei $f_c \pm$ 9,96 kHz rühren von der Frequenzmodulation des Hilfsträgers mit dem 30-Hz-Signal – diese Linien haben einen konstanten Abstand von 30 Hz untereinander.

Technisch kann das dargestellte Spektrum auf zwei unterschiedliche Arten erzeugt werden. Zum einen mit Hilfe einer sich drehenden gerichteten Antennencharakteristik (konventionelles VOR), zum anderen durch Ausnutzung des Dopplereffektes (Doppler-VOR, DVOR). Im ersten Fall werden der frequenzmodulierte Anteil sowie der Ident-Anteil ungerichtet abgestrahlt, der amplitudenmodulierte Anteil bei f_c ± 30 Hz ergibt sich

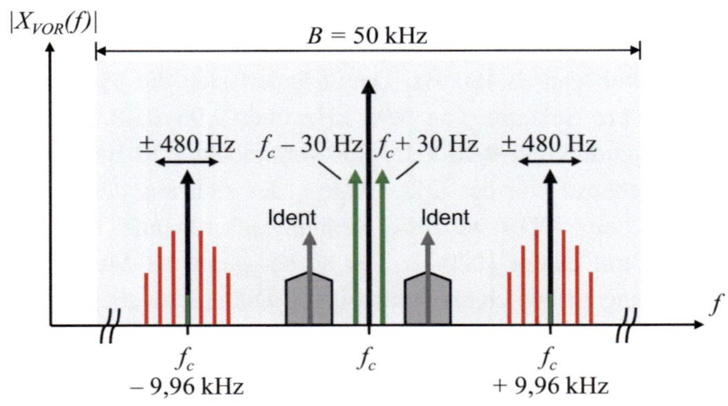

Abb. 6.14 Betragsspektrum des abgestrahlten Signals beim VOR (die Achsen sind nicht maßstäblich dargestellt)

aus der drehenden Richtcharakteristik der Antenne. Das frequenzmodulierte Signal hat die Funktion der Referenzphase, das amplitudenmodulierte Signal hängt vom jeweiligen Radial des Betrachters ab. Beim DVOR entsteht der frequenzmodulierte Anteil dagegen mit Hilfe des Dopplereffektes und beinhaltet die LOP-Information, während der amplitudenmodulierte Anteil als Referenzphase dient und gemeinsam mit dem Ident-Anteil ungerichtet abgestrahlt wird. Damit kann die Zusammensetzung des VOR-Signals x_{VOR} (unabhängig von der gewählten Realisierung der Bodenstation) mathematisch formuliert werden:

$$x_{VOR}(t) = \hat{x}\left(1 + \frac{m}{3}\left(x_{LOP}(t) + x_{Ref}(t) + x_{Ident}(t)\right)\right) \cdot \cos\left(2\pi\, f_c\, t\right) \tag{6.21}$$

Im Folgenden wird die Signalerzeugung einer DVOR-Station erläutert (Abb. 6.15).

Aus der Sicht des Navigationsempfängers an Bord des Fluggeräts entsteht der FM-modulierte Anteil des VOR-Frequenzspektrums aufgrund des Dopplereffekts: Eine rundstrahlende Antenne bewegt sich mit einer Tangentialgeschwindigkeit v_T auf einem Kreis mit Radius R und sendet einen unmodulierten Träger mit Frequenz f_0 aus. Für einen weit entfernten Beobachter erscheint die ausgesendete Frequenz aufgrund der Kreisbewegung jedoch um Δf frequenzverschoben. Bewegt sie sich auf den Empfänger zu, erscheint diesem die Frequenz vergrößert, bewegt sie sich von ihm weg, empfängt er eine kleinere Frequenz. Bewegt sich die Antenne tangential zum Empfänger, empfängt er die originale Frequenzlage. Ausschlaggebend hierfür ist die tangentiale Geschwindigkeit v_T der Antenne. Diese wird so gewählt, dass der Empfänger 30 komplette Umläufe der rundstrahlenden Antenne auf dem Bahnradius innerhalb einer Sekunde – entsprechend einer Frequenz von 30 Hz – sowie einen maximalen Frequenzhub von $\Delta f = \pm 480$ Hz beobachtet. Die Signalform entspricht damit der geforderten Frequenzmodulation.

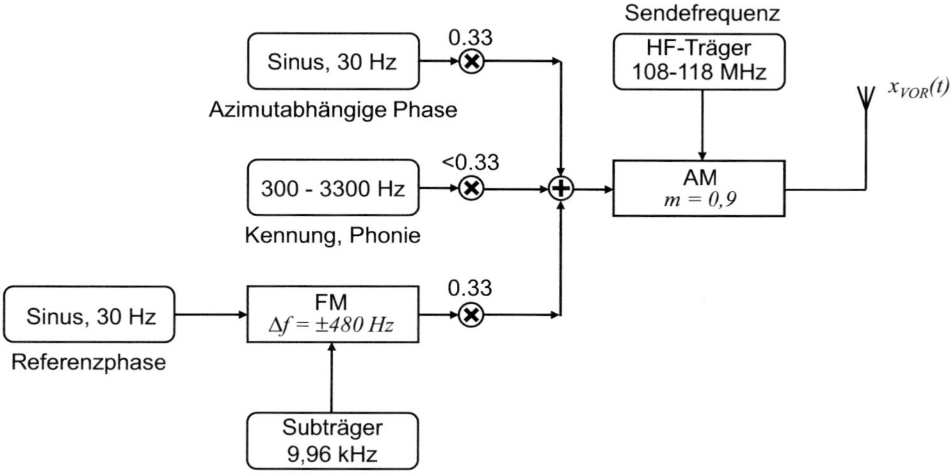

Abb. 6.15 Signalkomposition bei einem konventionellen VOR

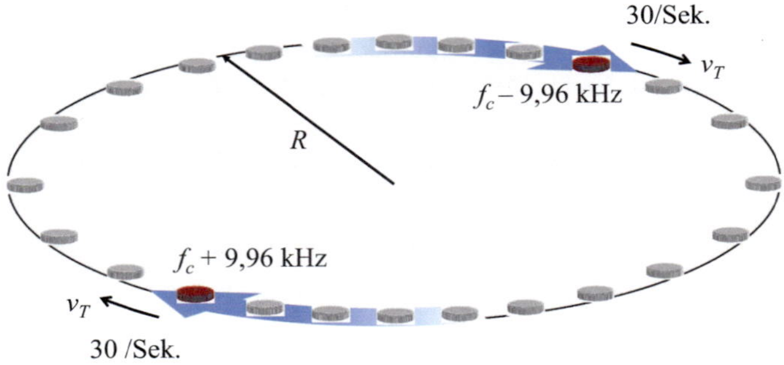

Abb. 6.16 Kreisringförmiger Aufbau des Antennenarrays beim DVOR

Technisch wird die Kreisbewegung nicht durch eine sich bewegende Antenne realisiert, sondern durch ein kreisförmig aufgebautes Antennenarray mit N rundstrahlenden Einzelantennen nachgestellt. Indem die jeweils aktive Antenne durch eine Schaltmatrix weiter geschaltet wird, entsteht eine virtuelle Rotation der Signalquelle. Da im Navigationssignal zwei FM-Spektren bei $f_c - 9{,}96$ kHz und bei $f_c + 9{,}96$ kHz vorhanden sind, werden zwei im Kreisring gegenüberliegende Antennen als Sender mit diesen Frequenzen angesteuert (Abb. 6.16).

Wählt man den zeitlichen Bezug so, dass die das Sendesignal bei $f_c + 9{,}96$ kHz ausstrahlende Antenne bei $t = 0$ genau in Richtung magnetisch Nord läuft, kann die von einem sich auf dem Radial θ befindlichen Empfänger beobachtete und auf diesen zu gerichtete Geschwindigkeit v der Antennenbewegung wie folgt formuliert werden:

$$v = -v_T \cos(2\pi\, 30\,\text{Hz}\, t - \theta) \tag{6.22}$$

Bewegt sich die Antenne auf den Beobachter zu, weist v ein negatives Vorzeichen auf. Damit lautet die vom Empfänger beobachtete Frequenzverschiebung δf_o:

$$\delta f_o(t) = -v\, \frac{f_c + 9{,}96\,\text{kHz}}{c_0} = v_T \cos(2\pi\, 30\,\text{Hz}\, t - \theta) \frac{f_c + 9{,}96\,\text{kHz}}{c_0} \tag{6.23}$$

Aus dieser Beziehung und aus der bekannten Tangentialgeschwindigkeit v_T folgt eine Dimensionierungsvorschrift für den noch zu bestimmenden Radius des Antennenringes, denn die maximale Änderung der Frequenz wurde mit $\Delta f = \pm\, 480$ Hz vorgegeben:

$$\Delta f = 480\,\text{Hz} = \frac{2\pi\, R}{T}\, \frac{f_c + 9{,}96\,\text{kHz}}{c_0} \tag{6.24}$$

Löst man nach dem Radius R auf, kann der Durchmesser der Bodenstation angegeben werden:

$$R = \frac{8}{\pi} \frac{c_0}{f_c + 9{,}96\ \text{kHz}} \approx 6{,}8\ \text{m} \tag{6.25}$$

Auch die gegenüberliegende und mit $f_c - 9{,}96$ kHz betriebene Antenne wird vom Beobachter auf dem betrachteten Radial θ durch den Dopplereffekt um δf_u frequenzverschoben wahrgenommen. Die von den zwei Antennen herrührenden Abweichungen von der Originalfrequenz unterscheiden sich aufgrund der entgegengesetzten Bewegungsrichtung im Vorzeichen:

$$\delta f_u(t) = -v \frac{f_c - 9{,}96\ \text{kHz}}{c_0} = -v_T \cos(2\pi\ 30\ \text{Hz}\, t - \theta) \frac{f_c - 9{,}96\ \text{kHz}}{c_0} \tag{6.26}$$

Damit entstehen die beiden geforderten frequenzmodulierten Hilfsbänder mit der benötigten Abhängigkeit vom Empfangsort beim Winkel θ:

$$\begin{aligned} x_{LOP}(t) &= \hat{x}_{LOP} \cos\left[2\pi\ (f_c - 9{,}96\ \text{kHz})\, t - \eta \sin(2\pi\ 30\ \text{Hz}\, t - \theta)\right] + \cdots \\ &\cdots + \hat{x}_{LOP} \cos\left[2\pi\ (f_c + 9{,}96\ \text{kHz})\, t + \eta \sin(2\pi\ 30\ \text{Hz}\, t - \theta)\right] \\ &= \hat{x}_{LOP} \sum_{n=-\infty}^{\infty} J_n(\eta) \cos\left[2\pi\ (f_c - 9{,}96\ \text{kHz} - n\, 30\ \text{Hz})\, t - \theta\right] + \cdots \\ &\cdots + \hat{x}_{LOP} \sum_{n=-\infty}^{\infty} J_n(\eta) \cos\left[2\pi\ (f_c + 9{,}96\ \text{kHz} + n\, 30\ \text{Hz})\, t - \theta\right] \end{aligned} \tag{6.27}$$

In dieser Gleichung ist J_n die Bessel-Funktion erster Art und n-ter Ordnung, der FM-Modulationsindex η ist das Argument der Funktion. Sowohl das Referenzsignal x_{Ref} als auch der Ident-Ton x_{Ident} (bzw. der Morsecode f_{Morse}) werden mittels Amplitudenmodulation auf die Sendefrequenz moduliert:

$$\begin{aligned} x_{Ref}(t, \theta) &= \hat{x}_{Ref}\big(1 + m \cos(2\pi\ 30\ \text{Hz}\, t)\big) \cos(2\pi\ f_c\, t) \\ x_{Ident}(t) &= \hat{x}_{Ident} \cos(2\pi\ (f_c - 1020\ \text{Hz})\, t)\ f_{Morse}(t) + \cdots \\ &\cdots + \hat{x}_{Ident} \cos(2\pi\ (f_c + 1020\ \text{Hz})\, t)\ f_{Morse}(t) \end{aligned} \tag{6.28}$$

Die Erzeugung dieser Signalanteile ist in Abb. 6.17 dargestellt. Während Ident und Referenzsignal auf den Träger amplitudenmoduliert und rundstrahlend ausgesendet werden, erzeugt man aus der Trägerfrequenz f_c die Mittenfrequenzen $f_c \pm 9{,}96$ kHz der Hilfsträger und führt diese einer Schaltmatrix zu. Diese leitet das Signal an die jeweils aktiven rundstrahlenden Antennen des ringförmigen Arrays weiter und schaltet sie mit einer aus der 30-Hz-Grundfrequenz abgeleiteten Schaltfrequenz $N \cdot 30$ Hz durch. Die Anzahl der Antennen im Array liegt häufig bei $N = 50$. Diese Zahl ergibt sich als

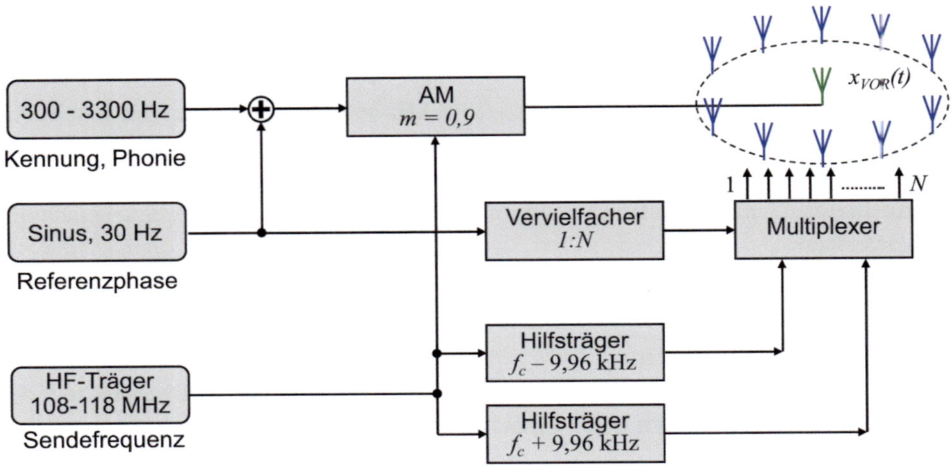

Abb. 6.17 Signalkomposition bei einem Doppler-VOR

Kompromiss zwischen einer möglichst kontinuierlichen Weiterschaltung des Signals in kleinen Schritten und der Wechselwirkung zwischen den Einzelantennen.

Auch bei der Realisierung als DVOR entsteht aus diesen drei Anteilen das bereits oben angeschriebene Gesamtsignal zu

$$\begin{aligned} x_{VOR}(t,\theta) \;=\; & \hat{x}\,\cos(2\pi f_c t)\,\Big(\cdots \\ & \cdots 1+\frac{m}{3}\,\cos(2\pi 30\,\mathrm{Hz}\,t)+\cdots \\ & \cdots +\frac{m_{Ident}}{3}\,\cos(2\pi\,1020\,\mathrm{Hz}\,t)\;f_{Morse}(t)\Big)+\cdots \\ & \cdots +\hat{x}\,\frac{m}{6}\sum_{n=-\infty}^{\infty} J_n(\eta)\cos\big[2\pi\,(f_c-9{,}96\,\mathrm{kHz}-n\,30\,\mathrm{Hz})\,t-\theta\big]+\cdots \\ & \cdots +\hat{x}\,\frac{m}{6}\sum_{n=-\infty}^{\infty} J_n(\eta)\cos\big[2\pi\,(f_c+9{,}96\,\mathrm{kHz}+n\,30\,\mathrm{Hz})\,t-\theta\big] \end{aligned} \tag{6.29}$$

Die durch die FM belegte Bandbreite des Hilfsträgers kann anhand der Carson-Formel (siehe etwa bei [140, 153]) auf $B_{FM} = 1020$ Hz abgeschätzt werden, damit ergibt sich die Gesamtbandbreite B_{VOR} mit etwa 21 kHz.

6.3.3 Auswertung des Signals

Empfängerseitig muss ein aus drei Komponenten bestehendes Signalgemisch empfangen und verarbeitet werden (Abb. 6.18). Hierzu wird das VOR-Signal zunächst durch Filterung bandbegrenzt und anschließend verstärkt. Durch Abwärtsmischung auf eine zwischenfrequente Lage, Kanalfilterung, Verstärkung und nachfolgende AM-Demodulation entsteht das sogenannte NAV-Composite als Rohsignal. Hierbei wird in einem Verstärker mit automatischer Verstärkungsregelung (ACG) die Verstärkung so angepasst, dass der Empfang qualitativ optimiert und daher der Signal-Rausch-Abstand minimiert wird. Im nächsten Verarbeitungsschritt wird das NAV-Composite mit einem Triplexer in seine Bestandteile zerlegt. Ein Bandpass filtert hierbei den Ident-Anteil heraus, ein Tiefpass selektiert das LOP-Signal, ein Hochpass den FM-Hilfsträger. Dieser wird frequenzdemoduliert, sodass nun auch das Referenzsignal zur Verfügung steht. Der Ident-Anteil wird über einen Audio-Verstärker geführt und kann auf das Headset bzw. einen Lautsprecher geschaltet werden.

Die eigentliche Navigationsnachricht wird bei den meisten VOR-Empfängern nicht durch eine Berechnung des Phasendifferenzwinkels ermittelt, sondern die Abweichung (oder Ablage/Deviation) zu einem vom Piloten manuell eingestellten Winkel bestimmt [87, 100]. Hierzu wird mit einem Vorwahlknopf (Omnibearing Selector, OBS) der gewünschte Kurs eingestellt und das 30-Hz-Kosinussignal in seiner Phasenlage verschoben. Parallel wird der frequenzmodulierte Hilfsträger demoduliert. Somit stehen sowohl das Referenzsignal als auch das vom Radial abhängige Signal für einen Vergleich bereit.

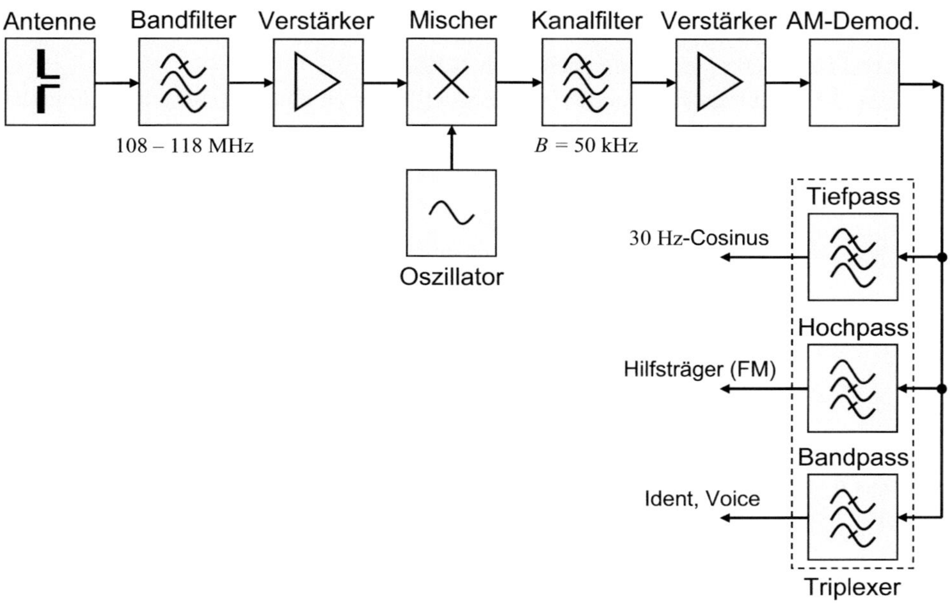

Abb. 6.18 Auswertung des NAV-Composites beim Drehfunkfeuer

Die Differenz entspricht der Abweichung vom gewählten Kurs, die am Course Deviation Indicator (CDI) zur Anzeige gebracht wird. Sind beide Phasen identisch, steht der CDI-Zeiger in der Mittenstellung. Für die Ansteuerung des „TO"- bzw. „FROM"-Indikators wird ein zweiter Phasenvergleich durchgeführt. Da sich die TO/FROM-Information auf eine senkrecht zum Kurs stehende Linie durch die VOR-Station bezieht, wird eine der beiden Phasen vor dem Vergleich um 90° verschoben (Abb. 6.19).

Neben dieser auch als manuell bezeichneten Auswertemethodik verwendet die automatische Auswertung und Anzeige einen zusätzlich angekoppelten Radiokompassanzeiger [136]. So wird neben der Richtung des Fluggeräts zur VOR-Station in Bezug auf magnetisch Nord auch die Richtung des Luftfahrzeugs zur Station in Bezug zu seiner Längsachse dargestellt.

Ähnlich wie bei ungerichteten Funkfeuern ist auch beim VOR die Genauigkeit der Richtungsbestimmung äußeren Einflüssen unterworfen und wird durch den Azimutfehler ausgedrückt. Die wichtigsten Fehlereinflüsse sind:

- Aufgrund von Mehrwegeausbreitung (Multipath) durch Reflexion des Signals an Gebäuden oder Geländestrukturen kann die Anzeige des VOR fehlerhaft sein. Dies wird durch sorgfältige Wahl des Standorts der Station vermieden. Auch der Einsatz von DVOR- anstelle VOR-Stationen vermindert den Einfluss auf die zugrundeliegenden Reflexionen, da im Gegensatz zum VOR ungerichtete Einzelantennen zum Einsatz kommen. Auf diese Weise ist eine Verbesserung des azimutalen Fehlers von etwa 6° auf besser als 1° möglich [136].
- Empfängerseitig tragen hauptsächlich die Phasenschieber zum Azimutfehler bei. Hier muss darauf geachtet werden, dass die Signallaufzeiten in beiden Zweigen der VOR-Auswertung exakt gleich sind (siehe Abb. 6.19).
- Nicht zuletzt führen Bedienungs- und Einstellfehler zu einem Beitrag im azimutalen Fehler.

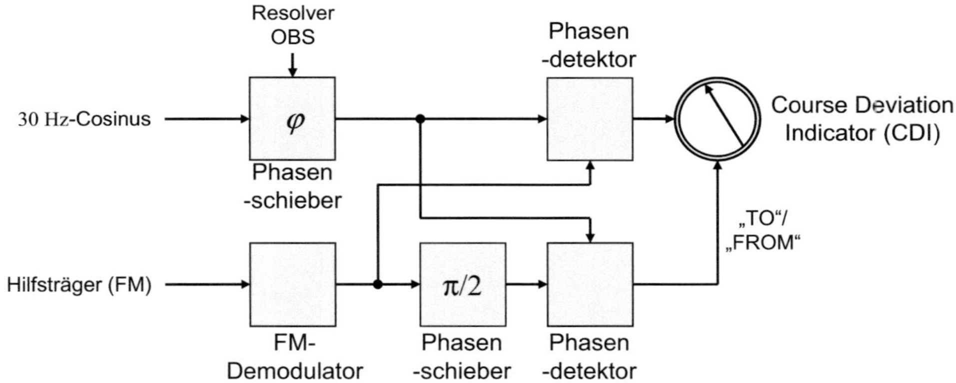

Abb. 6.19 Auswertung des NAV-Composites beim Drehfunkfeuer

6.4 Entfernungsmessung (DME)

Die ICAO hat unter der Bezeichnung Distance Measuring Equipment (DME) ein System zur Entfernungsmessung standardisiert. Die DME-Funknavigationshilfe liefert dem Nutzer dabei die Schrägentfernung zur Bodenstation. Hierzu wird die Laufzeit zwischen einem von Bordsender (Interrogator) abgestrahlten Signal und der Antwort der Bodenstation (Transponder, zusammengesetzt aus *Transmitter* und *Responder*) ausgewertet. Mit der bekannten Ausbreitungsgeschwindigkeit der elektromagnetischen Welle kann aus der Laufzeit abzüglich der Zeitdauer für die Signalverarbeitung im Transponder die (doppelte) Schrägentfernung zur Bodenstation ermittelt werden. Die DME-Navigationshilfe wurde 1949 als Teil des TACAN-Systems (siehe Abschn. 6.5) für taktische Luftnavigation entwickelt und wird seit Mitte der 1950er-Jahre zur Abstandsmessung in der zivilen Luftfahrt verwendet. Häufig sind VOR und DME zu VOR/DME-Stationen gekoppelt und bilden dann ein integriertes Navigationssystem.

6.4.1 Systemübersicht

Im Gegensatz zu den bisher betrachteten Navigationshilfen setzt die Funktionsweise eines DME neben der bodenseitigen Installation (Transponder) auch einen flugzeugseitigen Abfragesender (Interrogator) voraus. Der Interrogator arbeitet im Frequenzband von 1025 bis 1150 MHz und sendet als Doppelpuls codierte Abfragen an die Bodenstation. Der Transponder antwortet seinerseits nach einer definierten Verzögerungszeit und sendet Doppelpulse entweder im Frequenzbereich von 962–1024 MHz und 1151–1213 MHz (X-Kanäle) oder im Frequenzbereich von 1025–1150 MHz (Y-Kanäle, Abb. 6.20) an das Luftfahrzeug zurück (Tab. 6.4).

Somit stehen auf 126 Frequenzen insgesamt 252 DME-Kanäle zur Verfügung, die mit den VOR-Kanälen gepaart sind (Tab. 6.5). Im Navigationsempfänger wird mit der Wahl einer VOR-Frequenz automatisch die zugeordnete DME-Frequenz eingestellt (Abb. 6.20). Die Einführung von zwei Moden wurde nötig, nachdem in den 1970er-Jahren durch eine Halbierung der VOR-Bandbreite die Anzahl der VOR-Kanäle verdoppelt wurde, aber für DME kein weiteres Frequenzband mehr zur Verfügung stand. So wurde die Anzahl der

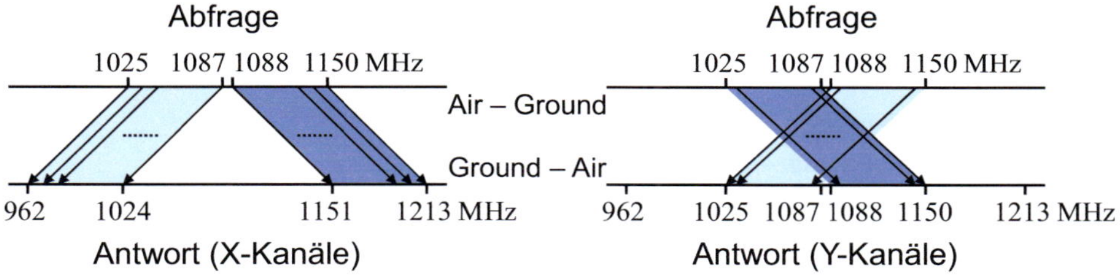

Abb. 6.20 Konzeption der X- und Y-Kanäle beim DME

Tab. 6.4 Systemübersicht zur Entfernungsmessung (DME)

Parameter	Wert
Frequenzbereich	960–1215 MHz (UHF)
Kanalraster	1 MHz
Modulation	(Puls-)Amplitudenmodulation
Polarisation	Vertikal
Sendeleistung	1–15 kW (Bodenstation)
(Spitze)	1,25 kW (Bordgerät)
Reichweite	200 NM

Tab. 6.5 Paarung der DME-Kanäle mit VOR-Frequenzen. Auszug nach [114]

		DME-Parameter			
DME	VOR	Abfrage		Antwort	
(Kanal)	(Frequenz)	Frequenz	Impulsabstand	Frequenz	Impulsabstand
Nummer	MHz	MHz	μs	MHz	μs
:					
37X	110,00	1061	12	998	12
37Y	110,05	1061	36	1124	30
38X	110,10	1062	12	999	12
38Y	110,15	1062	36	1125	30
:					
82X	113,50	1106	12	1169	12
82Y	113,55	1106	36	1043	30
83X	113,60	1107	12	1170	12
83Y	113,65	1107	36	1044	30
:					

DME-Kanäle anhand einer Doppelnutzung der vorhandenen Frequenzen mittels Definition des X- und Y-Rasters realisiert. Als X-Kanäle wurde der ursprünglich verwendete Betriebsmodus definiert. Die neu hinzugekommenen VOR-Frequenzen wurden mit den DME-Kanälen im Y-Raster gekoppelt.

Die flugzeugseitige DME-Installation sendet die Doppelpulse amplitudenmoduliert mit einer Spitzenleistung von etwa 1,25 kW aus, der bodenseitige Transponder arbeitet mit Spitzenleistungen von 15 kW und erzielt damit eine Reichweite von 200 NM.

Die ICAO SARPs unterscheiden drei Varianten des DME:

- DME/W: breitbandiges DME
- DME/N: schmalbandiges DME
- DME/P: Präzisions-DME

DME/W und DME/N unterscheiden sich hauptsächlich durch die Breite des entstehenden Frequenzspektrums (W: Wide spectrum characteristics, N: Narrow spectrum characteristics). Sofern nicht gesondert angegeben ist im Weiteren im Zusammenhang mit DME immer die schmalbandige Variante gemeint. DME/P ist ein Präzisions-DME, das beim Mikrowellenlandesystem (MLS) die Entfernungskomponente liefert.

6.4.2 Signalkomposition

Das DME-Signal baut auf einem Einzelpuls auf, aus dem Pulspaare bzw. Paare von Pulspaaren zusammengesetzt werden. Ein solcher Einzelpuls ist gaußförmig (Abb. 6.21) mit einer Pulsbreite von 3,5 μs, sein Verlauf kann mathematisch wie folgt angegeben werden [100]. Dabei ist a eine die Breite des Pulses bestimmende Konstante ($a = 268 \cdot 10^3\, s^{-1}$). :

$$x_{DME}(t) = \hat{x}\, e^{-\pi (a\,t)^2} \tag{6.30}$$

Im Gegensatz zu einem Rechteckpuls, dessen Pulsbreite einfacher gemessen werden könnte, hat die beim DME verwendete Signalform den Vorteil, dass auch ihr Frequenzspektrum gaußförmig verläuft. Gemessen bei der Halbwertsbreite (-3 dB) beträgt die Bandbreite des DME-Pulses etwa 1,6 MHz [114]. Hingegen weist das Frequenzspektrum eines rechteckigen Pulses sogenannte „fly-backs" auf, seine spektralen Anteile lecken weit in die benachbarten Kanäle hinein. Der gaußförmige Puls wird verwendet, um den

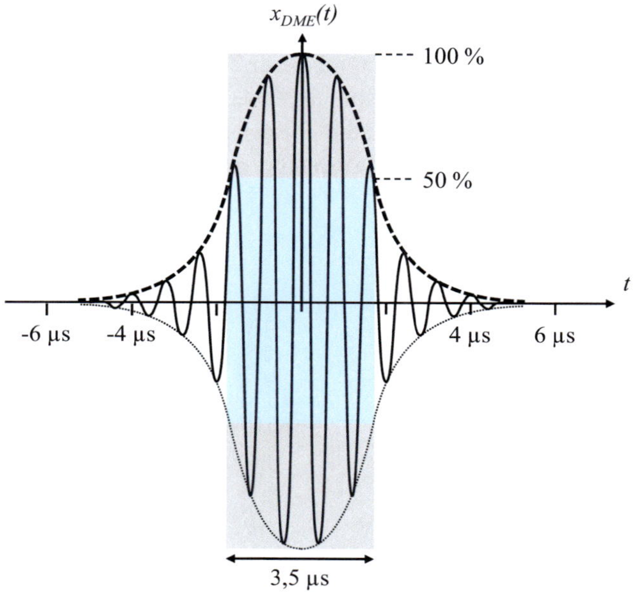

Abb. 6.21 Gaußförmiger Pulsverlauf beim DME

hochfrequenten Träger mittels Pulsamplitudenmodulation (PAM) zu formen. Die Einhüllende der Hochfrequenz weist daher auch die charakteristische Gauß'sche Glockenform auf. Diese Feststellung ist für das Verständnis des später behandelten TACAN-Systems wesentlich, dort wird der hochfrequente Träger durch die PAM-Pulse des DME gebildet.

Um die DME-Abfragen und Antworten von Störungen unterscheiden zu können, wie sie etwa bei Blitzentladungen in der Atmosphäre entstehen, wird eine einfache Codierungsmethodik verwendet: Es werden zwei Einzelpulse in einem zeitlich festgelegten Abstand gesendet. Der Pulsabstand eines solches Doppelpulses beträgt beim Interrogator 12 μs für X- bzw. 36 μs für Y-Kanäle. Nachdem die Frequenzen der X- und Y-Kanäle identisch sind (siehe Tab. 6.5), wird dem Transponder auf diese Weise auch kommuniziert, ob dieser im X- oder Y-Raster antworten muss. Die Bodenstation verwendet davon teilweise abweichend Pulsabstände von 12 μs für X- bzw. 30 μs für Y-Kanäle. Diese werden mit der Zeitverzögerung zwischen Empfang und Aussendung eines Pulspaares durch den Transponder ersichtlich. Während im X-Raster die Reaktionszeit der Bodenstation 50 μs für jeden Puls beträgt, wird im Y-Raster der erste Impuls eines Pulspaares um 56, der zweite um 50 μs verzögert. Hieraus resultiert der von 36 auf 30 μs verkürzte Pulsabstand bei den DME-Replies der Bodenstation.

Auch DME-Stationen senden eine eindeutige Kennung aus. Da die verwendete Pulsamplitudenmodulation systembestimmend ist, kann dem Träger keine weitere Tonfrequenz mehr aufmoduliert werden. Deshalb wird nach jeweils 37 s für 3 s die Aussendung von Antworten an Abfragesender unterbrochen. An deren Stelle werden Paare von Doppelpulsen – sogenannte Kennungspulse (auch als „pair of pairs" bezeichnet) – mit einem zeitlichen Abstand von 100 μs gebildet und ausgesendet. Die Kennungspulse werden mit einem Abstand von 740,8 μs wiederholt, was in einer hörbaren Frequenz von 1350 Hz resultiert (Abb. 6.22). Während dieser Zeitdauer wird die Morsekennung der Station durch Modulation der Kennungsimpulse übertragen.

Die Bodenstation des DME ist darauf ausgelegt, etwa 2700–3000 Pulspaare pro Sekunde auszusenden. Diese Anzahl ist notwendig, da TACAN die amplitudenmodulierten

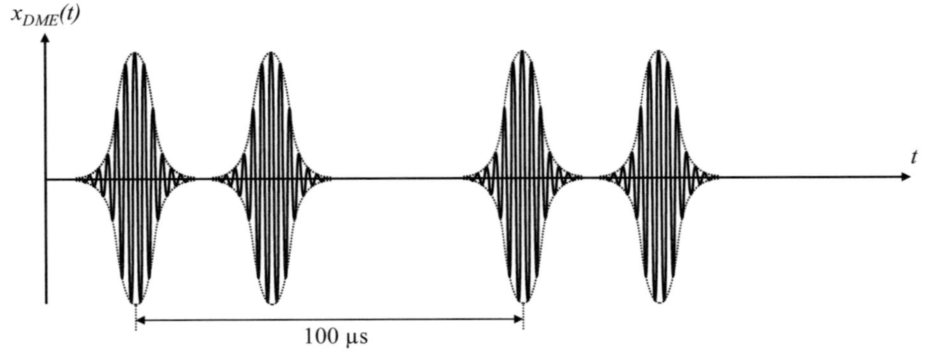

Abb. 6.22 Kennungspuls zur Erzeugung der Stationskennung

Pulspaare als hochfrequenten Träger für die dort zusätzlich erzeugte Richtungsinformation verwendet. Ist ein flugzeugseitiger Interrogator im Suchbetrieb, sendet er Abfragen mit einer Pulswiederholfrequenz von etwa 150 Hz aus. Wurde eine Entfernungsbestimmung erfolgreich durchgeführt, geht dieser in den Folgebetrieb mit einer Pulsfolgefrequenz von etwa 30 Pulsen pro Sekunde über. Befinden sich im Abdeckungsgebiet einer DME-Bodenstation 95 % Flugzeuge im Folge- und 5 % Luftfahrzeuge im Suchbetrieb, kann die maximale Kapazität einer Bodenstation mit etwa 100 Luftfahrzeugen, die mit Antwortpulspaaren versorgt werden können, abgeschätzt werden. Wird die Bodenstation nicht ausgelastet, sendet sie eigenständig Füllpulse (Squitter) mit zufällig gewähltem Pulsabstand aus.

6.4.3 Auswertung des Signals

Der oben skizzierte Zyklus zwischen Abfrage des Bordsenders und Antwort der Bodenstation wird zur Berechnung der Schrägentfernung zwischen Fluggerät und DME-Station verwendet. In diesem Zusammenhang wurde der Begriff der Radarmeile geprägt. Eine Radarmeile gibt die Zeit T_{RM} an, in der eine elektromagnetische Welle die Wegstrecke von einer nautischen Meile hin und zurück, also zweimal, durchläuft:

$$T_{RM} = \frac{2 \cdot 1\ \text{NM}}{c_0} = \frac{3704\ \text{m}}{2{,}99 \cdot 10^6\ \text{m/s}} = 12{,}35\ \mu\text{s} \tag{6.31}$$

Wird vom bordseitigen DME-Gerät die Signalgesamtlaufzeit $\Delta t_2 = 2\,\Delta t$ gemessen und ist die Signalverzögerung Δt_{XPDR} im bodenseitigen Transponder bekannt, folgt hieraus die Schrägentfernung ρ:

$$\rho = \frac{c_0\,(\Delta t_2 - \Delta t_{XPDR})}{2} \tag{6.32}$$

beziehungsweise:

$$\rho\,[\text{NM}] = \frac{\Delta t_2 - \Delta t_{XPDR}}{T_{RM}} \tag{6.33}$$

Zur Bestimmung der Signallaufzeit Δt_2 sendet der Interrogator einen Doppelimpuls aus. Anschließend geht das Bordgerät auf Empfang und wartet auf die Antwort des Transponders. Aufgrund der maximalen Reichweite von etwa 200 NM wird die Antwort innerhalb von 2,5 ms nach der Aussendung erwartet. Nach Ablauf dieser Zeit wechselt der Interrogator in einen Bereitschaftszustand, bevor er eine neue Abfrage sendet. Am Boden empfängt der Transponder nach Δt Sekunden den Doppelimpuls und decodiert diesen. Anschließend wird, um Interferenzen mit anderen Abfragen zu vermeiden, der weitere Empfang von Abfragepulsen für 100 µs unterbrochen. Während dieser Zeit wartet der

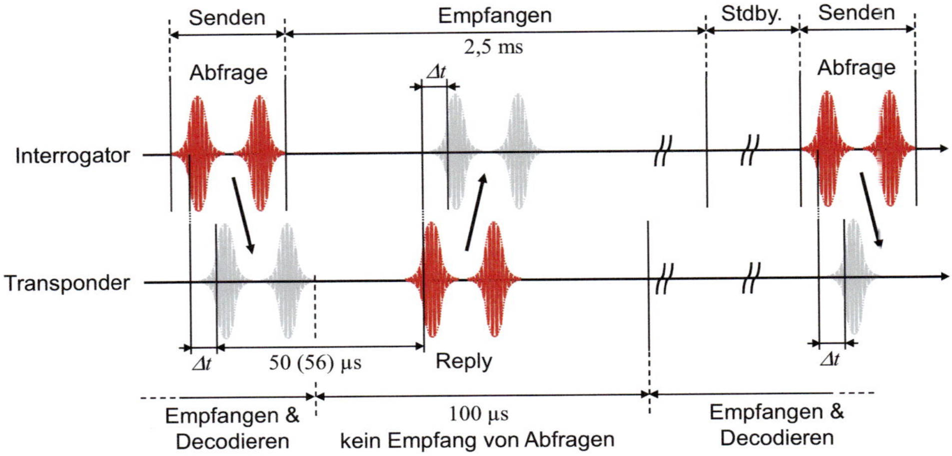

Abb. 6.23 Schema eines Abfrage-Reply-Zyklus

Transponder die für die Bodenstation spezifizierte Zeitverzögerung $\Delta t_{XPDR} = 50\ (56)\ \mu s$, bevor er auf die empfangene Abfrage mit einem Doppelpuls antwortet (Abb. 6.23).

In der Praxis wäre dieses Vorgehen zur Entfernungsbestimmung allerdings nicht praktikabel – wie oben erläutert beträgt die Kapazität eines DME-Transponders etwa 100 Flugzeuge. Um eine eindeutige Zuordnung der Antworten der Bodenstation zu einer Abfrage zu ermöglichen, wird das Prinzip der Zeitkorrelation angewandt. Hierzu wird die Zeit ΔT zwischen zwei vom flugzeugseitigen Interrogator abgestrahlten DME-Doppelpulsen in einem definierten Bereich statistisch verteilt. Der Mittelwert dieser Verteilung beträgt dabei 62,5 ms, entsprechend einem Wert von 16 Pulspaaren pro Sekunde. Der Transponder antwortet auf die einlaufenden Abfragen, wobei der zeitliche Abstand zwischen den Pulspaaren der einzelnen Flugzeuge unverändert bleibt. Auf dem Rückkanal überlagern sich die Antworten an die Luftfahrzeuge zu einem Gemisch an Pulsen. In der Abb. 6.24 ist dies veranschaulicht: Drei Flugzeuge A, B, und C senden Interrogationen, die sich um den vom Abfragesender zufällig gewählten Zeitabstand unterscheiden. Die Bodenstation antwortet auf alle empfangenen und decodierten Doppelpulse und stellt diese für die Auswertung an die bordseitigen Transceiver bereit.

Aufgrund der verwendeten Stochastik bei der Abfrage unterscheiden sich sowohl die zeitlichen Abstände zwischen den Doppelpulsen eines einzelnen Flugzeugs als auch zwischen den Flugzeugen untereinander. Mittels einer Kreuzkorrelation zwischen der (nur dem Interrogator im Flugzeug A bekannten) Abfragepulsfolge und der vom Transponder generierten Antwortpulsfolge ermittelt das Bordgerät die Signallaufzeit Δt_2 und rechnet diese in eine Schrägentfernung ρ um. Dabei wird häufig eine Methodik angewandt, bei der aus fünf vom Abfragesender gesendeten Abfragen drei als gültig decodierte Antworten für die Entfernungsbestimmung herangezogen werden.

Der Systemaufbau eines boden- bzw. bordseitigen DME-Transceivers ähnelt sich, daher wird in Abb. 6.25 lediglich das Bordgerät vorgestellt. Ausgehend von einem Computer,

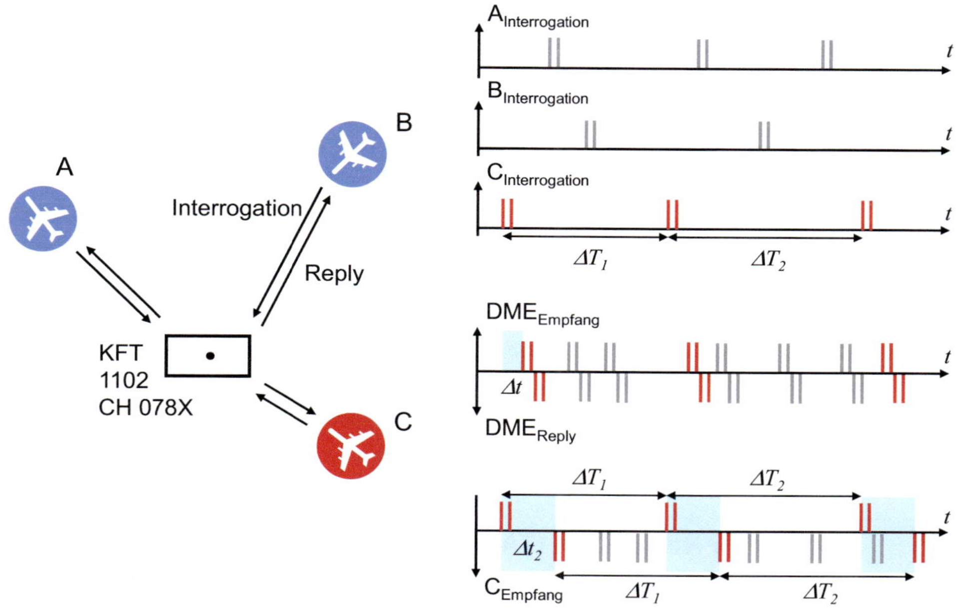

Abb. 6.24 Korrelation zwischen Reply und Abfrage

der die Pulsform generiert und die zeitlichen Abstände codiert, wird die vom Oszillator erzeugte Sendefrequenz pulsamplitudenmoduliert. Während des Sendebetriebs schaltet ein Frontendschalter den Sendezweig an die Antenne und das Signal wird abgestrahlt. Im Empfangsbetrieb wird das von der Antenne empfangene Signal auf den Empfangszweig geleitet, verstärkt und mit der Sendefrequenz gemischt. Da sowohl im X- als auch im Y-Raster der Abstand zwischen Sende- und Empfangsfrequenz 63 MHz beträgt, kann

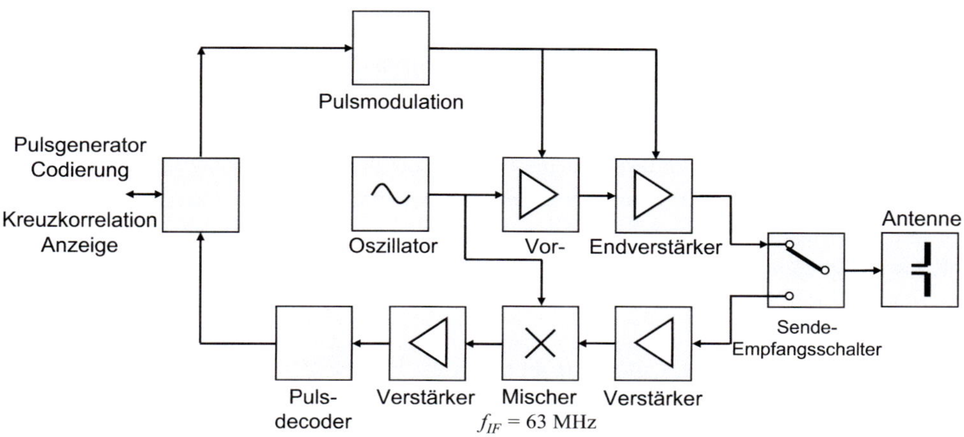

Abb. 6.25 Aufbau eines DME-Transceivers am Beispiel der flugzeugseitigen Installation

dieser Wert als Zwischenfrequenz für den Transceiver herangezogen werden. Nach der Kanalfilterung (in der Abbildung nicht dargestellt) und Verstärkung wird das Signal decodiert und dem Computer zugeführt, der die Kreuzkorrelation und letztlich die Signallaufzeit berechnet und das Ergebnis der Entfernungsmessung bereitstellt.

Zu den Fehlerquellen beim DME zählen neben der bereits mehrfach diskutierten Mehrwegeausbreitung hauptsächlich aus der Berechnung der Signallaufzeit resultierende Fehler. Die Signallaufzeit wird häufig zwischen den Halbwertsamplituden aufeinanderfolgender Pulse bestimmt. Wird aufgrund von Störungen (z. B. Fading) die Amplitude eines Pulses falsch bestimmt, führt dies zu einem Zeit- und damit Entfernungsfehler. Die Mehrwegeausbreitung kann dazu führen, dass beim Transponder gegenüber dem direkten Signal verzögert eintreffende Abfragen ebenfalls beantwortet werden und eine Antwort generieren. Auch die Verzögerungszeit in der Bodenstation trägt zum Entfernungsfehler bei: Hat diese eine Ungenauigkeit von $\pm$ 0,1 μs, resultiert dies in einem Entfernungsfehler von $\pm$ 15 m.

6.5 Tactical Air Navigation (TACAN)

Integrierte Navigationshilfen vereinen Systeme zur Entfernungs- und Richtungsbestimmung und ermöglichen daher unmittelbar die Positionsbestimmung relativ zu einem Funkfeuer. Dies ist grundsätzlich auch mit den oben erläuterten Systemen möglich, jedoch würde es die gleichzeitige Auswertung zumindest zweier Navigationshilfen bedeuten. Beispielsweise kann mit Entfernungsmessungen zu zwei DME-Stationen durch eine sogenannte ρ-ρ-Navigation die gesuchte Position bestimmt werden. Auch die Kopplung einer VOR- mit einer DME-Station führt zu einer integrierten Navigationshilfe mit ρ-θ-Navigation. Als Beispiele integrierter Navigationssysteme können auch das früher für die interkontinentale Navigation eingesetzte „Long Range Navigation“ (LORAN C) sowie das aus dem militärischen Bereich stammende „Tactical Air Navigation“ (TACAN) angeführt werden.

Tactical Air Navigation (TACAN) ist ein vollständiges ρ-θ-Navigationssystem und baut auf den von DME erzeugten amplitudenmodulierten Pulsen auf. Aufgrund der spezifizierten Anzahl von etwa 3000 Pulspaaren pro Sekunde bilden diese die Trägerfrequenz (Abb. 6.26). Hierdurch ist auch das benutzte Frequenzband festgelegt. Es ist identisch mit dem von DME und befindet sich bei einer Frequenz von 1 GHz im UHF-Band. Die Ausgangsimpulsleistung einer TACAN-Bodenstation liegt ebenfalls bei einigen Kilowatt Spitzenleistung, es wird damit eine Reichweite von etwa 200 nautischen Meilen erzielt. Die Entfernungsbestimmung wird durch die oben ausgeführte DME-Komponente realisiert.

Einen technisch interessanten Aspekt bildet die Richtungsbestimmung. Für diese wird der von den DME-Pulsen gebildete hochfrequente Träger – ähnlich wie bei VOR – mit einer rotierenden Antennencharakteristik abgestrahlt, wodurch der flugzeugseitige Empfänger bei gleichzeitiger Verwendung eines Referenzsignals nach dem gleichen Prinzip wie bei VOR seine LOP bestimmen kann. Die rotierende Antennencharakteristik

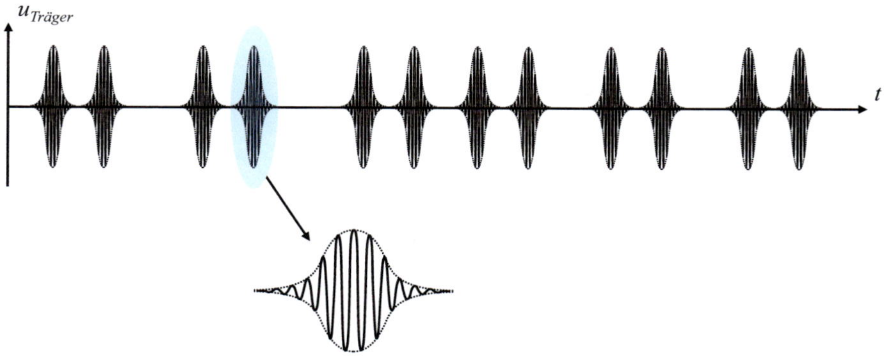

Abb. 6.26 DME-Pulse eines Transponders bilden den Träger für TACAN

kann auch hier entweder mechanisch oder elektronisch erzeugt werden. Das elektronische Konzept ist beispielsweise in [136] angedeutet. Die Antennencharakteristik setzt sich aus zwei Anteilen zusammen, die der Grob- und Feinbestimmung des gesuchten azimutalen Winkels dienen. Einerseits aus einer karotidenähnlich geformten Keule (Grundform), anderseits aus einer der Grundform überlagerten Charakteristik mit 9 Nebenmaxima. Die Antennencharakteristik selbst rotiert mit 15 Umdrehungen pro Sekunde und kann aus Sicht eines Empfängers mathematisch wie folgt formuliert werden [136]:

$$u_{TACAN} = 1 - m_1 \sin(2\pi \, 15 \,\text{Hz}\, t - \phi) - m_2 \sin(2\pi \, 135 \,\text{Hz}\, t - 9\phi). \tag{6.34}$$

Die Modulationsgrade m_1 und m_2 geben die Modulationstiefe des Trägers für die beiden Anteile an. Der gesuchte Azimutwinkel θ geht in beide Sinusanteile ein, in den der Feinauflösung jedoch mit dem Faktor 9. Diese führt zu einer Überlagerung des 15-Hz-Signals (aufgrund der Rotation der Antennencharakteristik) mit einem 135-Hz-Signals (entsprechend der 9. Oberwelle der Rotationsfrequenz), die sich als Auffächerung der Richtcharakteristik bemerkbar macht. In der Abb. 6.27 ist die resultierende Richtcharakteristik skizziert. Zeigt die Hauptkeule nach Osten, weist sowohl die Phase der 15-Hz-Schwingung für die Grob- als auch die 135-Hz-Schwingung für die Feinmessung den Wert Null auf. Daher wird diese Stellung willkürlich als Anfangswert gewählt und das Referenzsignal daraufhin abgestimmt. Das abgestrahlte Signal ist bei TACAN vertikal polarisiert.

Als Referenzsignal werden wiederum die Doppelpulse vom DME-System verwendet und in Haupt- und Nebenbezugspulsgruppen, die mit einer ungerichteten Antennencharakteristik abgestrahlt werden, gruppiert (Abb. 6.28). Die Referenzierung für magnetisch Nord wird dabei durch 12 Doppelpulse mit 12 μs Zeitdifferenz bei X- bzw. 30 μs Zeitverschiebung bei Y-Kanälen gebildet. Zwischen den Doppelpulsen ist eine Zeitdifferenz von 30 μs vorgesehen. Der TACAN-Empfänger verwendet die Hauptbezugsgruppe, um ein periodisches Referenzsignal mit einer Frequenz von 15 Hz zu erzeugen. Die

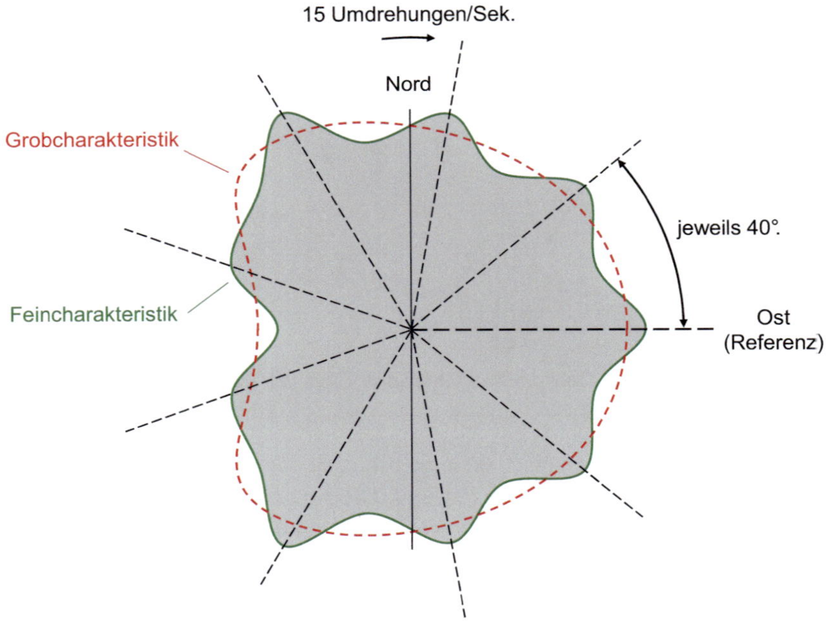

Abb. 6.27 Richtcharakteristik der TACAN-Antenne

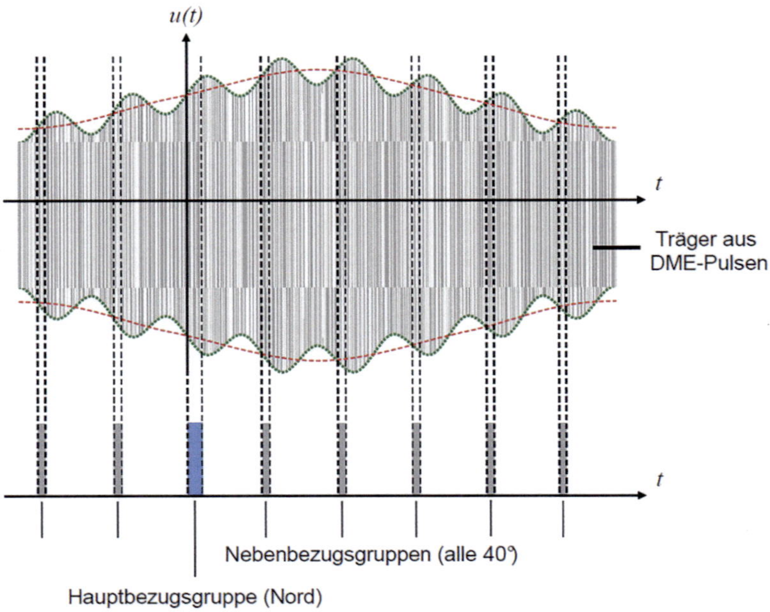

Abb. 6.28 Signal einer TACAN-Bodenstation am Navigationsempfänger. Über das 15-Hz-Signal der Grobmessung ist ein 135-Hz-Signal zur Feinmessung überlagert. Die Lage der Haupt- und Nebenbezugspulsgruppen ist unten gesondert skizziert

Tab. 6.6 Systemübersicht zu TACAN [100, 136]

Parameter	Wert
Frequenzbereich	wie DME
Kanalraster	1 MHz
Modulation	Amplitudenmodulation auf DME-Pulse
Polarisation	Vertikal
Sendeleistung	etwa 3,5 kW (Bodenstation)
(Spitze)	1,5 kW (Bordgerät)
Reichweite	um 200 NM

Lage der Hauptbezugsgruppe liefert dafür die Information über den Nulldurchgang der Schwingung. Somit ist der Empfänger in der Lage, den Azimutwinkel vorzubestimmen.

Für eine feinere Auflösung wird die Hilfsreferenzierung mit Nebenbezugspulsgruppen verwendet. Diese besteht aus Doppelpulsen nach der Definition für X- und Y-Kanäle, allerdings beträgt die Zeitdifferenz zwischen den Pulspaaren 24 µs. Die Lage der Nebenbezugsgruppen definiert wiederum die Nullphase des im Empfänger erzeugten 135-Hz-Signals. Gemeinsam mit dem (Grob-)Referenzsignal wird eine bessere Winkelauflösung ermöglicht. Wie bei VOR liefert die Phasenverschiebung zwischen den im Empfänger erzeugten Referenzsignalen und dem von der rotierenden Antennencharakteristik generierten Umlaufsignal den gesuchten Azimutwinkel.

Vorteilhaft ist bei TACAN, dass durch die im Vergleich zum VOR höhere Frequenz die Bauform der Bodeninstallation stark verkleinert werden kann. So beträgt der Antennendurchmesser etwa einen halben Meter, die Höhe des zylindrischen Antennensystems etwa 1,5 Meter. Dies erlaubt unter anderem den Bau von mobilen Systemen oder den Einsatz auf Schiffen. Die relativ niedrige Rotationsfrequenz der Antennencharakteristik lässt gemeinsam mit den geringen Abmessungen die Ausführung als mechanisches Antennensystem zu. Die Systemreichweite ist wegen der hohen Sendefrequenz und der damit verbundenen Limitierung auf die Sichtlinie von der Flughöhe abhängig. Sie beträgt bei einer Flughöhe von 15.000 Metern etwa 200 NM. In der Tab. 6.6 sind die Eigenschaften von TACAN zusammengefasst.

6.6 Satellitennavigation (GNSS)

Global Navigation Satellite System (GNSS) ist der Oberbegriff für ein weltweites System zur Bestimmung der Position und auch der Zeit [114]. Nach der Definition in den ICAO SARPs umfasst es auch die flugzeugseitigen Empfänger, Einrichtungen zur Überwachung der Systemintegrität sowie Augmentierungssysteme, welche die für eine gewünschte flugbetriebliche Anwendung benötigte Navigationsperformance bereitstellen. Aufgrund seiner großen Verbreitung werden oft alle Systeme dieser Art „GPS“ genannt, obwohl dieser Begriff ausschließlich das US-amerikanische System NAVSTAR-GPS (Navigational Satellite Timing and Ranging – Global Positioning System) bezeichnet.

Neben dieser kommerziell bisher erfolgreichsten Lösung existieren jedoch eine Reihe weiterer GNSS-Systeme. So entwickelte die damalige UdSSR mit GLONASS (Globalnaja Nawigazionnaja Sputnikowaja Sistema) eine zu GPS konkurrierende Lösung, die heute von der Russischen Föderation betrieben wird. Auch China hat mit Beidou ein zunächst regionales System zur Satellitennavigation implementiert und dieses zu einem global verfügbaren GNSS ausgebaut. Mit GALILEO steht das von der Europäischen Union initiierte und finanzierte europäische GNSS den weltweiten Nutzern zur Verfügung.

Der ursprüngliche Sprachgebrauch bezeichnete Satellitennavigationssystem der 1. Generation (GNSS-1) als solche, die bereits vorhandene Systeme (NAVSTAR-GPS, GLONASS) durch bodengestützte bzw. geostationäre Sender erweiterten und damit zivilen Anwendern eine höhere Dienstgüte bereitstellten. Dies geschah durch satellitenbasierte Ergänzungssysteme (Satellite Based Augmentation System, SBAS) oder durch bodengestützte Augmentierungssysteme (Ground Based Augmentation System, GBAS), anhand derer durch regionale oder lokale Referenzmessungen eine Verbesserung der Genauigkeit erzielt werden konnte. Beispiele für SBAS sind EGNOS (European Geostationary Navigation Overlay Service, in Europa) oder WAAS (Wide Area Augmentation System, in den USA).

Die zweite Generation der Satellitennavigationssysteme (GNSS-2) umfassten dagegen von einem Basissystem wie GPS unabhängige und eigenständige Lösungen für zivile Systeme zur Navigation. Hierunter verstand man die Lösungen von China, der EU, aber auch die Weiterentwicklungen der vormals militärisch GNSS-Systeme NAVSTAR-GPS und GLONASS. Mittlerweile werden jedoch alle verfügbaren GNSS-Lösungen in als „Generationen“ bezeichneten Stufen weiterentwickelt, so dass der ursprüngliche Bezeichnungsansatz nicht mehr eindeutig erscheint. In den nächsten Abschnitten werden die Grundprinzipien eines Satellitennavigationssystems zunächst unabhängig von der technischen Realisierung in allgemeiner Form vorgestellt und anschließend auf konkrete Systembeispiele angewandt.

6.6.1 Konzept eines Satellitennavigationssystems

Die Berechnung der unbekannten Position eines GNSS-Benutzers erfolgt in einem kartesischen ECEF-Koordinatensystem. Hierzu wird – ähnlich wie bei LORAN C oder DME – ein Verfahren zur Messung der Signallaufzeit verwendet. Strahlt ein Sender ein Signal aus, kann der Empfänger aus der Messung der Laufzeit die Entfernung R zu diesem bestimmen. Der gesuchte Ort befindet sich somit auf einer Kugelschale um den Sender. Wird ein zweiter Sender hinzugenommen, ergibt sich aus zwei Messungen eine Schnittlinie zweier Kugelschalen. Bei drei Sendern erhält man schließlich einen Schnittpunkt – die gesuchte Position. Bei der Positionsbestimmung mit orbitalen Satelliten handelt es sich somit um ein ρ-ρ-ρ-Navigationsverfahren (Abb. 6.29).

Dieses Verfahren setzt jedoch voraus, dass sowohl Sender als auch Empfänger die exakt gleiche Zeitbasis verwenden und dass der Aufenthaltsort der Satelliten $(X_{S,i},\ Y_{S,i},\ Z_{S,i})^T$

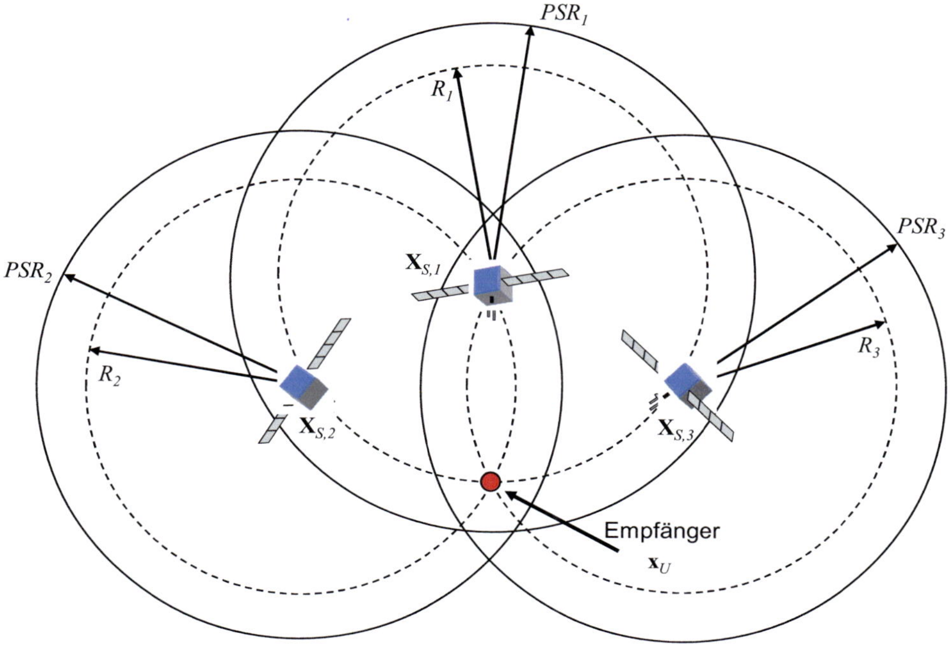

Abb. 6.29 Konzept der Positionsbestimmung mit Pseudoranges

genau bekannt ist. In der Regel wird die Uhr des Beobachters aber nicht mit der Senderuhrzeit übereinstimmen. Es tritt zu den drei Ortskoordinaten $(x_u, y_u, z_u)^T$ als weitere Unbekannte der sogenannte Uhrenfehler (Clock Bias) Δt_0, der den Zeitunterschied zwischen der Systemzeit und der Empfängeruhrzeit beinhaltet. Würde der Clock Bias beispielsweise 1 μs betragen, ergäbe sich ein Range-Fehler von 300 Metern. Daher muss zur Ermittlung der nun vier Unbekannten eine vierte Messung von Signallaufzeiten durchgeführt werden, um den Clock Bias der Benutzeruhr gegenüber der Referenzzeit zu ermittelt. Die Ausbreitungsgeschwindigkeit c des Satellitensignals wird mit der von Licht in Vakuum angenommen. Da die gemessenen Laufzeiten Δt_i den Clock Bias beinhalten, werden diese als Pseudodistanzen (Pseudo Ranges) *PSR* bezeichnet.[1]

$$\begin{aligned} R_j &= \sqrt{\left(\left(X_{S,j} - x_U\right)^2 + \left(Y_{S,j} - y_U\right)^2 + \left(Z_{S,j} - z_U\right)^2\right)} \\ PSR_j &= R_j + \Delta t_0 \, c \end{aligned} \tag{6.35}$$

[1] Exakt formuliert beinhaltet *PSR* je einen Fehlerterm aufgrund der Satelliten- und Benutzeruhr gegenüber der Systemzeit, zwei Verzögerungsanteile aufgrund der Signalausbreitung in der Ionosphäre sowie Troposphäre sowie einen das Messrauschen beschreibenden Anteil.

Die mit den vier Messungen der Pseudoentfernung PSR_i verbundenen Gleichungen bilden ein nichtlineares Gleichungssystem, aus dem mit iterativen Verfahren der gesuchte Ort $(x_u, y_u, z_u)^T$ und der Uhrenfehler Δt_0 ermittelt werden. Es müssen also, um die Position vollständig ermitteln zu können, zumindest vier Satelliten empfangen und ausgewertet werden:

$$\begin{aligned}
PSR_1 &= \sqrt{\left((X_{S,1} - x_U)^2 + (Y_{S,1} - y_U)^2 + (Z_{S,1} - z_U)^2\right)} + \Delta t_0\, c \\
PSR_2 &= \sqrt{\left((X_{S,2} - x_U)^2 + (Y_{S,2} - y_U)^2 + (Z_{S,2} - z_U)^2\right)} + \Delta t_0\, c \\
PSR_3 &= \sqrt{\left((X_{S,3} - x_U)^2 + (Y_{S,3} - y_U)^2 + (Z_{S,3} - z_U)^2\right)} + \Delta t_0\, c \\
PSR_4 &= \sqrt{\left((X_{S,4} - x_U)^2 + (Y_{S,4} - y_U)^2 + (Z_{S,4} - z_U)^2\right)} + \Delta t_0\, c
\end{aligned} \tag{6.36}$$

Die Genauigkeit der Positionsbestimmung hängt von den verwendeten Satelliten ab (etwa bedingt durch Bahnfehler), wird durch die Effekte am Ausbreitungsweg beeinflusst (etwa durch Beeinflussungen des GNSS-Signals in der Ionosphäre und Troposphäre) und beinhaltet letztlich auch durch den Empfänger bedingte Fehlerterme (etwa aufgrund der Antenne). Externe Faktoren wie das momentan ausgewertete GNSS-System oder die räumliche Anordnung der in der Navigationslösung verwendeten Satelliten (die sogenannte Satellitenkonstellation) verschlechtern die Genauigkeit der Lösung weiter.

Die Eignung einer bestimmten Satellitenkonstellation für die Positionsbestimmung wird durch eine als DOP (Dilution of Precision) bezeichnet skalare Größe ausgedrückt:

- GDOP: Geometrisches DOP, Fehler der Position im Raum zuzüglich Zeitabweichung
- PDOP: Positions-DOP, Fehler der Position im Raum
- HDOP: Horizontale DOP, Fehler der Position in der Ebene
- VDOP: Vertikale DOP, Fehler der Position in der Höhe

Zur Berechnung dieser Kennwerte wird auf die Fehlerfortpflanzungsrechnung zurückgegriffen. Man bildet aus der geschätzten Benutzerposition $(\tilde{x}_u, \tilde{y}_u, \tilde{z}_u)^T$ und aus den Aufenthaltsorten der Satelliten $(X_{S,i}, Y_{S,i}, Z_{S,i})^T$ eine Positionsmatrix-Matrix **P**, deren Elemente die partiellen Ableitungen der Pseudo-Ranges nach den vier Unbekannten darstellen [125, 185]:

$$\mathbf{P} = \begin{pmatrix} \frac{X_{S,1}-\tilde{x}_U}{R_{S,1}} & \frac{Y_{S,1}-\tilde{y}_U}{R_{S,1}} & \frac{Z_{S,1}-\tilde{z}_U}{R_{S,1}} & 1 \\ \frac{X_{S,2}-\tilde{x}_U}{R_{S,2}} & \frac{Y_{S,2}-\tilde{y}_U}{R_{S,2}} & \frac{Z_{S,2}-\tilde{z}_U}{R_{S,2}} & 1 \\ \frac{X_{S,3}-\tilde{x}_U}{R_{S,3}} & \frac{Y_{S,3}-\tilde{y}_U}{R_{S,3}} & \frac{Z_{S,3}-\tilde{z}_U}{R_{S,3}} & 1 \\ \frac{X_{S,4}-\tilde{x}_U}{R_{S,4}} & \frac{Y_{S,4}-\tilde{y}_U}{R_{S,4}} & \frac{Z_{S,4}-\tilde{z}_U}{R_{S,4}} & 1 \end{pmatrix} \tag{6.37}$$

Aus **P** wird die DOP-Matrix **D** errechnet, deren Hauptdiagonalenelemente den Varianzen der Messgrößen, die Elemente auf den Nebendiagonalen den Kovarianzen zwischen den 4 Unbekannten entsprechen:

$$\mathbf{D} = \left(\mathbf{P}^\mathrm{T}\,\mathbf{P}\right)^{-1} = \begin{pmatrix} d_x^2 & d_{xy}^2 & d_{xz}^2 & d_{xt}^2 \\ d_{xy}^2 & d_y^2 & d_{yz}^2 & d_{yt}^2 \\ d_{xz}^2 & d_{yz}^2 & d_y^2 & d_{zt}^2 \\ d_{xt}^2 & d_{yt}^2 & d_{zt}^2 & d_t^2 \end{pmatrix} \tag{6.38}$$

Die so ermittelten Varianzen sind normierte Größen. Aus ihnen folgen letztlich die oben aufgeführten DOP-Werte:

$$\begin{aligned} PDOP &= \sqrt{d_x^2 + d_y^2 + d_z^2} \\ TDOP &= \sqrt{d_t^2} \\ GDOP &= \sqrt{PDOP^2 + TDOP^2} \end{aligned} \tag{6.39}$$

Ein so ermittelter DOP-Wert gibt Auskunft darüber, inwieweit die momentane räumliche Anordnung der für die Navigationslösung verwendeten Satelliten geeignet ist. Es wird jedoch keine Aussage zur Genauigkeit berechnten Lösung selbst getroffen.

6.6.2 GNSS-Komponenten

Ein vollständiges globales Satellitennavigationssystem weist drei Segmente auf, die für seine Funktion notwendig sind.

Das Navigationssignal eines GNSS wird vom Raumsegment (Space Segment) erzeugt. Dieses umfasst die operativen Satelliten (Space Vehicles, SV) sowie allfällige Ersatzsatelliten in einem Medium Earth Orbit (MEO). Meist werden die SV auf kreisförmige Orbits mit einer Bahnhöhe von (hier: am Beispiel von NAVSTAR GPS) rund Zwanzigtausend Kilometer verteilt. Die wesentlichen Systeme eines SV sind eine Atomuhr als Zeitbasis, Kommunikationseinrichtungen zur Aussendung der Navigationsnachricht, Einrichtungen zur Querlink-Kommunikation mit anderen Satelliten, die unten näher beschriebene Missionsdateneinheit (Mission Data Unit) sowie die Systeme zur Bahnregelung.

Das Bodensegment wird von Monitoring-, Kontroll- und Steuerstationen gebildet. Zu den wichtigsten Aufgaben der Kontrollstation gehört der Uplink der Systemzeit, damit die Drift der im Satelliten eingebauten Atomuhren kompensiert werden kann. Die Monitoringstationen überwachen die Funktion der Satelliten und kommunizieren die Systemparameter an die Kontrollstation. Von dort können dann Korrekturen an den Parametern der Satellitenbahnen oder andere systemrelevante Daten an die Satelliten gesendet werden.

Das Benutzersegment besteht aus den Navigationsempfängern an Bord von Fluggeräten, Schiffen oder anderen Fahrzeugen, die anhand der abgestrahlten Navigationsnachricht eine Positionsinformation ermitteln.

6.6.3 Missionsdateneinheit

Die Missionsdateneinheit eines Navigationssatelliten nimmt eine zentrale Rolle ein. Zu ihren Aufgabe gehört:

- Erstellen der Navigationsnachricht
- Erstellen der Referenzierungsinformation (Ranging Code)
- Autonome Navigation des SV
- Bereitstellung der Zeitbasis für und Synchronisation der weiteren Systeme
- Verarbeitung von Uplink-Steuerbefehlen

Die ersten drei Punkte sind für die Erstellung der Navigationsnachricht verantwortlich. Deren Generierung kann anhand eines Schichtenmodells visualisiert werden (Abb. 6.30). In der obersten Ebene, der sogenannten Datenlink-Schicht (Data Link Layer), wird das Navigationssignal im engeren Sinne generiert. Dies umfasst im Wesentlichen die Sendezeit, die langfristigen Bahndaten (Almanach) sowie die kurzfristigen Bahndaten

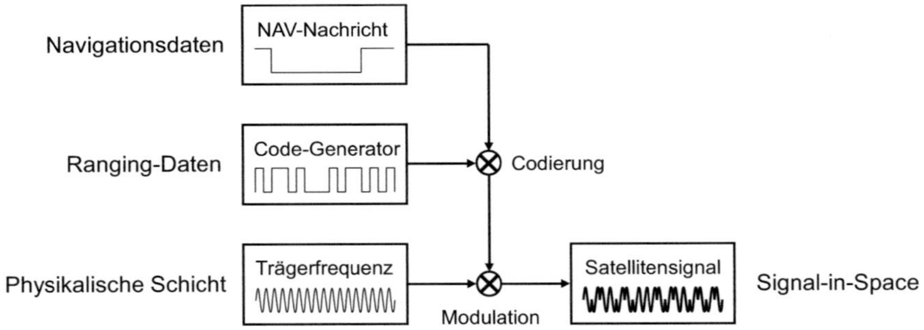

Abb. 6.30 Erzeugung des Navigationssignals eines GNSS-Satelliten

mit höherer Präzision (Ephemeriden). Die Almanachdaten werden zur Bestimmung der sichtbaren Satelliten verwendet, aus den Ephemeriden wird vom Empfänger die exakte Position der SV errechnet. Diese Nachricht liegt als Bitfolge vor und wird mit einer geringen Bitfolgefrequenz übermittelt.

In der darunter liegenden Ebene wird die für die Bestimmung der Signallaufzeit im Empfänger notwendige Referenzierung erzeugt. Sie wird daher Referenzierungsschicht oder auch Ranging-Code-Layer genannt. Das Referenzierungssignal ist ebenfalls eine Bitfolge mit konstanter Länge, die sich zyklisch wiederholt. Die Abfolge von logischen Einsen und Nullen wirkt stochastisch, sie wird daher auch als Pseudozufallsfolge (Pseudo Random Noise, PRN) bezeichnet. Diese wird so konstruiert, dass ihre Autokorrelation für Codeverschiebungen ungleich Null verschwindet und sie orthogonal, also linear unabhängig zueinander sind. Der Aufbau einer solchen Folge wird mit Hilfe eines Generierungspolynoms $p(x)$ beschrieben, wie sie das folgende Prinzipbeispiel zeigt:

$$p(x) = 1 + x^2 + x^4 \tag{6.40}$$

Dabei stehen die Exponenten für die in einem Register abgelegten Werte der Bitfolge. So bedeutet x^2, dass es sich um das zwei Taktschritte verzögerte Eingangsbit handelt. Die vom Generierungspolynom angegebenen Werte des Registers (im Beispiel: das 2 Taktschritte sowie das 4 Taktschritte zurückliegende Bit) werden durch eine Exklusiv-ODER-Verknüpfung (XOR, Addition ohne Übertrag) verknüpft und ergeben das in die erste Registerzelle („1“) zurückgespeiste Bit. Am Ausgang des Registers wird die PRN entnommen. Der größte Exponent n des Generierungspolynoms entspricht der Anzahl der Registerstellen. Das Funktionsprinzip wird in Abb. 6.31 verdeutlicht. Ausgehend von einem Initialisierungswort wird durch die XOR-Verknüpfung ein neuer Eingangswert errechnet und bei einem Taktimpuls in das Schieberegister eingespeist. Hierdurch ändern

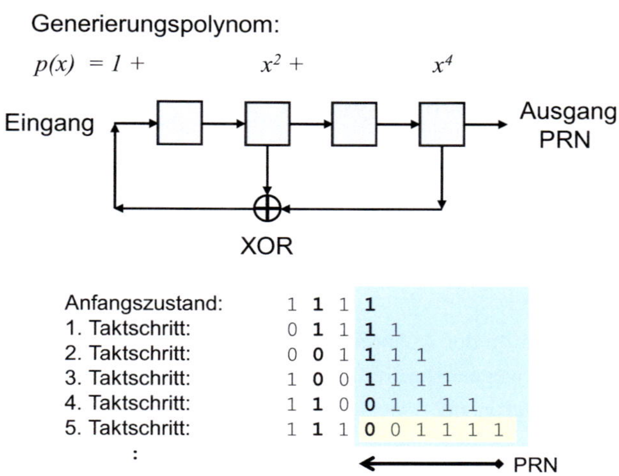

Abb. 6.31 Generierung einer PRN mit einem linearen rückgekoppelten Schieberegister (LFSR)

sich die gespeicherten Werte, ein neuer Rückkopplungswert wird errechnet und bereitgestellt. So wird bei jedem Taktimpuls der Inhalt des Registers verändert.

Wählt man das Generierungspolynom geeignet, wiederholt sich die erzeugte Bitfolge erst nach $2^n - 1$ Zyklen periodisch, man erhält eine sogenannte Maximal Length Sequence (MLS-Folge). Um die Eigenschaften der PRN noch weiter zu verbessern, werden häufig zwei Generierungspolynome $g_1(x)$ und $g_2(x)$ mit gleicher Länge verwendet, die entstehenden Bitfolgen zueinander um eine definierte Zeit verschoben, logisch addiert und über die Mission Data Unit als Ranging-Code bereitgestellt. Ein solcherart erzeugter Code wird auch als Gold-Code bezeichnet.

In der untersten Schicht wird das von der Missionsdateneinheit erzeugte und durch die Pseudo-Random-Number-Folge referenzierte Navigationssignal auf einen hochfrequenten Träger moduliert, verstärkt und abgestrahlt. Dabei wird durch die Überlagerung der Navigationsnachricht mit dem Ranging Code die Bandbreite der ursprünglich niederfrequenten Bitfolge auf die des Referenzierungscodes erhöht, das Signal wird gespreizt. Kennt ein Empfänger die zur Referenzierung verwendete PRN, kann er die Spreizung rückgängig machen und die Navigationsnachricht decodieren. Ist die PRN unbekannt, erscheint das Signal als Rauschen.

Die Bereitstellung der Zeitbasis durch die Missionsdateneinheit wird anhand einer Atomuhr gelöst. Ein Zahlenbeispiel (adaptiert nach [100]) verdeutlicht die Anforderungen an die Genauigkeit der Uhr. Soll das Navigationssystem eine Positionsgenauigkeit von 10 m aufweisen, folgt aus der Ausbreitungsgeschwindigkeit von etwa $3 \cdot 10^8$ m/s eine geforderte Uhrengenauigkeit von 30 ns. Unter der Annahme, dass zweimal täglich per Uplink von der Bodenkontrollstation die Drift der Satellitenuhr gegenüber der Systemuhr am Boden bestimmt wird, entspricht dies einer Forderung nach maximal 30 ns Drift innerhalb von 41.100 s (12 h). Die Genauigkeit der Uhr muss daher $1 : 1{,}4 \cdot 10^{+12}$ bzw. $1 : 1{,}4 \cdot 10^{+6}$ ppm (Parts per Million) betragen. Zum Vergleich: eine gewöhnliche Quarzuhr weist eine Stabilität von etwa 1000 ppm auf. Atomuhren mit der geforderten Stabilität verwenden Rubidium oder Cäsium.

6.6.4 Signalausbreitung

Die Atmosphäre beeinflusst die Performance eines Satellitennavigationssystems direkt. Dabei sind hauptsächlich die Troposphäre (zwischen der Erdoberfäche und einer Höhe von 10–20 km) sowie die Ionosphäre (zwischen etwa 70 bis 500 km über der Erdoberfläche) von Bedeutung. In das von der Signalausbreitung verursachte Fehlerbudget gehen ein:

- Variation der Ausbreitungsgeschwindigkeit
- Mehrwegeausbreitung (Multipath)
- Interferenzen

Zur Bestimmung der Signallaufzeit vom Satellit zum Empfänger wird angenommen, dass sich die elektromagnetische Funkwelle mit Lichtgeschwindigkeit im Vakuum ausbreitet. Diese Annahme beinhaltet aber einen Fehler, da die Signalgeschwindigkeit in der Ionosphäre von der Sonneneinstrahlung mit den Parametern Tages-/Nachtzeit, Jahreszeit, Stärke des Erdmagnetfeldes, Richtung der Signallaufzeit sowie dem Sonnenjahr abhängt. Allerdings ist dieser Effekt von der Frequenz der elektromagnetischen Welle abhängig und kann messtechnisch erfasst werden. Hierdurch ist durch Verwendung von Ausbreitungsmodellen und durch Zuhilfenahme messtechnisch ermittelter Korrekturfaktoren eine (zumindest teilweise) Eliminierung des ionosphärischen Ausbreitungsfehlers möglich.

In der Troposphäre ändert sich die Signalgeschwindigkeit bedingt durch Luftfeuchte und Gaszusammensetzung. Diese Geschwindigkeitsänderung ist nicht frequenzabhängig und weitgehend stabil. Die größte Variation tritt durch die Änderung der Luftfeuchte auf. Allerdings sind die troposphärischen Einflüsse gegenüber denen der Ionosphäre um mehr als eine Größenordnung geringer und daher vernachlässigbar [156].

Die Mehrwegeausbreitung geht auf Spiegelungen und Beugungen an Objekten (Gebäuden oder Bäumen) oder an der Erdoberfläche zurück. Die hieraus resultierenden Probleme bei der Genauigkeit der Laufzeitmessung sind vor allem bei Anwendungen im städtischen Gebiet mit Häuserzeilen („Urban Jungle") von Bedeutung. In der Luftfahrt tritt Multipath hauptsächlich durch Echos vom Rumpf des Flugzeugs oder vom Erdboden auf.

Als dritte Fehlerursache sind Interferenzen mit anderen Funksystemen, die auf benachbarten Frequenzbändern (DME, TACAN, Radar) arbeiten, relevant. Sie wirken auf die Genauigkeit der Laufzeitmessung bis hin zum Totalausfall ein.

6.6.5 Konzept eines GNSS-Empfängers

Ein Satellitennavigationsempfänger kann in drei Funktionsblöcke gegliedert werden (Abb. 6.32). Im hochfrequenten Frontend wird das empfangene Signal vorverstärkt und bandgefiltert, bevor es mit einem Abwärtsmischer in eine zwischenfrequente Lage versetzt wird. Nach einer schmalbandigen Filterung und Verstärkung erfolgt eine Digitalisierung mit einer ausreichend großen Abtastrate. Das digitalisierte Signal wird einem

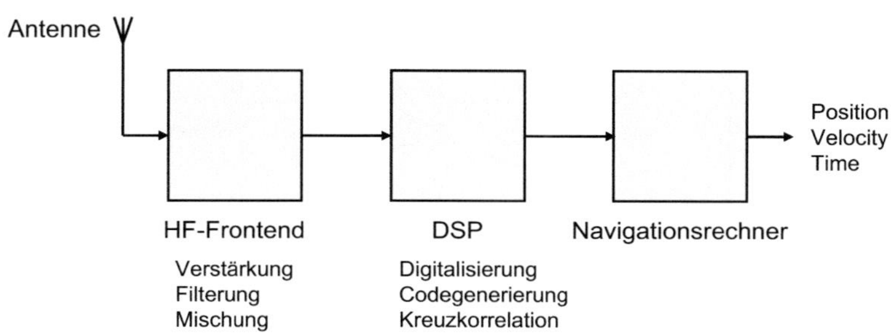

Abb. 6.32 Grobarchitektur eines GNSS-Empfängers

digitalen Signalprozessor (DSP) zugeführt, der es anhand einer Kreuzkorrelation mit einem im Empfänger erzeugten Replikat des Referenzierungscodes vergleicht. Wurde die Zeitverschiebung vom DSP ermittelt, entspreizt sich das Satellitensignal und die Messgrößen (z. B. Pseudoranges, Doppler-Frequenzverschiebung) sowie die decodierte Navigationsnachricht werden dem Navigationscomputer zugeführt. Dieser bestimmt aus den Messgrößen den PVT-Vektor (Position, Velocity, Time) und liefert die Position im gewünschten Koordinaten- und Bezugssystem.

Das Konzept der digitalen Signalverarbeitung bei einem modernen Mehrfrequenzempfänger ist nachfolgend skizziert. Hierzu wird vom DSP für jeden zu empfangenden Satelliten ein Empfangskanal bereitgestellt. Für jeden der Kanäle erzeugt ein Code-Generator den Replika-Code einer PRN und führt diesen einem Korrelator zu. Als zweites Signal erhält der Korrelator das aus dem empfangenen Signal erzeugte Basisband bestehend aus der Überlagerung der Navigationsnachricht und dem Ranging Code (Abb. 6.33). Durch systematische Veränderung der Phasenverschiebung zwischen diesen beiden Signalen wird der Maximalwert der Kreuzkorrelation gesucht. Zusätzlich wird als zweite Variable die aufgrund der Relativbewegung auftretende Doppler-Frequenzverschiebung ermittelt.

Die Bestimmung der Zeitdifferenzen erfolgt dabei in einer Akquisitions- und in einer Trackingschleife. Wird ein GNSS-Empfänger erstmalig in Betrieb genommen, liegen keine Informationen über die Position, Zeit sowie empfangbare Satelliten vor. Daher wird

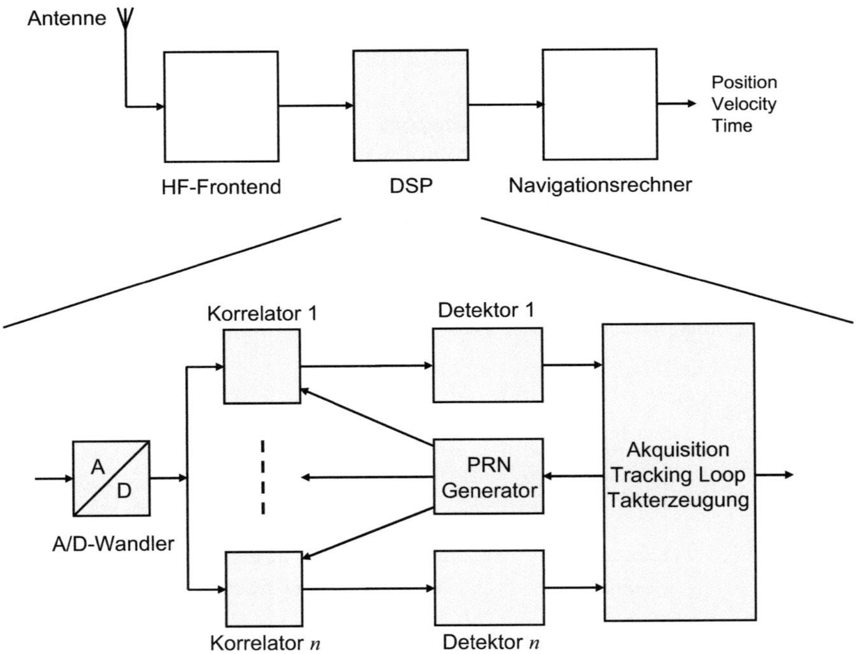

Abb. 6.33 Digitale Signalverarbeitung im GNSS-Empfänger

zuerst in einer Akquisitionsschleife durch systematisches Probieren der möglichen PRNs nach empfangbaren Satelliten gesucht. Sobald ein SV empfangen wird, übernimmt eine Trackingschleife die Verfolgung des Signals.

In den folgenden Kapiteln wird das hier vorgestellte Konzept eines Satellitennavigationssystems anhand praktischer Systembeispiele ausgeführt.

6.6.6 Global Positioning System (GPS)

GPS verwendet 24 Satelliten auf annähernd kreisförmigen 12-Stunden-Bahnen, die Bahnhöhe beträgt circa 20.200 km. Die Satelliten sind in 6 kreisförmige Orbits mit einer Neigung (Inklination) von 55° relativ zur Äquatorfläche aufgeteilt. Das Systemkonzept sieht vor, dass 3 der 24 Satelliten ohne Einschränkung der Funktionalität ausfallen könnten.

Das Kontrollsegment (Abb. 6.34) setzt sich aus Monitoring-, Kontroll- und Bodensendestationen in der Nähe des Äquators zusammen. Die Monitoringstationen sind geodätisch hochpräzise vermessen und überwachen die Signale der Satelliten. Auf diese Weise werden Laufzeitfehler durch den Einfluss der Ionosphäre ermittelt. Die Monitoringstationen übermitteln die gewonnenen Informationen an die Hauptkontrollstation. Diese berechnet hieraus die Bahndaten der Satelliten und übermittelt sie anhand der Bodensendestationen an die SVs. Die Bodensendestationen sind geografisch so verteilt, dass jeder Satellit innerhalb von 24 Stunden 3 Kontakte zu ihnen hat und damit die Navigationsmitteilungen mit von den Monitoringstationen gewonnenen Daten aktualisiert werden können. In Abb. 6.34 sind zusätzlich die Bodenspur eines Satelliten sowie der Empfangsbereich zu einem willkürlich angenommenen Zeitpunkt eingetragen.

Die Satelliten senden die Navigationsnachricht im L-Band auf den Frequenzen 1575,42 MHz (L1) und 1227,60 MHz (L2) mit einer Sendeleistung von etwa 22 W

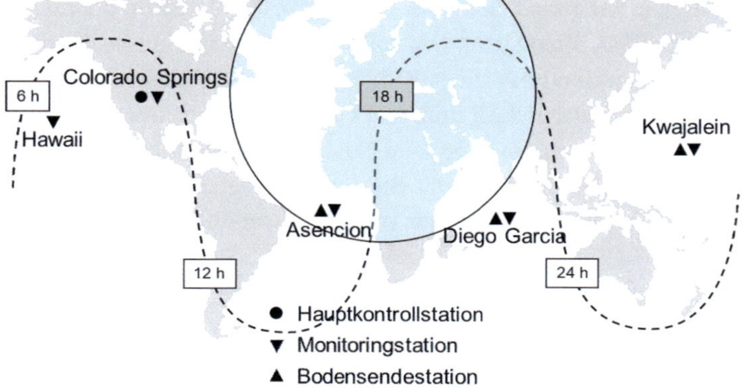

Abb. 6.34 Bodenstation von GPS mit der Bodenspur eines Satelliten

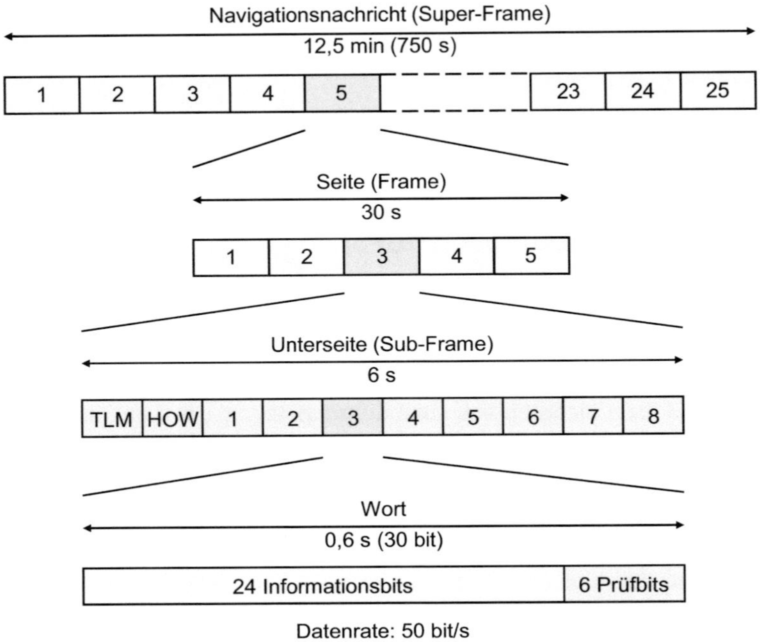

Abb. 6.35 Aufbau der Navigationsnachricht bei GPS

aus. Wie alle Vorgänge im GPS-System sind auch die Sendefrequenzen auf die an Bord mitgeführten Atomfrequenznormale synchronisiert und durch Frequenzvervielfacher aus der Grundfrequenz $f_0 = 10{,}23$ MHz abgeleitet. Um Polarisationsverluste beim Empfang zu minimieren, wird die elektromagnetische Welle zirkular polarisiert abgestrahlt. Dabei rotieren das orthogonal zueinander stehende elektrische und magnetische Feld um den Vektor der Ausbreitungsrichtung.

Die bei GPS verwendete Navigationsnachricht umfasst die Satellitenzeit, das Synchronisationssignal, die Ephemeriden- und Almanach-Daten, Informationen zur Ionosphäre und Korrektursignale zur Berechnung der Laufzeit sowie Angaben über den Status (technischer Zustand) der Satelliten [103]. Die vollständige Navigationsnachricht wird auch als Super-Frame bezeichnet und mit einer Bitrate von 50 bit/s abgestrahlt. Die Sendedauer für einen Super-Frame beträgt 12,5 min. Ein GPS-Empfänger muss, um korrekt arbeiten zu können, zumindest einmal die komplette Navigationsnachricht empfangen haben (z. B. bei der erstmaligen Initialisierung). Der Super-Frame setzt sich aus 25 Seiten (Frames) mit 1500 bit Länge und einer Sendedauer von 30 s zusammen und ist wiederum in 5 Sub-Frames mit 300 bit (Sendedauer 6 s) aufgeteilt (Abb. 6.35).

Die erste Unterseite enthält die GPS-Wochennummer, Parameter zur Korrektur der Laufzeitverzögerung und zur Korrektur der Satellitenzeit, Informationen über den technischen Zustand sowie eine Schätzung der möglichen Positionsgenauigkeit des Satelliten. Unterrahmen 2 und 3 enthalten die Ephemeridendaten des empfangenen Satelliten. Aus diesen entnimmt der Empfänger hochgenaue Angaben zur Satellitenbahn und -position. Die Unterrahmen 4 und 5 beinhalten Ionosphärendaten, UTC-Daten, für militärische Zwecke reservierte Datenfelder sowie die Almanachdaten jeweils eines Satelliten. Um die Almanachdaten für sämtliche Satelliten zu übertragen, wird der Inhalt der Unterrahmen 4 und 5 auf den 25 Seiten jeweils verändert, während die Sub-Frames 1–3 auf allen 25 Seiten der Navigationsnachricht den selben Inhalt aufweisen.

Die Unterrahmen folgen einem einheitlichen Aufbau, sie werden aus 10 Worten mit jeweils 30 bit Länge gebildet. Davon sind in jedem Wort 24 bit für Informationen vorgesehen, 6 bit sind Prüfbits zur Fehlersicherung. Jeder Unterrahmen beginnt mit einem Telemetriewort (Telemetry, TLM), gefolgt von einem Übergabewort (Hand-over Word, HOW). Das TLM enthält unter anderem ein Bitmuster zur Synchronisation sowie Diagnosenachrichten. Das HOW spielt für die Referenzierung eine Rolle, es beinhaltet die sogenannte GPS-Wochenzeit (Time of Week, TOW), die in einem 6-Sekundenintervall den Beginn der aktuellen GPS-Woche angibt.

Die bei NAVSTAR-GPS verwendeten Referenzierungs- bzw. Ortungssignale liegen in Form eines Course/Acquisition- (CA-) und eines Precision- (P-)Codes vor. Jedem Satelliten ist dabei eine eigene PRN zugeordnet, wodurch die SV für den Empfänger unterscheidbar werden, obwohl sie alle auf denselben Frequenzen senden. Wie oben (Abschn. 6.6.3) erläutert, wird die PRN anhand eines LFSR erzeugt. Der C/A-Code ist dabei vergleichsweise kurz und umfasst 1024 bit (teilweise auch als chip bezeichnet) mit einer Bitrate (Chiprate) von $1{,}023 \cdot 10^6$ bit/s. Er wiederholt sich nach 1 ms periodisch. Seine Generatorpolynome werden als $g_1(x)$ und $g_2(x)$ bezeichnet:

$$\begin{aligned} g_1(x) &= 1 + x^3 + x^{10} \\ g_2(x) &= 1 + x^2 + x^3 + x^6 + x^8 + x^9 + x^{10} \end{aligned} \tag{6.41}$$

Die den einzelnen Satelliten eindeutig zugeordnete PRN ist gleichzeitig mit der Anzahl an Taktverschiebungen n_i $(1 \leq n \leq 1023)$ zwischen $g_1(x)$ und $g_2(x)$ verknüpft. Damit kann der C/A-Code des i-ten Satelliten errechnet werden (für den SV_{01} mit PRN_{01} etwa ist $n_1 = 5$) [149]:

$$G_{C/A,i}(t) = G_1(t) \oplus G_2(t + n_i/1,023\,MHz) \tag{6.42}$$

Auch der P-Code wird nach diesem Prinzip erzeugt. Es werden jedoch vier LFSR verwendet, jeweils zwei Schieberegister generieren die Teilcodes $P_1(x)$ und $P_2(x)$. Die Taktrate des P-Codes ist identisch mit der Grundfrequenz des Systems, jeweils zu Beginn einer Woche erfolgt eine Rückstellung von $P_1(x)$ und $P_2(x)$ auf den Ausgangswert. Der Zugriff auf den (nicht klassifizierten) P-Code wird durch Verschlüsselung (Anti Spoofing, AS) mit dem sogenannten W-Code verhindert. Dabei entsteht der als P(Y)- oder auch als Y-Code bekannte und nur authorisierten Benutzern zugängliche zweite Referenzierungscode.

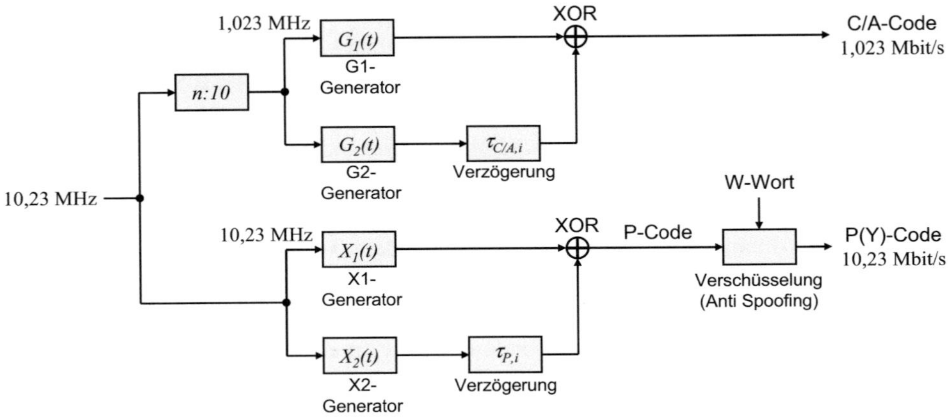

Abb. 6.36 Aufbau der Navigationsnachricht bei GPS

Die Navigationsnachricht wird durch die Ortungssignale (C/A-Code, P(Y)-Code) aufgespreizt, indem beide modulo-2-addiert (Exlusiv-ODER-verknüpft) werden. Aus diesem Grund werden die Ranging Codes auch als Spreizungscodes bezeichnet. Da beide Signale aus der mit Hilfe der Atomuhr erzeugten Systemfrequenz gebildet werden, sind die Taktschritte der beiden Informationsfolgen synchron zueinander. Durch die Verknüpfung wird die Bandbreite der Navigationsnachricht von 50 Hz auf die Bandbreite des jeweiligen Ortungssignals (1,023 MHz bei C/A, 10,23 MHz bei P(Y)) aufgeweitet. Die Kombination aus C/A-Code und Navigationsnachricht wird zur Modulation der L1-Frequenz verwendet, die mit dem P(Y)-Code gespreizte Bitfolge moduliert sowohl die L1- als auch die L2-Frequenz (Abb. 6.36). Als Modulationsverfahren kommt jeweils binäre Phasenumtastung (BPSK) zum Einsatz. Da durch die Spreizung die Leistung des Signals über eine wesentlich größere Bandbreite verteilt wird, wird dieses Verfahren auch als spektrale Spreizung oder Spread-Spectrum-Modulation bezeichnet.

Die Modulation der digitalen Daten erfolgt mittels Quadraturmodulation im I/Q-Signalraum. Dazu wird die mit dem P(Y)-Code gespreizte Navigationsnachricht sowohl auf der L1- (mit $\cos(\omega t)$) als auch auf der L2- Frequenz (mit $\cos(\omega t)$) gesendet. Die mit dem C/A-Code gespreizte Navigationsnachricht wird nur auf der orthogonal dazu stehenden L1-Frequenz (mit $\sin(\omega t)$) abgestrahlt. Durch die BPSK-Modulation und die zugrunde liegenden Chipraten entstehen auch die Signalbandbreiten von 2,046 MHz (C/A-Ortungscode) bzw. 20,46 MHz (P(Y)-Ortungscode). Die Betragsspektren des GPS-Signals (Abb. 6.37) folgen der Form der Spalt- bzw. Sinus-Cardinalis-Funktion, die Einschnürung liegt jeweils bei der Bitrate der verwendeten Codes.

Mit der Übertragung des Ortungscodes auf zwei Frequenzen unterstützt GPS zwei Betriebsmodi. Im auch für zivile Nutzer zugänglichen „Standard Positioning Service“ (SPS) wird lediglich die Information des C/A-Signals auf der L1-Frequenz ausgewertet. Authorisierte Nutzer können im „Precision Positioning Service“ (PPS) durch Verwendung

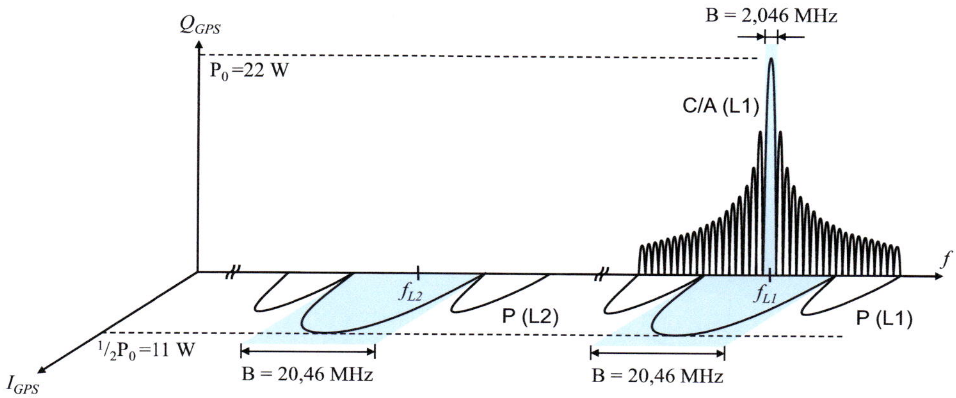

Abb. 6.37 Betragsspektrum der L1- und L2-Signale von GPS

des W-Worts auf die P-Signale auf der L1- und der L2-Frequenz zugreifen. Dabei unterstützt das C/A-Signal bei der schnelleren Decodierung des P-Codes und der Navigationsnachricht. Die Verwendung von zwei Frequenzen ermöglicht dabei die bessere Korrektur von ionosphärenabhängigen Laufzeitfehlern. Die im System verwendete GPS-Zeit ist aus der internationalen Atomzeit (Temps Atomique International, TAI) abgeleitet und wird auf die in der Luftfahrt üblicherweise verwendete Universal Time Coordinated (UTC) referenziert. Durch die etwa alle 2 Jahre auftretenden Schaltsekunden wird der Zeitabstand zwischen GPS-Zeit und UTC damit laufend größer.

Im Gegensatz zu bodengebundenen Navigationssystemen stellt die Signalintegrität bei GPS ein großes Problem dar. Während funktionsunfähige Radionavigationssender am Boden durch einen besonderen Betriebszustand, bei dem das Navigationssignal rhythmisch ein- und ausgeschaltet („Blinking") und damit als nicht für Navigationszwecke zulässig gekennzeichnet wird, muss dies bei GPS auf eine andere Weise gelöst werden. Hierzu wird im Empfänger ein Algorithmus zur Integritätsüberwachung (Receiver Autonomous Integrity Monitoring, RAIM) implementiert. Die Idee dabei ist, durch mehrfache Positionsbestimmung eine Überbestimmung der Navigationsgleichungen zu erhalten. Werden beispielsweise 5 Satelliten empfangen, kann der Empfänger durch systematisches Entfernen jeweils eines Satelliten mehrere Positionen ermitteln und diese untereinander vergleichen. Liegen die berechneten Positionen eng beieinander, ist für den Empfänger die Signalintegrität gegeben. Bei einer schlechten Übereinstimmung kann der hierfür verantwortliche Satellit identifiziert und von der Auswertung ausgeschlossen werden. Somit bietet RAIM eine akzeptable Überwachungsfunktion auch für die Streckennavigation.

Die aus der Auswertung der Satellitensignale gewonnene Positionsinformation wird bei GPS im WGS-84 angegeben. Ein Navigationscomputer führt die Umrechnung in das gewünschte Navigations-Referenzsystem (z. B. UTM, Abschn. 6.1.4) durch. Als Maß für die geometrisch bedingten Ortungsfehler wird ein Verschlechterungsfaktor (Dilution of Precision) *DOP* verwendet (siehe Abschn. 6.6.1). Aufgrund der sich laufend ändernden

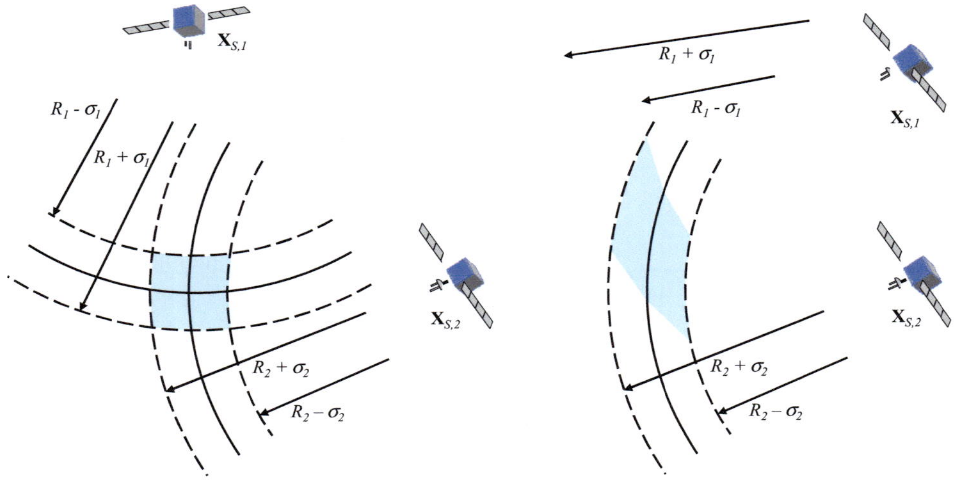

Abb. 6.38 Unsicherheitsbereich bei der Ortung anhand von zwei mit Unsicherheit behafteten Entfernungsmessungen für zwei unterschiedliche Winkel zwischen den Satelliten

Satellitenkonstellation sowie aufgrund der oben beschriebenen Fehlereinflüsse ist die Entfernungsmessung stochastischen Schwankungen unterlegen. In Abb. 6.38 wird dies dargestellt: Ist der Winkel zwischen den für die Positionsbestimmung herangezogenen Winkel nahezu rechtwinklig, schließen die Standlinien ebenfalls einen rechten Winkel ein. Zusätzlich ist jede Standlinie R_i mit einer Unsicherheit, ausgedrückt durch die Standardabweichung σ_i, behaftet. Der gesuchte Standort befindet sich in einer Fläche, die zwischen den Schnittpunkten der Entfernungsunsicherheitslinien $R_i \pm \sigma_i$ aufgespannt wird. Nimmt der Winkel zwischen den Satelliten Werte deutlich größer oder kleiner als 90° an, streckt sich die Fläche in die Länge, der Bereich für den wahrscheinlichsten Aufenthaltsort wird größer.

Der dabei auftretende Fehler kann anhand seiner Standardabweichung σ_R beschrieben werden. Bezieht man nun die Standardabweichung des Positionsfehlers auf σ_R, erhält man den DOP-Faktor der dreidimensionalen Positionsbestimmung *PDOP*. Auf die gleiche Weise folgen DOP-Faktoren für die zweidimensionale (horizontale) Positionsbestimmung (*HDOP*), die eindimensionale (vertikale) Positionsbestimmung sowie für die Zeitmessung (*TDOP*):

$$PDOP = \sigma_P \, \sigma_R \tag{6.43}$$

$$HDOP = \frac{\sigma_H}{\sigma_R} \tag{6.44}$$

$$VDOP = \frac{\sigma_V}{\sigma_R} \tag{6.45}$$

$$TDOP = \frac{\sigma_T}{\sigma_R} \tag{6.46}$$

Der DOP-Faktor *GDOP* für das gesamte System setzt sich aus einem Positions- und Zeitfehler zusammen und wird anhand des geometrischen Mittels von *PDOP* und *TDOP* bestimmt:

$$GDOP = \sqrt{(PDOP)^2 + (TDOP)^2} \tag{6.47}$$

Während die ursprüngliche Genauigkeit von GPS im SPS-Mode in der Vergangenheit in 95 % der Zeit besser als 100 m in der Horizontalen und 300 m in der Höheninformation war, haben sich diese Werte mittlerweile auf einen horizontalen Fehler kleiner als 13 m bzw. einen vertikalen Fehler kleiner als 22 m verbessert [156].

Seit etwa 2000 wird in mehreren Schritten an einer Modernisierung von GPS gearbeitet. Hintergrund dafür ist der technische Fortschritt in der Nachrichtentechnik seit der Systemkonzeption von GPS in den 70er-Jahren des letzten Jahrhunderts. Die damals gestarteten SVs werden als Block-I-Satelliten bezeichnet und wurden bis 1995 sukzessive durch Block-II-Satelliten ersetzt. In den folgenden Jahren folgten Block-IIA- und Block-IIR-Satelliten [189].

Ein Grund für die Modernisierung des Systems war auch, eine Schwachstelle von GPS für militärische Anwendungen zu schließen: Wird der frei zugängliche C/A-Code durch einen Störer ausgeschaltet, wird zwar die ungewollte Benutzung der L1-Frequenz durch feindliche Kräfte unterbunden. Allerdings erschwert dies auch die Akquisition des P(Y)-Codes durch eigene und verbündete Streitkräfte. Daher wären neue, verschlüsselt abgestrahlte und leicht akquirierbare militärische Signale wünschenswert.

Der erste Schritt der Modernisierung wurde im September 2005 durch den Start eines sogenannten Block-IIR-M-Satelliten (M: modernized) gestartet und ein neues ziviles Signal auf der L2-Frequenz sowie zwei militärische Signale auf L1 und L2 eingeführt. Das neu hinzugekommene zivile Signal wird als L2C bezeichnet, die militärischen Signale als M-Codes. Der L2C-Code wird aus zwei unterschiedlich langen PRN-Folgen, einer mit moderater Länge (L2CM) und einer langen (L2CL) Codefolge generiert. Dabei wird der L2CM-Code mit einer modifizierten zivilen Navigationsnachricht (CNAV) moduliert, der L2CL-Code bleibt unverändert und dient als Pilotträger [103]. Der hieraus entstehende L2C-Code wird mit einer Rate von 1,023 Mbit/s mittels BPSK auf die Trägerfrequenz L2 moduliert und erzeugt ein dem C/A-Signal auf L1 vergleichbares Frequenzspektrum (Abb. 6.39). Seine Bandbreite beträgt ebenfalls wie das des C/A-Signals 2,460 MHz.

Um die Interoperabilität mit den bestehenden zivilen Signalen sicherzustellen, wurde als Modulationsverfahren für die M-Signale auf L1 und L2 ein als Binary Offset Carrier (BOC, gelegentlich auch Binary Offset Coding) bezeichnetes und relativ neues digitales Modulationsschema verwendet. Bei der BOC(n,m)-Modulation wird durch Vergrößerung der Bitrate der Navigationsnachricht um den Faktor m und durch Addition eines gegenüber der Systemgrundfrequenz um den Faktor n erhöhten Taktsignals eine Verschiebung (Offset) des Maximums des Leistungsdichtespektrums zu der erhöhten Systemfrequenz hin erzielt.

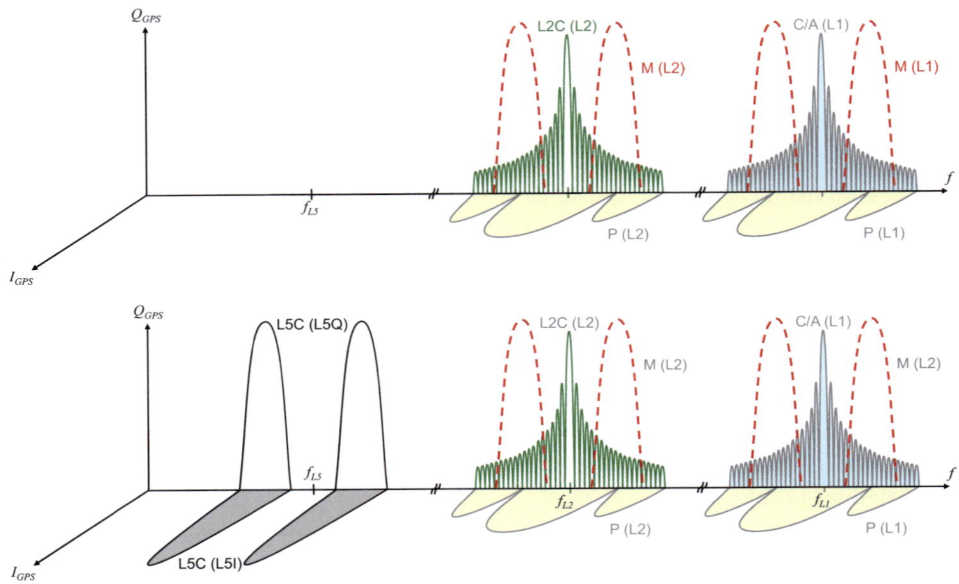

Abb. 6.39 Betragsspektren der L1-, L2- und L5-Signale bei Block-IIR- (oben) und Block-III-Satelliten (unten)

Im einfachsten Fall, bei einer BOC(1,1)-Modulation, wird innerhalb einer Periodendauer des BOC-Modulationsträgers ($n = 1$, Abb. 6.40) genau ein Bit des Ortungscodes ($m = 1$) übertragen. Dabei wird jedes Bit der Navigationsnachricht (ähnlich wie bei einer Manchester-Codierung) nach 50 % der Periodendauer invertiert, die Bitrate dadurch verdoppelt und ein Versatz auf der Frequenzachse um den Wert der BOC-Modulationsfrequenz erreicht. Die M-Signale werden anhand einer BOC(10,5)-

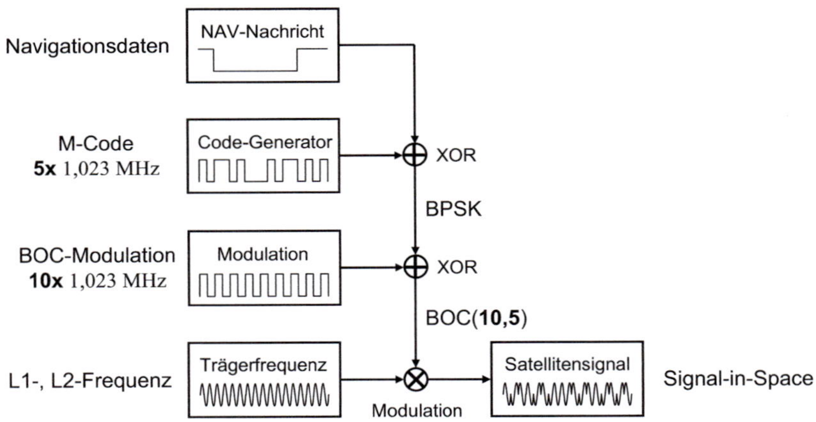

Abb. 6.40 Entstehung der BOC(10,5)

Modulation nach Abb. 6.40 auf dem Quadratur-Kanal übertragen. Dadurch sind sie orthogonal zu den breitbandigen P(Y)-Signalen auf L1 und L2 und aufgrund des durch die BOC-Modulation entstehenden Hilfsträgers um 10,230 MHz von der Mittenfrequenz (und damit von den C/A-Signalen) der Übertragungskanäle nach links und rechts verschoben.

In weiterer Folge wird bei den Block-IIF- bzw. Block-III-Satelliten eine dritte, die sogenannte L5-Freqenz, mit einem zivilen Navigationssignal für die aeronautische Radionavigation beaufschlagt. Hierzu wird zunächst die Navigationsnachricht durch eine Vorwärtsfehlerkorrektur (Forward Error Correction, FEC) mit Rate $R = 0{,}5$ durch Ergänzen von Prüfbits von 50 auf 100 bit/s erhöht. Ein Code-Generator erzeugt zwei PRN-Folgen, die dem In-Phase-Kanal zugeordnete PRN ist zusätzlich mit den Navigationsdaten moduliert. Beide werden anhand einer (Neumann-Hoff-)Synchronisationsbitfolge moduliert, wobei sich die Bitrate des I-Kanals um den Faktor 10, die des Q-Kanals um den Faktor 20 erhöht. Anschließend werden die beiden Bitfolgen mittels BPSK auf den Kosinus- (I-Kanal) bzw. dem Sinus-Träger (Q-Kanal) moduliert und abgestrahlt. Der Quadratur-Kanal enthält dadurch keine Navigationsnachricht und dient als Pilot-Signal. Aufgrund der Erhöhung der Bitrate wird diese Modulation auch als als BPSK(10) bezeichnet. Bei Block-III-Satelliten soll ein zusätzliches ziviles L1C-Signal gesendet werden, welches das im Abschnitt zu Galileo (Abschn. 6.6.8) erläuterte binäre Offset-Modulationsverfahren (BOC) verwendet, um nicht mit dem auf der gleichen Frequenz abgestrahlten C/A-Signal zu interferieren.

6.6.7 GLONASS

Konkurrierend zu NAVSTAR-GPS wurde in der früheren UdSSR ein eigenes Satellitennavigationssystem mit der Bezeichnung GLONASS (Global Orbiting Navigation Satellite System) entwickelt. Erste Testsatelliten wurden 1982 gestartet, das System 1996 für operativ arbeitend erklärt [103]. Während beide Systeme vom Funktionsprinzip her sehr ähnlich konzipiert sind, gibt es doch signifikante Unterschiede. Das GLONASS-Raumsegment besteht im Vollausbau aus 24 Satelliten, von denen 3 als Reserve dienen. Sie sind auf 3 Orbits mit einer Bahnhöhe von 19.100 km und einer Inklination von 64,8° verteilt. Während die Umlaufzeit eines GPS-Satelliten knapp 12 Stunden beträgt, ist sie bei GLONASS-Satelliten mit 11,4 Stunden deutlich kürzer [143].

Der Aufbau der Navigationsnachricht unterscheidet sich zwar von der des GPS-Systems, hat jedoch die gleiche Bedeutung. Ein wesentlicher Unterschied im Systemkonzept liegt in der Art des verwendeten Mehrfachzugriffs. Während bei GPS alle Satelliten anhand eines Code-Mehrfachzugriffs (Code Division Multiple Access, CDMA) die zur Verfügung stehenden Frequenzen (L1, L2 und L5) teilen, werden bei GLONASS durch Frequenz-Mehrfachzugriff (Frequency Division Multiple Access, FDMA) jedem Satelliten zwei eigene Sendefrequenzen $f_{i,1}$ und $f_{i,2}$ zugeteilt [136]:

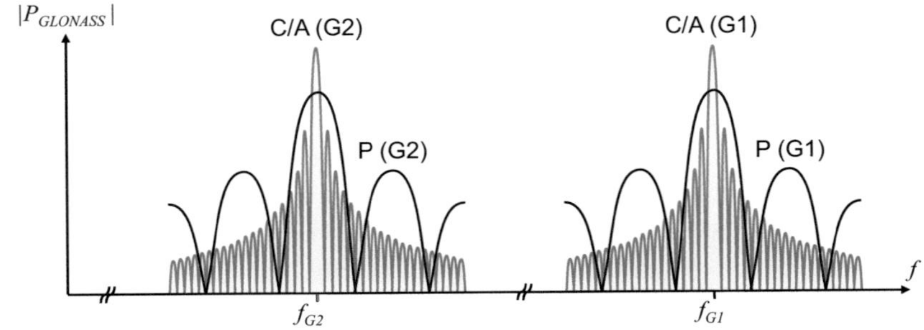

Abb. 6.41 Leistungsdichtespektrum des Signal-in-Space eines GLONASS-Satelliten

$$f_{i,1} = 1602\,\text{MHz} + (i - 1) \cdot 0{,}5625\,\text{MHz}$$
$$f_{i,2} = 1246\,\text{MHz} + (i - 1) \cdot 0{,}4375\,\text{MHz} \tag{6.48}$$

Die Sendefrequenzen liegen damit ebenfalls (wie bei GPS) im L-Band und werden zur besseren Unterscheidung von GPS meist als G1 und G2 bezeichnet. Der Empfänger kann somit durch Wahl der Empfangsfrequenz einen bestimmten Satelliten wählen. Analog zu GPS werden zwei Ortungssignale ausgesendet, ein dem SPS-Service von GPS analoger S-Code (in der Literatur teilweise ebenfalls mit C/A bezeichnet) auf der G1-Frequenz $f_{i,1}$ sowie ein dem PPS-Service entsprechender P-Code auf der G1- als auch auf der G2-Frequenz $f_{i,2}$ (Abb. 6.41). Jüngere Generationen von GLONASS-Satelliten (GLONASS-M) senden auch auf der G2-Frequenz ein S-codiertes Signal aus. In weiterer Folge soll zusätzlich die G3-Frequenz bei 1204,704 MHz ein Navigationssignal tragen (GLONASS-K). Da jedem SV eigene Sendefrequenzen zugeordnet sind, sind die PRN-Sequenzen zur Modulation der Navigationsnachricht identisch. Der S-Code wird mittels einer PRN mit Bitrate von 0,511 MHz erzeugt, der P-Code anhand einer PRN mit Bitrate von 5,11 MHz. Die Modulation auf den hochfrequenten Träger erfolgt wie bei GPS anhand einer 2-fach-Phasenumtastung (BPSK). Die dabei verwendeten PRNs werden auch mit linear rückgekoppelten Schieberegistern erzeugt.

Ein weiterer Unterschied zu GPS liegt im verwendeten Erdmodell. Anstelle des WGS-84-Referenzellipsoids verwendet GLONASS das „Parameters of the Earth 1990“ (PE-90), der Wechsel zwischen WGS-84 und PE-90 kann mittels der Helmert-Transformation (Sieben-Parameter-Transformation) vollzogen werden [103].

Mittlerweile sind viele GNSS-Empfänger sind in der Lage, sowohl GPS als auch GLONASS (oder auch andere GNSS-Implementierungen) zu empfangen und auszuwerten. Durch diese Interoperabilität kann in Regionen, in denen ein System alleine eine ungünstige Konstellation aufweist oder zu wenig Satelliten für eine Positionsberechnung in Sicht sind, auf ein zweites System zurückgegriffen und somit eine höhere Gesamtverfügbarkeit erzielt werden.

6.6.8 Galileo

Das von der Agentur für Europäische GNSS (mit Sitz in Prag) betriebene Galileo stellt neben dem modernisierten GPS (GPS-IIF/GPS-III) ein weiteres GNSS-2-System dar und soll – sowohl aus Benutzersicht als auch von der Sichtweise der Industrie aus – mit den bestehenden Systemen nicht konkurrieren, sondern sie ergänzen. Die ersten Testsatelliten GIOVE-A und -B wurden im Dezember 2005 bzw. im April 2008 gestartet. Neben der Übermittlung von Test-Navigationssignalen wurden mit ihrer Hilfe Vermessungen der Satellitenbahnen durchgeführt. In der derzeit[2] laufenden Errichtungsphase werden in mehreren Schritten die Satelliten der „Full Operational Configuration" (FOC) gestartet und in Betrieb genommen.

Galileo verwendet ein geozentrisches kartesisches Koordinatensystem (Galileo Terrestrial Reference Frame, GTRF), die Systemzeit (Galileo System Time, GST) hat einen konstanten Offset zur TAI und wird auf UTC referenziert. Als Zeitbasis wird ein Wasserstoff-Maser verwendet, der eine Stabilität von $0,45\,ns$ innerhalb eines Zeitraums von 12 Stunden aufweist. Im Falle eines Ausfalls übernimmt eine Rubidium-Atomuhr dessen Aufgabe. [76].

Das Navigationssystem arbeitet im Endausbau mit einer aus 30 (davon 3 als Reserve) Satelliten bestehenden Konstellation, die in 3 Orbits mit Bahnhöhe von 23.616 km aufgeteilt sind. Die Inklination gegenüber der Äquatorialebene beträgt 56°, der Abstand der Satelliten im Orbit 40° [137]. Das System belegt insgesamt 4 Frequenzbänder, die teilweise mit denen von GPS zusammenfallen. Auf diesen Frequenzen werden 10 Navigationssignale sowie ein Search-and-Rescue-Signal abgestrahlt. Die Sendeleistung der Galileo-Stalletiten liegt bei 50 Watt.

- E5a-Band (GPS: L5): 1176,450 MHz (24 MHz Bandbreite)
- E5b-Band: 1207,140 MHz (24 MHz Bandbreite)
- E6-Band: 1278,750 MHz (40 MHz Bandbreite)
- E1-Band (GPS: L1): 1575,420 MHz (32,736 MHz Bandbreite)

Dabei werden neben den bei GPS und GLONASS verwendeten BPSK- und BOC(n,m)-Modulationen auch Varianten der BOC-Modulation verwendet. Beim in der Literatur als altBOC-Modulation bezeichneten modifizierten Binary Offset Coding werden zwei Signale in einem Übertragungskanal kombiniert, indem jeweils eines der redundant vorliegenden Seitenbänder der mit BOC(15,10) modulierten Signale ausgewählt und als zusammengesetztes Spektrum gesendet wird. Dies bedeutet, dass im unteren und oberen Seitenband unterschiedliche Pseudo-Random-Noise-Folgen verwendet werden (Abb. 6.42). Die hier und bei den nachfolgend vorgestellten Modulationsarten zugrunde liegende Rate der PRN beträgt $f_0 = 1{,}023$ Mbit/s. Somit sind bei altBOC(15,10) die

[2] Stand: November 2021.

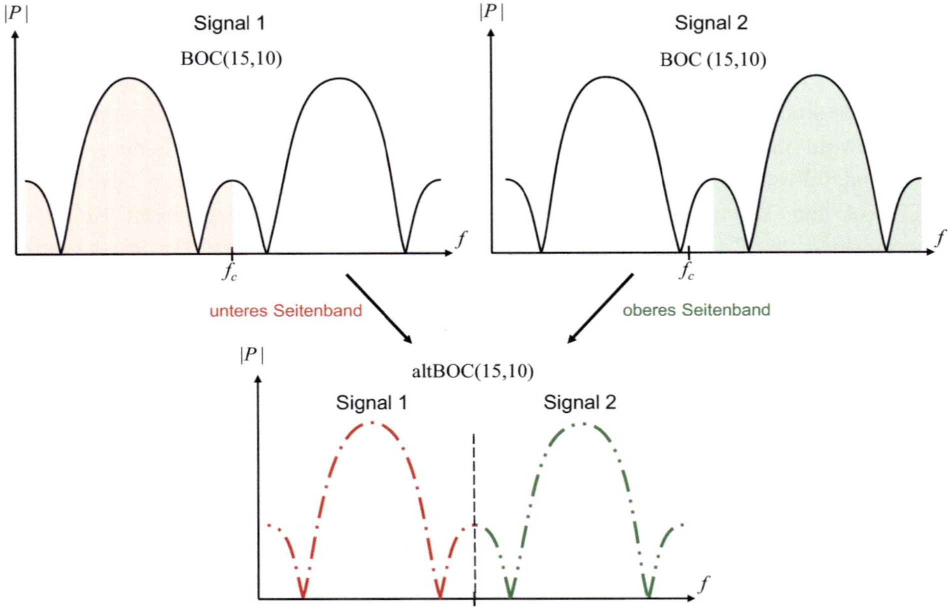

Abb. 6.42 Konzept der altBOC(15,10)-Modulation bei Galileo

Hauptkeulen gegenüber der Mittelfrequenz um 15,345 MHz versetzt, ihre Breite beiderseits des Unterträgers beträgt 10,460 MHz. Galileo wendet diese Methode bei den E5a- und E5b-Frequenzen an, um 4 unterschiedliche Signale auf 2 Kanälen auszustrahlen. Hierzu werden Quadratursignale gesendet, wobei der der In-Phase-Anteil (E5a-I, E5b-I) jeweils eine der PRN überlagerte Navigationsnachricht trägt und der Quadraturanteil (E5a-Q, E5b-Q) codefrei als Pilotkanal verwendet wird.

Die zweite Verwendung findende Variante des Binary Offset Coding wird als BOC_{cos}-Modulation bezeichnet. Hierzu wird die Pseudozufallsfolge mit einem binären Kosinussignal multipliziert (BOC bzw. BOC_{sin}: Multiplikation mit binärem Sinussignal). Das zu sendende Bit wird dabei während des ersten Viertels des Taktschrittes im Original übertragen, während des zweiten und dritten Viertels invertiert übertragen und im letzten Viertel wiederum nichtinvertiert gesendet (Abb. 6.43). Bei BOC_{cos}(15,2.5) (Galileo E1a) wird der PRN-Code mit 2,5-facher, der binäre cos-Träger mit 15-facher Rate verwendet und multipliziert. Das Maximum der Signalleistung liegt daher um 15,345 MHz vom Träger versetzt, die Bandbreite beiderseits des Unterträgers beträgt 2,5575 MHz. Die E6a-Frequenz verwendet ebenfalls eine BOC_{cos}(10,5)-Modulation mit einem Signalmaximum bei 10,230 MHz. Sowohl auf der E1a als auch auf der E6a-Frequenz wird der PRN eine Navigationsnachricht überlagert und das entstehende Signal als I-Anteil gesendet.

Die dritte Variante ist ein als MBOC bezeichnetes gemultiplextes BOC-Modulationsverfahren. Hierbei werden zwei unterschiedliche BOC-Modulationen spektral gewichtet. Galileo verwendet auf den Frequenzen E1b und E1c MBOC(6, 6, 1/11), bei dem sich

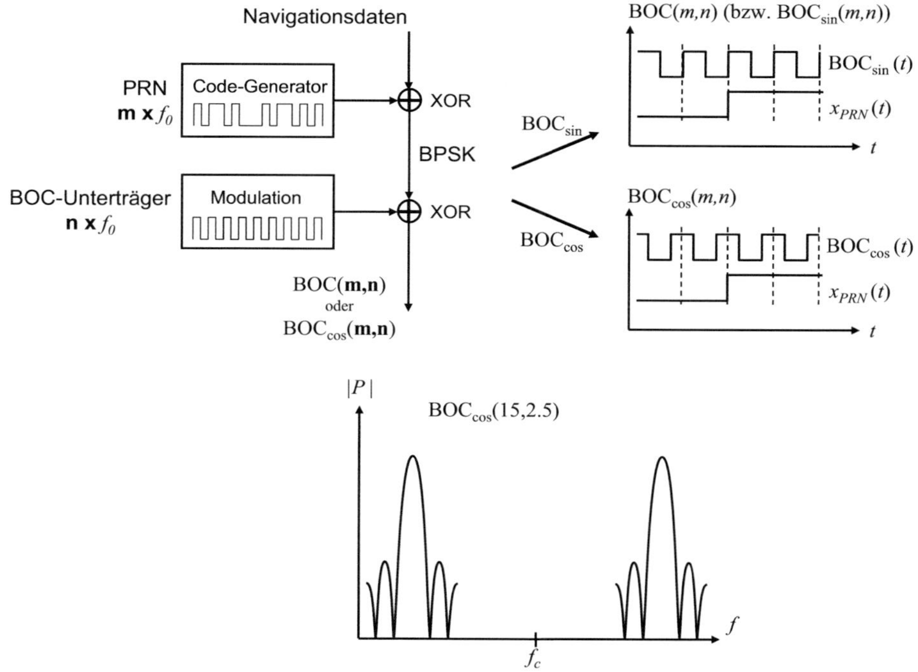

Abb. 6.43 Konzept der $BOC_{cos}(10,5)$-Modulation bei Galileo

das Gesamtspektrum mit den Gewichten $^1/_{11}$ aus dem BOC(6,1)-modulierten Signal und mit $^{10}/_{11}$ aus dem BOC(1, 1)-modulierten Anteil zusammensetzt (Abb. 6.44). Auf diese Weise enthält das entstehende Signal sowohl schmalbandige Signalanteile nahe der Trägerfrequenz (BOC(1,1)) als auch breitbandige Anteile mit einem Offset zum Träger (BOC(6,1)). Hierdurch kann die Funktionsfähigkeit von Galileo auch dann sichergestellt werden, wenn der E1- oder der L1-Träger gestört wird. MBOC-Modulation wird auf den E1b- und E1c-Frequenzen verwendet, wobei der PRN von E1b eine Navigationsnachricht überlagert und das entstehende Signal in In-Phase-Lage gesendet wird. E1c bleibt ohne Daten und wird in Quadratur zu E1b abgestrahlt.

Das bei GPS-Block-III neu hinzukommende L1C-Signal soll ebenfalls mittels einer spektralen Überlagerung der genannten BOC-Modulationen erzeugt werden, jedoch wird hierfür eine Mittelung durch Zeitmultiplex (TDMA) diskutiert. Während $^1/_{11}$ soll das BOC(6,1)-Signal gesendet werden, bevor für $^{10}/_{11}$ der zugrunde liegenden Periodendauer das BOC(1,1)-Signal abgestrahlt wird. Aufgrund des verwendeten Zeitmultiplexes wird die Modulation als TMBOC(6, 1, 1/11) bezeichnet.

Letztlich wird eine BPSK(5)-Modulation verwendet, bei der die Rate der verwendeten PRN um den Faktor 5 erhöht wird (Galileo E6b: mit Navigationsnachricht überlagert/I,

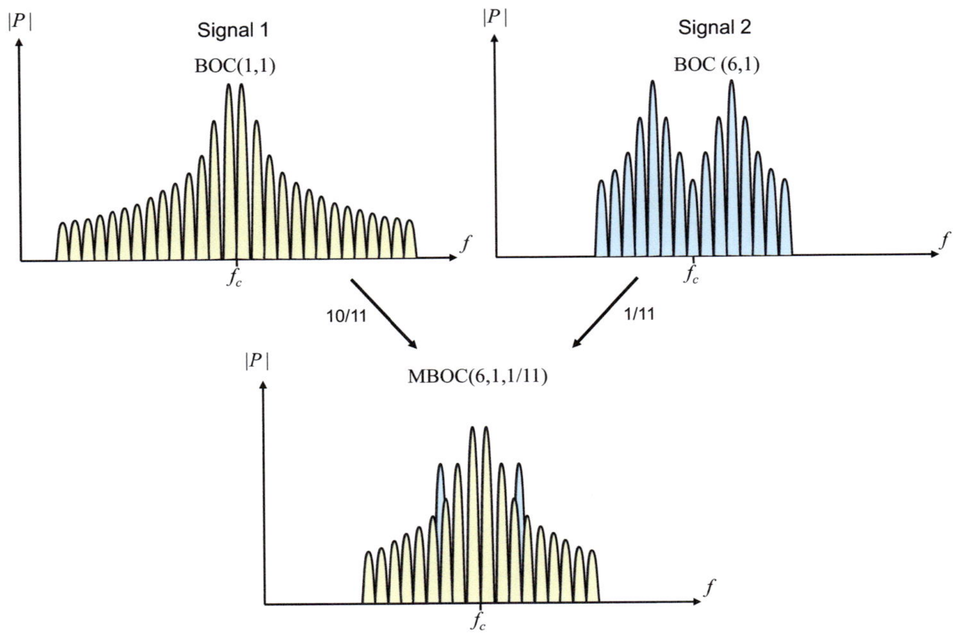

Abb. 6.44 Konzept der MBOC(6,1,1/11)-Modulation bei Galileo

E6c: ohne Daten/Q). Dieses Konzept wird in ähnlicher Weise bei der L5-Frequenz von GPS angewandt (siehe hierzu Abb. 6.39 sowie 6.45).

In der Abb. 6.46 sind die oben vorgestellten Signale getrennt nach In-Phase-Anteil (mit Daten) und Quadratur-Komponente (Pilot) dargestellt. Es ist gut ersichtlich, dass die auch von GPS genutzte Frequenz L5 (E5 bei Galileo) durch die verschiedenen Modulationsarten, insbesondere durch den mit altBOC erzielten Offset von der Mittenfrequenz, vor Interferenzen geschützt wird. Ähnliches gilt bei GPS-L1 (C/A-Signal): Die von Galileo verwendete BOC-Modulation verschiebt das Maximum der Signalleistung von dem von GPS-L1 mittels BPSK erzeugten Signal weg und ermöglicht eine Koexistenz.

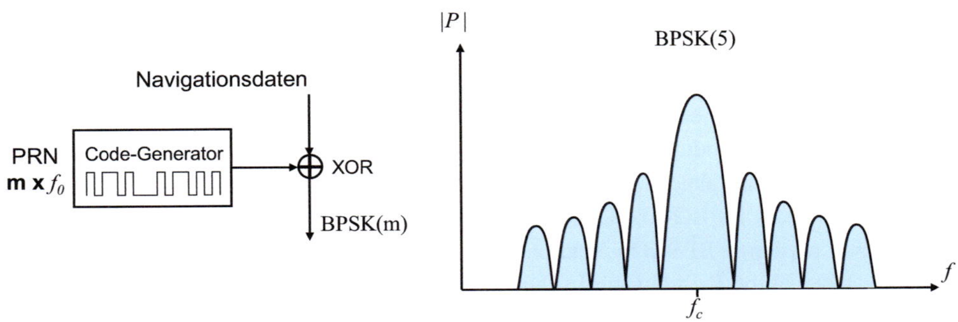

Abb. 6.45 Konzept der BPSK(5)-Modulation bei Galileo

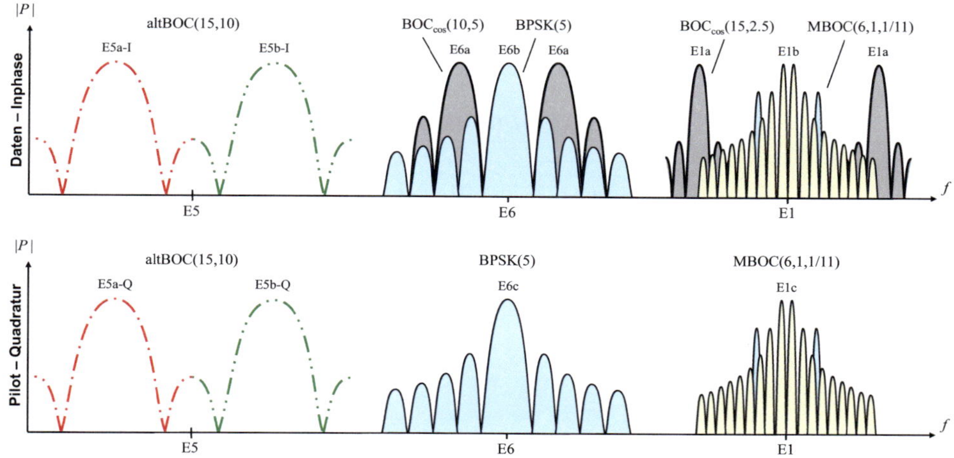

Abb. 6.46 Übersicht des Signalspektrums der 10 Galileo-Signale

Anhand der vorgestellten Navigationssignale sollen die folgenden Dienste unterstützt werden:

- Offener Dienst (Open Service, OS): OS bietet einen kostenfreien Zugriff auf den grundlegenden Navigationsdienst (Ortung, Geschwindigkeit, Zeit). Die Ortungsgenauigkeit soll bei Verwendung einer der beiden zur Verfügung gestellten Frequenzen in 95 % der Zeit besser als 15 m horizontal und 40 m vertikal sein. Unter Verwendung beider OS-Frequenzen (E5, E1) können diese Werte durch die Korrektur der ionosphärischen Einflüsse auf die Ausbreitungsgeschwindigkeit auf 4 m horizontal und 8 m vertikal verbessert werden [137]. Es wird keine Integritätsinformation über die gesendeten Signale bereitgestellt, der Empfänger kann eine solche aber mit Hilfe eines RAIM-Algorithmus generieren. OS ist die Entsprechung zum SPS-Dienst bei GPS.
- Hochgenauer Dienste (High-acccuracy Service, HAS): HAS ersetzt den früher als Commercial Service (CS) bezeichneten Dienst und stellt mit mehreren Signalen (E5b, E6b, E6c, E1b, E1c) eine höhere Positionierungsgenauigkeit bereit.
- Öffentlich regulierter Dienst (Public Regulated Service, PRS): Der PRS steht mit eigenen Signalen (E6a, E1a) ausschließlich autorisierten Nutzern wie den europäischen Sicherheits- und Rettungskräften, Nachrichtendiensten oder Zivilschutzinstitutionen offen. Es stellt einen kontrollierten Zugang zu robusten, verschlüsselten Signalen zur Verfügung, die auch in Krisensituationen verwendet werden können – selbst wenn die anderen Signale gestört oder abgeschaltet würden. Die Navigationsperformance soll OS, der Integritätslevel SoL entsprechen.

Anhand eines Search-and-Rescue-Services (SAR) sollen Galileo-Satelliten auch Signale von Notrufsendern bei 406 MHz empfangen und anhand eines eigenen Downlink-

Tab. 6.7 Zuordnung der Dienste zu den Galileo-Signalen

Frequenzband	Signalname	Modulation	Dienst
E5a (1176,45 MHz)	E5a-I	altBOC(15,10)	OS
	E5a-Q	altBOC(15,10)	OS
E5b (1207,14 MHz)	E5b-I	altBOC(15,10)	OS, HAS
	E5b-Q	altBOC(15,10)	OS, HAS
E6 (1278,75 MHz)	E6a	$BOC_{cos}(10,5)$	PRS
	E6b	BPSK(5)	HAS
	E6c	BPSK(5)	HAS
E1 (1575,42 MHz)	E1a	$BOC_{cos}(15,2.5)$	PRS
	E1b	MBOC(6,1,1/11)	OS, HAS
	E1c	MBOC(6,1,1/11)	OS, HAS

Kanals weiterleiten können. Hierdurch wird eine erhebliche Ausweitung der jetzigen COSPAS-SARSAT-Satellitenkonstellation um die 30 Galileo-Satelliten angestrebt, um die weltweite Abdeckung für SAR-Operationen zu verbessern. In der Tab. 6.7) sind die vorgestellten Dienste (außer SAR) mit den zugeordneten Signalen, Modulationsarten und Frequenzbändern zusammengefasst.

6.6.9 GNSS-Augmentierung

Die mit GNSS erreichbaren Ortungsgenauigkeiten sind für Anwendungen in der Luftfahrt wie beispielsweise Präzisionsanflüge nicht ausreichend. Allerdings ist mit differenziellem GPS (Differential GPS, DGPS) ein Konzept bekannt, mit welchem sowohl die Genauigkeit der Ortsbestimmung als auch der Integritätslevel signifikant erhöht werden können. Hierzu wird ein GNSS-Empfänger eingesetzt, dessen Position durch eine geodätische Vermessung exakt bekannt ist. Der ortsfeste Empfänger wird dabei als Referenzempfänger oder Reference Locator bezeichnet. Aus einem Vergleich der vom flugzeugseitigen Empfänger anhand der Laufzeiten ermittelten Position mit der Position des Reference Locators kann auf den Ausbreitungsfehler der Signale in der Ionosphäre geschlossen und die Zeitkorrektur im Empfänger sehr präzise durchgeführt werden. Hierzu müssen vom Referenzempfänger Korrekturinformationen errechnet und möglichst in Echtzeit an die GNSS-Empfänger des Benutzersegments kommuniziert werden (Abb. 6.47).

Mathematisch kann das Konzept wie folgt ausgedrückt werden: Der Reference Locator RL führt eine Bestimmung der Pseudorange $PSR_{i,RL}$ zu einem Satelliten i durch. Diese setzt sich aus der geometrischen Entfernung R_i und zwei Fehlertermen $\Delta t_{i,RL} \cdot c$ und $e_{i,RL}$ zusammen. Der Anteil $\Delta t_{i,RL} \cdot c$ ist der aufgrund des Uhrenfehlers im ortsfesten Empfänger und der Ausbreitungsgeschwindigkeit c entstehende Entfernungsfehler, $e_{i,RL}$ beschreibt vom Kontroll- und Raumsegment herrührende Entfernungsfehler:

$$PSR_{i,RL} = R_{i,RL} + \Delta t_{i,RL} \cdot c + e_{i,RL} \tag{6.49}$$

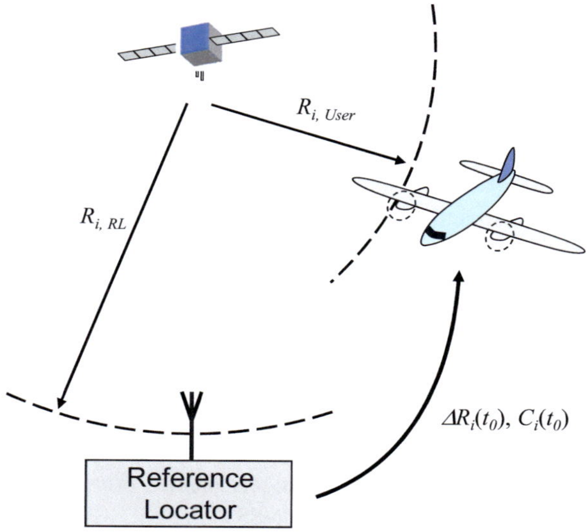

Abb. 6.47 Konzept des differenziellen GPS zur Verbesserung der Ortungsgenauigkeit

Da der Ort des Reference Locators und damit die geometrische Entfernung zum betrachteten SV bekannt ist, wird aus der Differenz zwischen Pseudo- und geometrischer Entfernung der Entfernungsfehler ΔR_i ermittelt:

$$\Delta R_i = PSR_{i,RL} - R_{i,RL} = \Delta t_{i,RL} \cdot c + e_{i,RL} \tag{6.50}$$

Wie im Abschn. 6.6.1 gezeigt, berechnet sich der Anwender seine Position aus Laufzeitmessungen zu mindestens vier Satelliten. Die dabei ermittelten Pseudoentfernungen $PSR_{i,User}$ unterscheiden sich von der geometrischen Entfernung $R_{i,User}$ ebenfalls durch die oben eingeführten Fehlerterme $\Delta t_i \cdot c$ und e_i:

$$PSR_{i,User} = R_{i,User} + \Delta t_{i,User} \cdot c + e_{i,User} \tag{6.51}$$

Ist der Entfernungsfehler ΔR_i dem Nutzer bekannt, kann der Navigationsempfänger die durch die Ausbreitungsgeschwindigkeit c und den mit $e_{i,User} \approx e_{i,RL}$ herrührenden Fehler korrigieren:

$$PSR_{i,User} = R_{i,User} - \Delta R_i \tag{6.52}$$

Dabei ist jedoch zu beachten, dass der Fehlerterm aus einer Beobachtung von Messwerten erfolgt und in der Vergangenheit liegt. Zwischen zwei aufeinanderfolgenden Korrekturwerten können signifikante Unterschiede auftreten. Daher werden neben dem Entfernungsfehler auch Korrekturwerte C_i für die Pseudoratenkorrektur übermittelt [156], die Korrekturgleichung ist entsprechend anzupassen:

$$PSR_{i,User}(t) = R_{i,User}(t) - (\Delta R_i(t_0) + C_i(t_0)(t - t_0)) \tag{6.53}$$

Die erzielbare Verbesserung der Ortungsgenauigkeit ist in unmittelbarer Nähe des Reference Locators am größten. Sie nimmt mit zunehmender Entfernung ab, da Fehlereinflüsse wie Vorhersage der Ephemeriden oder Ionosphären- und Troposphärenverzögerung nicht mehr als identisch (korreliert) betrachtet werden können. In der Luftfahrt sind drei Ausprägungen des DGPS relevant, die als flugzeugbasierte Augmentierung (Aircraft Based Augmentation System, ABAS), satellitenbasierte Augmentierung (Satellite Based Augmentation System, SBAS) und bodengestützte Augmentierung (Ground Based Augmentation System, GBAS) bezeichnet werden.

Bei ABAS nutzt man den Umstand aus, dass an Bord des Fluggeräts weitere Ortungssysteme wie ADF, VOR, DME oder inertiale Navigationssysteme betrieben werden und daher Kenntnisse über den tatsächlichen Aufenthaltsort mit einer bestimmten Genauigkeit vorliegen. Durch Kopplung der Navigationslösungen wird eine Augmentierung bzw. Stützung dieser Systeme untereinander erreicht und eine Verbesserung der Integrität (z. B. beim Ausfall von GNSS) erreicht. Bei der satellitengestützten Augmentierung wird das Korrektursignal von einem geostationären Satelliten ausgesendet und somit großräumig bereitgestellt, während beim bodengestützten GBAS die Augmentierungsinformation anhand terrestrischer Sender ausgestrahlt und daher meist auf den Radarhorizont beschränkt ist.

6.6.9.1 Satellite Based Augmentation System (SBAS)

Der von der ICAO geprägte Ausdruck Satellite Based Augmentation System (SBAS) beschreibt Augmentierungssysteme, die anhand eines geografisch großräumig verteilten Netzes an Referenzempfängern die momentanen Fehlereinflüsse auf die Funktion des GNSS (derzeit in der Regel GPS) ermitteln und an ein zentrales Kontrollzentrum weiterleiten. Dort wird aus den gesammelten Daten ein Modell der Ausbreitungsfehler errechnet und anhand von geostationären Satelliten als Augmentierungsinformation an das Benutzersegment übermittelt (Abb. 6.48).

Die SBAS-Signale können auch zur Laufzeitmessung herangezogen werden. Zusätzlich wird die Integrität der Satellitensignale geprüft und über die zusätzlichen Satelliten den Anwendern zur Verfügung gestellt und auf diese Weise die Verfügbarkeit und Zuverlässigkeit des GNSS erhöht. Um eine möglichst einfache Integration in das Basis-Satellitennavigationssystem zu ermöglichen, wird das SBAS-Signal auf derselben Frequenz (L1) wie das Navigationssignal abgestrahlt. Die Unterscheidung von den reinen Navigationssatelliten erfolgt durch Vergabe einer eigenen SV-Nummer und PRN, anhand derer der Benutzerempfänger den Empfang des Korrektursignals erkennen und nutzen kann. Die mit SBAS erreichbare Genauigkeit liegt (bezogen auf 95 % der Zeit) bei 1–2 Meter horizontal und etwa 3–4 Metern in der Höhe.

Aktuelle Umsetzungen dieses Systems existieren in Nordamerika, Europa und Asien (Abb. 6.49):

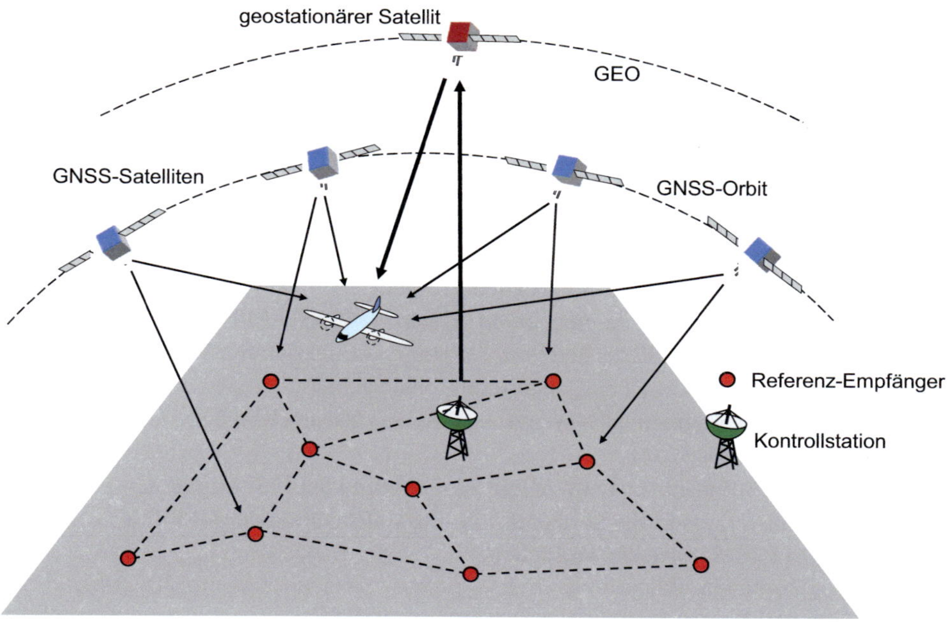

Abb. 6.48 Systemkonzept eines Satellite Based Augmentation Systems

- Wide Area Augmentation System (WAAS): Das von der Federal Aviation Administration (FAA) entwickelte und implementierte WAAS verwendete ursprünglich INMARSAT-3-Satelliten, die sukzessive von anderen SVs wie Intelsat Galaxy-XV abgelöst werden sollen. Abdeckungsgebiet ist Nordamerika.

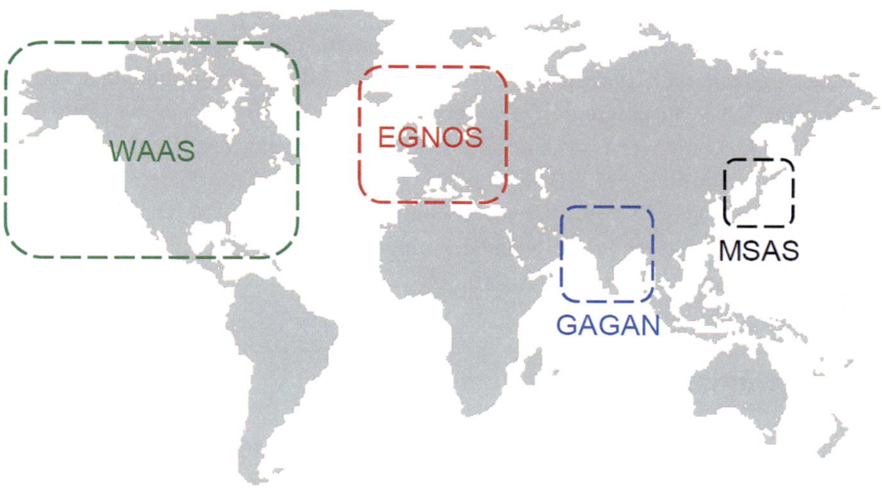

Abb. 6.49 Schematische Darstellung der Abdeckungsgebiete von SBAS-Systemen

- European Geostationary Navigation Overlay System (EGNOS): Das von der Europäischen Kommission, der Europäischen Weltraumbehörde ESA und Eurocontrol gemeinsam entwickelte EGNOS verwendet INMARSAT-3- und Artemis-Satelliten. Das System ist seit März 2011 auch für Safety-of-Life-Anwendungen freigegeben und deckt Europa und Nordafrika ab. Das Systemkonzept ist mit WAAS vergleichbar. Die Referenzempfänger werden als „Ranging and Integrity Monitoring Station" (RIMS) bezeichnet. Sie sind über das „EGNOS Wide Area Network" (EWAN) mit den Master Control Centern (MCC) verbunden, von welchen die geostationären Kommunikationssatelliten die Augmentierungsinformationen erhalten.
- Multi-functional Satellite Augmentation System (MSAS): MSAS ist die japanische Implementierung eines SBAS und vom Aufbau und Funktion mit WAAS und EGNOS vergleichbar. Abgedeckt ist das japanische Hoheitsgebiet.
- GPS Aided Geo Augmented Navigation (GAGAN): Derzeit in Entwicklung befindet sich das indische GAGAN.
- Wide Area GPS Enhancement (WAGE): WAGE wird vom U.S. Department of Defense betrieben und verbessert die horizontale Ortungsinformation des GPS-P(Y)-Codes. Es steht nur im PPS-Service zur Verfügung.

6.6.9.2 Ground Based Augmentation System (GBAS)

Wenngleich mit Hilfe von SBAS eine signifikante Verbesserung der Navigationsinformation, eine Erhöhung der Zuverlässigkeit und des Integritätslevels ermöglicht wurde, reicht die erzielbare Performance des Systems für Präzisionsanflüge der Kategorie III nicht aus. Um solche langfristig zu ermöglichen, wurde von der FAA ein Programm zur Entwicklung eines „Local Area Augmentation Systems" (LAAS) eingesetzt.

GBAS verfolgt die gleiche Grundidee wie SBAS: Anhand von mehreren Referenzempfängern am Boden wird der Laufzeitfehler des Navigationssignals ermittelt und an die Kontrollstation weitergeleitet. Diese errechnet Korrekturdaten und Integritätsinformationen. Die Korrekturdaten werden jedoch nicht über geostationäre Satelliten an das Nutzersegment weitergeleitet, sondern über VHF-Datenverbindungen (VHF Data Link, Abschn. 5.2.3) ausgesendet. Dazu verwendet das GBAS sogenannte „Pseudoliten" (Pseudolites). Dies sind terrestrische Sender, die ein Signal vergleichbar zu dem der geostationären Satelliten bei SBAS senden. Deren Abdeckungsbereich beträgt etwa 20 NM. Hierdurch kann die Positionsbestimmung z. B. in der Nähe von Flughäfen stark verbessert und auch die für Präzisionslandeanflüge benötigte Integrität und Verfügbarkeit des Systems sichergestellt werden (Abb. 6.50).

6.7 Instrumentenlandesystem (ILS)

Landeanflüge werden heute routinemäßig mit Unterstützung durch elektronische Systeme durchgeführt. Dabei dominiert das sogenannte Instrumentenlandesystem (ILS). Eine modernere Implementierung einer Landehilfe stellt das Mikrowellenlandesystem (MLS) dar, das bisher aber nur eine geringe Verbreitung gefunden hat. Auch GNSS-basierte

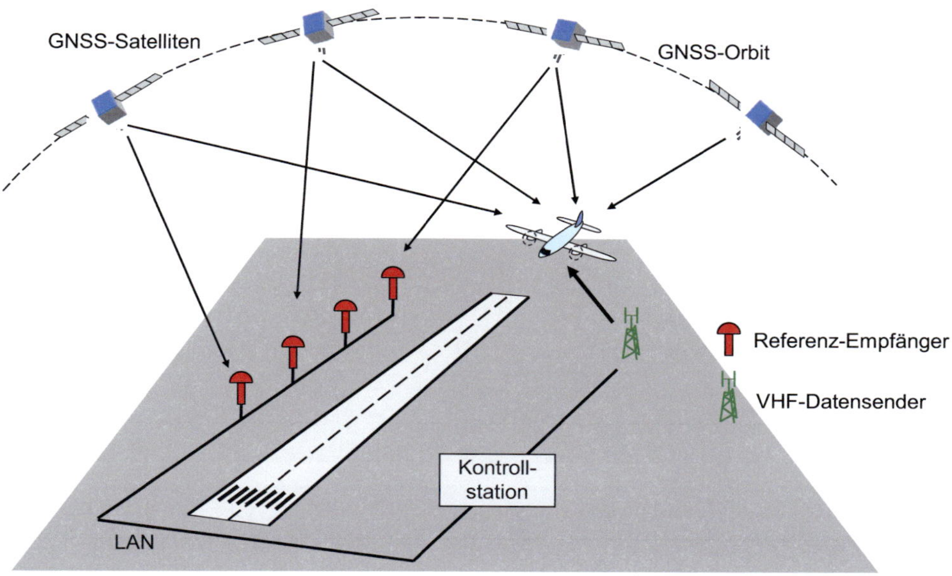

Abb. 6.50 Systemkonzept eines Ground Based Augmentation Systems

Anflugverfahren sind bekannt, diese erfordern jedoch in der Regel eine gesondere Freigabe des Fluggeräts und der Navigationsempfänger.

Aufgrund seiner Verbreitung stellt das Instrumentenlandesystem ILS heute die weltweit wichtigste Landehilfe dar. ILS bietet als Anflugunterstützung sowohl eine Kursinformation, Information zum Anflugwinkel und eine Information, wenn bestimmte Entfernungen zum Aufsetzpunkt überflogen werden. Von der ICAO werden mehrere Kategorien des ILS unterschieden, die von der Entscheidungshöhe (Decision Height, DH bzw. Decision Altitude, DA) für den jeweiligen Anflug, der Landebahnsicht (Runway Visual Range, RVR) und der meteorologischen Sichtweite abhängen. Abhängig von der zutreffenden Kategorie sind Mindestanforderungen an die Flugzeugausrüstung gestellt [143] (Abb. 6.51):

- CAT I: DA > 200 Fuß (60 Meter), RVR > 550 Meter (1804 Fuß) oder meteorologische Sichweite > 800 Meter, DA aus Druckhöhenmessung (Altimeter)
- CAT II: DH > 100 und < 200 Fuß (30–60 Meter), RVR > 350 Meter, DH aus Radarhöhenmeter
- CAT IIIa: DH > 50 und < 100 Fuß (15–30 Meter) oder keine DH, RVR > 200 Meter (656 Fuß), DH aus Radarhöhenmeter
- CAT IIIb: DH < 50 Fuß (15 Meter) oder keine DH, RVR > 75 und < 200 Meter (246–656 Fuß), DH aus Radarhöhenmeter
- CAT IIIc: keine DH, keine RVR, DA aus Radarhöhenmeter. Flugzeug wird vom Autopilotensystem gelandet.

Nachfolgend sind die hierfür nötigen Radionavigationseinrichtungen erläutert.

Abb. 6.51 Landekurssender (Localizer, oben) und Gleitpfadsender (Glide Path, unten) einer ILS-Installation (©Austro Control Österreichische Gesellschaft für Zivilluftfahrt mbH, Wien)

6.7.1 Systemübersicht

Das ILS setzt sich aus drei Teilkomponenten zusammen (Abb. 6.52). Ein am Ende der Landebahn aufgebauter Localizer-Sender stellt die Kursinformation bereit. Der Glide-Slope-Sender befindet sich seitlich der Runway und steuert mit seinem Funksignal die Abweichung vom Gleitpfad bei. Als drittes Element werden Marker-Sender eingesetzt, die sich in einem definierten Abstand zur Schwelle befinden. Anstelle des Outer Marker (OM) werden teilweise auch NDB mit geringerer Sendeleistung (Anflug-NDB) eingesetzt.

Der Landekurssender (Localizer, LOC) arbeitet im UKW-Band von 108,10 bis 111,95 MHz und teilt sich diese Frequenzen mit denen des VOR. Hierzu werden die

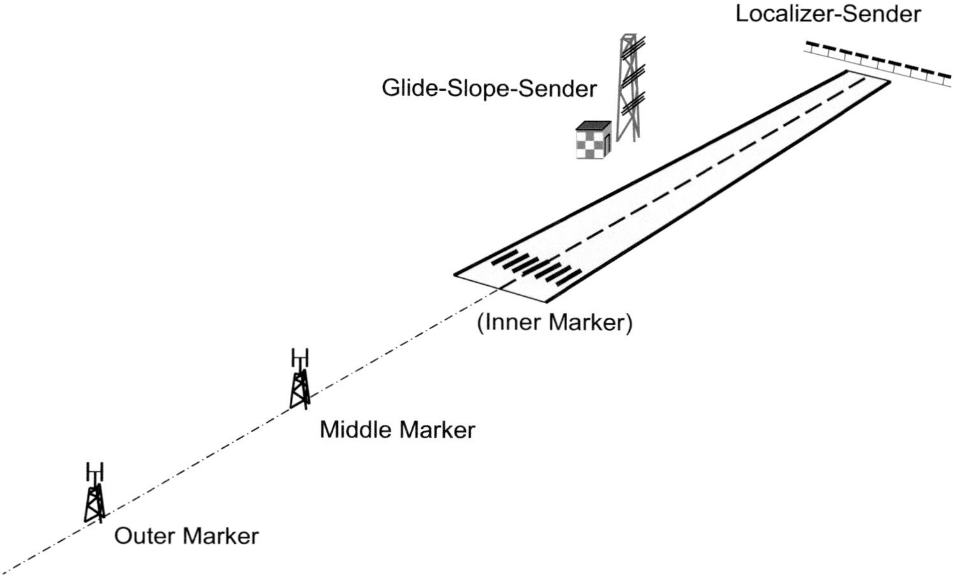

Abb. 6.52 Instrumentenlandesystem (ILS)

in diesem Frequenzband liegenden Frequenzen mit ungeraden 100-kHz-Stellen für das ILS/Localizer-System verwendet (z. B. 110,35 MHz), die Frequenzen mit gerader 100-kHz-Stelle werden den VOR zugeordnet (z. B. 111,40 MHz). Wie beim VOR beträgt die Bandbreite 50 kHz. Als Navigationssignal werden zwei 90- und 150-Hz-Töne auf den Träger amplitudenmoduliert und horizontal polarisiert abgestrahlt. Zusätzlich ist die Stationskennung im Morsecode aufmoduliert. Die Sendeleistung liegt bei 25 Watt, die Reichweite bei etwa 25 NM (Tab. 6.8). Der Empfänger wertet den Unterschied der Modulationsgrade (Difference in Depth of Modulation, DMM) der beiden tonfrequenten Signale aus und errechnet hieraus die Abweichung vom Landekurs. Die Entstehung der Differenz der Modulationsgrade ist im nächsten Abschnitt näher erläutert, der Wert der DDM ist mit den Modulationsgraden der beiden Töne $m_{90\,\mathrm{Hz}}$ und $m_{150\,\mathrm{Hz}}$ wie folgt definiert:

$$DDM = m_{90\,\mathrm{Hz}} - m_{150\,\mathrm{Hz}} \tag{6.54}$$

Ein Wert von $DDM = 0$ bedeutet, dass beide Tonfrequenzen gleich stark empfangen werden und sich das Flugzeug somit auf der gedachten Anfluglinie (Kurs, Gleitweg) befindet.

Der Gleitweg-Sender (Glide Slope, GS) verwendet Trägerfrequenzen im Bereich von 329,15 bis 335,00 MHz bei einer Kanalbreite von 150 kHz. Er ist mit einem der 40

Tab. 6.8 Systemübersicht zum Localizer des ILS [114]

Parameter	Wert
Frequenzbereich	108,10–111,95 MHz (UKW)
Kanalraster	50 kHz
Modulation	Amplitudenmodulation
Modulationsgrad	40 %
Polarisation	Horizontal
Sendeleistung	25 W
Reichweite	25 NM

Tab. 6.9 Systemübersicht zum Glide Slope (GS) des ILS [114]

Parameter	Wert
Frequenzbereich	329,15–335,00 MHz (UHF)
Kanalraster	150 kHz
Modulation	Amplitudenmodulation
Modulationsgrad	80 %
Polarisation	Horizontal
Sendeleistung	10 W
Reichweite	10 NM

Localizer-Kanäle gepaart. Ähnlich wie beim Localizer werden auf den Träger zwei 90- und 150-Hz-Töne amplitudenmoduliert und horizontal polarisiert abgestrahlt. Mit einer Sendeleistung von etwa 10 Watt wird eine Reichweite von etwa 10 NM erzielt (Tab. 6.8). Die Abweichung vom Gleitweg wird ebenfalls durch die Auswertung der DMM ermittelt (Tab. 6.9).

Mittels Positionsmarker (Marker Beacon) werden die Außen- (Voreinflugzeichen), die Mittel- (Haupteinflugzeichen) und teilweise auch die Innenposition (Platzeinflugzeichen) definiert. Hierzu wird auf einer Sendefrequenz von 75 MHz ein codiertes Tonsignal ausgesendet. Dem Voreinflugzeichen ist dabei ein 400-Hz-Ton zugeordnet, der zweimal pro Sekunde lange aufmoduliert wird. Das Haupteinflugzeichen wird anhand eines 1300-Hz-Tons gekennzeichnet, der in einer Sekunde einmal lang und einmal kurz übertragen wird. Ist ein Platzeinflugzeichensender vorhanden, ist dieser durch einen 3-kHz-Ton, der sechsmal pro Sekunde kurz hörbar ist, identifiziert. Der Sender sendet sein Signal gerichtet nach oben ab, um den Einflugbereich abzudecken. Neben der akustischen Kennzeichnung wird das Überfliegen eines Marker Beacon auch optisch in der Flugzeugkanzel angezeigt (Abb. 6.53).

Das ILS verwendet ein Tunnelkonzept, um den Anflug entlang des Gleitwegs darzustellen. Der Bereich (aus Sicht des Flugzeugs) links der Landekursebene wird mit der bereits erwähnten Tonfrequenz 90 Hz identifiziert, der Bereich rechts davon ist dem 150 Hz-Ton zugeordnet. Auf diese Weise wird eine Links-/Rechts-Information gebildet. In gleicher Weise wird der Bereich oberhalb der Gleitwegebene mit einem 90-Hz-Signal gekennzeichnet, während der Bereich unterhalb der Bezugsebene mit dem 150-Hz-Ton

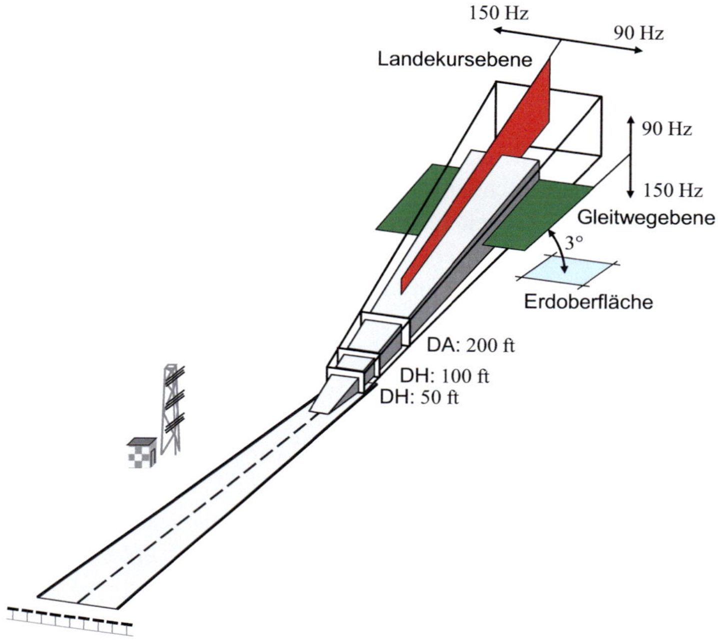

Abb. 6.53 Konzept des Anflugtunnels beim Instrumentenlandesystem

identifiziert wird. Da der Localizer eine größere Reichweite als der Glide-Slope-Sender hat, entsteht in einem größeren Tunnel (der die Abdeckung des ILS/LOC darstellt) ein kleinerer Tunnel (repräsentativ für ILS/GS), innerhalb dessen das Flugzeug letztendlich zum Aufsetzpunkt geführt wird.

6.7.2 Signalkomposition

Der Landekurssender weist eine stark gerichtete Antennenkeule auf, die symmetrisch zu einer gedachten Verlängerung der Landebahn verläuft. Diese Linie definiert die senkrecht auf die Erdoberfläche stehende Landekursebene, eine der beiden Leitebenen von ILS. Nach den ICAO-Standards [114] dient ein Winkelbereich von $\pm 10°$ beiderseits der Landekursebene als Bereich für den unmittelbaren Anflug (Kursbereich, Course), der Bereich ± 10–$35°$ dient der Orientierung (Clearance) anfliegender Luftfahrzeuge.

Derart stark gerichtete Antennenkeulen werden durch die Überlagerung mehrerer Dipolantennen erzeugt. Die Grundidee dabei lässt sich anhand der Überlagerung zweier Dipole, die im Abstand a angeordnet und mit demselben, aber um φ verschobenen Signal gespeist werden, darlegen. Für ein solches Dipolpaar kann die elektrische Feldkomponente E in Abhängigkeit des Azimutwinkels Θ und der Elevation Ψ nach [136] angegeben werden, wenn die Einzelantennen mit Strömen entgegengesetzter Phase ($\varphi = 180°$)

gespeist werden:

$$E(\Theta, \Psi) = k\, I_A \cdot C(\Theta, \Psi) \left(2 \sin\left(\frac{\pi}{\lambda} a \sin\Theta \, \cos\Psi\right)\right) \tag{6.55}$$

Dabei ist $C(\Theta, \Psi)$ die Richtcharakteristik des Einzeldipols, der Klammerausdruck rechts von C beschreibt die Richtwirkung zweier an Stelle der Einzelantennen gedachter omnidirektionaler Strahler. In weiterer Folge kann $cos\, \Psi \approx 1$ gesetzt werden, da beim ILS die Elevation nur wenige Winkelgrad aufweist. Durch Vergrößerung des Abstands d wird die Anzahl der Maxima und Minima der entstehenden Richtcharakteristik größer, diese ist symmetrisch zum Winkel $\Theta = 0$ (Landekurslinie). Überlagert man eine solche Richtcharakteristik mit der eines einzelnen Dipols, stellt sich die von den ICAO SARPs geforderte Form ein. Dazu sind in Abb. 6.54 (unten) zwei Fälle dargestellt, bei der zum einen die Summe, zum anderen die Differenz der Einzelanteile gebildet wird. Technisch entspricht die Differenzbildung der Einspeisung von Antennenströmen mit um 180° gedrehter Phase gegenüber dem Summenfall.

Um die gewünschte Charakteristik der Landekursantenne noch besser zu approximieren, werden mehrere (häufig 12) Dipolpaare um den Mittendipol angeordnet und mit

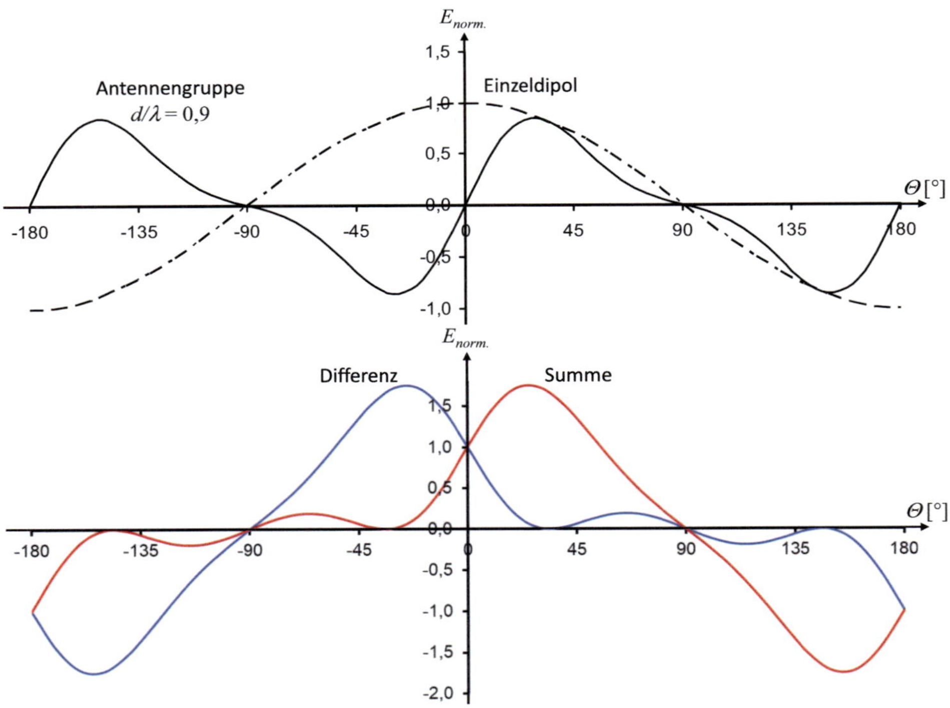

Abb. 6.54 Entstehung der Localizer-Richtcharakteristik aus der Überlagerung von Antennengruppen

definiert gewählten Antennenströmen betrieben. Der mittlere Dipol wird dabei mit dem mit 90 Hz und mit 150 Hz amplitudenmodulierten Träger gespeist. Hierdurch entsteht eine Signalkeule entlang der Landebahn. Die Dipolpaare werden mit zwei Signalkomponenten angesteuert. Zum einen wird den Dipolpaaren die Trägerfrequenz als Summensignal mit dem 90-Hz-Signal amplitudenmoduliert zugeführt, zum anderen wird das Differenzsignal durch phasenverkehrte Speisung der Dipolgruppe mit dem 150-Hz-amplitudenmodulierten Träger gesendet. In Einflugrichtung links von der Landekurslinie überlagert sich damit der niederfrequente Tonanteil, der höherfrequente 150-Hz-Ton wird in diesem Bereich ausgelöscht. Auf der rechten Seite kommt es aufgrund der Symmetrie zum entgegengesetzten Effekt. Die entstehende Modulationscharakteristik für einen ILS/LOC mit n Antennenpaaren und einem Einzeldipol kann wie folgt angegeben werden [136]:

$$E(\Theta) = k \cdot C(\Theta)\left[E_0 + 2\sum_{i=1}^{n} x_i \sin(\frac{\pi}{\lambda} a_i \sin\Theta)\right] \tag{6.56}$$

Die Koeffizienten x_i sind die auf die Feldstärke E_0 des mittleren Dipols bezogenen Dipolpaarfeldstärken, a_i ist der Abstand der Dipole des i-ten Paares. Für ein einfaches Localizer-Antennensystem mit drei Dipolpaaren ist in Abb. 6.55 die Entstehung der Richtcharakteristik (beim ILS häufig auch als Modulationscharakteristik bezeichnet) dargestellt.

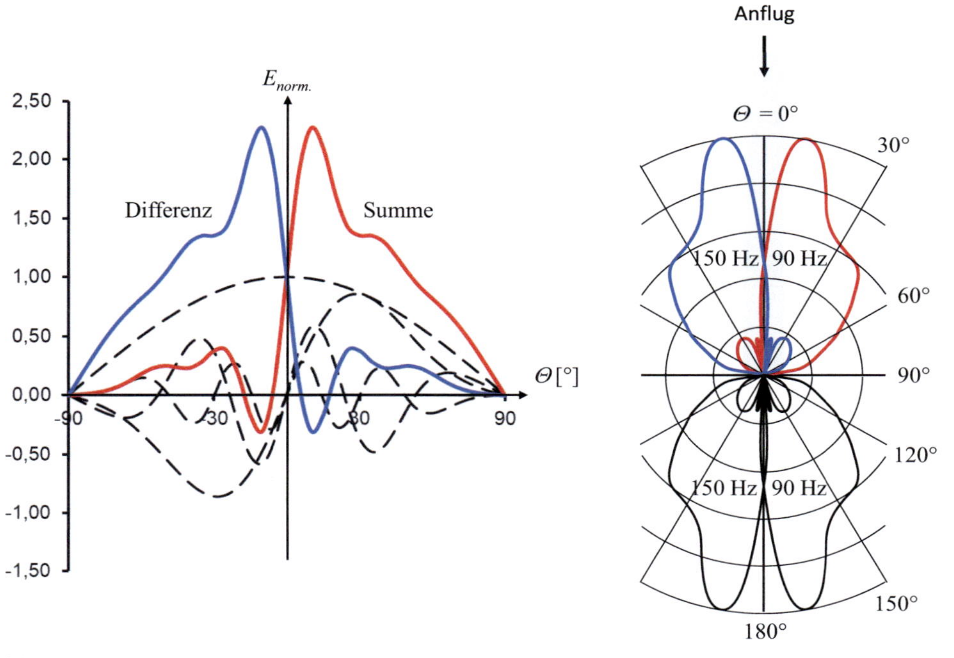

Abb. 6.55 Beispiel einer Localizer-Richtcharakteristik erzeugt mit fünf Dipolpaaren. Links: Entstehung der Modulationscharakteristik, rechts: Richtdiagramm in Polarkoordinaten

Die bei einem solchen Antennensystem mit relativ wenigen Dipolpaaren entstehende breite Charakteristik deckt nicht nur den Course-Bereich ab, sondern erfüllt auch die Anforderungen bezüglich des Clearance-Bereichs. Jedoch weist ein solches Einfrequenz-ILS reflektierte Signalanteile auf, wenn im Bereich der Clearance-Keule Hindernisse bestehen. Diese Situation kann durch den Einsatz eines Zweifrequenz-Systems verbessert werden: Ein eigenes Course-Antennenarray erzeugt die schmalen Keulen für den Landekurs, ein zweites Clearance-Array deckt zusätzlich die Orientierungsbereiche ab. Um beim Zweifrequenz-ILS Interferenzen zwischen den Course- und Clearance-Signalen zu vermeiden, werden diese von der Trägerfrequzenz geringfügig versetzt erzeugt. Das Course-Signal wird auf einen Träger von $f_O + 4{,}5$ kHz aufmoduliert, das Clearance-Signal dagegen auf eine Sendefrequenz von $f_O - 4{,}5$ kHz.

Der Aufbau eines Senders ist dadurch geprägt, dass zum einen zwei tonfrequente Signale auf den Träger moduliert werden müssen, und zum anderen eine Phasenumkehr in Abhängigkeit von der zu speisenden Antenne erfolgen muss. Der prinzipielle Aufbau eines solchen Systems ist am Beispiel eines Einfrequenz-ILS in Abb. 6.56 dargestellt. Die redundante Ausführung des Systems ist aus Gründen der Übersichtlichkeit nicht dargestellt.

Die vom Oszillator erzeugte Trägerfrequenz wird einem Mischer zugeführt, der sie mit beiden Tonfrequenzen moduliert. Über einen Sendeverstärker wird der entstehende

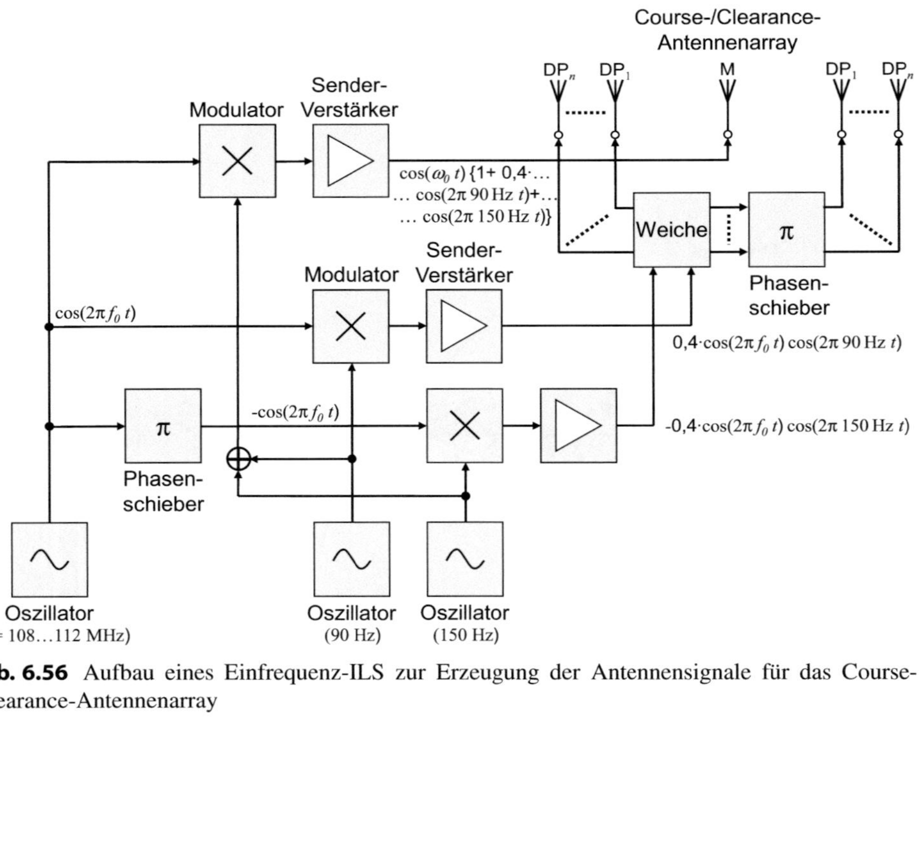

Abb. 6.56 Aufbau eines Einfrequenz-ILS zur Erzeugung der Antennensignale für das Course-/Clearance-Antennenarray

Träger mit beiden Seitenbänder in die Mittenantenne des Antennenarrays gespeist. Um die entstehenden Signale aus der Hauptkeule nach links bzw. nach rechts zu schwenken, wird das 90 Hz-Signal einer weiteren Modulator/Verstärkerkette zugeführt und in einer Antennenweiche in der originalen sowie um 180° verschobenen Phasenlage den Dipolpaaren 1 bis n des Arrays zugeführt. Die entstehenden Keulen überlagern sich im Feldraum zum Summensignal und bilden die nach links geschwenkte Keule, in der die 90-Hz-Modulation überwiegt. Die nach rechts geneigte Keule mit überwiegend 150-Hz-Modulation wird in einer dritten Modulator/Verstärker-Kette aufbereitet. Hierzu wird die Phasenlage des Trägers um 180° gedreht, bevor das höherfrequente Tonsignal aufmoduliert wird. Auch dieser Signalanteil wird der Antennenweiche mit Phasenschieber zugeführt und an die Dipolpaare des Arrays weitergeleitet. Gegenüber dem 90-Hz-Signal erfolgt die Antennenspeisung durch die Phasenumkehr des Trägers invertiert. Die Summen- und Differenzsignale werden als Zweiseitenbandsignal ohne Träger an die Dipolpaare geleitet.

Die ICAO fordert, dass durch die Konfiguration des Antennenarrays im Anflugbereich (Course) von $-10° \cdots +10°$ der Wert des DDM (Gl. 6.54) linear von 0 auf 0,180 ansteigt und auch im Course-Bereich größer als 0,155 bleibt. Die Modulation der Tonfrequenzen erfolgt jedoch mit einem Modulationsgrad von 40 %. Die Differenz der Modulationsgrade entsteht durch eine sogenannte Modulation im Raum (Space Modulation). Befindet sich der Empfänger genau auf der Landekurslinie, empfängt er aufgrund der Symmetrie der Keulen beide Signale – aufgrund der Amplitudenmodulation den Träger und zwei Paare von Seitenbändern – mit der gleichen Feldstärke. Die Differenz der Modulationstiefe ist exakt null. Weicht er nach links vom Landekurs ab, nimmt die Stärke des von der Mittenantenne abgestrahlten Trägers ab. Jedoch verstärkt das 90-Hz-Seitenbandsignal aus den Dipolarrays die Feldanteile der Seitenbänder aus der Mittenantenne: Im Vergleich zur Energie im Träger nimmt die Seitenbandenergie zu – der Modulationsgrad wird größer. Durch die entgegengesetzte Funktion der Differenzantennen wird gleichzeitig der Modulationsgrad der mit 150 Hz modulierten Seitenbänder im Raum verringert. Abhängig vom gewählten Einflugkurs scheint sich die DDM im Course-Bereich linear zu ändern.

Der Gleitwegsender arbeitet grundsätzlich nach dem gleichen Funktionsprinzip. Die Trägerfrequenz wird durch zwei tonfrequente Signale moduliert und gerichtet angestrahlt. Die Ausrichtung der Keulen erfolgt so, dass sie entlang der Gleitwegebene eine Differenz der Modulationstiefe von Null erzeugen. Auch erfolgt die Abstrahlung der Navigationssignale mit horizontaler Polarisation wie beim Localizer-Sender.

Im Unterschied zu diesem wird das Antennensystem jedoch nicht mit einer linearen Dipolzeile erzeugt – es stehen hierfür andere technische Lösungen zur Verfügung. Anhand des Nullreferenzverfahrens sei die Funktionsweise an dieser Stelle erläutert. Wird eine Dipolantenne über der als leitfähig angenommenen Erdoberfläche angeordnet, stellt sich durch die Reflexion am Boden eine geneigte und aufgefiederte Richtcharakteristik ein. Je höher die Antenne über dem Erdboden montiert ist, desto mehr Keulen weist diese auf. Ordnet man zwei Antennen übereinander an und verdoppelt bei der höheren gegenüber der bodennäheren Antenne den Abstand zur Erdoberfläche, verdoppelt sich die Anzahl der

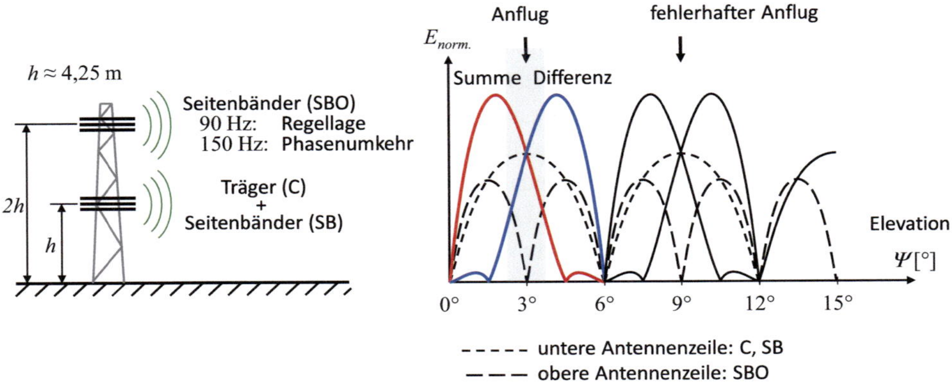

Abb. 6.57 Gleitweg-Antennensystem nach dem Nullreferenzverfahren

Keulen bei gleicher Elevation der Nulldurchgänge in der Richtcharakteristik (Abb. 6.57). Die Breite der Keule wird dabei über eine Dipolzeile mit beispielsweise 8 Einzeldipolen erzeugt.

Beim Nullreferenzverfahren wird die untere der beiden Antennenzeilen mit dem Träger und den zwei Seitenbandpaaren (90 und 150 Hz) gespeist. Hierdurch entsteht eine Antennenkeule mit Maximum in Richtung des Gleitwegs (die Elevation beträgt typischerweise 3°). Die obere Antennenzeile wird nur mit den Seitenbandpaaren gespeist, wobei das 150-Hz-Seitenpaar gegenüber den 90-Hz-Seitenbändern phasenverkehrt zugeführt wird. Auf diese Weise entstehen analog zu der beim Localizer vorgestellten Methodik Summen- und Differenzsignale, die zu einer Raummodulation führen. Auf der Gleitwegebene entsteht ein DDM von Null, oberhalb nimmt die Stärke der 90-Hz-Modulation und damit der Wert des DDM zu. Ebenso ist unterhalb des Gleitwegs der Modulationsgrad des 150-Hz-Signals größer, auch hier nimmt DDM linear zu.

Neben dem hier vorgestellten Nullreferenzverfahren existieren weitere Lösungen, die zur Gruppe der Image-Gleitweg-Systeme gezählt werden. Diese nutzen das Gelände aus, um durch Spiegelung der abgestrahlten elektromagnetischen Welle eine geneigte und aufgefächerte Antennenkeule zu erzeugen. Non-Image-Gleitweg-Systeme erzeugen dagegen stark gerichtete Antennenkeulen, verzichten auf die Interaktion mit der Erdoberfläche und können auch unter ungünstigen Geländebedingungen eingesetzt werden [120]. Nachfolgend sind die angesprochenen Systeme zusammengefasst:

- Image-Gleitweg-Systeme
  - Nullreferenzverfahren
  - Seitenbandreferenzverfahren
  - Capture-Effekt-Verfahren
- Non-Image-Gleitweg-Systeme
  - Endfire-Verfahren
  - Waveguide-Verfahren

Wie beim Localizer werden auch beim Gleitwegsender Einfrequenzsysteme und Zweifrequenzsysteme unterschieden. Erstere erzeugen durch geeignete Strahlformung gleichzeitig das Course- und das Clearance-Signal, während bei Zweifrequenzsystemen das Clearance-Signal durch ein eigenes Antennensystem generiert wird. Dazu müssen die Kurs- und Gleitwegsignale geringfügig gegeneinander frequenzversetzt gesendet werden, um Überlagerungen der Signale im Raum zu verhindern.

6.7.3 Auswertung des Signals

Die Auswertung des Signals basiert auf der Ermittlung der Modulationstiefe des empfangenen Signals. Hierzu wird das hochfrequente Signal konventionell empfangen, demoduliert und das Basisband mit den beiden Tonfrequenzen sowie (beim Localizer) der Kennung in verschiedene Kanäle getrennt und verarbeitet. Im Basisband entspricht die Signalamplitude der 90- bzw. 150-Hz-Schwingung der Modulationtiefe, daher wird die Differenz der beiden Signale ausgewertet und einer Anzeige zugeführt. Während der Localizer-Empfänger meist mit dem VOR-Empfänger kombiniert ist und in der Regel auch die gleiche Antenne verwendet, sind der Gleitwegempfänger und der Einflugzeichenempfänger teils auch als eigene Geräte ausgeführt. Sämtliche Frequenzen werden durch die Wahl der Empfangsfrequenz des Localizers eingestellt. Der Empfänger für die Einflugzeichen ist ebenfalls sehr einfach konzipiert. Aufgrund der für alle Installationen gleichen Sendefrequenz von 75 MHz wird das empfangene Signal mit einem auf diese Frequenz abgestimmten Quarzfilter bandgefiltert, verstärkt und demoduliert. Eine Frequenzweiche selektiert die unterschiedlichen Tonhöhen und stellt einerseits das Audiosignal bereit und steuert andererseits die Einflugzeichen-Signallampen in der Pilotenkanzel an. Das vereinfachte Konzept eines solchen Empfängers ist in Abb. 6.58 dargestellt.

Wie jedes Navigationssystem, das stark gerichtete Antennencharakteristika verwendet, ist auch das ILS sehr empfindlich gegenüber Mehrwegeausbreitung. Kommt es zu Reflexionen des vom Localizer abgestrahlten Signals an benachbarten Gebäuden, kann es zu periodischen Schwankungen des angezeigten Landekurses kommen. Daher ist bereits vor Installation die geografische Situation sorgfältig zu prüfen und sicherzustellen, dass am geplanten Ort überhaupt eine Installation des Instrumentenlandesystems möglich ist. Da die Antennenkeule des Glide-Slope-Senders häufig unter Ausnutzung der umgebenden Erdoberfläche erzeugt wird, beeinflusst jede Änderung des Erdbodens gegenüber dem Ausgangszustand (z. B. durch Bewuchs, Schnee, Eis, Austrocknung) die Sendeeigenschaften. Nicht zuletzt aufgrund dieser Umstände muss die Signalintegrität regelmäßig durch kostenintensive Testflüge, bei denen das DDM von ILS/LOC und ILS/GS gemessen wird, überprüft werden. Eine weitere häufige Störungsursache sind Interferenzen der Navigationshilfe mit benachbarten UKW-Sendern oder auch Störungen in der Bodenstation, wenn die als Referenz dienenden Trägeramplituden nicht exakt gleich groß sind.

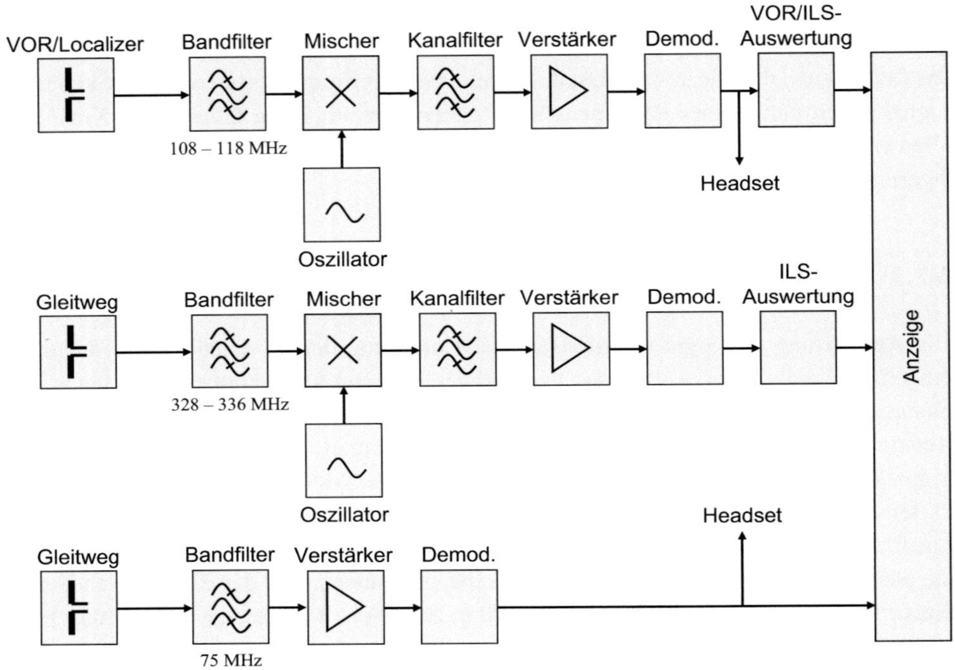

Abb. 6.58 Aufbau eine kombinierten VOR/ILS-Navigationsempfängers

7 Surveillance

Radareinrichtungen (Radar: Radio Detection and Ranging) dienen im Rahmen des Air Traffic Managements der Luftraumüberwachung (Surveillance) zur Erstellung eines Luftlagebildes. Hierzu wird einerseits das Primärradar als autonomes und andererseits das Sekundärradar als kooperatives System eingesetzt (Abb. 7.1). Die Informationen beider Systeme werden am Radararbeitsplatz der Fluglotsen zusammengeführt. Somit stellen die Surveillance-Systeme die zweite große Säule der CNS/ATM-Technologien dar und tragen wesentlich zur effizienten Abwicklung des Luftverkehrs bei. Im Folgenden werden ausgehend von den Grundlagen der Radartechnik die genannten Ausprägungen vorgestellt. Systeme wie Radar-Höhenmesser oder Wetterradar, die nicht primär der Flugsicherung dienen, werden im Kap. 10 (Flugzeugsysteme) besprochen.

7.1 Primärradar

Das Primärradar (Surveillance Radar Equipment, SRE oder auch Primary Surveillance Radar, PSR) ist ein passives Ortungssystem. Als nicht-kooperatives Verfahren benötigt es keine flugzeugseitigen Installationen. Anhand seiner technischen Ausführung kann es in zwei Untergruppen, in das Impuls-Radar und das Continuous-Wave- oder CW-Radar, unterteilt werden. Während der CW-Betrieb des Radars beispielsweise für die Flughöhenmessung eingesetzt wird, arbeiten die für die Flugsicherung wichtigen Ausführungen wie Rundsicht-Radar oder Anflug-Radar im Impulsbetrieb.

Eine Primärradaranlage (Abb. 7.2) weist mehrere Teilsysteme auf. Der Hochfrequenzkopf setzt sich aus der Radarantenne und dem auch als Frontend bezeichneten Sender-

Elektronisches Zusatzmaterial Die elektronische Version dieses Kapitels enthält Zusatzmaterial, das berechtigten Benutzern zur Verfügung steht. https://doi.org/10.1007/978-3-662-64823-0_7.

H. Flühr, *Avionik und Flugsicherungstechnik*,
https://doi.org/10.1007/978-3-662-64823-0_7

Abb. 7.1 Flughafen-Rundsichtradar mit parabolförmiger Primärradarantenne und darüber angeordneter zeilenförmiger Sekundärradarantenne (© Austro Control Österreichische Gesellschaft für Zivilluftfahrt mbH, Wien)

/Empfängersystem zusammen und dient der Beleuchtung des Ziels. Das in dieser Baugruppe erzeugte hochfrequente Signal wird der Antenne zugeführt, abgestrahlt und kehrt als am Ziel reflektiertes Echo zur Antenne zurück. Der Empfänger nimmt das zumeist sehr schwache Signal auf, verstärkt, mischt und filtert es und führt es der nachgeschalteten Stufe zu.

In der Signalverarbeitungsstufe (Zielextraktor) werden mögliche Radarziele detektiert. Hierzu müssen Störeffekte durch Festziele (Gebäude, Terrain), sogenannte Clutter, und

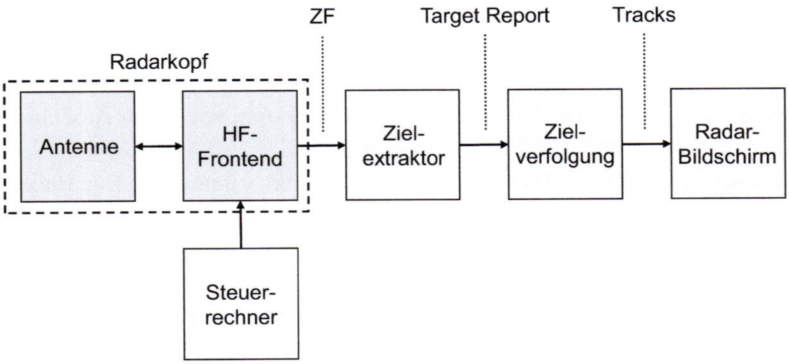

Abb. 7.2 Aufbau und Baugruppen eines Rundsicht-Radars

Rauschen eliminiert und die Zielerkennung automatisiert werden. Erkannte Ziele werden in eine Datenbank aufgenommen und als Target Report an einen Tracker kommuniziert. Dieser fasst die sequenziell eingehenden Positionsmeldungen zu einem Weg (Track) zusammen. Hierdurch soll aus den in der Vergangenheit liegenden Bewegungsmustern auf zukünftige Tendenzen geschlossen werden. Die Tracks werden mit Zusatzinformationen (Identifikation, Flughöhe) aus ergänzenden Systemen versehen und am Radardisplay dargestellt. Ein Steuerrechner koordiniert den gesamten Ablauf und ist auch für die Erzeugung der verwendeten Signale zuständig. Ausgehend von den Grundlagen des Radars und der Herleitung der Radargleichung werden diese Teilsysteme in den folgenden Abschnitten betrachtet.

Systembeispiele, um die Spannweite der Eigenschaften (wie Sendeleistung und -frequenz, Reichweite) darzulegen, sind beispielsweise:

- Rollfeldüberwachungsradar (Airport Surface Detection Equipment, ASDE): Es dient der Überwachung des Flughafenverkehrs auf den Start- und Landebahnen sowie auf den Rollbahnen. Die Wellenlänge beträgt 1,25 cm (K-Band), die Reichweite von etwa 2 nautischen Meilen wird mit einer (Impuls-)Leistung von 50 Kilowatt erreicht.
- Streckenrundsichtradar (Route Surveillance Radar, RSR): Wird zur Überwachung ausgedehnter Flugsicherungs-Kontrollbezirke verwendet. Die Wellenlänge beträgt 23 cm (L-Band), die Reichweite etwa 120 bis 150 nautische Meilen in einer Höhe von 50.000 bis 70.000 Fuß. Seine Impulsleistung liegt bei 1 bis 5 Megawatt.
- Präzisions-Anflugradar (Precision Approach Radar, PAR): Das PAR wird im X-Band (etwa 10 GHz) zur Überwachung von Präzisions-Landeanflügen mit Kontrolle des Anflugkurses und des Gleitweges und zum „Heruntersprechen" des Flugzeugs beim Anflug eingesetzt. Hierzu werden am Radardisplay die Abweichungen vom Anflugkurs und vom Gleitweg sowie der Abstand von der Schwelle der Landebahn angezeigt.

Lange Zeit wurde in der Literatur das vom Institute of Electrical and Electronics Engineers (IEEE) eingeführte Buchstabensystem zur Bezeichnung der Frequenzbänder verwendet. Einige Autoren – gerade im Bereich der Radartechnik – greifen auch heute noch darauf zurück. Tab. 7.1 stellt die für die Flugsicherung relevanten Bänder zusammen und gibt jeweils aeronautische Anwendungen dazu an.

7.1.1 Grundlagen

Die Funktionsweise des Primärradars greift auf die folgenden physikalischen Gesetzmäßigkeiten zurück:

- Elektromagnetische Wellen breiten sich geradlinig aus, sie lassen sich auch in Form kurzer Pulse abstrahlen.

Tab. 7.1 Buchstabenschlüssel zur Bezeichnung von in der Radartechnik verwendeten Frequenzbändern

Code	Frequenzbereich	Wellenlänge	Verwendung
P (UHF)	0,3–1,0 GHz	1,0–0,3 m	Frühwarnradar
L	1,0–2,0 GHz	$\approx$ 23 cm	Mittelbereichsradar Sekundärradar
S	2,0–4,0 GHz	$\approx$ 10 cm	Flughafen-Rundsichtradar
C	4,0–8,0 GHz	$\approx$ 5 cm	(Bord-)Wetterradar Radarhöhenmesser
X	8,0–12 GHz	$\approx$ 3 cm	Präzisionsanflugradar (Bord-)Wetterradar
K_u	12–18 GHz	$\approx$ 2 cm	Rollfeldradar
K	18–27 GHz	$\approx 1,3$ cm	
K_a	27–40 GHz	$\approx$ 9 mm	Rollfeldradar
V	40–75 GHz	$\approx$ 5 mm	

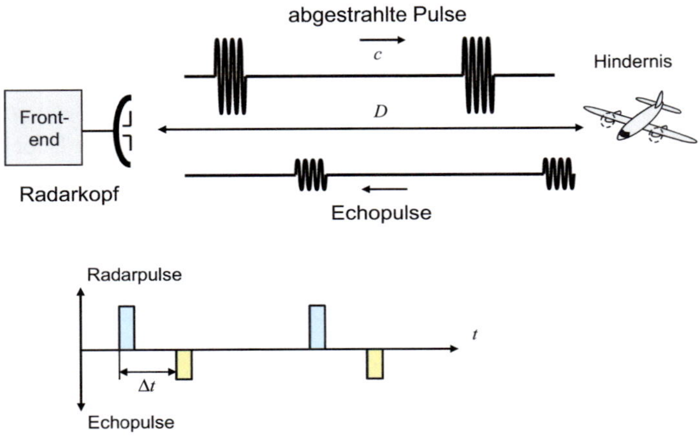

Abb. 7.3 Funktionsprinzip des Primärradars

- Durch Verwendung geeigneter Sendeantennen (Richtstrahler) kann die Energie der elektromagnetischen Welle gebündelt in eine beliebige Richtung abgestrahlt werden.
- Elektromagnetische Wellen werden von festen Objekten im Ausbreitungsweg (Flugzeuge, aber auch Erdoberfläche, Wolken, Regen) reflektiert.
- Aufgrund der konstanten Ausbreitungsgeschwindigkeit ($c = 2{,}998 \cdot 10^8$ m/s, Lichtgeschwindigkeit) kann die Laufzeit der Pulse gemessen, in Entfernungseinheiten umgerechnet und dargestellt werden.

Dieses Funktionsprinzip ist in Abb. 7.3 dargestellt. Der Hochfrequenzkopf des Primärradars strahlt über eine stark gerichtete Antenne eine gepulste elektromagnetische Welle in Richtung der Hauptkeule der verwendeten Antenne aus. Diese Welle breitet sich mit näherungsweise Lichtgeschwindigkeit aus. Trifft sie auf ihrem Ausbreitungsweg auf Hindernisse, kommt es an diesen zur Rückstrahlung. Deren Ausmaß ist abhängig von der Form und Größe des Hindernisses und wird mit dem Rückstrahlquerschnitt σ beschrieben. Die rückgestrahlten Anteile der Welle breiten sich in der zur Abstrahlung entgegengesetzten Richtung aus und erreichen das Primärradar. Dort wird die Ankunftszeit der Echos erfasst und deren Laufzeit Δt errechnet. Mit der bekannten Ausbreitungsgeschwindigkeit c folgt damit die Entfernung D des die Reflexion verursachenden Hindernisses, die von der Welle zweifach zurückgelegt werden muss:

$$D = c\,\frac{\Delta t}{2} \tag{7.1}$$

Auch hier tritt wieder der bereits vom DME bekannte Begriff der Radarmeile T_{RM} auf, also der Zeit, in der die elektromagnetische Welle eine nautische Meile hin und zurück läuft ($T_{RM} = 12{,}35\ \mu s$).

Die Aussendung der Radarpulse erfolgt dabei im einfachsten Fall mit einer konstanten Wiederholrate f_{PR}, die als PRF (Pulse Repetition Frequency) bezeichnet wird. Ihr Kehrwert T_{PR} ist das Pulswiederholintervall PRI (Pulse Repetition Interval). Abhängig vom Wert werden Low-PRF- (LPRF-), Medium-PRF- (MPRF-) und High-PRF- (HPRF-) Radare unterschieden. Für Flugsicherungszwecke kommen typischerweise LPRF-Systeme zum Einsatz, die Pulswiederholfrequenz liegt dabei bei Werten von $f_{PR} = 0{,}1 \cdots 10$ kHz. Die Länge τ_i des Radarpulses liegt im Bereich von $\tau_i \approx 1\ \mu s$. Radarechos, die auf einen Radarpuls i zurückgehen, aber erst nach dem folgenden Puls $i + 1$ eintreffen, können nicht mehr eindeutig zugeordnet werden. Sie werden als Überreichweitenecho bezeichnet. Daraus folgt eine Definition der Reichweite, die auf der eindeutigen Zuordenbarkeit der Echos beruht:

$$\hat{R} = \frac{c}{2}\,T_{PR} \tag{7.2}$$

Die instrumentierte Reichweite R_{instr} des Primärradars berücksichtigt zusätzlich die sogenannte Totzeit t_{Tot}. Diese gibt den Zeitbereich vor der Aussendung eines Radarpulses an, währenddessen keine Echos verarbeitet werden, da die Station beispielsweise Selbsttests durchführt:

$$R_{instr} = \frac{c}{2}\,(T_{PR} - t_{Tot}) \approx \hat{R} \tag{7.3}$$

Abb. 7.4 illustriert diese Kenngrößen und Ihren Zusammenhang. Die instrumentierte Reichweite trifft keine Aussage über den tatsächlichen Abdeckungsbereich der Einrichtung, der im nächsten Abschnitt anhand der Radargleichung beschrieben wird und von den physikalischen Ausbreitungseigenschaften der elektromagnetischen Welle abhängt. Sie gibt vielmehr die Reichweite aufgrund der gewählten Pulswiederholfrequenz an, innerhalb derer die Echopulse noch vor dem nächsten Sendezyklus eintreffen.

Neben der instrumentierten Reichweite R_{instr} spielt das Auflösungsvermögen der Radareinrichtung eine wichtige Rolle. Dieses wird als Auflösungsvermögen in Aus-

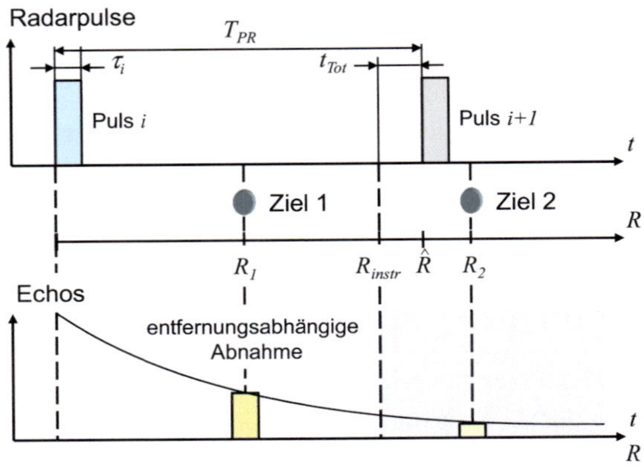

Abb. 7.4 Kenngrößen des Primärradars

breitungsrichtung (oder radiales Auflösungsvermögen) und als Auflösungsvermögen in normaler Richtung zur Ausbreitung (oder als azimutales Auflösungsvermögen) unterschieden. Der Grund hierfür liegt in der Formgebung des Pulses, die in beiden Dimensionen von einem als ideal angenommenen abweicht.

Die radiale Auflösung ist die Mindestentfernung entlang des Radarstrahls zwischen zwei in gleicher Richtung befindlichen Zielen, bei der diese Ziele auf dem Radarschirm noch als getrennte Objekte erkennbar sind. Maßgeblich ist hierbei die geometrische Pulslänge l_i der ausgesendeten elektromagnetischen Welle. Sie ergibt sich aus der Ausbreitungsgeschwindigkeit c und der Impulsdauer τ_i der Radaranlage:

$$l_i = c\,\tau_i \tag{7.4}$$

Während der Impulsdauer legt der Radarpuls eine Wegstrecke entsprechend der geometrischen Impulslänge zurück. Zwei Ziele, die sich von der Antenne aus gesehen hintereinander befinden, werden auf dem Radarschirm nur dann getrennt angezeigt, wenn sie wenigstens einen radialen Mindestabstand $R_{min,lat}$ aufweisen:

$$R_{min,lat} = \frac{l_i}{2} = c\,\frac{\tau_i}{2} \tag{7.5}$$

Hieraus ist ersichtlich, dass die verwendete Pulsdauer τ_i die radiale Auflösung beeinflusst und daher so klein wie möglich gewählt werden sollte.

Die azimutale Auflösung ist der (von der Antenne aus gesehen) kleinste laterale Abstand zwischen zwei Zielen in gleicher Entfernung zum Radar, bei dem diese auf dem Radarschirm noch getrennt voneinander erkennbar sind. Die azimutale Auflösung wird vor allem von der Strahlbreite (Halbwertsbreite) Θ der Antenne beeinflusst, wobei zwischen den beiden darzustellenden Zielen mindestens eine Strahlbreite liegen muss. Die azimutale Mindestentfernung $R_{min,AZ}$ ergibt sich aus geometrischen Überlegungen nach folgender Formel:

$$R_{min,AZ} = 2\pi\ R\ \frac{\Theta}{360°} \tag{7.6}$$

Entscheidend für das azimutale Auflösungsvermögen sind die Strahl-Halbwertsbreite Θ und die Entfernung R zur Station. In Abb. 7.5 ist die Entstehung dieser Mindestgrößen dargestellt. Da der idealisierten Definition von Pulslänge und Strahlbreite jeweils eine Leistung von 50 % der maximal möglichen (eine Leistungsabnahme von −3 dB) zugrunde liegt, gelten diese Berechnungen allgemein.

Eine weitere Kenngröße des Primärradars ist die Trefferzahl z_i. Sie gibt an, wie oft ein Ziel pro Antennenumlauf von einem Radarpuls getroffen wird. Rotiert eine Radarantenne mit Halbwertsbreite Θ mit n Umdrehungen in der Minute, wird das Ziel in der Zeit t_Θ vom Radarstrahl beleuchtet:

$$t_\Theta = \frac{60\,\text{s/min}}{360°}\ \frac{1}{n}\ \Theta = \frac{\Theta}{6\,n} \tag{7.7}$$

Mit der Impulsfolgefrequenz f_{PR} folgt hieraus die Trefferzahl pro Antennenumlauf:

$$z_i = f_{PR}\ \frac{\Theta}{6\,n} \tag{7.8}$$

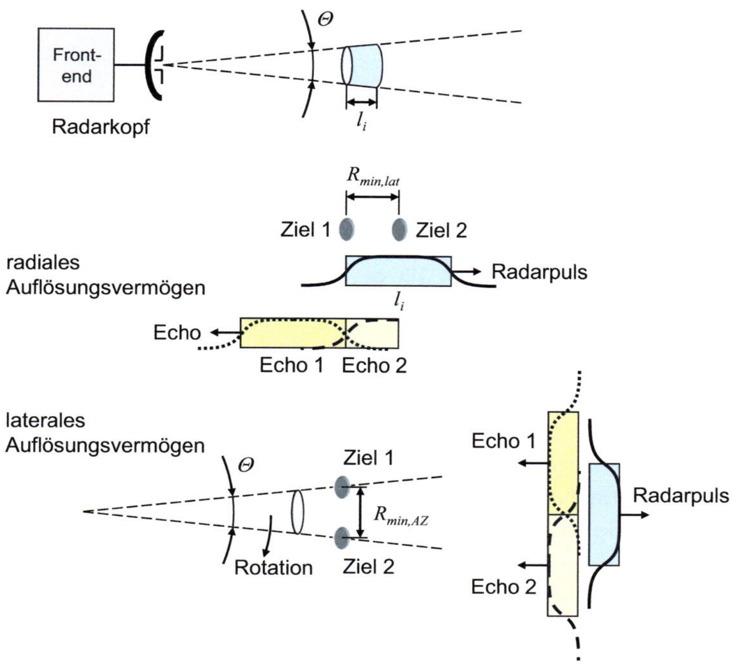

Abb. 7.5 Darstellung zum radialen und azimutalen Auflösungsvermögen

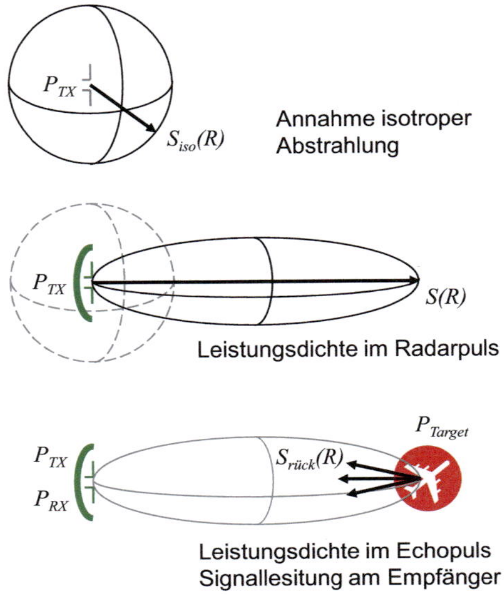

Abb. 7.6 Zur Herleitung der Radargleichung

Je größer die Trefferzahl für ein bestimmtes Ziel ist, desto größer ist auch die Wahrscheinlichkeit, dass dieses im Echo als solches entdeckt wird (Abb. 7.6).

7.1.2 Radargleichung

Die Entstehung eines Radarechos kann ergänzend zur obigen Erläuterung auch anhand der Ausbreitungseigenschaften der elektromagnetischen Welle mittels der Radargleichung veranschaulicht werden. Hierzu geht man zunächst von einem Sender mit isotroper (ungerichteter) Abstrahlung aus. Von dessen als verlustlos angenommener Antenne geht eine Leistungsflussdichte $S_{iso}(r)$ aus, da sich die der Antenne vom Sender zugeführte Leistung P_{TX} auf eine Kugeloberfläche im Raum ausbreitet:

$$S_{iso}(r) = \frac{P_{TX}}{4\pi\, r^2} \tag{7.9}$$

Da beim Primärradar ein Parabolspiegel zur Strahlbündelung verwendet wird, findet eine gerichtete Abstrahlung der Sendeleistung statt. In der Hauptstrahlrichtung der Radarantenne wird die abgestrahlte Leistungsdichte um den Gewinnfaktor G_S der Parabolantenne verstärkt:

$$S_{SRE}(r) = \frac{G_S\, P_{TX}}{4\pi\, r^2} \tag{7.10}$$

Erreicht der abgestrahlte elektromagnetische Puls das Ziel, wird er von diesem gestreut und reflektiert. Der Rückstrahlquerschnitt (Radar Cross Section, RCS) σ ist seine äquivalente Rückstreufläche und wird zur Berechnung der zur Radarantenne zurück reflektierten Leistung herangezogen.

Der Rückstrahlquerschnitt σ eines Objekts hängt sowohl von dessen Größe, Formgebung, Material und Oberflächenbeschaffenheit als auch von der Wellenlänge des Radarsystems selbst ab. Im geometrisch einfachsten Fall einer Kugel liegen erst dann quasi-optische Verhältnisse vor, wenn ihr Radius a deutlich größer als die Wellenlänge λ ist. Die Rückstrahlfläche ist dann nahezu konstant und beträgt $\sigma_0 = \pi a^2$. Ist das Objekt kleiner als $0{,}1\,\lambda$, liegt Rayleigh-Streuung vor. Die zum Sender rückgestrahlte Leistungsdichte nimmt in diesem Bereich mit der 4. Potenz der Frequenz zu. Der Lorenz-Mie-Streuung bezeichnete Übergangsbereich ist von starken Variationen des Rückstrahlquerschnitts gekennzeichnet (Abb. 7.7).

Die Rückstrahlfläche eines Fluggeräts kann näherungsweise durch Dekomposition seiner wichtigsten Baugruppen (etwa Rumpf, Tragflächen, Leitwerk, Triebwerke) und deren Annäherung durch geometrisch einfache Körper (siehe Abb. 7.8) erfolgen. Hieraus folgt eine grobe Abschätzung der Radarsignatur. Beispielwerte für σ sind in Tab. 7.2 aufgeführt.

Häufig wird der Radarquerschnitt als Pegelgröße angegeben und auf die quadrierte Wellenlänge der verwendeten Radarfrequenz bezogen:

$$rcs_{dB} = 10 \cdot \log_{10}\left(\frac{RCS}{\lambda^2}\right)\ dBsm \tag{7.11}$$

Weist ein Objekt bei einer Radarfrequenz von 3 GHz ($\lambda = 0{,}1$ m) einen Radarquerschnitt $rcs = +20\ dBsm$ auf, entspricht seine absolute Rückstrahlfläche RCS einem

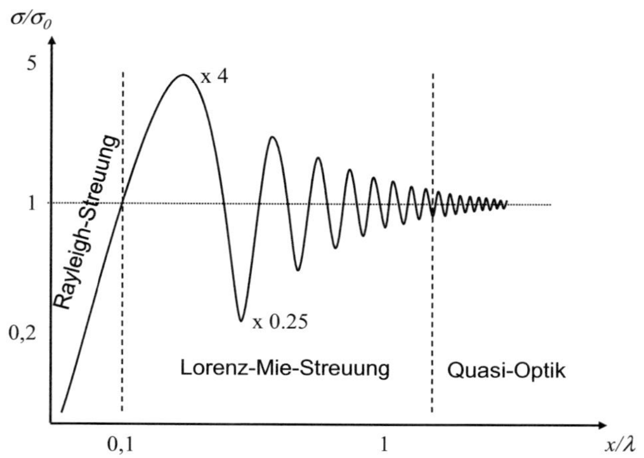

Abb. 7.7 Einteilung der Rückstrahlbereiche

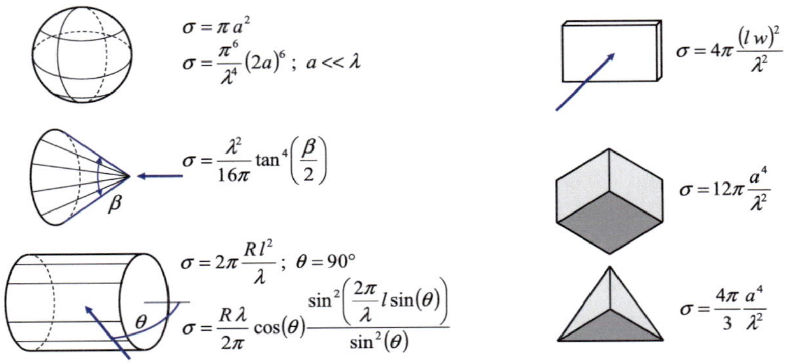

Abb. 7.8 Rückstrahlflächen einfacher Geometrien. Von links nach rechts: Kugel, Kegel, Zylinder, ebene Platte, Retroreflektor mit Quadraten, Retroreflektor mit Dreiecken. Der Pfeil gibt die in der Formel referierte Blickrichtung an

Tab. 7.2 Beispielwerte zum Rückstrahlquerschnitt σ [11, 128, 136]

Ziel	σ_{max} [m^2]	σ_{min} [m^2]
Metallkugel, Radius a	$\pi\ a^2$	$\pi\ a^2$
Ebene Metallplatte, Fläche A	$\frac{4\pi\ A^2}{\lambda^2}$	0
Sportflugzeug	$\sigma_{Mittel} \approx 5 \cdots 10$	
Business Jet	$\sigma_{Mittel} \approx 10 \cdots 20$	
Großraumflugzeug	$\sigma_{Mittel} \approx 20 \cdots 100$	
Kampfflugzeug	$\sigma_{Mittel} \approx 0{,}3 \cdots 5$	

Quadratmeter. Unterscheiden sich die Rückstrahlflächen zweier Objekte um den Faktor Zehn, entspricht das in rcs_{dB} ausgedrückt einem Unterschied von 10 dB.

Das Target wird also selbst zum – allerdings passiven – Sender und reflektiert abhängig von σ die an ihm eintreffende Leistung P_{Target} zurück:

$$P_{Target} = \sigma\ S_{SRE}(r) \tag{7.12}$$

Nimmt man eine ungerichtete Reflexion mit kugelförmiger Ausbreitung an, lässt sich die zum Primärradar rückgestrahlte Leistungsdichte $S_{rück}(r)$ angeben:

$$S_{rück}(r) = \frac{P_{Target}}{4\pi\ r^2} = \frac{\sigma\ G_S\ P_{TX}}{(4\pi\ r^2)^2} \tag{7.13}$$

Bedingt durch die passive Rückstrahlung entsteht eine Abhängigkeit der Leistungsdichte von der Zielentfernung, die proportional mit der Distanz r zur vierten Potenz verläuft. Zusätzlich zur geometrischen Ausbreitung muss noch die Signaldämpfung auf dem Ausbreitungsweg, in der bislang als verlustlos betrachteten Antenne sowie deren Zuleitung berücksichtigt werden. Diese Verluste werden durch zusammengefasst und durch einen

Verlustfaktor $L(f)$ beschrieben. Sie verringern die rückgestrahlte Leistungsdichte:

$$S_{rück}(r) = \frac{P_{TX}\, G_S\, \sigma}{(4\pi\, r^2)^2} \frac{1}{L(f)} \tag{7.14}$$

Die Radarantenne wandelt die ankommende Leistungsdichte abhängig von ihrer effektiven Antennenfläche bzw. Apertur A in leitungsgebundene Leistung P_{RX} um und führt diese dem Empfänger zu:

$$P_{RX} = S_{rück}(r)\, A = \frac{P_{TX}\, G_S\, \sigma\, A}{(4\pi\, r^2)^2} \frac{1}{L(f)} \tag{7.15}$$

Die Apertur kann in einem weiteren Schritt auf den Antennengewinn G_E zurückgeführt werden:

$$A = \frac{G_E\, \lambda^2}{4\pi} \tag{7.16}$$

Aufgrund des Reziprozitätssatzes für Antennen sind G_S und G_E identisch, daher wird hier nicht weiter zwischen diesen unterschieden. Man erhält den als Radargleichung bekannten Zusammenhang, der die gesendete mit der empfangenen Leistung anhand Entfernung, Wellenlänge, Antennengewinn und Rückstrahlquerschnitt verknüpft:

$$P_{RX} = \frac{P_{TX}\, G^2\, \sigma\, \lambda^2}{4\pi\, (4\pi\, r^2)^2} \frac{1}{L(f)} \tag{7.17}$$

Gibt man die technischen Größen vor und formt den Zusammenhang um, kann im nächsten Schritt die Ortungsreichweite bestimmt werden [171]:

$$R_{Ortung} = \sqrt[4]{\frac{P_{TX}}{P_{RX}\, L(f)} \frac{G^2\, \sigma\, \lambda^2}{(4\pi)^3}} \tag{7.18}$$

Nachdem die verfügbare Signalleistung P_{RX} am Empfängereingang des Primärradars bekannt ist, muss auch die auftretende Rauschleistung N_{RX} angegeben werden. Diese hängt im Wesentlichen von der Antennentemperatur T_A und der für die Rauschleistung maßgeblichen Systembandbreite B_N ab:

$$N_{RX} = k\, T_A\, B_N \tag{7.19}$$

Der Signal-Rausch-Abstand am Empfängereingang kann damit aus dem Verhältnis des Nutz- zum Rauschsignal berechnet und in einer erweiterten Form der Radargleichung angegeben werden:

$$\left(\frac{S}{N}\right)_{ein} = \frac{P_{RX}}{N_{RX}} = \frac{P_{TX}\, G^2\, \sigma\, \lambda^2}{(4\pi)^3\, r^4\, k\, T_A\, B_N} \frac{1}{L(f)} \tag{7.20}$$

7.1.3 Hochfrequenzkopf

Das Frontend oder der HF-Kopf des Primärradars wird in einen Sende- und einen Empfangszweig unterteilt (Abb. 7.9). Im Sendezweig werden die Signale eines kohärenten Oszillators (Coherent Oscillator, COHO) und eines stabilisierten Lokaloszillators (Stabilized LO, STALO) auf die Sendefrequenz der Radareinrichtung gemischt und in der Leistungsverstärkerstufe pulsamplitudenmoduliert.

Die Bandbreite des entstehenden Signals wird von der Dauer des Pulses τ_i bestimmt. Je kürzer dieser ausfällt, desto größer wird der Bandbreitenbedarf. Mit der idealisierten Annahme einer rechteckförmigen Einhüllenden der Hochfrequenz kann mit Hilfe der Fourier-Transformation (z. B. [92]) das Spektrum der Amplitudendichte angegeben (Abb. 7.10) und die -3 dB-Bandbreite mit etwa $B = 0{,}88\,\tau_i$ abgeschätzt werden. Die Hauptkeule der spektralen Dichte weist eine Bandbreite von $2/\tau_i$ auf.

Der Radarantenne kommt eine besondere Bedeutung zu. Sie sorgt durch ihre Formgebung für die charakteristische Strahlformung. In der horizontalen Ebene soll die Strahlaufweitung möglichst klein sein, um ein entsprechendes azimutales Auflösungsvermögen zu erzielen. Die Aufweitung der Richtcharakteristik in der Horizontalen wird anhand der bereits verwendeten Halbwertsbreite Θ definiert. Bei diesem Öffnungswinkel ist der Antennengewinn im Vergleich zum Maximum um 3 dB verringert (entsprechend einer Verringerung der Leistung um 50 %. Siehe Abb. 7.11, unten). Die Strahlformung erfolgt mittels einer parabolischen Kurvatur der Antenne. Häufig ist es ausreichend, die Halbwertsbreite der Antennenkeule mit Faustformeln zu bestimmen. Näherungsweise lässt sich mit der Abmessung d der Antenne die Strahlbreite (in der Ebene von d) angeben:

$$\Theta\,[^\circ] \approx 65 \cdots 70\,\frac{\lambda}{d} \tag{7.21}$$

In der vertikalen Ebene hingegen müssen neben bodennahen Bereichen auch höhere Flugebenen abgedeckt werden. Diese besondere Formgebung der vertikalen Richtcharakteristik wird durch eine Cosecans-Quadrat-Antenne erzielt (Abb. 7.11, oben). Durch

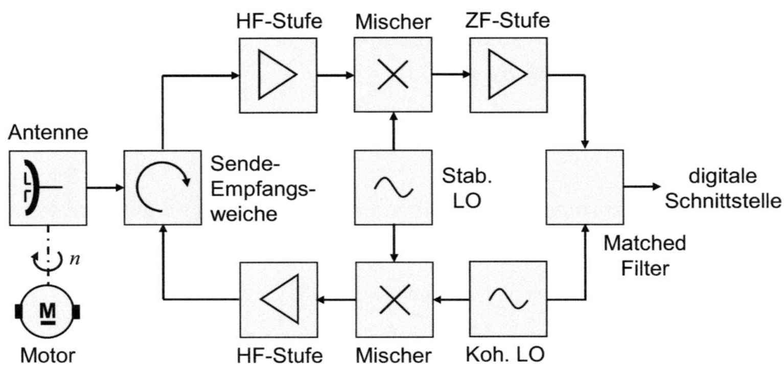

Abb. 7.9 Elemente des Frontends des Impulsradars

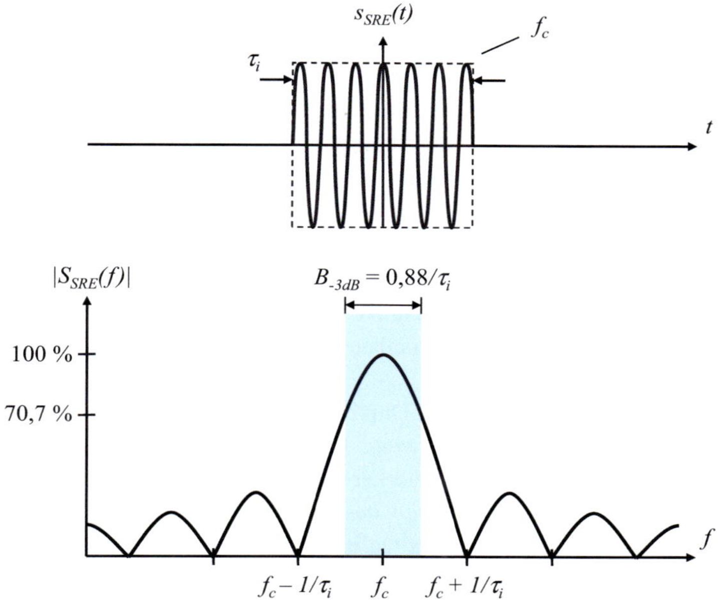

Abb. 7.10 Idealisierter Radarpuls und zugehörige spektrale Amplitudendichte

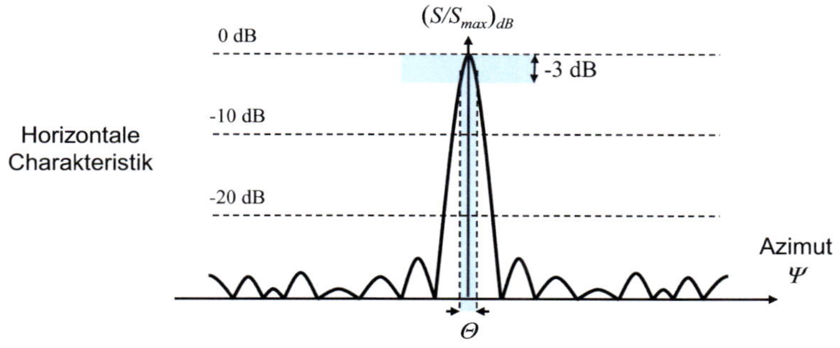

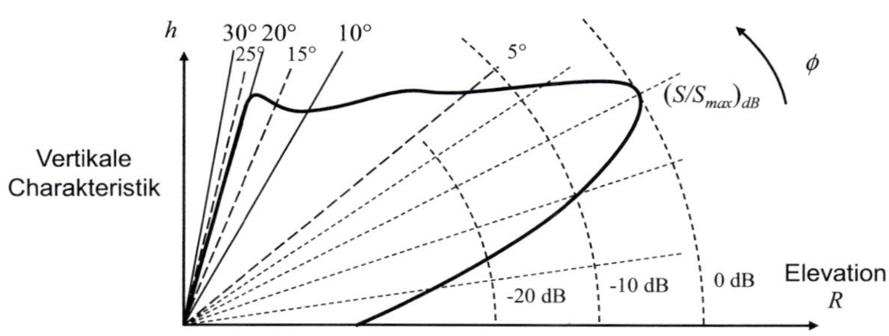

Abb. 7.11 Richtcharakteristik einer Primärradarantenne in der horizontalen (oben) und vertikalen Ebene (unten)

eine stärkere oder schwächere Wölbung der Parabelform wird ein Teil der elektromagnetischen Welle aus dem stark gebündelten Strahl abgelenkt und kann den Erfordernissen entsprechend im Raum verteilt werden. Oberhalb eines vertikalen Öffnungswinkels von ca. 30° strahlt die Antenne keine Leistung ab. In diesem als Schweigekegel (Cone of Silence) bezeichneten Bereich können keine Objekte detektiert werden. Dieser Bereich wird für die Zwecke der Flugsicherung durch benachbarte Radarstationen abgedeckt (Multiradarüberdeckung).

Eine andere Variante der vertikalen Strahlformung (des Beamformings) besteht darin, die Sendeleistung auf mehrere Hohlleiter (Kanäle) aufzuteilen und mit übereinander gestapelten und zueinander leicht geneigten Hornstrahlern auf den Reflektor zu lenken. Die hierdurch entstehen Richtcharakteristiken überlagern sich im Raum zum gewünschten Richtdiagramm.

Der Sende-Empfangs-Schalter oder Duplexer verbindet den Sendezweig mit der Antenne und diese mit dem Empfangszweig. Er stellt weiterhin eine ausreichend große Entkopplung des Empfängers vom Verstärker sicher, da durch die großen Sendeleistungen die Halbleiterverstärker im Eingangskreis des Empfängers zerstört würden. Technisch ist der Duplexer durch PIN-Diodenschalter realisiert, deren Sperrdämpfung mittels Transformationsleitungen optimiert wird.

Um die zu r^4 umgekehrt proportional verlaufende Signaldämpfung am Ausbreitungsweg zu kompensieren, verwenden Radaranlagen im HF-Kopf gesteuerte Dämpfungsglieder (Automatic Gain Control, AGC oder Sensitivity Time Control, STC). Der HF-Kopf erfasst neben dem (gewünschten) reflektierten Echosignal auch (störendes) atmosphärisches Rauschen. Dieses wird, wie oben bereits erläutert, hauptsächlich von der Antennentemperatur T_A bestimmt. Surveillance-Antennen sind näherungsweise tangential zur Erdoberfläche ausgerichtet, T_A kann in guter Näherung mit etwa 100 bis 200 K angenommen werden [128, 136]. Sie hängt sowohl von der Frequenz als auch vom Elevationswinkel der Antenne ab.

Der Empfänger, bestehend aus Zuleitung und HF-Kopf, weist neben der Systemverstärkung G_{System} auch ein durch die System-Rauschtemperatur Θ_{System} ausgedrücktes Eigenrauschen auf. Die System-Rauschtemperatur ist eine Temperaturangabe, um welche die Antennentemperatur des als rauschfrei angenommenen Radarkopfs erhöht werden müsste, um die selbe Ausgangsrauschleistung wie bei einem realen (rauschenden) Radarempfänger zu erhalten. Die zusätzliche Rauschtemperatur Θ_{System} wird aus den kaskadierten Rauschtemperaturen der Funktionsblöcke des Radarkopfs errechnet (siehe dazu die Erläuterung in Abb. 7.12).

Ebenso wird mit der Systemverstärkung G_{System} die Signalleistung am Ausgang berechnet. Diese beträgt:

$$P_{aus} = P_{RX}\, G_{System} = P_{RX} \frac{G_{RX}}{L_P}$$

$$N_{aus} = k\left(T_A + \Theta_{System}\right) B_N\, G_{System} = k\left(T_A + \Theta_P + \Theta_{RX}\, L_P\right) B_N \frac{G_{RX}}{L_P} \quad (7.22)$$

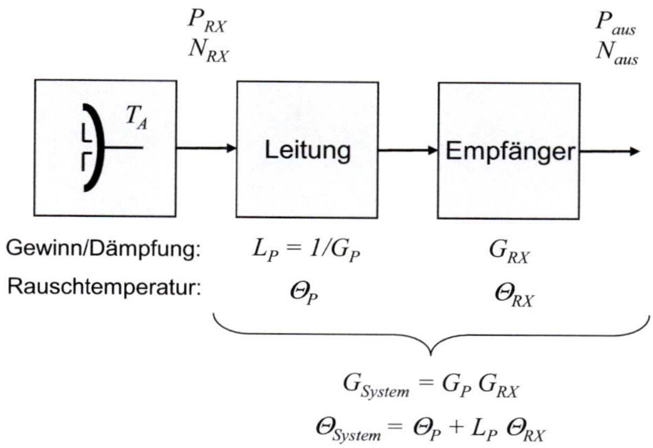

Abb. 7.12 Signal-Rausch-Verhältnis im Radarempfänger

Der Signal-Rausch-Abstand am Ausgang des HF-Kopfes kann damit wie folgt angegeben werden:

$$\left(\frac{S}{N}\right)_{aus} = \frac{P_{aus}}{N_{aus}} = \frac{P_{RX}}{k\left(T_A + \Theta_P + \Theta_{RX}\, L_P\right) B_N} \tag{7.23}$$

Setzt man Gl. 7.17 ein, erhält man eine nochmals erweiterte Form der Radargleichung:

$$\left(\frac{S}{N}\right)_{aus} = \frac{P_{TX}\, G^2\, \sigma\, \lambda^2}{(4\pi)^3\, r^4\, k\, (T_A + \Theta_P + \Theta_{RX}\, L_P)\, B_N}\, \frac{1}{L(f)} \tag{7.24}$$

In dieser Gleichung erkennt man, dass $(S/N)_{aus}$ (neben den charakteristischen Größen des Primärradars) stark von der Rauschbandbreite B_N abhängt. Nimmt man den einfachsten Fall weißen Rauschens an, ist aus Abb. 7.13 sofort ersichtlich, dass durch eine Anpassung der Filtercharakteristik des Empfängers an das Signalspektrum des Radarpulses bei gleicher Signalausgangsleistung P_{aus} die Ausgangsrauschleistung S_{aus} minimal wird.

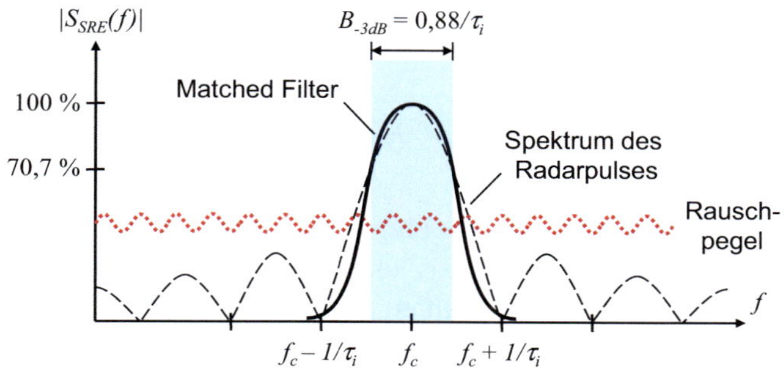

Abb. 7.13 Anpassung der Filterung an das Spektrum des Radarpulses (Matched-Filter-Prinzip)

Betrachtet man den Einzelpuls aus Abb. 7.13 im Basisband ($f = 0$), kann dessen Betragsspektrum mit Hilfe der Spaltfunktion angegeben werden:

$$|S(f)| = |\text{sinc}(\pi\ \tau_i\ f)| = \left|\frac{\sin(\pi\ \tau_i\ f)}{\pi\ \tau_i\ f}\right| \tag{7.25}$$

Der Frequenzgang eines idealen signalangepassten Filters (Matched Filter) würde diesem Signalspektrum folgen, somit wäre die Rauschbandbreite B_N des Empfängers etwa gleich groß wie die Bandbreite $B_{-3\ dB} \approx 1/\tau_i$ des Matched Filters. In der Praxis wird das Matched Filter nur an die Hauptkeule des Pulsspektrums angenähert und entweder in Analogtechnik als LC- oder in Digitaltechnik als FIR-Filter realisiert. Der Abweichung vom idealen Filter wird durch einen im Verlustfaktor $L(f)$ berücksichtigten Anteil Rechnung getragen. Aufgrund der Wahl der Filterung kann in der Radargleichung die Rauschbandbreite durch die Länge des Radarpulses ausgedrückt werden:

$$\left(\frac{S}{N}\right)_{aus} = \frac{P_{TX}\ G^2\ \sigma\ \lambda^2\ \tau_i}{(4\pi)^3\ r^4\ k\ (T_A + \Theta_P + \Theta_{RX}\ L_P)}\ \frac{1}{L(f)} \tag{7.26}$$

Der Dynamikbereich des Frontends muss mehrere Einflussfaktoren berücksichtigen. Offensichtlich ist hierbei die Dynamik des empfangenen Signals aufgrund der entfernungsabhängigen Dämpfung D_{Range}. Aus einem Vergleich der Echosignale für die größte und kleinste zu berücksichtigende Entfernung im Surveillancebereich erhält man eine Abschätzung für die entfernungsabhängige Dynamik des HF-Kopfes:

$$D_{Range} = 10\ \log_{10}\left(\frac{R_{max}}{R_{min}}\right)^4 \tag{7.27}$$

Bei einem von 1000 Meter bis 250 Kilometer reichendem Abdeckungsbereich beträgt die Entfernungsdynamik etwa 96 dB.

Der zweite Dynamikanteil rührt vom beabsichtigten Einsatzzweck und damit vom betrachteten Ziel her. Abhängig davon, wie dieses beleuchtet wird, schwankt der Rückstrahlquerschnitt teilweise erheblich. Der zugehörige Dynamikanteil wird analog zur Entfernungsdynamik gebildet:

$$D_{Target} = 10\ \log_{10}\left(\frac{\sigma_{max}}{\sigma_{min}}\right). \tag{7.28}$$

Nimmt man für den Fall eines für die Flugsicherung eingesetzten Rundsichtradars die Spannweite des Rückstrahlquerschnitts als von σ_{min} = 0,5 m^2 (kleines Flugzeug) bis σ_{min} = 500 m^2 (Bodenecho) reichend an, resultiert eine Zieldynamik von 30 dB.

Der letzte Anteil wird als Detektierbarkeitsfaktor (Detectability Factor) $D_{Detection}$ der im nächsten Abschnitt erläuterten Zielerkennung bezeichnet. Um ein Echo im Rauschen detektieren zu können, muss das Nutzsignal im Zielextraktor im Allgemeinen um $D_{Detection}$ größer als das Rauschsignal sein. Abhängig von der Erkennungswahrscheinlichkeit und der Konfiguration des Primärradars beträgt dieser Anteil 5–10 dB und kann Tabellen (z. B. in [11]) entnommen werden. Mit Hilfe des zuvor schon erläuterten gesteuerten Dämpfungsgliedes (STC) im Eingang des HF-Kopfes wird der dominierende Anteil der Entfernungsdynamik reduziert.

Der in der Radargleichung (7.24) auftretende Faktor $L(f)$ beschreibt die Verluste im gesamten hochfrequenten Pfad. Diese können zunächst grob in konstante Anteile, ziel- und umgebungsabhängige Anteile sowie in statistische Anteile aufgegliedert werden. Im Folgenden sind einige Beiträge aufgelistet, eine ausführliche Abhandlung der Verlustbilanz des Primärradars findet sich beispielsweise bei [11] oder [128]:

- Sendeleitungsverlust L_{TX}: Er umfasst die Dämpfung des Radarpulses vom Ausgang des Leistungsverstärkers über die Ausbreitungsverluste am Hohlleiter bis zum Eingang der Antenne und die Verluste aufgrund der drehbaren Antennenkupplung und des Duplexers.
- Antennenkeulenverlust L_{Ant}: Mit den Antennenkeulenverlusten wird die Abweichung von der idealen, als rechteckig angenommenen Richtcharakteristik beschrieben.
- Atmosphärischer Verlust L_{Atm}: Der atmosphärische Verlust setzt sich aus einem Verlust durch Absorption in der als ideal angenommenen Atmosphäre zuzüglich Dämpfungsanteilen für Regen und Schnee, Wolken und Nebel zusammen.
- Empfangsleitungsverlust L_{RX}: Ähnlich wie bei den Sendeleitungsverlusten gehen der die Antenne mit dem Empfänger verbindende Holhlleiter, die drehbare Antennenkupplung, der Duplexer und Verluste an sonstigen Verbindungsstellen ein.
- Matched Filter-Verlust L_{MF}: Der Verlustterm für den Matched Filter berücksichtigt die Abweichung des implementierten vom idealen signalangepassten Filter.
- Quantisierungsverlust L_{Quant}: Durch die bei modernen Radarsystemen verwendete digitale Signalverarbeitung entstehen Quantisierungsfehler sowohl im Zeit- als auch Wertebereich und tragen als Quantisierungsrauschen zum Systemrauschen bei.

Die einzelnen Verlustanteile sind in der Regel frequenzabhängig und addieren sich zum in die Radargleichung (7.24) eingehenden Gesamtverlust:

$$L(f) = \prod_i L_i(f) \text{ bzw. } L(f)|_{dB} = \sum_i L_i(f)|_{dB}. \tag{7.29}$$

7.1.4 Zielerkennung

Für die Erkennung eines Zielechos im Rauschen wurde im vorherigen Abschnitt neben der benötigten Empfängerdynamik bereits auch die sogenannte Detektierbarkeitsdynamik $D_{Detection}$ definiert. Für ein zunächst als ruhend angenommenes Ziel und einen Einzelradarpuls hängt die Erkennbarkeit von zwei Wahrscheinlichkeiten ab. Es lässt sich zeigen,

Abb. 7.14 Zielextraktor beim Surveillance-Radar

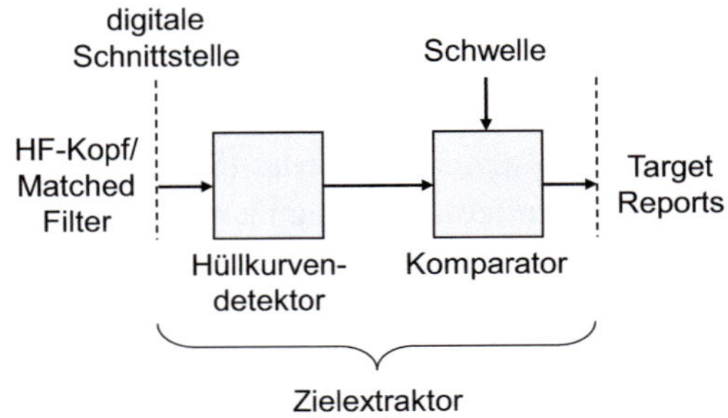

dass $D_{Detection}$ umso größer sein muss, je wahrscheinlicher ein Zielecho als solches erkannt wird (Entdeckungswahrscheinlichkeit) und je unwahrscheinlicher es ist, dass es fälschlicherweise als Target erkannt wird (Falschalarmwahrscheinlichkeit). Da die Phasenlage der Echos abhängig von den beleuchteten Zielen variieren kann und daher nicht kohärent ist, verwendet der Zielextraktor (Abb. 7.14) zunächst einen Hüllkurvendetektor, um das Videosignal (mit diesem überlagertem Rauschen) zu generieren.

In einem Komparator, der den eigentlichen Zielextraktor darstellt, wird anhand einer Entscheidungsschwelle vorgegeben, ab welcher Amplitude das verrauschte Videosignal als Ziel eingestuft wird (Abb. 7.15). Kommt es zu einer momentan großen Rauschamplitude, wird diese Schwellenüberschreitung fälschlicherweise als Ziel erkannt, die Wahrscheinlichkeit dafür wird als Falschalarmwahrscheinlichkeit bezeichnet. Erhöht man die Schwelle, wird zwar die Anzahl der Falschalarme geringer, es sinkt aber auch die Entdeckungswahrscheinlichkeit „echter" Echos.

Steuert man durch Beobachtung und Auswertung der Rauschgrößen die Schwelle dynamisch, kann auf diese Weise die Falschalarmrate minimiert werden. Ein beim Primärradar häufig verwendeter CFAR-Detektor (Constant False Rate, CFAR) verwendet

Abb. 7.15 Zielextraktor beim Surveillance-Radar

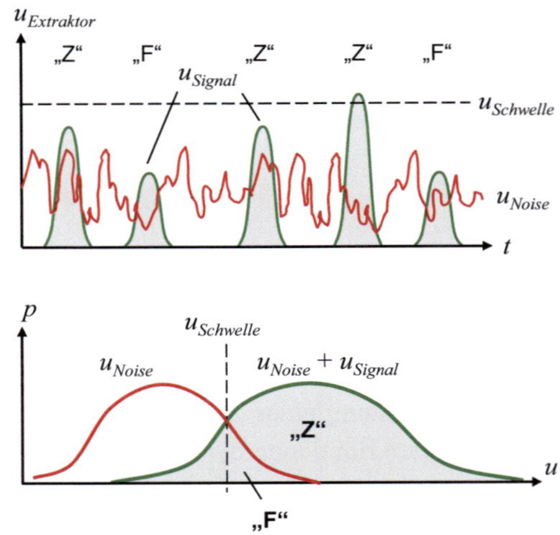

eine solche dynamische Schwelle, um die Anzahl der falsch erkannten Ziele auf einem konstanten Wert zu halten.

Die in der Flugsicherung auftretenden Ziele weisen aufgrund der Eigenbewegung der Luftfahrzeuge häufig eine Fluktuation ihres Rückstrahlquerschnittes zwischen zwei aufeinananderfolgenden Beleuchtungen (Antennenrotationen) auf. Abhängig von der Art der Fluktuation und vom Aufbau des Zieles werden sogenannte Swerling-Zielmodelle unterschieden, die in der Literatur [128] weiter ausgeführt sind. Im hier betrachteten Zusammenhang wird von einem sogenannten Swerling-0-Ziel ausgegangen, dessen Rückstrahlquerschnitt konstant und keiner Fluktuation unterworfen ist. Für diesen Fall ist der Detektierbarkeitsfaktor $D_0(1)$ (Index: Zielmodell Swerling-0; Klammerausdruck: Detektion eines Einzelpulses) über die zuvor abgeschätzte Trefferzahl mit dem Signal-Rausch-Abstand am Eingang des Zielextraktors nach Gl. 7.24 verknüpft:

$$D_0(1) = z_i \left(\frac{S}{N}\right)_{aus} \tag{7.30}$$

Stellt man diesen Zusammenhang nach der Entfernung um, erhält man die vollständige Form der Radargleichung zur Bestimmung der Ortungsreichweite:

$$R_{Ortung} = \sqrt[4]{\frac{P_{TX}\, G^2\, \sigma\, \lambda^2\, \tau_i\, z_i}{(4\pi)^3\, k\, (T_A + \Theta_P + \Theta_{RX}\, L_P)\, D_0(1)}\, \frac{1}{L(f)}} \tag{7.31}$$

Neben den Eigenschaften des Ziels (σ), HF-Kopfes inklusive Antenne (P_{TX}, G, T_A, Θ_P, Θ_{RX}, L_P, $L(f)$), des Zielextraktors ($D_0(1)$) gehen auch die allgemeinen Systemeigenschaften (λ, τ_i, z_i) in die Berechnung ein.

7.1.5 Zielverfolgung

Die vom Zielextraktor detektierten Ziele werden in Form sogenannter Target Reports an den nachgeschalteten Radartracker weitergeleitet. Bei in der Flugsicherung eingesetzten Primärradareinrichtungen erfolgt dies meist von der disloziiert aufgebauten Radarstation über eine Netzwerkverbindung zu den Rechnern in den Flugsicherungscentern. Der dort implementierte Tracking-Rechner (kurz: Tracker) setzt aus den einzelnen Reports die Bewegungsspur der Ziele (Track) zusammen und leitet diese an das Sichtsystem weiter. Er verwendet dafür mathematische Modelle wie das Konzept des Kalman-Filters, um aufgrund von in der Vergangenheit liegenden Beobachtungen und anhand der Kenntnis über die Systemeigenschaften auf die zukünftige Bewegung zu schließen. Zudem werden im Tracker zu den Positionsmeldungen Informationen aus ergänzenden Systemen (beispielsweise Sekundärradar: Identifizierung, Flughöhe) hinzugefügt.

Von EUROCONTROL wurde hierzu 1993 die Entwicklung eines als „ATM suRveillance Tracker And Server“ (ARTAS) bezeichneten Trackers gestartet, der die Target

Reports der angeschlossenen Radarsensoren sammelt und verarbeitet und die aktuelle Verkehrssituation in einer Track-Datenbank sammelt. Der zugehörige Server stellt die Tracks den Benutzern des Systems zur Verfügung. Die als System Manager bezeichnete Komponente ist für die Überwachung und Wartung des Systems verantwortlich [25, 75].

7.1.6 Zieldarstellung

Die Darstellung der Radardaten erfolgt historisch betrachtet anhand einer Elektronenstrahlröhre zumeist in Rundsichtdarstellung (Planar Position Indicator, PPI). Mittlerweile verwenden die Arbeitsplätze der Flugverkehrsleiter (Controller Working Positions, CWP) jedoch fast durchweg rechnergestützte Radarinformationsanzeigen, bei denen die digital vorliegenden Tracks und ergänzende Kartendarstellungen in Form eines synthetischen Bildes vorliegen (Abb. 7.16).

Für die Darstellung (entweder als natürliches Radarbild in Rundsichtdarstellung oder als synthetisches Bild) müssen noch einige Besonderheiten beachtet werden. Zunächst gilt es, die von feststehenden Objekten (z. B. Gebäude, Geländestrukturen) herrührenden Echos zu identifizieren und von der Darstellung auszuschließen. Hierzu werden die Radargeräte mit einer Zusatzeinrichtung zur Festziellöschung (Moving Target Indicaton, MTI) ausgestattet. Diese nutzt den bei Objekten mit einer Relativgeschwindigkeit in

Abb. 7.16 Arbeitsplatz eines Flugverkehrsleiters mit synthetischer Bilddarstellung (©Austro Control Österreichische Gesellschaft für Zivilluftfahrt mbH, Wien)

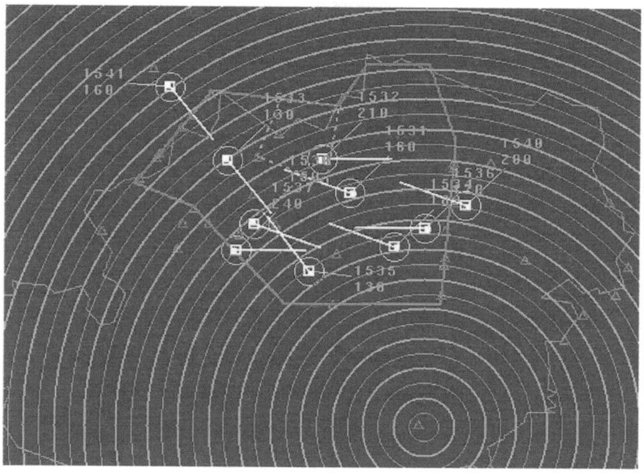

Abb. 7.17 Synthetisches Radardisplay aus einer CWP-Entwicklungsumgebung mit eingeblendeten Entfernungsringen [176]

Richtung zum SRE auftretenden Dopplereffekt aus. Aufgrund der Relativgeschwindigkeit v_r wird die Frequenz f_c des gesendeten Pulses verändert und erscheint dem Empfänger um eine Differenzfrequenz f_D versetzt (der auftretende Faktor 2 rührt vom zweimaligen Durchlaufen der Strecke her) (Abb. 7.17):

$$f_D = f_c \frac{2\,v_r}{c} \tag{7.32}$$

Im Amplitudenspektrum des Echos erscheinen die Reflexionen an Festzielen daher bei $f = 0$ bzw. bei der Impulsfolgefrequenz f_{PR}, die der bewegten Ziele sind um $(\pm) f_D$ versetzt. Mit Hilfe eines analog oder digital implementierten Kammfilters, dessen Übertragungsfunktion bei den geradzahligen Vielfachen der Impulsfolgefrequenz null wird, lassen sich die Reflexionen an Festzielen eliminieren (Abb. 7.18).

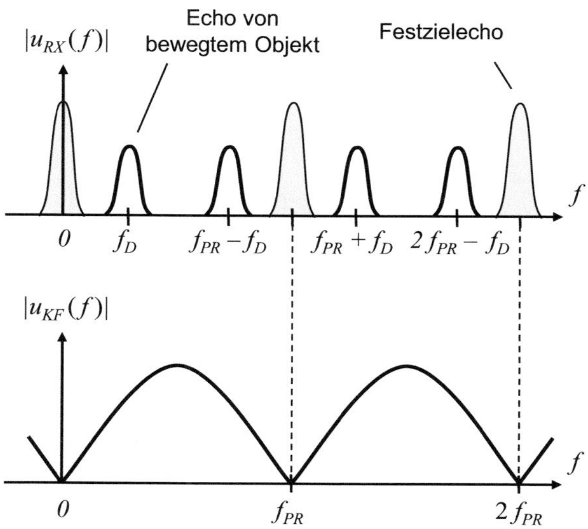

Abb. 7.18 (Zweiseitige) Spektrale Darstellung der Echos von festen und bewegten Zielen (oben) und Amplitudengang eines Kammfilters für die MTI-Schaltung (unten)

Die MTI-Schaltung entspricht einer Differenzbildung der aufeinanderfolgenden Echos. Deren Phasenlage wird mit einer Referenzphase verglichen. Bei ortsfesten Objekten bleibt die Differenz zur Referenzphase gleich, während sich bei beweglichen Objekten aufgrund der zwischen zwei Radarimpulsen veränderten Zielposition auch eine Phasenverschiebung zwischen den Antwortechos einstellt. Durch die Differenzbildung der einlaufenden Echos werden zwar die ortsfesten Objekte gelöscht, allerdings geht – speziell bei kleinen Phasenverschiebungen – ein großer Teil der HF-Energie verloren. Um überhaupt noch Echos darstellen zu können, muss bei der MTI-Schaltung die Trefferanzahl z_i erhöht werden. Zur Darstellung eines Ziels am Radarschirm genügt daher der Empfang nur eines einzelnen Echos nicht, vielmehr wird eine Anzahl von $N \approx 5$–20 Treffern gefordert [100].

Aufgrund der Phasenverschiebung durch den Dopplereffekt tritt zudem der Aspekt der Blindgeschwindigkeit in den Vordergrund. Bei An- oder Abflügen mit bestimmter Relativgeschwindigkeit v_r zum Primärradar wird durch die MTI-Schaltung eine Phasenverschiebung erreicht, welche zur Signalauslöschung führt. Die Doppler-Frequenzverschiebung f_D erreicht hierbei ganzzahlige Vielfache der Pulsfolgefrequenz f_{PR}. Setzt man diese in die Gl. 7.32 ein, erhält man eine Bestimmungsgleichung für die Blindgeschwindigkeit v_{Blind} (z. B. [127]):

$$v_{Blind} = \pm \frac{c}{2\,f_c}\, n\, f_{PR}\,; \qquad n = 1, 2, \cdots \tag{7.33}$$

Bei einem im S-Band operierenden Flughafen-Rundsichtradar (f = 3 GHz) mit einer Pulsfolgefrequenz von f_{PR} = 600 Hz (T_{PR} = 1,67 ms) beträgt die Blindgeschwindigkeit ein Vielfaches von 30 m/s (etwa 60 Knoten).

Dies kann durch Impulsfolgestaffelung (Staggered Pulse Repetition, SPR) verhindert werden. Wird jeder zweite Puls um Δt verzögert, ergeben sich zwei unterschiedliche Blindgeschwindigkeiten, die abwechselnd auftreten. Die aus diesen beiden Serien resultierende gestaffelte Blindgeschwindigkeit errechnet sich dann aus dem kleinsten gemeinsamen Vielfachen der Einzel-Blindgeschwindigkeiten und ist weitaus größer als realistisch auftretende Flugzeuggeschwindigkeiten:

$$v_{Blind,gestaffelt} = n\, v_{Blind,1} = m\, v_{Blind,2} \tag{7.34}$$

Wird im obigen Zahlenbeispiel $f_{PR,1}$ = 600 Hz mit einer zweiten Pulswiederholfrequenz $f_{PR,2}$ = 700 Hz gestaffelt, betragen die Einzelblindgeschwindigkeiten $v_{Blind,1}$ = 30 m/s und $v_{Blind,2}$ = 35 m/s. Die kleinstmögliche gestaffelte Blindgeschwindigkeit wäre damit $v_{Blind,gestaffelt} = 7\, v_{Blind,1} = 6\, v_{Blind,2}$ = 210 m/s (756 km/h bzw. 410 Knoten).

Eine Verbesserung des MTI-Konzeptes stellt Moving Target Detection (MTD) dar [127]. Dabei werden mehrere Bursts bestehend aus N Einzelpulsen abgestrahlt und für jeden Burst die Sendefrequenz sowie die Pulswiederholfrequenz variiert. Auf der Empfängerseite wird anstelle eines einzigen Filters für Festziele eine Filterbank verwendet, sodass durch weitergehende Spektralanalysen auch eine Klassifizierung (z. B. nach Dreh- oder

Starrflüglern) möglich wird. Ebenso können Luftfahrzeuge ohne Relativgeschwindigkeit zum Radar als solche erkannt werden.

7.2 Sekundärradar

Sekundärradarsysteme stellen die zweite große Gruppe an Radareinrichtungen dar. Im Gegensatz zum Primärradar beruht deren Funktion auf einer Kooperation zwischen boden- und bordseitiger Installation. Für die beim Sekundärradar verwendete aktive Rückstrahlortung sendet der Bodensender (Interrogator, Secondary Surveillance Radar bzw. SSR) anhand einer Sekundärradarantenne (siehe Abb. 7.1) ein hochfrequentes Signal aus, welches vom bordseitigen Empfänger (Transponder) beantwortet wird. In der Bodenstation wird das rückgestrahlte Signal decodiert und in der Regel gemeinsam mit den Tracks des SRE im synthetischen Radarbild angezeigt (Abb. 7.19).

Der Interrogator sendet auf einer festen Frequenz von $f = 1030$ MHz mit einer Impulsleistung von etwa 1,5 bis 2 Kilowatt. Die vom Sender erzeugten und codierten Impulse werden über eine rotierende Antenne abgestrahlt, die zugleich dem Empfang der zurückkommenden Impulse dient. Sie ist in der Regel direkt oberhalb des Reflektors der Primärradarantenne angebracht und dreht sich gemeinsam mit dieser. Der Transmitter/Responder (Transponder) befindet sich an Bord des Flugzeugs und antwortet mit

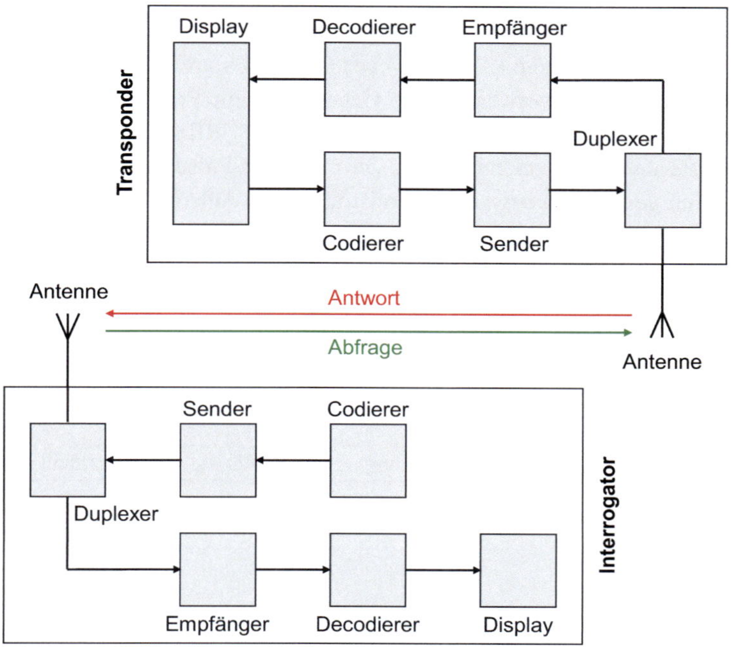

Abb. 7.19 Aufbau und Komponenten eines Sekundärradarsystems

codierten Impulsen auf einer Frequenz von $f = 1090$ MHz, wenn codierte Abfragesignale vom Bodensender empfangen werden. Bordseitig ist eine ungerichtete Antenne vorgesehen. Der zur Bodenstation des SSR gehörende Decoder hat die Aufgabe, die vom Flugzeug empfangenen Impulsgruppen zu entschlüsseln und die hieraus abgeleitete Information dem richtigen Target Report des Primärradars zuzuordnen. Zwischen Primär- und Sekundärradar findet eine Arbeitsteilung statt: das SRE liefert Richtung und Entfernung, das SSR Identifizierung und Flughöhe des Luftfahrzeugs.

Funktionell bestehen zwischen Primär- und Sekundärradar wesentliche Unterschiede:

- Reichweite: Signalstärke nimmt bei SRE proportional zu r^4 ab, beim SSR nur proportional zu r^2
- Clutter: Durch das Prinzip der aktive Rückstrahlortung existieren keine Störechos durch Festziele oder Wassertropfen
- Codierung: Bei SSR kann durch Codierung Information (Identifikation, barometrische Höhe) übermittelt werden
- Blindgeschwindigkeit: bei SSR nicht vorhanden
- Interaktion: SSR ist nur mit bordseitigem Transponder nutzbar, es ist kein autonomer Betrieb möglich.

7.2.1 Air Traffic Control Radar Beacon System (ATCRBS)

Das in der Flugsicherung eingesetzte Sekundärradarsystrem wird meist als Air Traffic Control Radar Beacon System (ATCRBS) bezeichnet. Es greift auf den oben erläuterten Grundaufbau zurück und verwendet (im Gegensatz zum Primärradar) keine diskreten Einzelpulse, sondern eine Sequenz von Pulsen. Bei ATCRBS wird die Pulssequenz aus drei mit P1, P2 und P3 bezeichneten Pulsen mit einer Pulsdauer von 0,8 μs realisiert, die mittels einer gerichteten bzw. einer rundstrahlenden Antenne abgestrahlt werden. Der zeitliche Abstand T_{1-3} zwischen den Pulsen P1 und P3 dient dazu, die Abfrage des Sekundärradars zu codieren. Abhängig von T_{1-3} werden sogenannte Moden unterschieden (Tab. 7.3), anhand derer vom flugzeugseitigen Transponder Informationen angefordert werden können. Die Codierung hat zudem den Vorteil, dass der Transponder anhand der Zeitcodierung eine gültige Abfrage von Störpulsen unterscheiden kann.

Tab. 7.3 Transponder-Moden bei ATCRBS

Bezeichnung	Zeitabstand T_{1-3} [μs]	Inhalt der Abfrage
1	3	mil., Einsatzcode
2	5	mil., Flugzeugcode
3	8	mil., Identität
A	8	zivil, Identität
C	21	zivil, Flughöhe

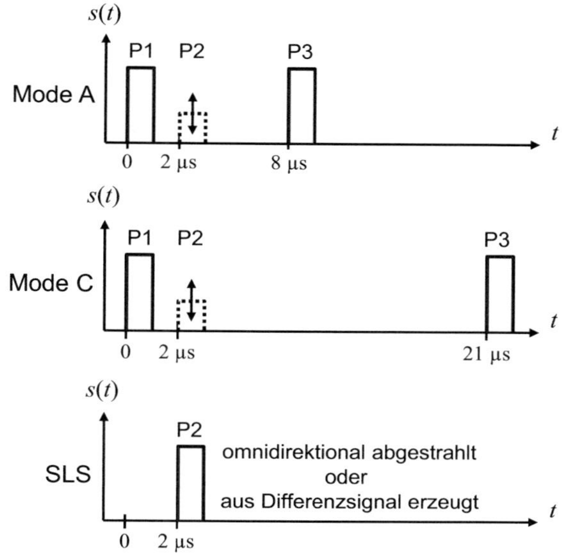

Abb. 7.20 Zivile Abfragemoden bei ATCRBS

In der Zivilluftfahrt spielen die Abfrage der Identität (Mode A, auch als 3/A bezeichnet) und der Flughöhe (Mode C) eine Rolle. Ihr zeitlicher Verlauf ist in Abb. 7.20 dargestellt. Die Moden 1 bis 3 sind militärisch genutzt und werden hier nicht weiter ausgeführt. Ihre Beschreibung ist im NATO-Standardisierungsabkommen STANAG 4193 enthalten.

Neben den für die Codierung des Abfragemodes verwendeten Pulsen wird ein weiterer, als P2 bezeichneter Puls eingesetzt. Dieser dient der Unterscheidung, ob sich der Transponder im Bereich der Hauptkeule befindet und auf die Abfrage mit einer Reply antwortet, oder ob er im Bereich einer Nebenkeule ist und die Antwort unterdrückt (Side Lobe Suppression, SLS). Bei älteren Anlagen wurden die Nebenkeulen mit einem von einer rundstrahlenden Antenne ausgesendeten Signal überlagert. Durch einen Vergleich der Pulsleistungen konnte der Transponder entscheiden, ob er eine Antwort aussendet (Kriterium: P1, P3 wurden mit einer Leistung von mindestens 9 dB über derjenigen von P2 empfangen) oder die Interrogation als von einer Nebenkeule stammend erkennt (Kriterium: P1, P3 wurden mit einer Leistung kleiner derjenigen von P2 empfangen). Diese beiden Bereiche sind durch eine nicht definierte Zone getrennt, in welcher eine Antwort gesendet werden kann, aber nicht muss (Abb. 7.21, oben).

Moderne Sekundärradars verwenden eine sogenannte Monopulsantenne, die aus zwei getrennten Richtantennen gebildet wird. Die Hauptstrahlrichtung der beiden Einzelantennen ist dabei geringfügig gegeneinander geneigt und schließt einen kleinen Winkel ein. Ähnlich wie beim Instrumentenlandesystem (Abschn. 6.7) senden die beiden Antennen sowohl Differenz- als auch Summensignalen aus. Die Pulse P1 und P3 werden dazu von den Einzelantennen in identischer Phasenlage abgestrahlt (Summensignal), während P2 als Differenzsignal gesendet wird. Aufgrund der Überlagerung der Einzelsignale entsteht

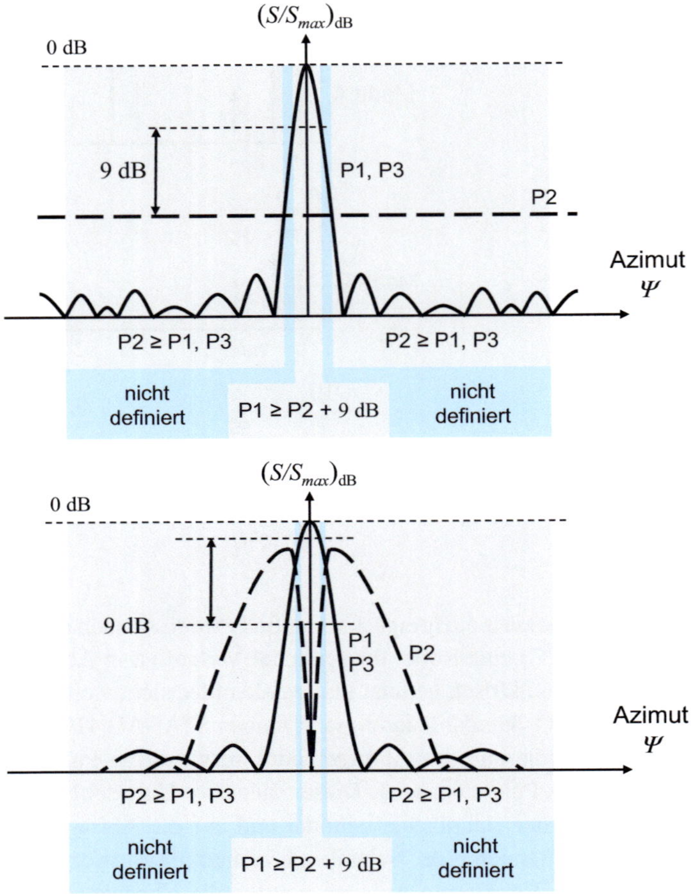

Abb. 7.21 Unterdrückung von Nebenkeulenabfragen mittels Rundstrahlantenne (oben) sowie Monopulsantenne (unten)

aus dem Summensignal eine in Hauptstrahlrichtung der Antenne gerichtete Hauptkeule, während durch die Differenzbildung in Hauptstrahlrichtung eine Auslöschung des Signals auftritt (Abb. 7.21, unten). Durch die Überlagerung der Signale im Raum und der daraus resultierenden höheren Flankensteilheit von P2 wird der Unschärfebereich zwischen den Bedingungen für die Beantwortung der Abfrage oder Unterdrückung der Antwort gegenüber dem obigen Fall verringert. Die Abfragepulse werden mittels Pulsamplitudenmodulation auf die Sendefrequenz des Sekundärradars von f = 1030 MHz moduliert. Die Sendeleistung liegt bei 10 Kilowatt, die Abfragefrequenz um 250 pro Sekunde [136]. Die Aussendung erfolgt vertikal polarisiert.

Der bordseitige Transponder antwortet auf eine gültige Abfrage in der Weise, dass 3 μs nach Empfang von P3 der erste Puls des Antwortbursts gesendet wird [100]. Dazu wertet der Transponder den Unterschied zwischen der Signalleistung von P1 und P2 aus und bestimmt die Zeit bis zum Eintreffen von P3. Kurz nach dem Ende der steigenden Flanke dieses Pulses und wenn zusätzlich die Kriterien der SARPs [109, 116] bezüglich dessen Signalleistung erfüllt sind, antwortet der bordseitige Transponder mit einer Reply.

Die Antwort besteht aus zwei mit einem Abstand von $\Delta t = 20{,}3\ \mu s$ getrennten Framing-Impulsen (Brackets) F_1 und F_2. Die Flanken der Framing-Impulse definieren 15 Zeitschlitze, in denen 15 Pulse mit einer Pulsdauer von jeweils 0,45 μs und einer Pulspause von 1,0 μs untergebracht werden. Ein zusätzlicher Puls (Special Position Identification oder auch Special Pulse Identity, SPI) kann auf Anforderung der Flugverkehrsleitung gesendet werden. Dieser auch als Ident bezeichnete Puls dient dazu, das zur Identifizierung aufgerufene Luftfahrzeug am Radarschirm besonders hervorzuheben und dient der Verbesserung der Lageübersicht. Im Antwortburst wird SPI 4,35 μs nach dem letzten Framing-Puls gesendet.

Die Informationsübertragung im Antwortburst erfolgt in einem vierstelligen Oktalcode, dessen Ziffern in der Reihenfolge {A – B – C – D} geordnet sind. Jede der Oktalzahlen A bis D wird durch drei Binärstellen ausgedrückt und hierzu mit einem Index 1, 2 oder 4 versehen. Dieser gibt die Wertigkeit (2^1, 2^2 oder 2^4) des für die Codierung im Antworttelegramm verwendeten Bits an. Die Übertragung des Codewortes erfolgt dann durch Setzen der derart definierten Binärstellen auf logisch Eins oder logisch Null (Abb. 7.22) im Antworttelegramm. Der Puls im Zeitfenster genau zwischen den Framing-Pulsen wird als X-Puls bezeichnet und ist dauerhaft auf logisch Null gesetzt. Wie die Interrogation auch erfolgt die Modulation als Pulsamplitudenmodulation, die Aussendung erfolgt mit einer Spitzenleistung von einigen 100 Watt und vertikaler Polarisation.

Das derart definierte Datenwort beinhaltet bei einer Antwort auf eine Mode-A-Interrogation die von der Flugsicherung als „Squawk“ bezeichnete 4-Ziffern-Kennung des Flugzeugs oder im Falle einer Mode C-Reply die barometrisch ermittelte Flughöhe (Druckhöhe, siehe Abschn. 9.1.2). Während die Kennung im Zahlenbereich von 0–0–0–0

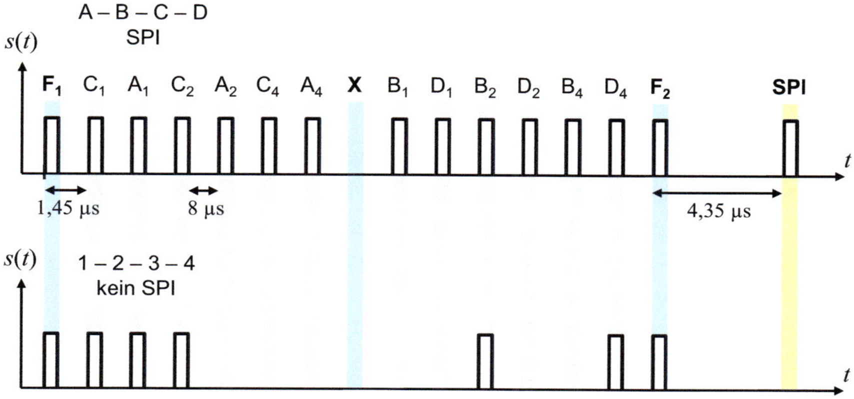

Abb. 7.22 Aufbau der ATCRBS-Reply

Tab. 7.4 Höhencodierung der Mode-C-Antworttelegramme (das Bit D1 wird hierzu nicht verwendet)

Barometrische Höhe	Binärstellen										
(von ⋯ bis; in [ft])	D2 -	D4 -	A1 -	A2 -	A4 -	B1 -	B2 -	B4 -	C1 -	C2 -	C4
⋮											
$-250 \cdots -150$	0	0	0	0	0	0	1	1	0	0	1
$-150 \cdots -50$	0	0	0	0	0	0	1	1	0	1	1
$-50 \cdots 50$	0	0	0	0	0	0	1	1	0	1	0
$50 \cdots 150$	0	0	0	0	0	0	1	1	1	1	0
$150 \cdots 250$	0	0	0	0	0	0	1	1	1	0	0
⋮											

bis 7–7–7–7 vorliegt und direkt den Stellen A bis D zugeordnet werden kann, wird für die Übermittlung der Höheninformation eine als Gilham-Code bezeichnete Variante des Gray-Codes verwendet. Ein solcher Code weist zwischen benachbarten Codewörtern eine Schrittweite von Eins auf. Dies ist vorteilhaft, da während des Übergangs zwischen zwei benachbarten Codewörtern eine Änderung immer nur in einer Binärstelle auftreten kann: Bei einem Codierungsfehler ist somit lediglich eines der beiden Codewörter möglich. Der Code verwendet 11 bit und ermöglicht die Übertragung der Höheninformation im Bereich von -1000 bis $+126700$ Fuß mit einer Quantisierung von 100 Fuß. Die Zuordnung der Binärstellen sowie ein Auszug aus der Codierungsvorschrift ist in Tab. 7.4 aufgeführt [116].

Der Aufbau des bordseitigen Transponders weist Parallelen zum DME auf. Aufgrund der festen Frequenzzuordnung für Sende- und Empfangskanal wird die Sendefrequenz von 1090 MHz anhand eines Referenzoszillators erzeugt. Gleichzeitig wird die Sendefrequenz zum Überlagerungsempfang genutzt und das empfangene Signal in eine zwischenfrequente Lage bei 60 MHz herabgemischt. Dort schließt sich die Kanalfilterung an, bevor das Signal logarithmisch verstärkt wird. Durch diese Art der Verstärkung wird der Dynamikbereich des Eingangssignals komprimiert und gleichzeitig die Einhüllende des hochfrequenten Trägers detektiert. Das derart prozessierte Videosignal wird dem Decoder zugeführt (Abb. 7.23).

Im Decoder wird das Videosignal im Zeit- und Wertebereich diskretisiert und in einem Schieberegister gespeichert. Bei jedem Taktschritt erfolgt eine Verschiebung des gespeicherten Datenworts um eine Binärstelle nach rechts. Da die Zeitdifferenzen zwischen den Pulsen P1 – P2 sowie P1 – P3 mit 2 μs beziehungsweise 8 oder 21 μs bekannt sind, können an den zu diesen Zeitpunkten gehörenden Registern die gespeicherten Werte abgegriffen und über eine logische UND-Verknüpfung Signale für Mode-A-Abfrage, Mode-C-Abfrage oder Antwortunterdrückung erzeugt werden.

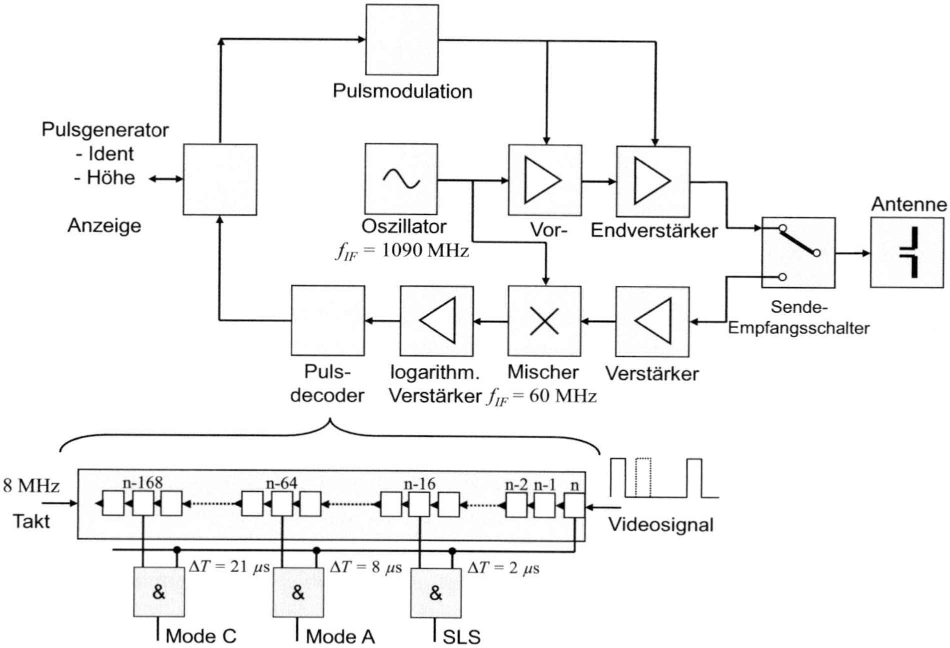

Abb. 7.23 Schema des ATCRBS-Transponders

Zwar stellt das ATCRBS-Radarsystem gegenüber dem Primärradar in einigen Gesichtspunkten eine Verbesserung dar (siehe Einleitung zum Sekundärradar), allerdings weist es aufgrund seines Systemkonzepts auch Schwachstellen auf:

- Kooperation: Das System arbeitet nur mit Luftfahrzeugen zusammen, die mit einem Transponder ausgerüstet sind. Fällt dieser aus, bleiben Identifikation und Flughöhe verborgen.
- Garbling: Als Garbling werden sogenannte Antwortüberlappungen bezeichnet. Befinden sich zwei Luftfahrzeuge gleichzeitig in der Abfragekeule des ATCRBS-Radars (gleiche Richtung zum Radar, aber unterschiedliche Entfernung bzw. Höhe), können sich deren Antworten teilweise oder vollständig überlappen und die Auswertung zumindest in vielen Fällen unmöglich machen.
- Asynchrone Antworten: Durch die große Reichweite der Sekundärradars können auch weit entfernte Flugzeuge zu einer Reply veranlasst werden. Wird ein solches Antworttelegramm von einer benachbarten Radarstation empfangen, kann sie von dieser nicht zugeordnet werden. Asynchrone Antworten werden auch als „Fruits“ bezeichnet.

- Begrenzter Vorrat an Ident-Codes: Aufgrund der begrenzten Anzahl von Ident-Codes müssen diese vom Flugsicherungspersonal dynamisch zugewiesen und von Hand eingestellt werden.

7.2.2 Mode-S-Radarsystem

Das Mode-S- (teilweise auch Mode Select genannte) Radarsystem wurde aufgrund einiger Beschränkungen des ATCRBS/SSR-Systems vom Massachusetts Institute of Technology (MIT) Lincoln Laboratory entwickelt. Zu den Einschränkungen zählt einerseits die Begrenzung auf 4096 Transponder-Kennungen sowie das Fehlen der Möglichkeit, einzelne Flugzeuge selektiv anzusprechen und abzufragen, um die Interferenzen zwischen den Transpondern zu verringern. Andererseits war gefordert, durch größtmögliche Kompatibilität des neuen Systems zum bestehenden ATCRBS die Einführungsphase reibungslos zu gestalten. Aus diesem Grund verwendet Mode S ebenfalls die Frequenz 1030 MHz für bodenseitige Interrogationen und 1090 MHz für bordseitige Antworten.

Weiter wurden neue, zu den bereits vorgestellten ACTRBS-Abfragen kompatible Interrogationen definiert [116]. Die Abfragen des Mode-S-Radarsystems können in nichtselektive und selektive Interrogationen unterteilt werden. Zu den nichtselektiven Abfragen zählen zunächst die (Nicht-Mode-S-) Abfragen von ATCRBS, erweitert um eine Gruppe sogenannter Intermode-Abfragen beziehungsweise „All-calls". Zusätzlich sind auch selektive Mode-S-Abfragen möglich. Grundlage für die selektiven Mode-S-Abfragen ist die Einführung einer 24 bit langen Kennung der bordseitigen Transponder sowie einer Kennung der bodenseitigen Abfragesender. Die Transponderkennung wird auf Basis der ICAO-Standards national vergeben und stellt eine eindeutige Kennung des Fluggeräts dar. Sie wird beim Einbau des Transponders im Fluggerät fest eingestellt und in weiterer Folge auch als (24-bit-) ICAO-Adresse des Transponders bezeichnet. Auf diese Weise wird sowohl das Luftfahrzeug als auch der Transponder anhand des Transpondercodes weltweit eindeutig gekennzeichnet. Ebenso wird den Abfragesendern eine Kennung, der sogenannte Interrogator Code, zugeteilt, um auch diese eindeutig zu identifizieren [60] (Abb. 7.24).

Abb. 7.25 fasst die Abfragen des Mode-S-Radarsystems zusammen. In der ersten Zeile sind zunächst die Nicht-Mode-S-Abfragen zur Sicherstellung der Kompatibilität mit älteren Transpondern dargestellt. Sie sind identisch mit denen des ATCRBS-Mode-A/C-Radars: Zwei 0,8 μs lange Pulse P1 und P3 definieren durch ihren Pulsabstand den Abfragemodus, ein zusätzlicher Puls P2 gleicher Länge dient der Antwortunterdrückung, wenn sich das Flugzeug im Bereich einer Nebenkeule befindet.

Die zweite Zeile von Abb. 7.25 stellt die sogenannten Mode-A/C/S-All-call-Abfragen dar. Diese Intermode-Abfragen weisen einen zusätzlichen Puls P4 auf, dessen Länge 1,6 μs beträgt. Während Mode-A/C-Transponder wie oben erläutert bei der ansteigenden Flanke von P3 mit der jeweiligen (A- oder C-)Reply antworten, werten Mode-S-

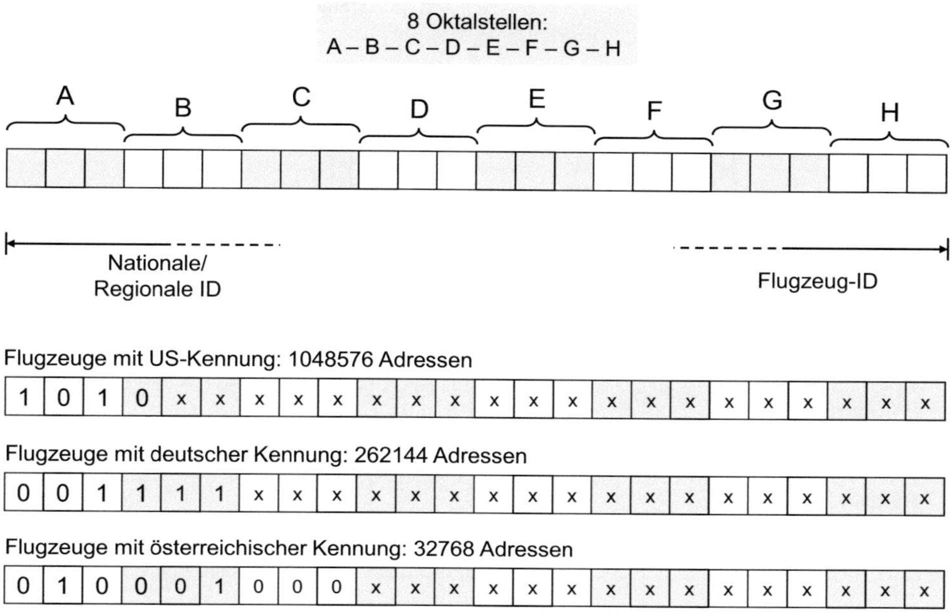

Abb. 7.24 Systematik der 24-bit-Transponderkennung

Transponder auch den Puls P4 aus. Er dient diesen zur Unterscheidung von herkömmlichen Mode-A/C-Abfragen.

Im Unterschied zur zweiten Zeile sind in der dritten Zeile die Mode-A/C-only-All-call-Abfragen dargestellt. Sie unterscheiden sich von den zuvor erläuterten Intermode-Abfragen durch einen kurzen, 0,8 μs langen Puls P4. Neben der Unterscheidung von herkömmlichen Abfragen dient der kurze P4-Puls zur Stummschaltung des Mode-S-Transponders. Für konventionelle Mode-A/C-Transponder hat er keine Bedeutung. Beide Gruppen von Intermode-Abfragen verwenden den Puls P2 zur Antwortunterdrückung, wie dies beim ATCRBS-System bereits erläutert wurde.

Als letzter Abfragetyp stellt Abb. 7.25 die selektive Mode-S-Abfrage (Roll-call) vor. Zur Unterscheidung von konventionellen Abfragen wird an Stelle des ungerichtet ausgestrahlten SLS-Pulses ein (ebenfalls als P2 bezeichneter) Puls gerichtet gesendet. Hierdurch werden konventionelle Transponder stummgeschaltet, diese interpretieren die Abfolge gleichstarker Pulse P1 und P2 als Abfrage aus einer Nebenkeule heraus. 3,5 μs nach Beginn der Abfrage schließt sich ein Puls P6 an, der ein kurzes oder langes Datenfeld enthält. Bei selektiven Mode-S-Abfragen wird die Nebenkeulenunterdrückung von einem als P5 bezeichneten Puls übernommen, der, wenn er stark genug empfangen wird, die unten erläuterte Phasenumkehr stört.

Die Antwortmoden der konventionellen und der Mode-S-Transponder sind in Tab. 7.5 zusammengefasst. Während auf die zum ATCRBS-Radarsystem kompatiblen Abfragen sowohl ATCRBS- als auch Mode-S-Transponder mit einer ATCRBS- (A-/C-)Reply

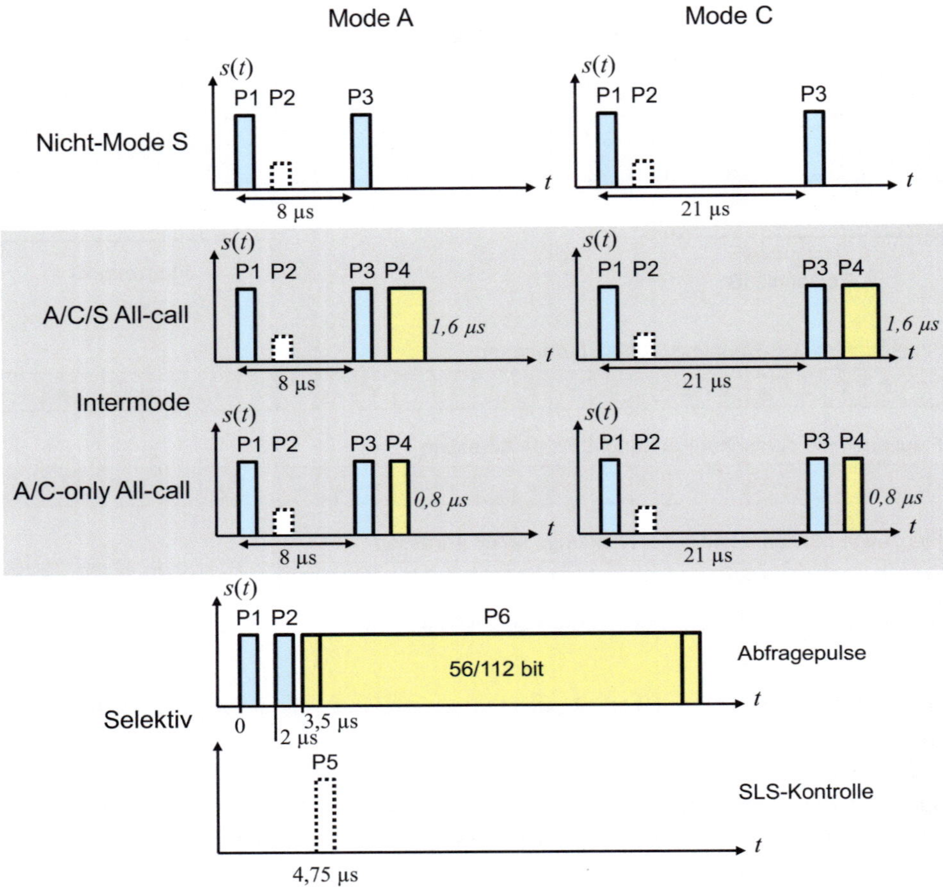

Abb. 7.25 Aufbau der Mode-S-Abfragen (Interrogationen). In der ersten Zeile sind die ATCBS-Kompatibilitätsabfragen (Nicht-Mode-S-Abfragen), in der zweiten und dritten Zeile die Intermode-abfragen (All-calls) und in der vierten Zeile die selektive Mode-S-Abfrage dargestellt

Tab. 7.5 Replies der flugzeugseitigen Transponder

Abfrage	konv. Tranponder	Mode S-Transponder
Mode A/C	Mode A/C-Reply	Mode A/C-Reply
Mode A/C/S All-call	Mode A/C-Reply	Mode S-Reply
Mode A/C-only All-call	Mode A/C-Reply	–
Mode S/Roll-call	–	Mode S-Reply

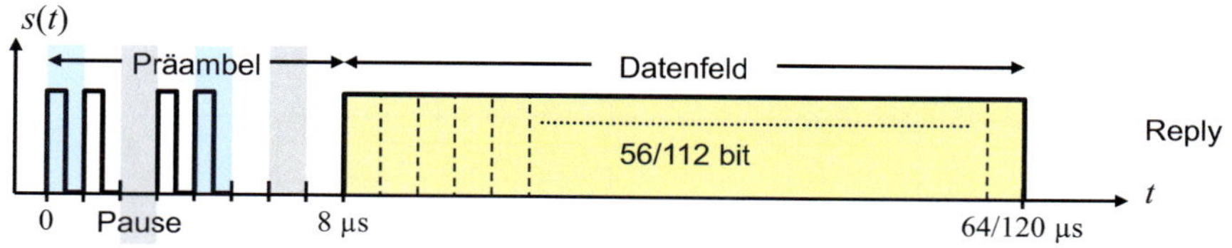

Abb. 7.26 Zeitverlauf einer Mode-S-Antwort

antworten, werden bei A/C-only-All-call-Abfragen die Mode-S-Transponder anhand des kurzen P4-Pulses gezielt stummgeschaltet. Dieser Abfragemode trägt den wesentlichen Anteil zur Reduktion der Anzahl von Antworten im Sekundärradarsystem bei. Im A/C/S-All-call-Abfragemodus antworten die Transponder in dem jeweiligen Modus: ATCRBS-Transponder senden eine A-/C-Reply, während Mode-S-Transponder mit einer Mode-S-Reply antworten und damit ihre ICAO-Adresse an die Bodenstation übermitteln. Bei selektiven Mode-S-Abfragen (Roll-call-Interrogationen) können Mode-S-Transponder mit ihrer ICAO-Adresse gezielt angesprochen werden und mit der Bodenstation Daten austauschen.

Das Zeitdiagramm einer Mode-S-Reply ist in Abb. 7.26 erläutert. Die Antwort der Transponder wird mit Hilfe einer Manchester-Codierung (in den SARPs teilweise auch als Pulse Position Modulation, PPM bezeichnet) codiert und pulsamplitudenmoduliert gesendet. Bei der PPM-Codierung findet in der Mitte des Übertragungszeitschlitzes ein Wechsel des logischen Zustands statt. Soll eine logische Eins übertragen werden, wechselt nach der Hälfte der Bitdauer das PPM-codierte Signal von logisch Eins nach logisch Null. Bei der Übertragung einer logischen Null wird umgekehrt ein Wechsel von logisch Null nach logisch Eins durchgeführt. Die Datenrate der transponderseitigen Antwort (Downlink) beträgt 1 Mbit/s.

Eine Mode-S-Reply weist zunächst eine 8 µs lange Präambel auf. Diese beginnt mit der Übertragung von zwei PPM-codierten Bits, die (aufgrund der fehlenden Zeitreferenz) wahlweise als logisch Null oder Eins angenommen werden können. Nach einer Pause von 1 µs schließt sich die Übertragung von zwei weiteren PPM-codierten Bits an. Das Einfügen einer kurzen Pause zwischen die Binärstellen der Präambel führt zu einer Verletzung der Codierungsvorschrift, sodass der Empfänger anhand der Unregelmäßigkeit eine Zeitreferenz für die folgende Datenübermittlung ableiten kann. Der Präambel schließt sich das 56 bzw. 112 bit lange Datenfeld an.

Abb. 7.27 zeigt das Zeitdiagramm der selektiven Abfrage im Detail. Nach der Kennung bestehend aus P1 und P2 beginnt 3,5 µs nach Abfragebeginn die Synchronisationsphase. Hierzu wird die Trägerfrequenz zunächst unmoduliert ausgesendet. Bei 4,75 µs findet eine Phasenumkehr statt. Die Zeit vor und nach der Phasenumkehr stellt für den Mode-S-Empfänger eine DPSK-Modulation dar und dient als Zeitreferenz für das folgende Datentelegramm. Dieses beginnt 0,5 µs nach der als Sync Phase Reversal bezeichneten Zeitreferenz. Die Modulation der Daten erfolgt mittels DPSK-Modulation. Tritt zu Beginn eines Taktschrittes eine Phasenumkehr von 180° auf, wird eine logische Eins übertragen,

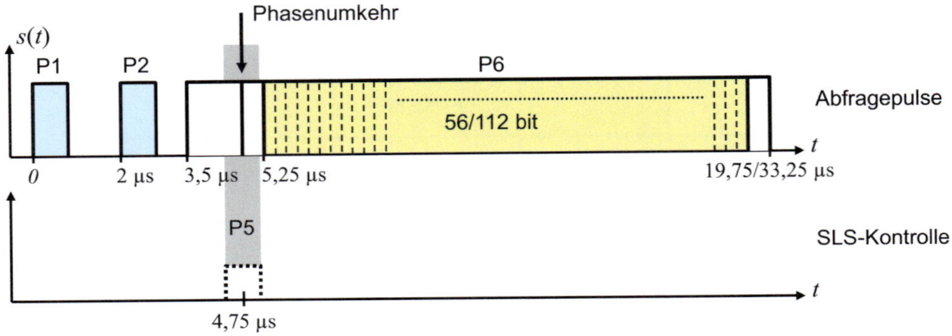

Abb. 7.27 Ablauf einer selektiven Mode-S-Abfrage

findet keine Phasenumkehr statt, enthält das folgende Bit eine logische Null. Die Datenrate der Abfrage der Bodenstation (Uplink) beträgt 4 Mbit/s.

Ein typischer Abfrageverlauf der Bodenstation setzt sich aus All-call- und Roll-call-Phasen zusammen. Während eines Umlaufs der Mode-S-Antenne fragt die Bodenstation sämtliche Luftfahrzeuge mit All-calls ab und erhält ein umfassendes Lagebild: Flugzeuge ohne Mode-S-Transponder antworten mit einer ATCRBS-Reply, Flugzeuge mit Mode-S-Transponder übermitteln eine Mode-S-Reply und kommunizieren dabei ihre 24-bit-ICAO-Adresse. Die während der All-call-Phase erfassten Mode-S-Adressen werden in einem Register gespeichert und für die folgende Roll-call-Phase verwendet. Damit können in den weiteren Antennenumläufen die mit Mode S ausgerüsteten Luftfahrzeuge selektiv abgefragt werden, was zu einer Reduktion von Antwortüberlappungen und Verringerung von Fruits führt.

Neben den durch bodenseitige Interrogatoren ausgelösten Replies sind im Mode-S-Radarsystem auch als „Squitter" bezeichnete, also regelmäßige, nicht durch Abfragen ausgelöste Antworten („Broadcasts") definiert. Diese können beispielsweise die GPS-Position und weitere flugsicherungsrelevante Daten wie Geschwindigkeit, Kurs oder Identifikation enthalten und für auf dem Mode-S-System basierte Applikationen wie ADS-B (siehe hierzu Abschn. 7.2.3) oder Multilateration (Abschn. 7.2.4) verwendet werden.

Der Aufbau des Datenfeldes für Mode-S-Surveillance kann zwei Varianten aufweisen [143]. Die Verwendung eines 56 bit kurzen Datenfeldes ermöglicht die Kommunikation von ICAO-Adresse, Identifizierung des Luftfahrzeugs, ATCRBS-Code, Druckhöhe mit 25-Fuß-Auflösung sowie Ausweichempfehlungen von bordseitigen Kollisionsverhinderungssystemen und wird bei der Mode S Elementary Surveillance (ELS) eingesetzt.

Durch Verwendung eines 112 bit langen Datenfeldes wird die Übermittlung weiterer Daten wie Indicated Airspeed, Magnetic Heading oder Rollwinkel (Downlink Aircraft Parameter, DAP) ermöglicht, sodass die Lotsen-Teams ein umfassendes Lagebild über den Zustand des Flugzeugs erhalten. Dieses Szenario wird unter dem Begriff der Enhanced Surveillance (EHS) dargestellt und gegenwärtig in Europa implementiert. Eine flugzeugseitige Squitter-Aussendung mit einem langen Datenfeld wird gelegentlich auch

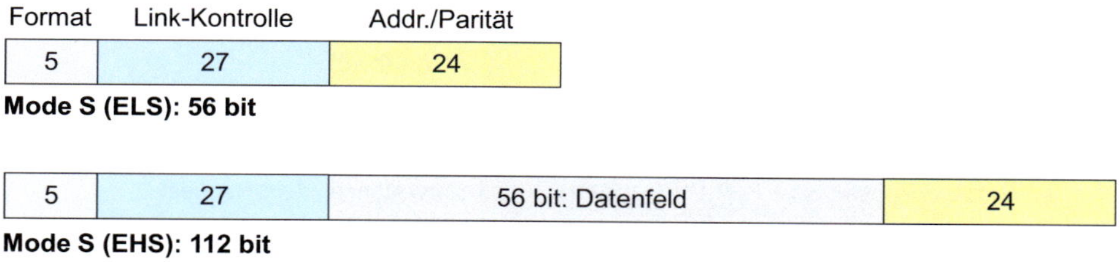

Abb. 7.28 Datenformate beim Mode-S-Radarsystem

als „Extended Squitter“ (ES) oder (aufgrund der auf der Frequenz von 1090 MHz erfolgten Abstrahlung) als „1090ES“ bezeichnet.

Der Aufbau des Datenfeldes folgt dem Schema in Abb. 7.28. Ein 5 bit langes Format-Feld (Uplink Format, UF bzw. Downlink Format, DF) enthält Angaben zum Inhalt der Aussendung. Diesem schließt sich ein 27-bit-Feld zur Kontrolle des Surveillance-Links an. Der Inhalt ist abhängig von der Art der Aussendung und kann beispielsweise Informationen zur Mode-S-Installation im Flugzeug („Capability“) oder die ICAO-Adresse des bordseitigen Transponders enthalten. Beim langen Datenfeld schließt sich ein 56 bit breites Feld für anwendungsspezifische Daten an. Beide Formate enden mit einem 24-bit-Feld, welches der Fehlersicherung dient.

Abb. 7.29 zeigt einige Beispiele für den Aufbau der Mode-S-Datenworte. Abhängig vom (UF-/DF-)Formatfeld unterscheiden diese sich im Aufbau und in der Länge, zudem wird das für die Fehlersicherung verwendete Feld entweder als AP- (Adresse/Parität) oder PI- (Parität/Interrogator-Identifikation) Feld bezeichnet. Die nicht gekennzeichneten Binärstellen des für die Link-Kontrolle verwendeten Feldes beinhalten etwa Angaben zur Art des zu eingesetzten Protokolls, zur Art der Mode-S-Ausrüstung (Capability) oder Vorgaben für Art und Länge der Antwort (Reply Request, z. B. Reporting von Flughöhe oder Identifikation).

Die Fehlerkorrektur beim Mode-S-Radarsystem beruht auf dem zyklischen Redundanz-Check mit 24 bit (Cyclic Redundancy Check CRC-24). Hierzu wird ein Generierungspolynom $g(x)$ mit folgendem Aufbau verwendet (die Potenz $i = 24$ steht dabei rechts im Klammerausdruck, dies entspricht der Notation in den ICAO-SARPs, bei der das niederwertigste Bit zuerst angeführt wird):

$$
\begin{aligned}
g(x) &= \sum_{i=0}^{24} g_i \cdot x^i = 1 + x^3 + x^{10} + \cdots + x^{22} + x^{23} + x^{24} \\
&= [1\,0\,0\,1\,0\,0\,0\,0\,0\,0\,1\,0\,1\,1\,1\,1\,1\,1\,1\,1\,1\,1\,1\,1\,1]
\end{aligned}
\tag{7.35}
$$

Das zu sichernde ($n = 32$ bzw. 88 bit lange) Datenwort $M(x)$ bestehend aus Formatfeld, Link-Kontrolle und (im Falle von EHS) Datenfeld wird ebenfalls als binäres Polynom ausgedrückt und mit x^{24} multipliziert. Dies entspricht einer Erweiterung des

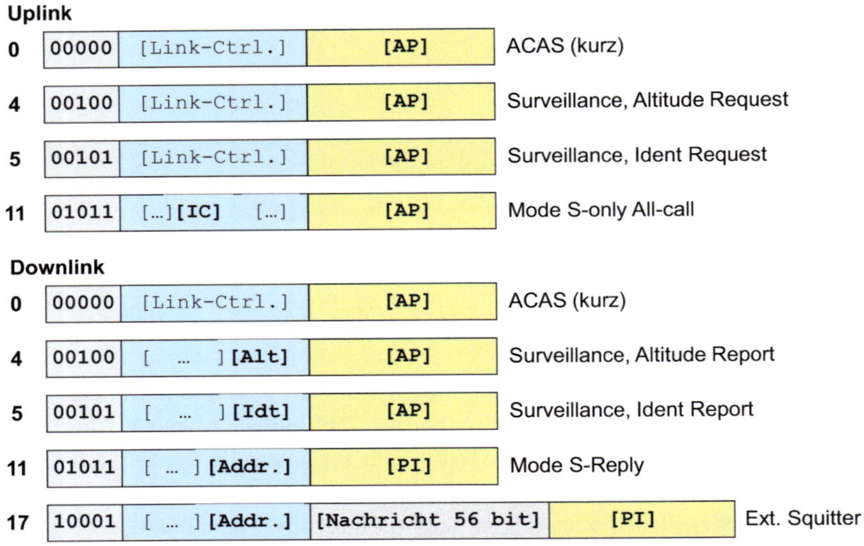

Abb. 7.29 Beispiele für den Aufbau der Datenworte bei Mode S (nach [116])

Datenwortes $M(x)$ um 24 bit mit dem Wert logisch Null auf der niederwertigen Seite:

$$x^{24}\,M(x) = \sum_{i=0}^{n-1} M_{n-i} \cdot x^{i+24} = M_n\,x^{24} + M_{n-1}\,x^{25} + \cdots + M_1\,x^{n+23} \tag{7.36}$$

$x^{24}\,M(x)$ wird mit $g(x)$ modulo-2-dividiert, es entsteht neben einem Quotienten ein Divisionsrest $R(x)$ mit der Länge von 24 bit. Dessen höchstwertigstes Bit entspricht dem Paritätsbit p_1, das niederwertigste Bit dem Paritätsbit p_{24}:

$$R(x) = \sum_{i=0}^{23} R_i \cdot x^i = R_0 + R_1\,x^1 + \cdots + R_{23}\,x^{23}$$

$$p(x) = \sum_{i=1}^{24} p_i = [R_{23}\,R_{22}\,R_{21} \cdots R_2\,R_1\,R_0] \tag{7.37}$$

Die so errechnete Parität $p(x)$ wird dazu verwendet, gemeinsam mit der Adresse $a(x)$ des gerufenen Transponders die Binärstellen t_i des als AP-Feld bezeichneten Adress/Paritäts-Wortes bzw. des PI-Feld genannten Paritäts/Interrogator-Code-Wortes aus Abb. 7.29 zu bilden. Für das Downlink-Format werden die einzelnen Binärstellen dazu nach der folgenden Vorschrift modulo-2-addiert:

$$t_i = a_i \oplus p_i \tag{7.38}$$

Im Uplink-Format wird im AP-Feld zusätzlich das Generierungspolynom codiert, indem $g(x)$ erst mit der Adresse $a(x)$ in umgekehrter Reihenfolge multipliziert und dann (wie im obigen Fall) zur Parität $p(x)$ modulo-2-addiert wird:

$$\begin{aligned} b(x) &= g(x) \cdot \left(a_1\, x^{23} + a_2\, x^{22} + \cdots + a_{23}\, x + a_{24}\right) \\ t_i &= b_{48-i} \oplus p_i\,; \quad i = 1 \cdots 24 \end{aligned} \tag{7.39}$$

Um Abschattungseffekte zu verhindern, verwendet das Mode-S-Radarsystem flugzeugseitig zwei Antennen und zwei Empfängersysteme zur räumlichen Diversifizierung. Hierdurch wird vermieden, dass sich die Antennencharakteristika der Einzelantennen zu einer gerichteten Antennencharakteristik überlagern. Dies ist auch nötig, da über Mode S auch die Übermittlung von Nachrichten von Flugzeug zu Flugzeug im Rahmen des Aircraft Collision Avoidance Systems (ACAS) vorgenommen wird (siehe hierzu Abschn. 10.3.2). Solche Nachrichten wären beispielsweise das Uplink- bzw. Downlink-Format 0 (ACAS) von Mode S aus Abb. 7.29.

7.2.3 Automatic Dependent Surveillance – Broadcast (ADS-B)

Durch die zunehmende Implementierung von GNSS-Empfängern an Bord der Flugzeuge ist deren aktuelle Position in drei Dimensionen hinreichend genau bekannt. Die Idee des neuen Ansatzes für ein Kollisionsverhinderungs- und Luftraumüberwachungssystem besteht nun darin, diese Information durch eine im Rundfunkverfahren erfolgte Abstrahlung (Broadcast) an andere Teilnehmer zu kommunizieren. Neben der Position wird bei ADS-B zusätzlich ein sogenannten Position-Velocity-Time- (PVT-)Vektor gesendet, der neben geometrischer Länge und Breite (basierend auf WGS-84) auch die geometrische Höhe, Geschwindigkeitskomponenten, Qualitätsangaben zur Position und Geschwindigkeit, Luftdaten, die Geschwindigkeit über Grund sowie eine Kurvenindikation enthält [100].

Hierdurch entstehen eine Reihe von Vorteilen:

- Die Luftraumüberwachung wird auch bei fehlender Radarabdeckung ermöglicht, beispielsweise in ozeanischen Gebieten oder in Gebieten mit geringer Flugdichte
- Andere Luftfahrzeuge erhalten Kenntnis über den momentanen Aufenthaltsort und den geplanten Kurs sonstiger Teilnehmer am Luftverkehr und können drohende Kollisionen proaktiv verhindern
- Auch Objekte am Boden (Fahrzeuge auf der Flughafenoberfläche) oder Hindernisse wie Türme können in den Kollisionsschutz mit einbezogen werden.

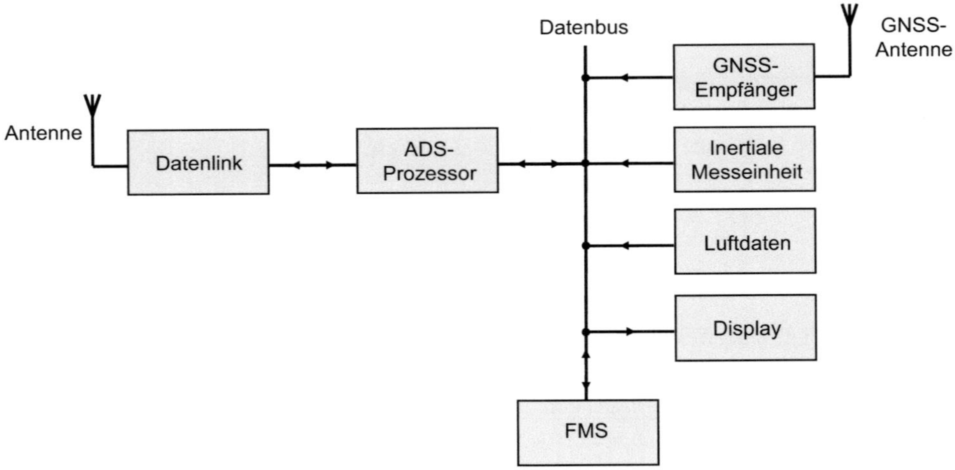

Abb. 7.30 Mögliche Implementierung von ADS-B in einem Luftfahrzeug

Als Übertragungstechnologien stehen für hochfliegende Luftfahrzeuge der Mode-S-Datenlink bzw. der Mode-S-Extended-Squitter (1090ES) sowie der Mode 4 des VHF Data Links zur Verfügung. Flugzeuge der General Aviation können mit einem 1090ES-fähigen Transponder ausgerüstet werden. Eine mögliche Implementierung ist in Abb. 7.30 veranschaulicht. Hierbei bezieht der ADS-B-Prozessor seine Informationen aus einem GNSS-Empfänger, aus einer inertialen Messeinheit, dem Luftdatenrechner und/oder dem Flight-Management-System und kommuniziert den PVT-Vektor mittels eines Datenlinks an die Teilnehmer in der Umgebung sowie an die Flugsicherungsstellen. Empfehlenswerte Unterlagen zu Mode S und Erläuterungen zur Decodierung von ADS-B finden sich in [178].

7.2.4 Multilateration (MLAT)

Das Multilaterationssystem dient der Ermittlung der Flugzeugposition in zwei oder drei Dimensionen und kehrt hierbei das Prinzip der Laufzeitmessung von GNSS um: Anstelle der beweglichen Satelliten werden mehrere ortsfeste Referenzempfänger verwendet, das auszuwertende Signal wird vom Flugzeug abgestrahlt, von den Referenzempfängern empfangen und im Bodensegment verarbeitet. Das Flugzeug sendet dazu entweder mittels Mode-S- oder VDL4-Datenlink eine ADS-B-Nachricht aus oder antwortet auf eine bodenseitige Interrogation einer SSR-Bodenstation mit einer ATCRBS-Mode-A/C-Reply. Die Ankunftszeit des flugzeugseitigen Signals wird von den Referenzempfängern festgehalten und in einem zentralen Rechner die Differenz der Ankunftszeiten (Time Difference of Arrival, TDOA) ermittelt. Hieraus kann (eine geeignete Positionierung der Referenzempfänger vorausgesetzt) die Position des Flugzeugs ermittelt werden. Mittels

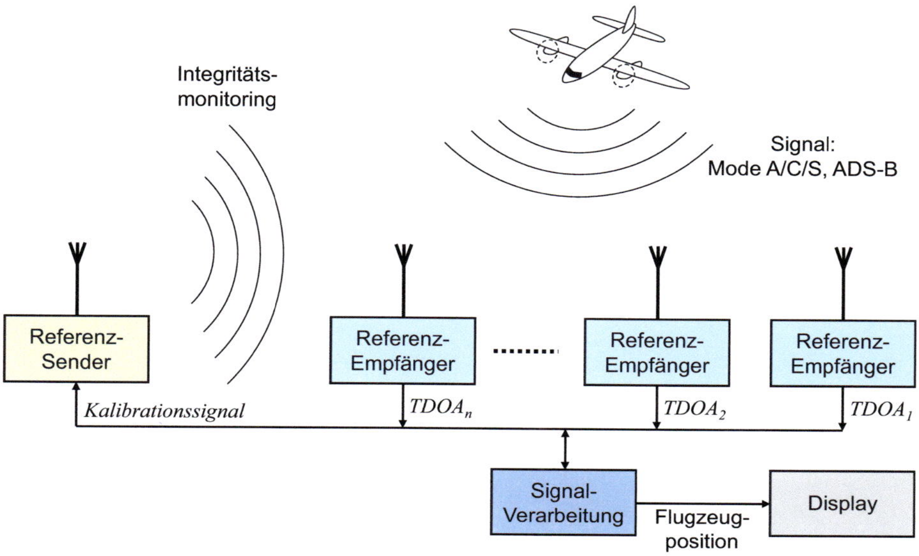

Abb. 7.31 Komponenten eines Multilaterationssystems

eines Referenzsenders, der mit einer bestimmten Häufigkeit Kalibrationsimpulse aussendet, wird die Integrität des Systems überwacht. Das Funktionsprinzip ist in Abb. 7.31 veranschaulicht [124].

Es existieren im Wesentlichen drei technische Ausprägungen von MLAT:

- Advanced Surface Movement Guidance and Control System (A-SMGCS): Die Auswertung der Laufzeitdifferenzen wird lediglich in 2 Dimensionen durchgeführt. Hierdurch kann ein Rollwegführungs- und -überwachungssystem für Verkehrsflughäfen realisiert werden.
- Weitbereichsmultilateration (Wide Area Multilateration, WAM) im Terminalbereich: Wird eine dreidimensionale Lösung errechnet, kann beispielsweise die an manchen Verkehrsflughäfen fehlende Radarabdeckung während des Endanflugs durch ein alternatives System ersetzt und die Flugzeugposition in den Radararbeitsplatz integriert werden.
- WAM Surveillance: Mit Hilfe der Weitbereichs-Multilateration kann eine Luftraumüberwachung aufgebaut werden, ohne dass hierzu eine Primärradarabdeckung nötig wäre.

Avionik-Busse

8

Avionik-Busse dienen sowohl der Verbindung der im Flugzeug vorhandenen Systeme untereinander als auch der Integration von Teilsystemen in ein übergeordnetes System und ermöglichen damit eine effiziente Onboard-Kommunikation. Aufgrund dieser zentralen Rolle werden besondere Anforderungen an die eingesetzten Bussysteme gestellt. Neben der Übertragungsrate ist daher die Ausfall- und Störsicherheit von enormer Bedeutung. Zudem darf bei einem größeren Netzwerk der Ausfall eines Busteilnehmers nicht das übrige Netzwerk beeinträchtigen. Im folgenden Abschnitt werden die Grundlagen und Protokolle von in der Luftfahrt eingesetzten Bussystemen besprochen und deren Eigenschaften zusammengestellt. Gemeinsam mit den in den weiteren Kapiteln beschriebenen Systemen wird damit die Grundlage für das Verständnis moderner Avionik-Architekturen gelegt.

8.1 Grundprinzipien

Während sich in der Frühzeit der Avionik die Systemintegration auf die Verbindung der Bedienelemente beispielsweise zur Wahl einer Sende-/Empfangsfrequenz für den Transceiver beschränkte, ist die Situation durch die fortschreitende Computerisierung der Luftfahrzeuge ungemein komplexer. Unterschiedliche Funktionsgruppen sind in verschiedenen Bereichen des Flugzeugs untergebracht. Während die Bedienelemente üblicherweise innerhalb der Pilotenkanzel zu finden sind, ist die eigentliche Hardware im Avionik-Compartment integriert und muss anhand von Datenleitungen verbunden werden.

Elektronisches Zusatzmaterial Die elektronische Version dieses Kapitels enthält Zusatzmaterial, das berechtigten Benutzern zur Verfügung steht. https://doi.org/10.1007/978-3-662-64823-0_8.

H. Flühr, *Avionik und Flugsicherungstechnik*,
https://doi.org/10.1007/978-3-662-64823-0_8

Viele Avionik-Busse verwenden als physikalisches Übertragungsmedium eine geschirmte und verdrillte Zweidrahtleitung (Shielded Twisted Pair, STP). Die Daten werden in Form eines seriellen Multiplexings übertragen, woraus sich gegenüber einer parallelen Busarchitektur offensichtlich ein Gewichts- und Kostenvorteil ergibt. Um sowohl die Störimmunität zu erhöhen als auch die vom Datenbus abgestrahlten elektromagnetischen Wellen zu minimieren, wird der Bus in der Regel mit differenziellen Signalen betrieben. Sowohl die Ausgangsimpedanz des Leitungstreibers als auch die Eingangsimpedanz des Empfängers werden an den Wellenwiderstand der Leitung angepasst, um Reflexionen an den Abschlüssen zu vermeiden. Dies ist insbesondere deshalb von großer Bedeutung, weil auch Datenbusse mit relativ niedrigen Übertragungsraten große räumliche Ausdehnungen aufweisen können, die gegenüber der Wellenlänge nicht mehr vernachlässigt werden können.

In Abb. 8.1 ist der Grundaufbau eines einfachen Single-Source-/Single-Sink-Bussystems dargestellt. Ein solches System besteht aus zwei Busteilnehmern (Knoten), von denen einer als Sender (Leitungstreiber), der zweite als Empfänger arbeitet. Der Leitungstreiber übernimmt den Datenstrom und führt die Leitungscodierung durch (im einfachsten Fall wird den logischen Zuständen ein Spannungspegel zugewiesen: NRZ-Codierung). Der Leitungstreiber erzeugt für die Übertragung eine differenzielle Spannung, die symmetrisch um das Massepotenzial verteilt ist. Sein Ausgangswiderstand entspricht dem Wellenwiderstand der Übertragungsleitung. Auf der Empfängerseite bildet ein Differenzverstärker das Empfangssignal. Gleichtaktstörungen, die auf beide Leitungen des Avionikbusses einwirken, werden dabei eliminiert. Nach der Leitungsdecodierung steht am Ausgang wieder der Datenstrom bereit.

Auch Datenbussysteme können in ein Schichtmodell eingeordnet werden: Deren physikalische Schicht wird durch die Übertragungsleitung mit den zugehörigen Treibern

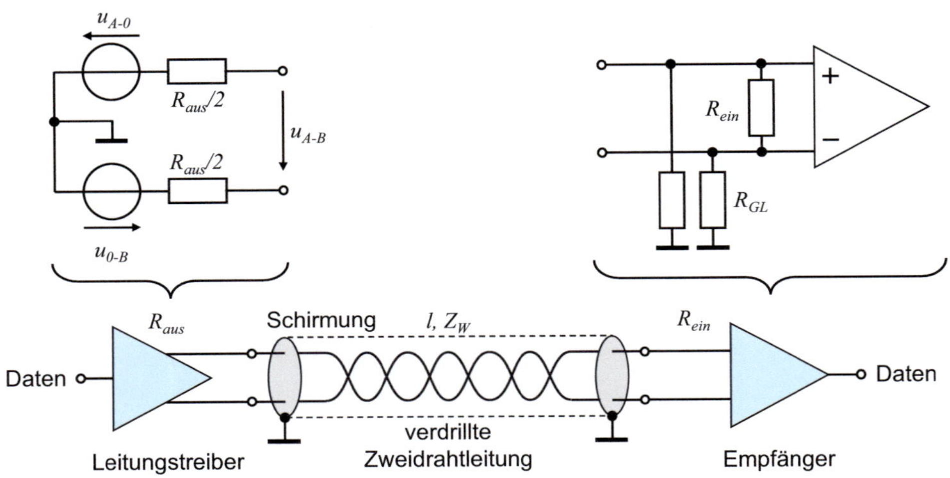

Abb. 8.1 Aufbau eines einfaches Datenbusses

und Empfängern realisiert. Die Aufgabe des Physical Layers besteht in der Wandlung der Binärdaten in physikalische Spannungspegel und umgekehrt. In einer darüber liegenden Sicherungsschicht wird die Übertragung durch Verfahren der Kanalcodierung (beispielsweise Hinzufügen von Prüfbits) gegen Übertragungsfehler gesichert, andererseits wird auch die Synchronisation auf Bit- und Wortebene sichergestellt.

Der Aufbau eines Bussystems erfolgt häufig als lineares, teilweise auch als ring- oder sternförmiges Netzwerk. Abhängig von der Busspezifikation werden unidirektionale oder bidirektionale Strukturen unterschieden. Erstere lassen den Informationsfluss lediglich von einem Sender zu einem oder mehreren Empfängern zu (Simplex-Übertragung), zweitere erlauben die wechselweise (Halbduplex-) oder gleichzeitige Nutzung des Übertragungskanals in beiden Richtungen (Vollduplex-Übertragung).

Beispiele für weit verbreitete Avionik-Busse (und deren Anwendung im Flugzeug) sind in der nachfolgenden Auflistung zusammengestellt:

- Commercial Standard Digital Bus (CSDB): Saab 340, Saab 2000, Canadair Regional, Embraer
- ARINC 429: Boeing 737, 747, 757, 767, Airbus A300, A310, A320, MD-11
- ARINC 629 (DATAC): Boeing 777
- ARINC 664/Avionics Full Duplex Switched Ethernet (AFDX): Airbus A380
- Mil-STD-1553: F16, AH-64A Apache
- STANAG 3910: Eurofighter Typhoon
- ARINC 573: Flight Data Recorder Bus
- ARINC 708: Wetterradar-Datenbus

8.2 ARINC 429

Der Datenbus nach der ARINC-Spezifikation 429 „Mark 33 Digital Information Transfer System" (kurz: ARINC 429 oder auch A429) hat sich seit seiner erstmaligen Veröffentlichung im Jahr 1977 als einer der in der Zivilluftfahrt am meisten verbreiteten Busstandards durchgesetzt. Aufgrund seiner einfachen Struktur, Robustheit und Transparenz findet er auch heute noch bei der Integration von Teilsystemen verbreitet Verwendung. Die folgende Übersicht ist aus [19, 26, 100, 129–131, 146, 174, 175] abgeleitet.

Das Bussystem nach ARINC 429 ist als unidirektionales Netzwerk für Simplex-Übertragungen konzipiert. Seine Architektur erlaubt einen Sender und bis zu 20 Empfänger (und damit 21 Knoten) an einem Übertragungskanal. Wird ein Rückkanal benötigt, so muss dieser anhand eines zweiten Busses realisiert werden (Abb. 8.2). Jeder Knoten wird dazu mit einer ARINC-429-Schnittstelle ausgerüstet, die eine entsprechende Anzahl von Sende- und Empfangsinterfaces bereitstellt.

Für die Übertragung der Daten wird eine bipolare Return-to-Zero- (BPRZ-) Leitungscodierung eingesetzt. Die Übertragungsspannung ist differenziell am Bus angelegt und beträgt zwischen den Leitungen A und B $u_{A-B} = \pm\ 10$ V. Abhängig von

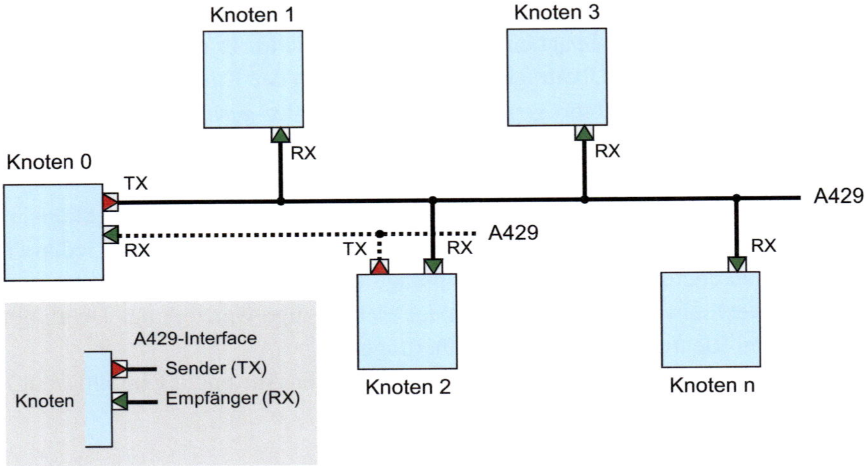

Abb. 8.2 Busarchitektur eines ARINC-429-Busses. Ein optionaler Rückkanal ist punktiert eingezeichnet

der Konfiguration des Bussystems (Leitungslänge, Anzahl und Position der Stichleitungen für die Teilnehmer beziehungsweise Ausführung des Routings zu den Teilnehmern) kann die Spannung an den Empfängern aufgrund von Reflexionen größer oder kleiner als der spezifizierte Wert sein. Durch Einführung eines Toleranzfensters wird die Robustheit erhöht (Abb. 8.3).

Die Spezifikation unterscheidet einen Low-speed- und einen High-speed-Modus, die Übertragungsraten von 12,0–14,5 kbit/s beziehungsweise 100 kbit/s ermöglichen. Abhängig vom betrachteten Betriebsmodus nimmt die Steilheit der Pulsflanke die in Tab. 8.1 angegebenen Werte ein.

Die Länge eines ARINC-429-Datenwortes beträgt 32 bit (Zeitschlitze) und kann binäre Daten (BNR-Format), BCD-codierte Daten (BCD-Format), sogenannte diskrete

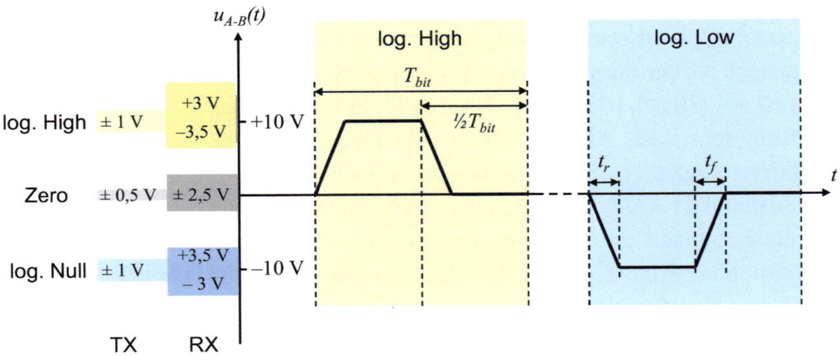

Abb. 8.3 ARINC-429-Leitungscode mit Toleranzfenstern für die Spannung am Leitungstreiber bzw. Empfänger

Tab. 8.1 Übersicht zum ARINC-429-Bus

Parameter	Beschreibung
Aufbau	Shielded Twisted Pair
Wellenwiderstand	75 Ω
Übertragung	Differenziell (Leitung A nach B), Simplex
Architektur	Unidirektional, 1 Sender/bis zu 20 Empfänger
Spannungspegel (A/B – GND)	+5/0/–5 V
Spannungspegel (A – B)	+10/0/–10 V
Leitungscode	Bipolar Return-to-Zero (BPRZ)
Wortlänge	32 bit
Wortpause	4 bit
Bitrate	100 kB/s (High-speed)
	12,5 kB/s (Low-speed)
Anstiegsflanke (Slew Rate)	1,5 $\pm$ 0,5 μs (High-speed)
	10 $\pm$ 5 μs (Low-speed)

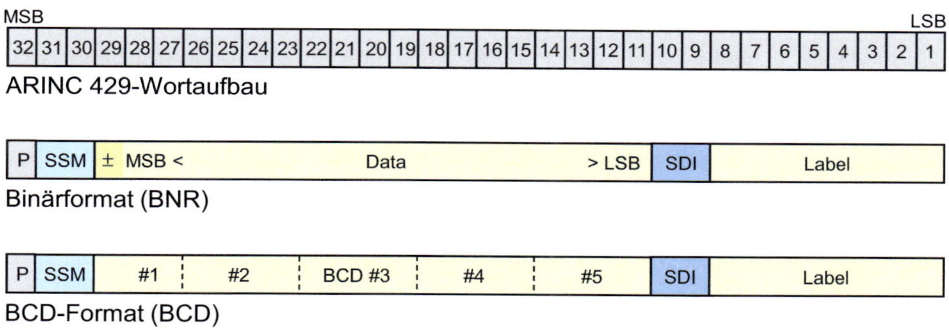

P: Paritätsbit: $\sum$(Label + SDI + Data + SSM + P) = „1“ (ungerade)
SSM: Sign/Status Matrix
Data: Datenfeld (BCD oder BNR-Code)
SDI: Source/Destination Identifier
Label: Datentyp und -parameter

Abb. 8.4 Schema des Aufbaus von ARINC-429-Datenworten

Daten, alphanumerische Daten oder Bestätigungen enthalten. Der Abstand zwischen zwei aufeinanderfolgenden Worten beträgt 4 Zeitschlitze. Der Grundaufbau der Datenworte ist für die unterschiedlichen Datenformate ähnlich und in Abb. 8.4 dargestellt.

In den Zeitschlitzen 1-8 werden 3 als Label bezeichnete oktal codierte Ziffern mit dem Wertebereich „000“ bis „377“ übermittelt (Beispiele siehe Tab. 8.2). Sie kennzeichnen den Inhalt des Datenwortes und legen dessen Wertebereich und die zugrunde liegende Skalierung fest. Mit einigen Label-Nummern wird auf ein bestimmtes Wortformat hingewiesen. Die Label werden gemeinsam mit Equipment-Identifikationsnummern verwendet,

Tab. 8.2 ARINC-429-Datenlabel (oktal)

Parameter	Beschreibung
014	Magnetic Heading (BCD), 0, 0 – 359, 9°
102	Airspeed (BNR), 512 *kn*
355	Acknowledgement-Format
357	Alphanumerisches Format
377	Equipment-Identifikation

Tab. 8.3 Equipment-Identifikationsnummern (hexadezimal)

Identifikationsnummer	System
001	Flight Control Computer
007	Radar-Höhenmesser
009	Bordseitiges DME
00B	GPS-Receiver

um die Herkunft der Daten eindeutig festzulegen. Die Equipment-Nummern referenzieren auf im Flugzeug vorhandene Systeme (Beispiele siehe Tab. 8.3). Diese sind im Datenwort nicht codiert, da durch die unipolare Architektur nur eine Datenquelle in Frage kommt. Das sendende System ist somit durch die Busarchitektur festgelegt und den Empfängern bekannt.

Die beiden folgenden Bits stellen den Source/Destination Identifier (SDI) dar, der dazu benutzt werden kann, gleichartige Teilnehmer am Bus eindeutig zu bezeichnen. Auf diese Weise können redundante Empfänger gezielt adressiert werden. Die Binärstellen 11 bis 29 bilden das weiter unten erläutere Datenfeld. Bit 30 und 31 formen die Sign/Status-Matrix (SSM), anhand derer den Daten Vorzeichen und Richtung zugefügt (im BCD-Format) oder Hinweise zum Betriebszustand (im BNR-Format) kommuniziert werden. Im BNR-Format sind Vorzeichen/Richtung im Zeitschlitz 29 enthalten. Das höchstwertige Bit (MSB) ist ein Paritätsbit, dieses wird wahlweise auf logisch Eins oder Null gesetzt, um eine ungerade Quersumme aller Binärstellen im Wort zu erhalten.

Im BCD-Wortformat stehen 5 Stellen für Informationen zur Verfügung. Die Referenzierung (Vorzeichen oder Richtung) wird anhand der Sign-Status-Matrix vorgenommen. Werden Daten im BNR-Wortformat übertragen, entspricht Bit 28 (MSB) des BNR-Wortes dem Halben des mit dem Label angegebenen Wertebereichs. Hieraus kann die mit dem binären Wort repräsentierte Zahl errechnet werden. Negative Zahlen werden durch ein gesetztes Bit 29 angegeben und sind im Zweier-Komplement abgelegt.

Ein drittes Wortformat stellen alphanumerische Daten dar. Mit Hilfe des Labels „357“ werden die ARINC-Worte als Teil einer alphanumerischen Nachricht gekennzeichnet.

Für die Datenkommunikation zwischen zwei Teilnehmern werden zusätzlich zu den Datenformaten auch Acknowledgement-Worte benötigt, um den Ablauf der Kommunikation zu steuern. Diese sind anhand des Labels „355“ markiert und erlauben die Ablaufsteuerung des Datenaustauschs. Auf diese Weise werden „Request-to-Send“-, „Clear-to-Send“-, „Data-follows“- und „Data-Received-OK“-Worte gebildet, mit denen der Austausch auch größerer Datenmengen erfolgen kann.

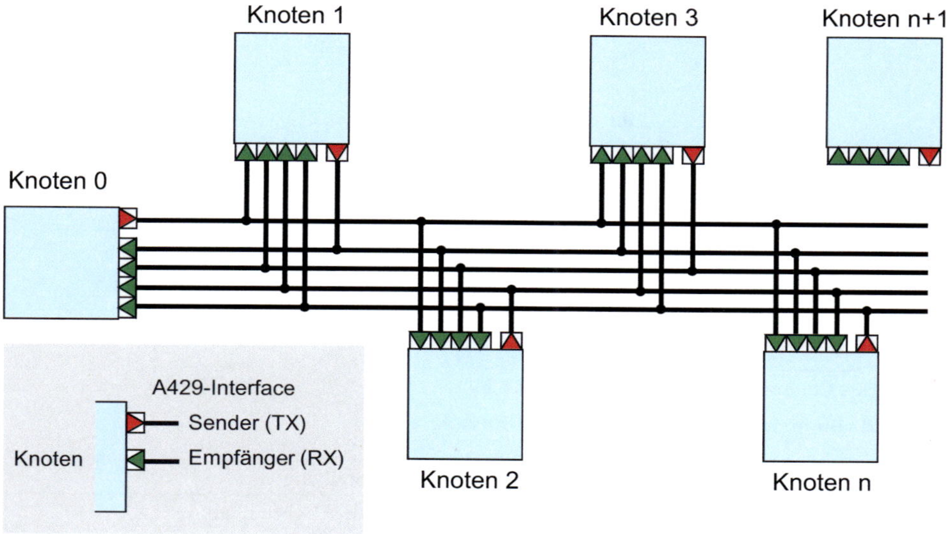

Abb. 8.5 Busarchitektur eines ARINC-429-Busses mit 5 Teilnehmern

Neben den Vorzügen (robust, transparent, kommerzieller Standard) haben Bussysteme nach ARINC 429 einen großen Nachteil. Die unidirektionale Architektur erfordert, dass zusätzliche Datenbusse als Rückkanal oder als Sendekanal für andere Teilnehmer im Flugzeug geroutet werden. Dies führt einerseits häufig zu sehr komplexen Verdrahtungen, andererseits stellt es für eine spätere Nachrüstung von Systemen ein großes Problem dar. Diese müssen, um sie in die restliche Architektur des Flugzeugs integrieren zu können, mit neu zu installierenden Bussen versehen werden, was einen erheblichen Aufwand bedeutet (Abb. 8.5).

8.3 Mil-STD-1553

Der militärische Standard Mil-STD-1553 legt die elektrischen Eigenschaften und Protokollcharakteristika eines (im Vergleich zu ARINC 429) leistungsfähigeren und bidirektionalen Standards fest. Auch dieser hat weite Verbreitung gefunden und ist als STANAG 3838 im NATO- und als AS 15531 im zivilen Bereich spezifiziert (Abb. 8.6).

Die Architektur des Mil-STD-1553 [19, 22, 27, 35, 36, 100, 146, 174, 175] verwendet ein lineares Netzwerk, an dem die Knoten über Remote Terminals (RT) angeschlossen sind. Der Datenaustausch erfolgt bidirektional im Halbduplexbetrieb und wird von einem Bus-Controller gesteuert. Zusätzlich kann auch ein Bus-Monitor angeschlossen sein, der nach der Spezifikation passiv agiert und Daten vom Bus für spätere Offline-Auswertungen speichert. Der Standard erlaubt bis zu 32 Remote Terminals mit den an ihnen angeschlossenen Systemen, die Datenrate am Bus selbst beträgt 1 Mbit/s. Als Leitungscode wird eine biphasische Manchester-II-Codierung verwendet, hierdurch entsteht in der Mitte jedes

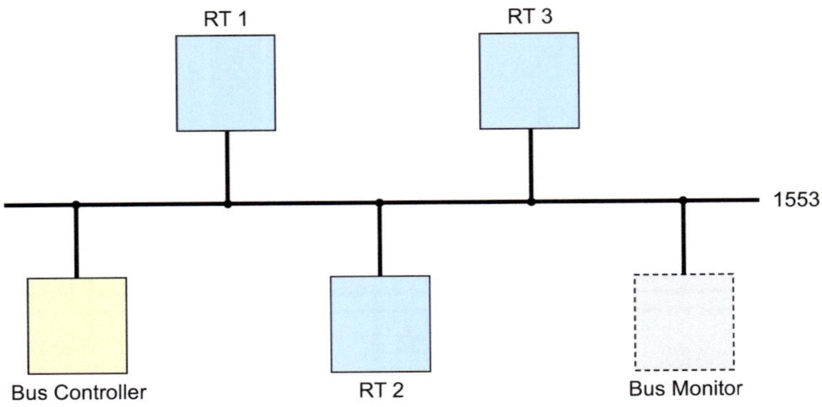

Abb. 8.6 Busarchitektur des Mil-STD-1553-Busses

Tab. 8.4 Übersicht zum Mil-STD-1553

Parameter	Beschreibung
Aufbau	Shielded Twisted Pair
Wellenwiderstand	70–85 Ω
Übertragung	Differenziell (Leitung A nach B), Halbduplex
Architektur	Bidirektional, bis zu 31 RT
Leitungscode	Manchester-II-Biphasisch
Wortlänge	20 bit
Wortpause	4 μs
Bitrate	1 MB/s
Buskopplungen	direkt, transformatorisch

Taktschrittes ein Pegelwechsel, der die Synchronisation des Empfängers erleichtert. Die Kerneigenschaften des Mil-STD-1553 sind in Tab. 8.4 zusammengefasst.

Der Wortaufbau folgt dem in Abb. 8.7 dargestellten Prinzip. Die ersten drei Zeitschlitze des Datenwortes bilden die Synchronisationsphase. Diese weicht von der im Datenwort verwendeten Codierung ab und besteht aus einem Manchester-II-Biphase-Puls, der sich über die gesamten 3 Bittakte erstreckt. Die folgenden 16 bit werden abhängig vom Wort definiert, das letzte Bit ist ein Paritätsbit mit ungerader Parität.

Befehlsworte (Command-Worte) werden vom Bus-Controller dazu verwendet, den Ablauf der Kommunikation zu steuern. Dazu beinhaltet das Datenfeld ein Adressfeld, um ein Remote Terminal ansprechen zu können, ein TX/RX-Bit, um einen Sende-/Empfangsbefehl erteilen zu können, ein Unteradresse-Feld, anhand dessen ein am RT angeschlossenes Subsystem angesprochen werden kann sowie ein Feld, um die Anzahl der zu übertragenden Datenworte angeben zu können. Statusworte sendet ein Remote Terminal als erstes Wort einer Antwort aus. Es beinhaltet neben der Adresse des sendenden RTs ein Statusfeld, mit dessen Hilfe etwa Übertragungsfehler signalisiert werden können.

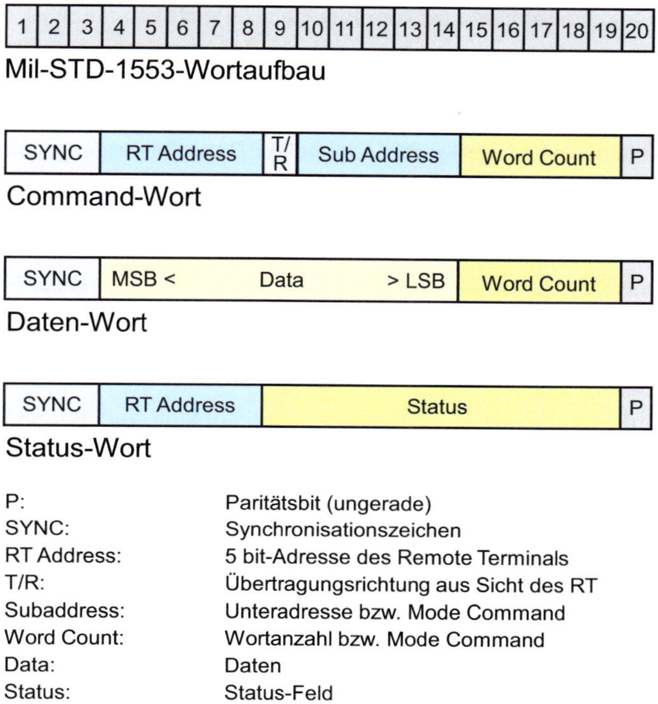

Abb. 8.7 Schema des Aufbaus von Mil-STD-1553-Datenworten

Datenworte weisen neben der SYNC-Phase und dem Paritätsbit ein 16 bit breites Feld für Nutzdaten auf.

Abb. 8.8 stellt das Prinzip der Codierung sowie der SYNC-Phase dar. Zur Unterscheidung von Command- und Statusworten beginnt die Synchronisation bei Datenworten mit einem negativen Spannungspegel und wechselt dann zum positiven Wert.

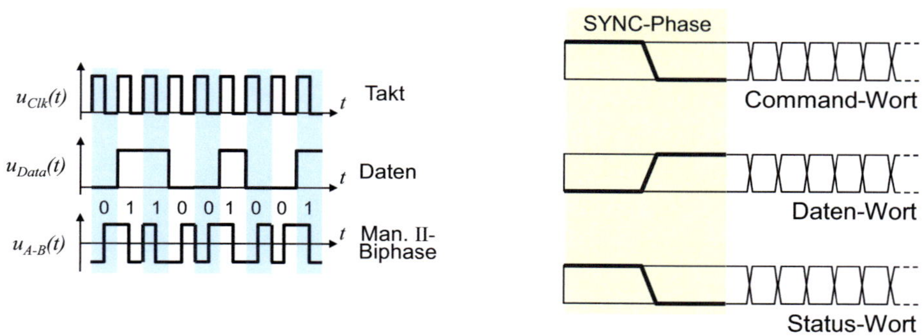

Abb. 8.8 Biphasische Manchester-II-Codierung zur differentiellen Übertragung der Daten (links) und Synchronisationsphase bei den verschiedenen Wortarten (rechts)

Der Kommunikationsablauf wird vom Bus-Controller als zentralem Element gesteuert. Durch Ausgabe von Befehlsworten kann er Busteilnehmern zu einer Datenübertragung veranlassen oder zum Empfang von Daten auffordern. Auch kann er selbst Daten an Remote Terminals übermitteln oder von diesen anfordern. Weiter hat der Controller die Möglichkeit, sogenannte Mode-Kommandos (ohne Datenübertragung, mit Empfang von Daten eines Remote Terminals, mit Daten Übertragung von Daten an ein RT) auszuführen. Mode-Befehle dienen dem Bus-Controller zur Überwachung der Buskommunikation sowie zur Fehlerbehandlung.

Neben diesen Befehls-/Antwort-Sequenzen wird auch ein Broadcast-Modus unterstützt, bei dem Daten vom Bus-Controller oder einem RT an mehrere Teilnehmer gleichzeitig gesendet werden. Der prinzipielle Ablauf der Kommunikation am Datenbus ist in Abb. 8.9 veranschaulicht.

Der Standard definiert zwei Varianten zur Ankopplung von Remote Terminals an den Bus, die als direkte Kopplung und transformatorische Kopplung bezeichnet werden. Beide Varianten verwenden in den Stichleitungen hochohmige Isolationswiderstände sowie einen Isolationstransformator. Der Unterschied zwischen den beiden Methoden liegt darin, dass bei der direkten Kopplung Isolationswiderstände und -transformator im Remote Terminal verbaut sind, während bei der tranformatorischen Kopplung ein Buskoppler die direkt an den Bus anschließenden Isolationswiderstände und einen für die Auskopplung der Signale zuständigen Koppeltransformator enthält. Von diesem verbindet

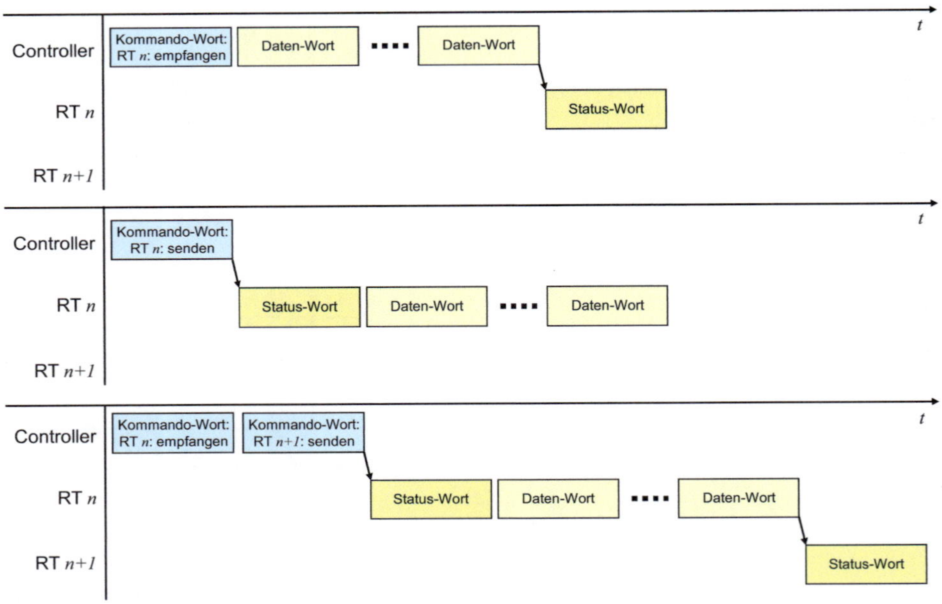

Abb. 8.9 Kommunikation vom Bus-Controller zu einem RT (oben), von einem RT zum Controller (Mitte) und zwischen zwei RTs (unten)

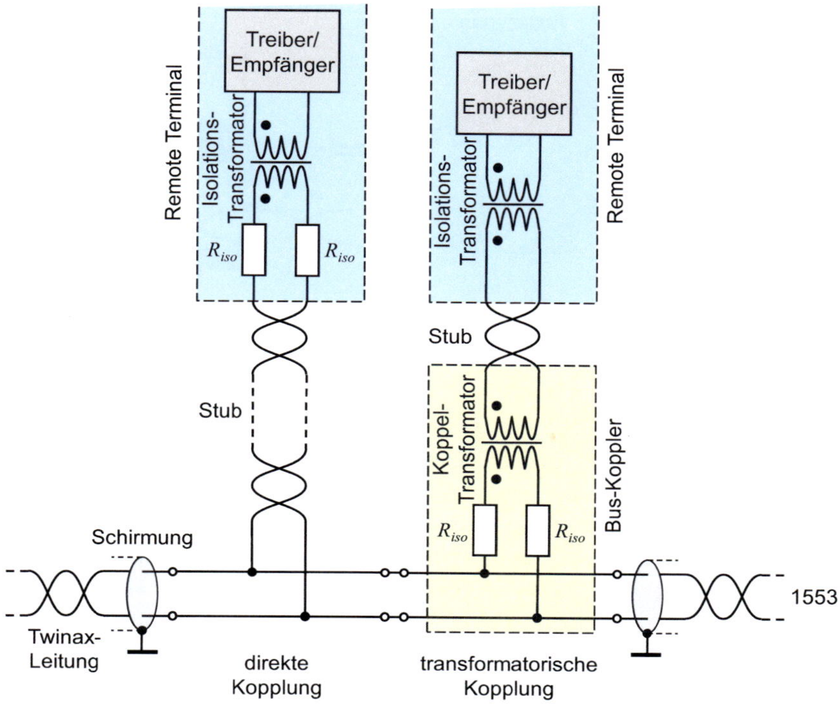

Abb. 8.10 Ankopplung von Remote Terminals an einen Mil-STD-1553-Bus

die Stichleitung mit dem Isolationstransformator im RT (Abb. 8.10). Mil-STD-1553 besagt jedoch, dass für Avionik-Anwendungen bei der U.S. Air Force keine direkte Kopplung verwendet werden darf.

Der Kritikpunkt der Zulassungsbehörden an diesem Datenbus-Standard liegt hauptsächlich in der Rolle des Bus-Controllers. Es müssen Maßnahmen getroffen werden, um einen Ausfall dieser sicherheitskritischen Komponente als extrem unwahrscheinlich einschätzen zu können. Andernfalls würde bei einer Fehlfunktion die Kommunikation am Datenbus unterbunden und könnte durch den Verlust der Onboard-Kommunikation von für die Flugführung relevanten Systemen (wie dem Flight-Control-Rechner oder dem Flight-Management-System) katastrophale Auswirkungen aufweisen.

8.4 ARINC 629

Der Datenbusstandard ARINC 629 ist eine Weiterentwicklung des ARINC 429 und nimmt dazu wesentliche Elemente des Mil-STD-1553 auf. Er weist eine lineare Architektur mit bis zu 120 Teilnehmern auf, verzichtet jedoch auf einen Bus-Controller und vermeidet dadurch den oben angesprochenen Kritikpunkt. Die Kommunikation ist

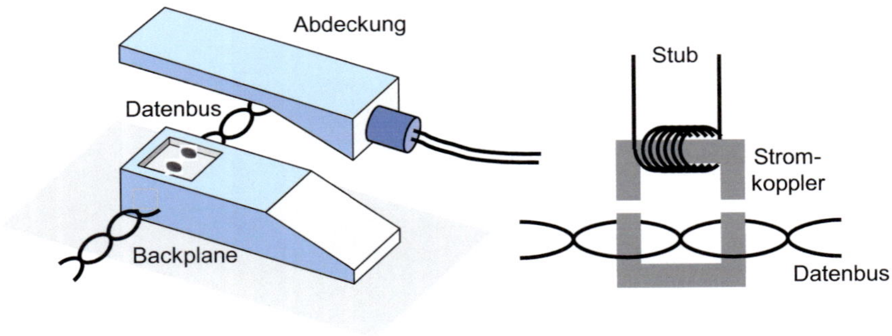

Abb. 8.11 Aufbau eines Buskopplers

durch einen autonomen Zugriff der Teilnehmer auf den Bus gekennzeichnet. Hierzu sind Zugriffsbedingungen spezifiziert, anhand derer das Schreiben und Lesen vom Bus geregelt wird. Die Datenrate beträgt 2 Mbit/s, neben der von Mil-STD-1553 bekannten transformatorischen Spannungskopplung wird hier zusätzlich eine transformatorische Stromkopplung eingesetzt. Auf diese Weise werden Stichleitungen (Stubs) am Bus vermieden und die hochfrequenten Eigenschaften verbessert. Der Aufbau des hierzu verwendeten Stromkopplers ist in Abb. 8.11 dargestellt: Zwischen zwei Windungen der Busleitung wird ein U-förmiger Magnetkern eingebracht, der auf der Gegenseite mit einem weiteren U-Kern zu einem magnetischen Kreis geschlossen wird. Im Empfangsfall ist die in der Abdeckung der Ankopplung untergebrachte Sekundärspule vom in der Primärspule erzeugten magnetischen Fluss durchsetzt und induziert einen Stromfluss in der Stichleitung. Der induzierte Strom wird vom Empfänger ausgewertet und der Datenstrom an die Teilnehmer weitergeleitet. In der Gegenrichtung findet dieser Ablauf in umgekehrter Reihenfolge statt.

Ein Buskoppler enthält getrennte Stromkoppler für den Sende- und Empfangspfad (Abb. 8.12). Der angeschlossene Rechnerknoten erhält damit einen Sende- und Empfangskanal, um im Halbduplexbetrieb am Bus zu kommunizieren.

Der Aufbau der Datenworte ist an Mil-STD-1553 angelehnt. Ihre Länge beträgt 20 bit, wobei die ersten drei Bit der Synchronisation dienen und Bit Nr. 20 als Paritätsbit verwendet wird.

8.5 Time-Triggered Protocol (TTP)

Das Time-Triggered Protocol (TTP) [121, 175] ist als offene Lösung konzipiert und dient der Entwicklung verteilter und echtzeitfähiger Plattformen. Es definiert dabei nicht die elektrischen Eigenschaften und Spezifikationen eines Übertragungskanals, sondern verwendet existierende Bussysteme als physikalische Schicht und unterstützt auf diesen Datenübertragungsraten von bis zu 25 Mbit/s. Auf diese bauen dann ein Data Link

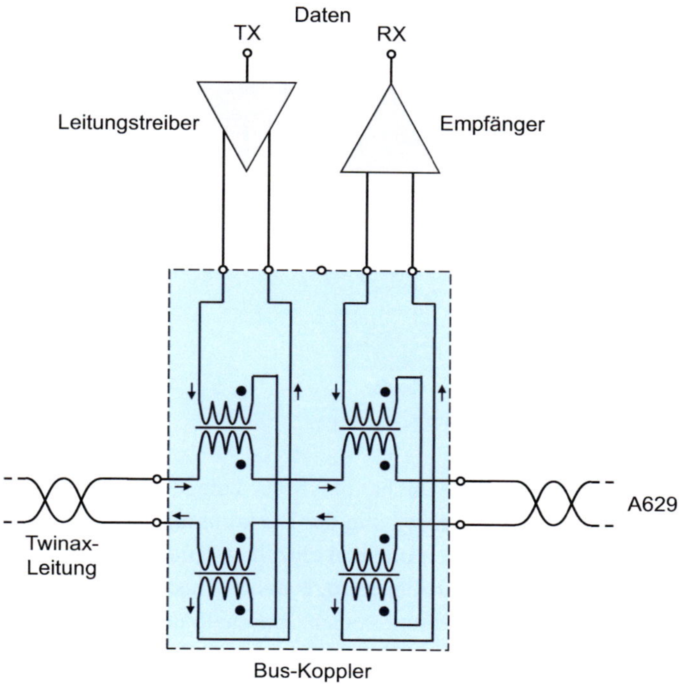

Abb. 8.12 Ankopplung eines Terminals mit ARINC-629-Buskoppler

Layer und ein Protocol Service Layer auf und stellen damit die Netzwerkkommunikation sicher. Der TTP-Standard ist offengelegt [183]. Zudem ist TTP als SAE-Spezifikation SAE AS-6003: TTP Communication Protocol und SAE AS-6066: TTP Physical Layer standardisiert. Letztere soll den Einsatz von bestehenden physikalischen Layern wie RS-485 oder Fast Ethernet für TTP ermöglichen.

Der Aufbau eines TTP-basierten Kommunikationsnetzwerks ist in Abb. 8.13 dargestellt. Jeder von 4 bis zu 64 Rechnerknoten (LRUs oder LRMs) hat über einen eigenen TTP-Controller Verbindung zu einem redundant ausgeführten Bussystem. Die beiden Kanäle des Bussystems werden in weiterer Folge mit „Kanal A“ und „Kanal B“ bezeichnet, sie dürfen auch unterschiedliche physikalische Layer aufweisen. Der Zugriff auf das Bussystem ist nicht durch einen zentralen Bus-Controller (wie bei Mil-STD-1553) vorgegeben, nicht auf Knotenebene autonom geregelt (wie bei ARINC 629), sondern wird a priori anhand eines zeitlich gesteuerten Multiplexes (TDMA) vorgegeben. Damit erhalten alle Knoten und Nachrichten festgelegte Zeitpunkte („Time-Triggered“), zu denen sie am Bus kommunizieren dürfen.

Beim Entwurf eines TTP-basierten Systems ist die Festlegung des Kommunikationsablaufs der erste und wichtigste Schritt, aus dem sich beispielsweise auch die notwendige Bitrate am Datenbus ableitet. Um spätere Ergänzungen oder Modifikationen vorsehen

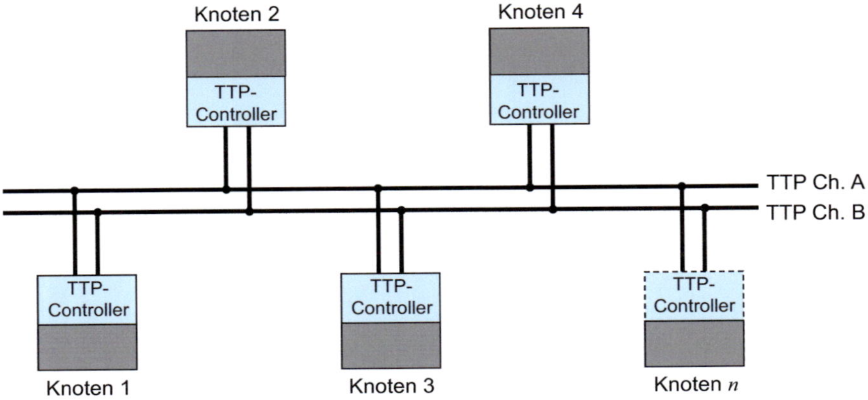

Abb. 8.13 Aufbau eines verteilten TTP-Netzwerks

zu können, werden üblicherweise nicht alle Slots belegt, sondern einige für spätere Erweiterungen reserviert. Die Beschreibung der Buskommunikation wird in der Message Descriptor List (MEDL) festgehalten und den einzelnen Knoten bereitgestellt.

Der Kommunikationsablauf ist dabei in sogenannte Cluster-Zyklen unterteilt, die sich aus mehreren TDMA-Runden zusammensetzen. Innerhalb der TDMA-Runde wird jedem Knoten am Bussystem ein Zeitschlitz (Slot) zugeteilt, innerhalb dessen er Nachrichten auf dem Bus senden darf (Abb. 8.14). Dabei darf die Belegung des Slots auch von Runde zu Runde variieren, bevor sich der Kommunikationsablauf nach einem vollständigen Cluster-Zyklus wiederholt. Auf diese Weise wird sichergestellt, das sicherheitsrelevante Daten innerhalb des Cluster-Zyklus mit einer höheren Updaterate ausgetauscht werden

Abb. 8.14 Ablauf der zeitgesteuerten Kommunikation

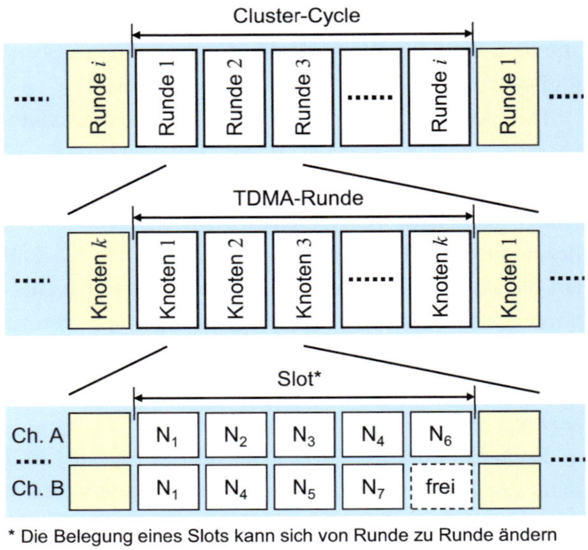

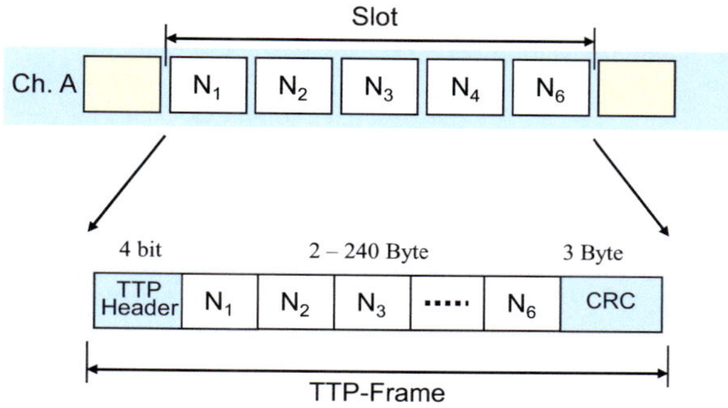

Abb. 8.15 Aufbau eines TTP-Frames

können (z. B. in jeder TDMA-Runde) als beispielsweise unkritische oder niederfrequente Informationen (z. B. nur einmal pro Cluster-Zyklus).

Zum Senden bettet ein Knoten seine Nachrichten in einen TTP-Rahmen (Abb. 8.15) ein, der um einen 4 bit-langen TTP-Header und um ein 3 Byte-langes CRC-Fehlersicherungswort ergänzt wird. Die im Frame eingebetteten Nutzdaten können zwischen 2 und 240 Byte lang sein.

Ein solcher Ansatz erfordert jedoch eine zeitliche Synchronisation der Knoten untereinander, um Kollisionen aufgrund von Uhrenfehlern zu verhindern. Die benötigte Clusterzeit (Global Time) könnte entweder durch externe Zeitquellen oder anhand einer netzwerkinternen Synchronisationsstrategie sichergestellt werden. TTP verzichtet auf eine externe Synchronisation und stellt die Global Time intern bereit. Die Idee besteht darin, den Zeitunterschied zwischen dem während der Entwicklungsphase in der MEDL vorgegebenen und dem tatsächlichen, auf Knotenebene gemessenen Zeitpunkt des Eintreffens einer Nachricht eine Zeitabweichung Δ zu ermitteln und diese zur Korrektur der lokalen Zeit der Teilnehmer zu verwenden. Zeitgesteuerte Protokolle führen dazu den Begriff eines Makroticks ein, wobei sich ein Makrotick in eine von der Zeitbasis des Controllers abhängige Anzahl von Mikroticks unterteilt (Abb. 8.16).

Nachdem einem Controller bekannt ist, wann (gemessen in Makroticks) eine Nachricht eintreffen soll, bestimmt er jeweils am Ende eines vollständigen Kommunikationsablaufs die Zeitverschiebungen der einzelnen Frames basierend auf seiner lokalen Zeit (Abb. 8.17). Unter Verwendung von zumindest vier Messwerten ermittelt er dann die in Mikroticks angegebene und als Clock State Correction Term bezeichnete Abweichung Δ durch Bestimmung des Medians der einzelnen Messwerte:

$$\Delta = Z\{\Delta_1, \Delta_2, \cdots, \Delta_i\} \tag{8.1}$$

Die Justierung der lokalen Zeit erfolgt durch einmalige Anpassung der Anzahl n Mikroticks eines Makroticks um den Clock State Correction Term Δ:

$$n_{neu} = n + \Delta. \tag{8.2}$$

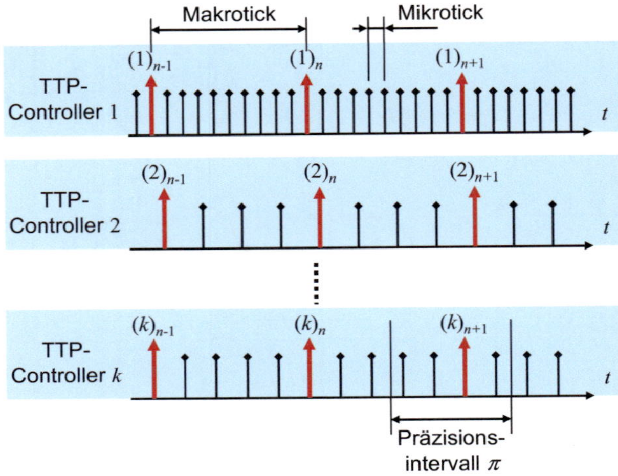

Abb. 8.16 Zur Zeitsynchronisation bei TTP

Ziel dabei ist es, die lokal im Knoten verwendete Zeit in der Mitte eines mit π bezeichneten Präzisionsintervalls zu halten, welches kleiner als der Abstand zwischen zwei Makroticks ist.

Da ein defekter Teilnehmer, der sinnlos Daten auf dem Bus sendet, den übrigen Kommunikationsablauf stören würde („Babbling Idiot"), muss ein Schutzmechanismus vorgesehen werden. Hierzu enthält jeder Teilnehmer einen Bus Guard, der die Kommunikation auf den Bus nur dann frei gibt, wenn der betreffende Knoten entsprechend des zuvor definierten Kommunikationsablaufs dazu berechtigt ist.

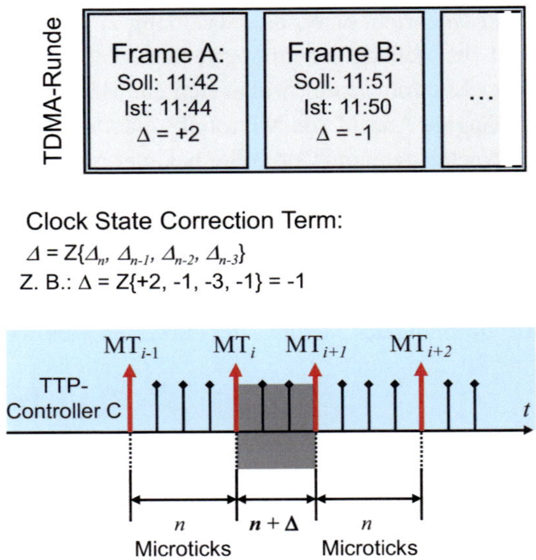

Abb. 8.17 Ermittlung der Global Time durch Clock State Correction

Als weitere Schutzmaßnahme führt jeder Knoten eine Liste der ihm bekannterweise fehlerfrei arbeitenden Nachbarknoten („Membership"). Dazu überwachen alle Knoten den aktuell sendenden Teilnehmer, indem sie die CRC-Prüfsumme auswerten. Wird ein Knoten als fehlerhaft arbeitend erkannt, teilt ihm dies der nächste sendende Knoten in seinem Slot mit. Erhält ein Knoten daraufhin zwei „Negativ"-Meldungen, nimmt dieser sich als fehlerhaft arbeitend an und geht in einen passiven Betriebsmode über. Auf diese Weise wird eine verteilte Bestätigung über die Funktionsweise der Teilnehmer im Netzwerk realisiert und das System auch für sicherheitskritische Anwendungen einsetzbar.

Der Aufbau eines bereits oben angesprochenen TTP-Frames kann weiter ausgeführt werden. Für die Initialisierung eines TTP-Bussystems werden sogenannte Initialisierungs- (I-) Frames benötigt, die etwa die Global Time oder die Membership-Informationen enthalten. Die Übermittlung von Benutzerdaten am Bus erfordert hingegen Normal- (N-) Frames (Abb. 8.18). Eine Kombination dieser Frame-Typen ist als Extended-I-Frame, kurz X-Frame, bekannt.

Aus der Abb. 8.18 geht auch hervor, dass in Abhängigkeit vom Frametypen die zur Fehlersicherung verwendete CRC variieren kann, da sie versteckte Informationen enthält. Bei einem I-Frame wird sie aus der Cluster-abhängigen Schedule-ID sowie aus Header und C-State gebildet und am Ende des Frames eingefügt (Abb. 8.19, links). Dagegen wird bei N-Frames der C-State des Controllers gemeinsam mit Header und Anwendungsdaten in die CRC codiert (Abb. 8.19, rechts).

Wird ein Knoten erstmals in Betrieb gesetzt, hört dieser zunächst für eine bestimmte Zeit den Bus auf einlaufende Frames ab. Empfängt er keine Frames von anderen Busteilnehmern, nimmt er an, er ist der erste Knoten am Bus und versucht den Cluster zu starten, indem er I-Frames sendet (Cold Start). Empfängt er jedoch selbst schon I-Frames, versucht er sich in den bereits laufenden Cluster-Cycle zu integrieren (Warm Start). Dazu entnimmt er den aktuellen C-State aus dem empfangenen Frame und wartet auf seinen nächsten Sende-Slot laut MEDL und gelangt schließlich in den Applikations-Mode.

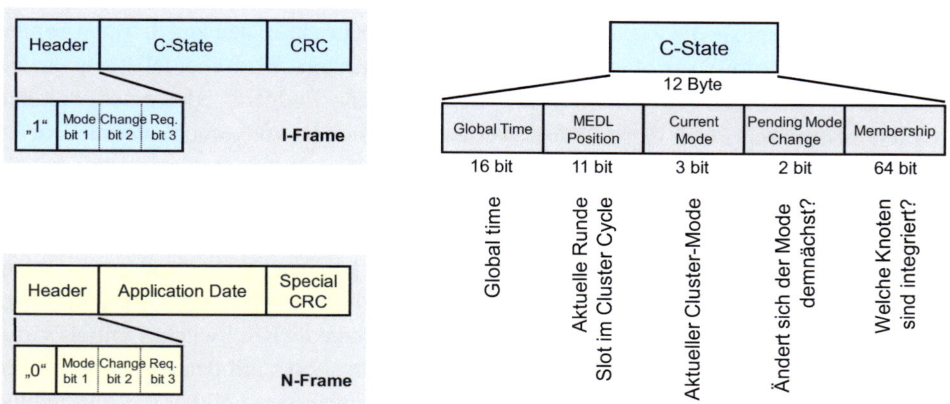

Abb. 8.18 Aufbau der I- und N-Frames bei TTP (links) sowie Inhalt des C-States (rechts)

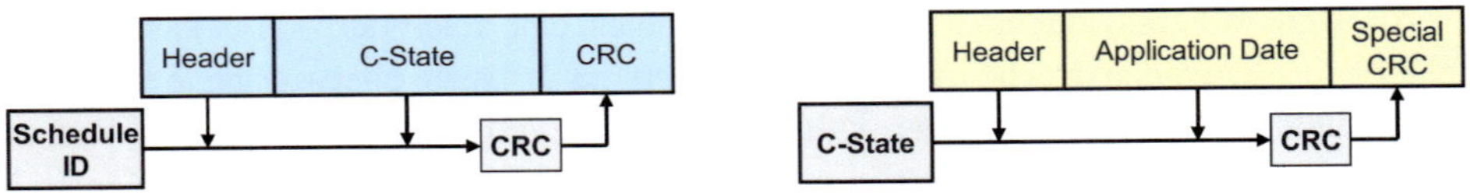

Abb. 8.19 Berechnung der CRC-Prüfsumme bei I- (links) und C-Frames (rechts)

8.6 ARINC 664-7 (Avionics Full Duplex Switched Ethernet)

Der ARINC-Standard 664 Part 7 beschreibt den Aufbau und die Funktionsweise des Avionics Full Duplex Switched Ethernets (AFDX), das erstmalig im Airbus A380 zum Einsatz kommt [28]. Das Bussystem basiert auf dem in lokalen Netzwerken (LANs) eingesetzten Fast Ethernet mit einer Übertragungsrate von 100 Mbit/s. Dieses verwendet für die Hin- und Rückrichtung ungeschirmte verdrillte Leiterpaare (Unshielded Twisted Pair, UTP) der Kategorie 5 (CAT 5). Auf diesem Übertragungsmedium wird die Kommunikation im Halbduplex-Mode durchgeführt. Da das Fast Ethernet keine zentrale Koordination vorsieht, kann es in Abhängigkeit der Auslastung dazu führen, dass zwei oder mehr Teilnehmer gleichzeitig senden und Kollisionen auftreten (als ALOHA-Protokoll bekannt). In diesem Fall wird eine kollidierte Nachricht zu einem späteren Zeitpunkt erneut gesendet, was zu einer unbestimmbaren Verzögerung der Datenkommunikation und einem nichtdeterministischen Systemverhalten führt. Eine solche Situation ist im Flugzeug nicht tragbar, ein Avionik-Bus muss streng vorhersagbar arbeiten und die Latenzzeit einer Nachrichtenübertragung muss innerhalb bekannter Grenzen liegen.

Der Aufbau von AFDX ist daher so konzipiert, dass jeder Teilnehmer über zwei CAT 5-UTP-Leitungen mit einem Switch verbunden wird, mit dem er im Duplex-Mode kommuniziert (Abb. 8.20). Dieser Aufbau findet sich auch in der Bezeichnung „Avionics Full Duplex Switched Ethernet" wieder. Im Switch werden von einem Teilnehmer empfangene Daten in einem diesem zugeordneten First-in/First-out- (Empfangs-)Speicher (RX Buffer) abgelegt. Die CPU des Switches verarbeitet die eingetroffenen Nachrichten sequenziell, indem sie die Zieladresse prüft und die Nachricht in den zugehörigen Sende-Speicher (TX Buffer) verschiebt. Der Inhalt des Speichers wird ebenfalls sequenziell über den zugehörigen Sendelink an das angeschlossene Endgerät oder einen weiteren Switch übermittelt. Auf diese Weise werden Kollisionen konsequent vermieden, es tritt – in Abhängigkeit der verwendeten Speichertiefe – lediglich eine vorhersagbare Signalverzögerung auf.

Durch die Verwendung von Switches ist die Größe des Bussystems nahezu beliebig skalierbar, da diese auch untereinander verbunden werden können. Die Verbindung zwischen zwei an Endsystemen angeschlossene Teilnehmer wird durch sogenannte virtuelle Links (VL) hergestellt. So können auch Teilnehmer an unterschiedlichen Switches mittels virtuellem Link kommunizieren. Die geschalteten Vollduplex-Links mit den Switches werden auch als AFDX-Interconnect bezeichnet, die AFDX-Endsysteme bilden die Verbindung zum Avionik-Segment oder zu einem Gateway in andere Netzwerke (Abb. 8.21).

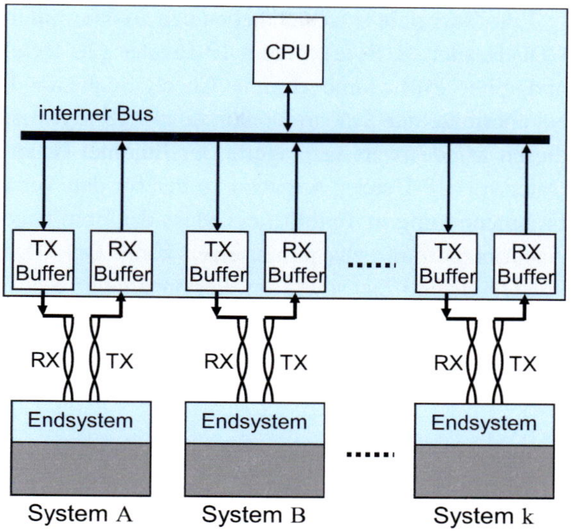

Abb. 8.20 Aufbau eines AFDX-Switches mit angeschlossenen Teilnehmern

Das Konzept der virtuellen Links weist Parallelen zum ARINC-429-System (ein Sender – mehrere Empfänger) auf. Jedem virtuellen Link wird eine 16-bit-Identifikationsnummer zugeordnet, anhand derer der eindeutig definierte Absender und ein oder mehrere Empfänger festgelegt sind. Die AFDX-Switches leiten die derart gekennzeichneten Datenframes an alle der Identifikationsnummer zugeordneten Empfänger weiter. Unter einem Absender oder Empfänger wird dabei einer von mehreren Kommunikationsports an einem Endsystem verstanden.

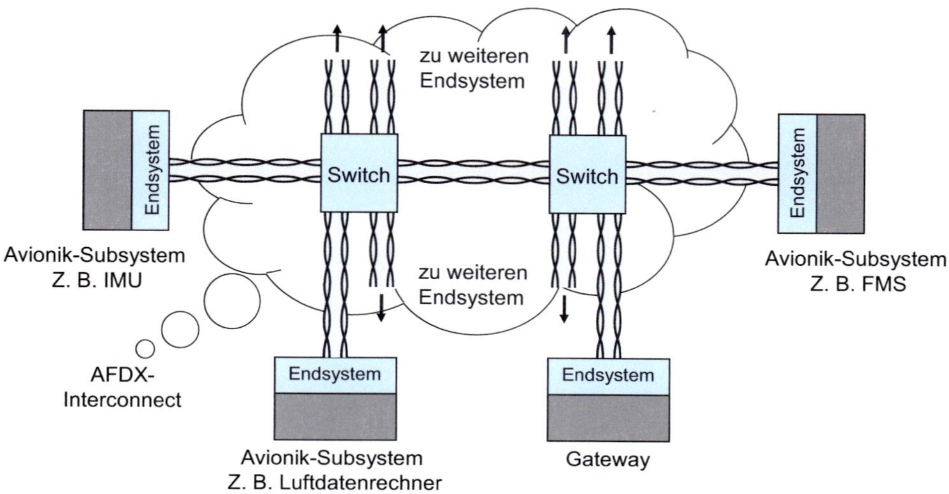

Abb. 8.21 Netzwerk mit AFDX-Interconnect, Endsystemen und Avionik-Subsystemen

Eine Nachricht setzt sich neben den zu übermittelnden Daten (0–1472 Byte) aus einem UDP-Header (8 Byte), einem IP-Header (20 Byte), einem Ethernet-Header (14 Byte) und einer Prüfsumme (Frame Check Sequence FCS, 4 Byte) zusammen. Falls die zu übermittelnde Nachricht kürzer als 18 Byte ist, wird sie mit einem Pad-Feld auf diesen Mindestwert verlängert. Der Ethernet-Header enthält Angaben zur Herkunft der Daten, der IP-Header Angaben zu der für den Versand über das Netzwerk notwendigen Fragmentierung in Teilblöcke, sodass der Empfänger die Teilblöcke wieder korrekt zum Nachrichtenframe zusammensetzen kann. Der UDP-Header ergänzt die Port-Nummern von Quelle und Ziel sowie die Wortanzahl und eine Prüfsumme.

Flugzeugsensoren 9

Flugzeugsensoren im hier verwendeten Zusammenhang bezeichnen Systeme, die vom Luftfahrzeug zur Messung externer Größen verwendet werden. Hierzu greifen sie auf Sensoren für physikalische Größen zurück, deren elektrische Ausgangsgrößen digitalisiert und in einem assoziierten Computersystem verarbeitet werden. Im Folgenden werden der Luftdatenrechner zur Ermittlung der barometrischen Höhe, der Außentemperatur, der Geschwindigkeit und der Anströmung, das inertiale Messsystem zur Bestimmung der Flugzeuglage und -kinetik, die Radarhöhenmesser zur präzisen Höhenmessung sowie das Wetterradar vorgestellt. Die durch diese Messsysteme ermittelten und teilweise redundanten Daten werden von den im nächsten Abschnitt diskutierten Flugzeugsystemen verwendet, teilweise fusioniert und über die bereits vorgestellten Datenbusse kommuniziert.

9.1 Luftdatenrechner

Der Luftdatenrechner (Air Data Computer, ADC) verwendet Messgrößen der das Flugzeug umgebenden Luft (statischer Druck, Staudruck, Temperatur im Luftstrom, Anstellwinkel) und ermittelt daraus Höhen- und Geschwindigkeitsangaben [95, 97, 179].

Elektronisches Zusatzmaterial Die elektronische Version dieses Kapitels enthält Zusatzmaterial, das berechtigten Benutzern zur Verfügung steht. https://doi.org/10.1007/978-3-662-64823-0_9.

H. Flühr, *Avionik und Flugsicherungstechnik*,
https://doi.org/10.1007/978-3-662-64823-0_9

9.1.1 Normalatmosphäre

Der Aufbau der Atmosphäre kann als geschichtet angenommen werden. Die Troposphäre reicht von der Erdoberfläche bis zu einer Durchschnittshöhe von etwa 8 km über den Polen und etwa 17 km über dem Äquator. Ihre Höhe variiert in den polaren Regionen um circa zwei Kilometer mit den Jahreszeiten. Die Tropopause bildet die Obergrenze der Troposphäre. Es schließt sich die Stratosphäre an, eine Region mit relativ einheitlichen Temperaturen und Winden. Sie reicht bis in etwa 48 km Höhe. Von 48 km weg erstreckt sich die Mesosphäre, die bei etwa 100 km an die Ionosphäre stößt.

In der Troposphäre herrscht ein nahezu konstanter Temperaturgradient von etwa 0,0065 K/m zwischen der Bodentemperatur und der Temperatur in der Stratosphäre, die dort konstant etwa 216,65 K beträgt. Der atmosphärische Druck nimmt mit zunehmender Höhe ab, da die Dichte der Luft geringer wird. Für die barometrische Höhenmessung wird die als Normalatmosphäre bezeichnete ICAO-Standardatmosphäre (ISA) verwendet. Diese trifft folgende Vereinfachungen und Annahmen:

- Luft ist trockenes Gas (relative Feuchte 0 %)
- Temperatur bei Normalnull (NN) $T_{0,ISA} = 288{,}15$ K
- Luftdruck bei Normalnull $p_{0,ISA} = 1013{,}25$ hPA
- Dichte der Luft bei Normalnull $\rho_{0,ISA} = 1{,}2250\ \text{kg/m}^3$
- Erdschwerebeschleunigung bei Normalnull $g_{0,ISA} = 9{,}80665\ \text{m/s}^2$.

Der Temperaturverlauf in der Troposphäre und der unteren Stratosphäre ist damit standardisiert:

$$T_{ISA}(H) = \begin{cases} T_{0,ISA} - 0{,}0065\,\text{K/m} \cdot H_{NN}; & 0 \leq H_{NN} < 11.000\,\text{m} \\ 216{,}65\,\text{K}; & 11.000 \leq H_{NN} < 20.000\,\text{m} \end{cases} \tag{9.1}$$

Mit Hilfe der barometrischen Höhenformel kann für die Troposphäre aus den Bezugswerten bei Normalnull aus dem gemessenen Luftdruck auf die Höhe des Messortes geschlossen werden:

$$p_{ISA}(H) = p_0 \left(1 - \frac{0{,}0065\,\text{K/m} \cdot H_{NN}}{T_{0,ISA}}\right)^{5{,}225} \quad ; \quad 0 \leq H_{NN} < 11.000\,\text{m} \tag{9.2}$$

Der in der barometrischen Höhenformel auftretende Referenzluftdruck $p_{0,ISA}$ kann entweder auf den Luftdruck der Standardatmosphäre bei NN ($p_0 = p_{0,ISA}$) gesetzt werden, oder es kann aus dem Luftdruck am Flugplatz (in der Funktelegrafie als QFE bezeichnet) der dort herrschenden Temperatur und seiner Höhe H über Normalnull der für die obige Gleichung benötigte Luftdruck p_0 (als QNH bezeichnet) ermittelt werden:

$$p_0 = p(H)\left(\frac{T(H)}{T(H) + 0{,}0065\,K/m \cdot H_{NN}}\right)^{-5{,}225} \tag{9.3}$$

Die erste Referenzierung wird für die Definition der Flugflächen (siehe Abschn. 2.2.2), die zweite für Flüge nach Sichtflugregeln bis zu einer Übergangshöhe (Transition Altitude bzw. Transition Level) verwendet.

9.1.2 Luftdaten

Neben dem statischen Luftdruck und der Temperatur wird auch der Winkel der Anströmung (Angle-of-Attack, AoA) gegenüber der Profilsehne der Tragfläche sowie der in einem Staupunkt auftretende Staudruck (dynamischer Druck) zu den sogenannten Luftdaten gerechnet. Sind diese Größen bekannt, können daraus eine Reihe weiterer für die Flugführung relevanter Größen abgeleitet werden. Im Rahmen dieser Betrachtung werden lediglich Flugzeugbewegungen im Bereich der Troposphäre und solche kleiner der Schallgeschwindigkeit (Mach-Zahl $M < 1$) berücksichtigt. In der Literatur (die folgende Darstellung verwendet etwa [22, 100]) finden sich Ergänzungen für Fälle außerhalb dieser Konfiguration. Abb. 9.1 stellt einen Überblick über den Zusammenhang der Luftdaten dar, deren detaillierte Verarbeitung wird im nächsten Abschnitt behandelt.

Die Druckmessungen erfolgen anhand eines Pitot-Static-Systems oder Prandtl-Rohrs (Abb. 9.2). Dieses besteht aus einem in Flugrichtung orientierten Staurohr (Pitot-Rohr), welches seitlich Öffnungen für den statischen Druck (Static Port) aufweist. Da die Strömungsrichtung normal zur Öffnung zeigt, entstehen in diesen statischen Ports keine Staudruckanteile, es wird nur der Umgebungsdruck erfasst. Beide Öffnungen des Pitot-Static-Systems werden mit Druckschläuchen in das Flugzeuginnere geführt und können dort mit Absolutdruckgebern und Differenzdruckgebern in elektrische Größen umgewandelt, digitalisiert und weiterverarbeitet werden. Das Messprinzip beruht darauf, dass durch den zu messenden Druck gegenüber einem Referenzdruck oder im Falle eines Differenzdruckgebers gegenüber dem statischen Druck eine in der Druckmessdose

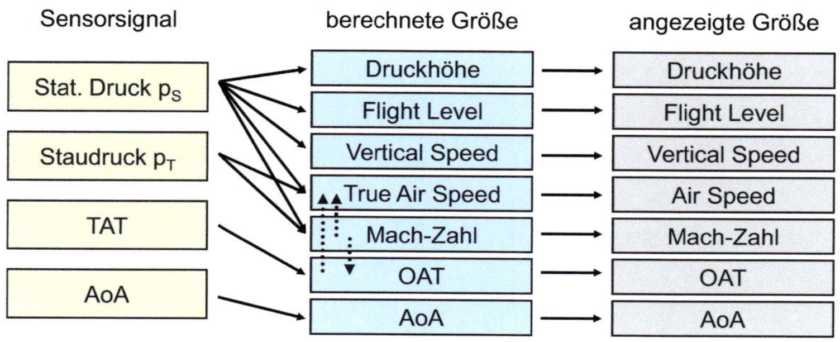

Abb. 9.1 Luftdaten und daraus abgeleitete Flugdaten

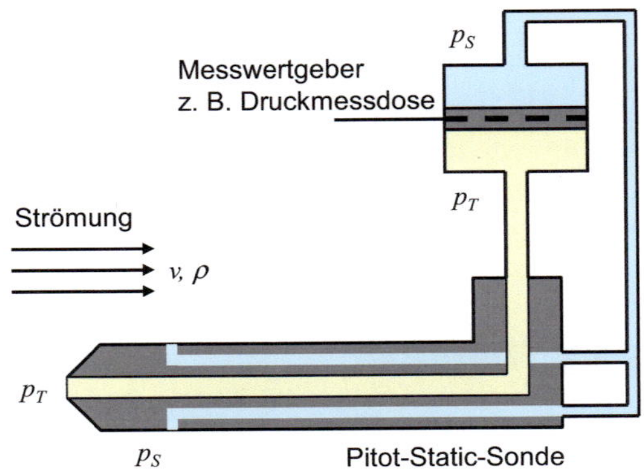

Abb. 9.2 Pitot-Static-Sonde (Prandtl-Rohr) zur Messung von Staudruck und statischem Druck

vorhandene Membran mehr oder weniger stark gewölbt wird. Die Stärke der Wölbung kann dann mit Hilfe von durch in die Membran implementierten Widerständen oder, wenn die Membran selbst metallisiert wird, durch die Kapazität gegenüber dem Gehäuse bestimmt werden.

Der statische Luftdruck p_S aus dieser Messung liefert nach der Korrektur der Einbaufehler die barometrische Höhe H_{NN} bzw. den Flight Level, hierzu kann beispielsweise mit einer Wertetabelle die zu dem gemessenen Druck gehörige Druckhöhe H_{NN} ermittelt werden:

$$p_S(H) = p_0 \left(1 - 2{,}256 \cdot 10^{-5} \frac{H_{NN}}{m}\right)^{5{,}256} \tag{9.4}$$

Die vertikale Geschwindigkeit (Vertical Speed, V/S) entspricht dem Gradienten der statischen Druckänderung $\dot{p}_S$. Durch Differenziation von Gl. 9.4 folgt damit [22]:

$$\dot{H} = v_{V/S} = 8434{,}51 \left(1 - 2{,}256 \cdot 10^{-5} H_{NN}\right) \frac{1}{p_S} \dot{p}_S \tag{9.5}$$

Mit dem Staudruck p_T werden (ebenfalls nach der Korrektur von Einbaufehlern) die kalibrierte Airspeed (CAS) v_{CAS} sowie die Mach-Zahl M aus der Auswertung der folgenden Zusammenhänge berechnet:

$$\begin{aligned} p_T(v_{CAS}) - p_S &= 1013{,}25\,\text{hPa} \left(\left(1 + 0{,}2(\frac{v_{CAS}}{340{,}294})^2\right)^{3{,}5} - 1\right) \\ p_T(v_{CAS}) - p_S &\approx \frac{1}{2}\rho_{0,ISA}\, v_{CAS}^2 \left(1 + \frac{1}{4}\left(\frac{v_{CAS}}{c}\right)^2\right) \end{aligned} \tag{9.6}$$

Dabei ist $c = 340{,}294$ *m/s* die Schallgeschwindigkeit. Für die Mach-Zahl gilt:

$$\frac{p_T}{p_S} = \left(1 + 0{,}2\,M^2\right)^{3,5} \tag{9.7}$$

Durch Berücksichtigung der Temperaturabhängigkeit folgt schließlich die Geschwindigkeit gegenüber der umgebenden Luft (True Airspeed, TAS). Diese unterscheidet sich von der Geschwindigkeit gegenüber Grund (Ground Speed, GS) durch die Windkomponente:

$$v_{TAS} = 20{,}0468\,\text{m/s} \cdot M\sqrt{\frac{T_{OAT}}{K}} \tag{9.8}$$

Die in diesen Gleichungen benötigte Außentemperatur (Outside/Indicated/Static Air Temperature, OAT/IAT/SAT) wird aus der Messung der Außentemperatur im Luftstrom (Total Outside Air Temperature, TAT/TOAT) bestimmt. Zwischen diesen besteht der folgende Zusammenhang, bei dem ein einbauabhängiger Recovery-Faktor $r \approx 1$ auftritt:

$$T_{OAT} = \frac{T_{TAT}}{1 + 0{,}2\,r\,M^2} \tag{9.9}$$

Als Sensoren werden für die Temperaturmessung entweder Thermoelemente, Thermistoren oder Platindraht-Widerstände eingesetzt. Ein teilweise auch beheiztes Gehäuse schützt die Öffnung für den Luftstrom vor dem Vereisen. Die Gehäuse der Sensoren werden teilweise mit dem zur Turbine oder zur APU führenden Luftstrom verbunden. Auf diese Weise entsteht in der Temperatursonde ein Unterdruck, der bei niedrigen Geschwindigkeiten oder am Boden ein Ansaugen der Außenluft in den Geber und damit eine korrekte Messung sicherstellt. Grundlegende Ausführungen zur Temperaturmessung finden sich bei [182].

Die Messung des Anstellwinkels (Angle-of-Attack, AoA) wird häufig mit einer leichtgängig gelagerten „Windfahne" bestimmt, die sich aufgrund der auf sie wirkenden aerodynamischen Kräfte im Luftstrom ausrichtet. Der Winkel der Fahne gegenüber der Sehne des Flügelprofils kann entweder potenziometrisch, induktiv oder mit einem Synchro/Resolver bestimmt werden. Letztere sind rotierende Transformatoren, bei denen die Primärwicklung auf dem rotierenden Schaft der Windfahne montiert ist, sekundärseitig sind zwei (Resolver) oder drei (Synchro) gegeneinander versetzte Windungen angebracht. Abhängig von der Winkelstellung wird in diesen eine Spannung induziert, durch Digitalisieren und Auswerten der einzelnen Sekundärspannungskomponenten wird die Winkelstellung ermittelt (Abb. 9.3).

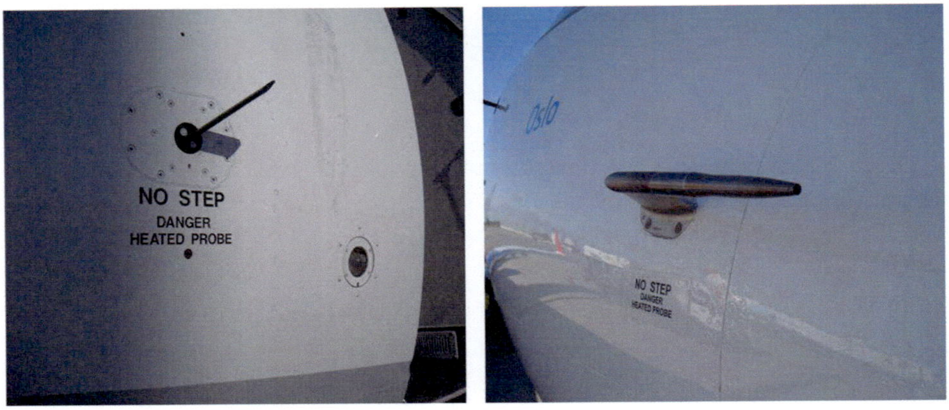

Abb. 9.3 Anstellwinkelgeber (links) und Temperatursonde (rechts) an einem Verkehrsflugzeug (©Gerald Nittnaus)

9.1.3 Verarbeitung und Anzeige der Luftdaten

Die oben aufgeführten Messgrößen werden dem eigentlichen Air-Data-Computer zugeführt, der neben der Auswertung der Sensordaten aus diesen abgeleitete Größen errechnet. Abb. 9.4 zeigt eine Übersicht des Berechnungsablaufs.

Zunächst wird eine Korrektur der Einbaufehler der Drucksensoren durchgeführt. Diese sind teilweise höhen- und geschwindigkeitsabhängig, eine Rückführung der letztlich errechneten Größen in den Korrekturblock ist daher nötig. Aus dem korrigierten statischen Luftdruck wird mit Hilfe der Gl. (9.4) die Druckhöhe bzw. der Flight Level bestimmt. Im zweiten Schritt errechnet der Luftdatenrechner mit Gl. (9.6) aus der Differenz des statischen und dynamischen Luftdrucks die Calibrated Airspeed CAS. Aus dem Quotienten der beiden Luftdrücke folgt dann aus Gl. (9.7) die Mach-Zahl.

Die Messung der Außentemperatur (TAT) führt mit der nun bereits bekannten Mach-Zahl, dem Recovery-Faktor des Temperatursensors und mit Gl. (9.9) zur statischen Außentemperatur (OAT). Diese wird nach Gl. (9.8) mit der Mach-Zahl verknüpft, um die True Airspeed (TAS) zu ermitteln.

Die vom Luftdatenrechner bestimmten Größen werden über Datenbusse übertragen und von einer Reihe anderer Systeme verwendet. So wird die Druckhöhe vom ATCRBS-Transponder (Mode C) verwendet, das Mode-S-Radarsystem verwendet für Enhanced Surveillance die Geschwindigkeitsangaben, der Anstellwinkel wird für die Überziehwarnung benötigt, die Triebwerkssteuerung und der Autopilot greifen ebenfalls auf die Daten des ADC zurück. Umfangreiche Ausführungen zur Erfassung der Luftdaten sowie zur Kalibrierung der Sensoren finden sich bei [95–97, 179, 182].

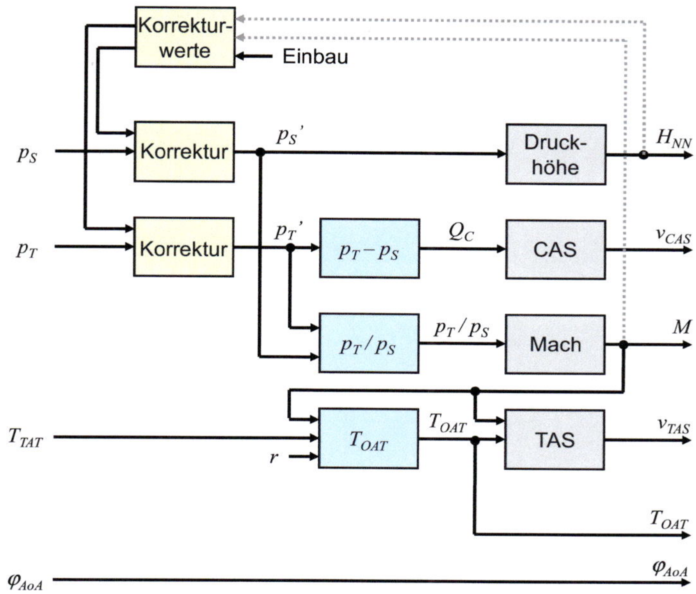

Abb. 9.4 Berechnung der Luftdaten

9.2 Inertiales Navigationssystem (INS)

Eine weitere Schlüsselrolle unter den Flugzeugsensoren nimmt das inertiale Navigationssystem (INS) ein. Es verwendet die Messwerte einer inertialen Messeinheit (Inertial Measurement Unit, IMU), um unabhängig von bodengestützten Navigationseinrichtungen die kinematischen Daten (Beschleunigung, Geschwindigkeit, Position) des Flugzeugs sowie dessen Lage zu bestimmen. Die IMU greift dazu auf inertiale Sensoren zurück, welche die Beschleunigung in sowie die Drehrate um die drei Flugzeugachsen bestimmen. Aus ihren Messwerten folgen die Geschwindigkeit und Position (genauer: die zurückgelegte Strecke) durch Integration.

9.2.1 Inertiale Messeinheit

Die inertiale Messeinheit (Inertial Measurement Unit, IMU) verwendet inertiale Sensoren für die lineare Beschleunigung und die Winkelgeschwindigkeit. Deren Messprinzip beruht auf der Kraftwirkung auf eine Prüfmasse aufgrund der örtlich wirkenden Beschleunigung.

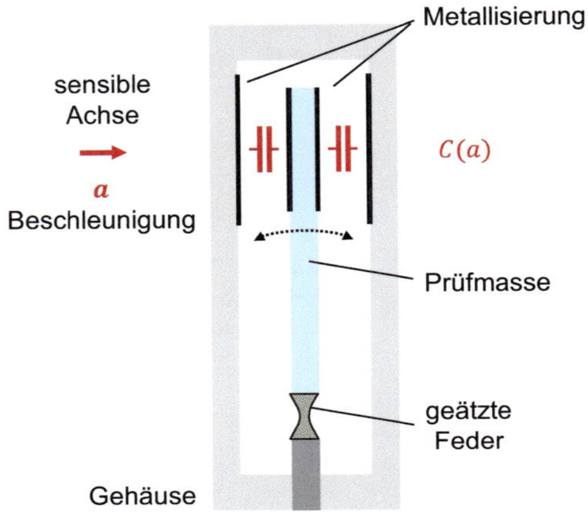

Abb. 9.5 Prinzip der Beschleunigungsmessung

9.2.2 Beschleunigungssensoren

Der Grundaufbau eines Beschleunigungssensors besteht in der Verwendung einer Prüfmasse, die durch eine einwirkende Beschleunigung in ihrer Lage verändert wird. Wird die Lageänderung gemessen, kann hieraus auf die Beschleunigung rückgerechnet werden. Abb. 9.5 verdeutlicht das Prinzip anhand eines Solid-State-Sensors. Eine Quarzscheibe wird durch Ätzen an der Einspannstelle in deren Gehäuse ausgedünnt und auf diese Weise federnd gelagert. Wirkt eine Beschleunigung in Richtung der Normalen auf die Scheibe, wird diese an der federnden Aufhängung geknickt. Wertet man die Annäherung der Scheibe an das umgebende Gehäuse durch Messung der Kapazität aus, erhält man hieraus eine Messgröße für die Beschleunigung.

Anhand dreier orthogonal angeordneter Einzelsensoren wird der Beschleunigungsvektor $\mathbf{a} = \left(a_x, a_y, a_z\right)^T$) in Körperkoordinaten des Sensors bestimmt.

9.2.3 Drehratensensoren

Hochwertige Drehratensensoren folgen dem Funktionsprinzip des Sagnac-Interferometers. Bei diesem wird ein Lichtstrahl mit einem Strahlenteiler in zwei gegeneinander verlaufende Teilstrahlen aufgeteilt, die über Spiegel so umgelenkt werden, dass sie einen geschlossenen Umlauf bilden und dabei eine Fläche A einschließen. Koppelt man am Strahlteiler beide Teilstrahlen aus, löschen diese sich beide gegenseitig aus. Rotiert man die Anordnung jedoch in der Ebene des Strahlengangs, entsteht eine Schwebung, deren Einhüllende mit der Drehrate proportional ist. Diese entsteht aufgrund der Änderung ΔL der optischen Weglängen der beiden Strahlengänge, die mit der Rotation ω einhergehen und als Sagnac-Effekt bekannt ist:

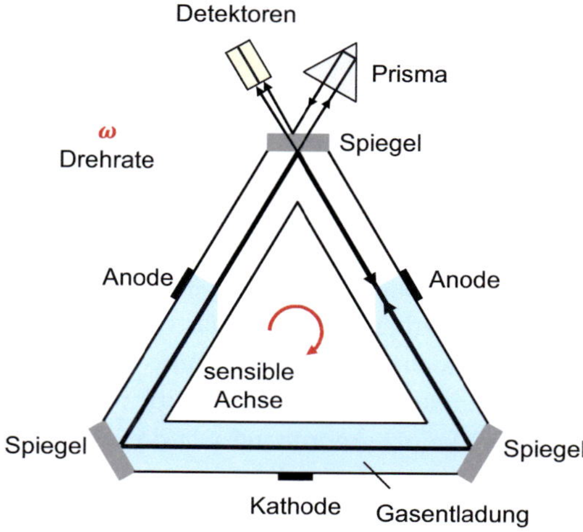

Abb. 9.6 Prinzip eines Laserkreisels

$$\Delta L = \frac{4\,A}{c}\,\omega. \tag{9.10}$$

In der Ausführung als Laserkreisel (Ring Laser Gyro, RLG) wird der Resonator eines Lasers nicht linear aufgebaut, sondern kreisförmig gewählt oder über Spiegel kreisförmig geschlossen (Abb. 9.6). Im Resonatorraum werden dann mit einer Gasentladungsstrecke Lichtquanten erzeugt, die in der kreisförmigen Strecke zwei entgegengesetzt laufende und phasenstabil gekoppelte Laserstrahlen erzeugen. Diese werden aus dem Strahlengang ausgekoppelt und miteinander verglichen. Wird die Anordnung in der Ebene des Strahlengangs rotiert, verändern sich aufgrund des Sagnac-Effekts die optischen Weglängen der beiden Teilstrahlen und damit die Wellenlängen der Laserstrahlen: In Richtung der Drehbewegung verkürzt sich, entgegen der Drehbewegung verlängert sich die Weglänge für das Laserlicht. An der Auskoppelstelle kann daher ein Interferenzmuster abgegriffen werden, das sich in Abhängigkeit von der Drehrate verändert. Im Gegensatz zum Sagnac-Interferometer wird beim Laserkreisel die Frequenzverschiebung Δf ausgewertet, die mit der optischen Weglängenänderung verknüpft ist. Dabei sind f die Resonanzfrequenz des Lasers und L die Weglänge des Lichts im Resonator:

$$\Delta f = \frac{4\,A\,f}{c\,L}\,\omega. \tag{9.11}$$

Faseroptische Kreisel (Fiber Optical Gyro, FOG) adaptieren dieses Prinzip und verwenden Laserdioden als Lichtquelle und Lichtwellenleiter (LWL) als Strahlengang. Ein Strahlteiler erzeugt wiederum zwei gegenläufige Teilstrahlen, die Auswertung erfolgt durch Auskopplung der beiden Strahlen und Auswertung der Interferenz. Anhand von Methoden wie Phasenmodulation des Lichtstrahls im Lichtwellenleiter oder Einführung einer geschlossenen Regelschleife lässt sich die erzielbare Performance von faseroptischen Kreiseln verbessern [22].

MEMS-Kreisel stellen mit die jüngste und kostengünstigste Lösung für Drehratengeber dar. Hierbei wird das Prinzip einer vibrierenden Struktur verwendet, bei der sich, wenn sie einer Drehbewegung ausgesetzt ist, aufgrund der Corioliskraft eine zur eingeprägten Vibration in normaler Richtung stehende Schwingung einstellt. Die Amplitude der Schwingung ist dabei proportional zur Winkelgeschwindigkeit. Für hochpräzise Anwendungen sind die Eigenschaften heutiger MEMS-Gyroskope nicht ausreichend, ihre Langzeitstabilität liegt unter, das spektrale Rauschen über dem der optischen Kreisel. Sie können jedoch durch Fusionierung mit anderen Sensoren zu durchaus leistungsfähigen und kostengünstigen Trägheitsplattformen aufgebaut werden.

Anhand einer Anordnung von drei räumlich orthogonal stehenden Drehratensensoren wird, wiederum in den körperfesten Koordinaten des Sensors, der Winkelgeschwindigkeitsvektor $\boldsymbol{\omega} = \left(\omega_x, \omega_y, \omega_z\right)^T$ erfasst und zur weiteren Verarbeitung digitalisiert.

9.2.4 Verarbeitung der inertialen Messgrößen

Die heute verwendeten inertialen Messsysteme folgen dem Strap-down-Prinzip, bei dem die Sensoren fest mit der Flugzeugstruktur verbunden sind. In einem (in der Regel) vom Schwerpunkt des Flugzeugs verschobenen Referenzpunkt wird die IMU so montiert, dass die Achsen des Sensorsystems mit denen des Luftfahrzeugs zusammenfallen. Die Messgrößen liegen damit im körperfesten Koordinatensystem des Flugzeugs vor. In weiterer Folge müssen daher mehrere als Mechanisierung oder Strap-down-Rechnung bezeichnete Schritte durchgeführt werden, damit die Messdaten in den Koordinaten des für die Navigation verwendeten Koordinatensystems verwendet werden können. Die hierzu nötige Nomenklatur baut auf der in Abschn. 6.1 vereinbarten Konvention und Rechensystematik auf.

Es kann mit Hilfe der Eulerwinkel und der Richtungskosinusmatrix eine Überführung der Messgrößen aus dem körperfesten (b-Frame) in den Navigationsframe (n-Frame) angegeben werden (siehe dazu Abb. 6.2 und Gl. 6.9). Für die folgende Strap-down-Rechnung wird zusätzlich auch die zeitliche Änderung der Eulerwerte aufgrund der Drehraten des Luftfahrzeugs (angegeben zwischen b- und n-Frame in Koordinaten des b-Frames) benötigt. Diese werden mit einer Differenzialgleichung beschrieben:

$$\begin{pmatrix} \dot{\varphi} \\ \dot{\theta} \\ \dot{\psi} \end{pmatrix}_{nb}^{b} = \begin{pmatrix} (\omega_{nb,y}^{b} \sin\varphi + \omega_{nb,z}^{b} \cos\varphi) \tan\theta + \omega_{nb,x}^{b} \\ \omega_{nb,y}^{b} \cos\varphi - \omega_{nb,z}^{b} \sin\varphi \\ (\omega_{nb,y}^{b} \sin\varphi + \omega_{nb,z}^{b} \cos\varphi)/\cos\theta + \omega_{nb,x}^{b} \end{pmatrix} \tag{9.12}$$

An dieser Stelle ist der Nachteil der Darstellung mit Eulerwinkeln ersichtlich: Bei einem Nickwinkel von $\pm 90°$ tritt aufgrund der Division durch null eine Singularität auf. Daher wird die DCM-Matrix üblicherweise mit Hilfe von Quaternionen dargestellt, in welchen der Orientierungsvektor gespeichert ist. Der Orientierungsvektor μ legt die Richtung einer Rotationsachse fest, um ein gegebenes Koordinatensystem anhand einer einzigen Drehung in ein anderes überzuführen. Seine Länge definiert den Winkel, um den gedreht werden muss. Der auf die Länge 1 normierte Orientierungsvektor wird als Euler-Achse bezeichnet. Sowohl der Drehwinkel $|\mu|$ als auch die Euler-Achse $\mathbf{e}$ werden im Quaternion $\mathbf{q}$ abgelegt. Soll die Koordinatentransformation in Gegenrichtung erfolgen, werden dazu die Komponenten q_1 bis q_3 und damit die Richtung der Rotationsachse invertiert:

$$\mathbf{q}_b^n = \begin{pmatrix} q_0 \\ q_1 \\ q_2 \\ q_3 \end{pmatrix} = \begin{pmatrix} \cos(\mu/2) \\ \mu_x/\mu \ \sin(\mu/2) \\ \mu_y/\mu \ \sin(\mu/2) \\ \mu_z/\mu \ \sin(\mu/2) \end{pmatrix}; \quad \mathbf{q}_n^b = \begin{pmatrix} q_0 \\ -q_1 \\ -q_2 \\ -q_3 \end{pmatrix} \tag{9.13}$$

Mit der Quaternionendarstellung kann ein Vektor direkt in ein anderes Koordinatensystem überführt werden. Für diesen Rechenschritt wird die Quaternionenmultiplikation ($\bullet$) verwendet:

$$\begin{pmatrix} 0 \\ \mathbf{x}^n \end{pmatrix} = \mathbf{q}_b^n \bullet \begin{pmatrix} 0 \\ \mathbf{x}^b \end{pmatrix} \bullet \mathbf{q}_n^b;$$

$$\text{mit: } \mathbf{q}_b^n \bullet (\quad) = \begin{pmatrix} q_0 & -q_1 & -q_2 & -q_3 \\ q_1 & q_0 & -q_3 & q_2 \\ q_2 & q_3 & q_0 & -q_1 \\ q_3 & -q_2 & q_1 & q_0 \end{pmatrix} \cdot (\quad) \tag{9.14}$$

Alternativ kann aus dem Quaternion zunächst die DCM-Matrix errechnet werden, mit der dann der Vektor in das gewünschte Koordinatensystem umgerechnet wird:

$$\mathbf{C}_b^n = \begin{pmatrix} (q_0^2 + q_1^2 - q_2^2 - q_3^2) & 2\,(q_1 q_2 - q_0 q_3) & 2\,(q_1 q_3 + q_0 q_2) \\ 2\,(q_1 q_2 + q_0 q_3) & (q_0^2 - q_1^2 + q_2^2 - q_3^2) & 2\,(q_2 q_3 - q_0 q_1) \\ 2\,(q_1 q_3 - q_0 q_2) & 2\,(q_2 q_3 + q_0 q_1) & (q_0^2 - q_1^2 - q_2^2 + q_3^2) \end{pmatrix} \tag{9.15}$$

In Entsprechung zur Gl. 9.12 wird auch die zeitliche Änderung des Quaternions aufgrund der Drehraten angegeben. Dies stellt die Quaternionen-Differenzialgleichung dar, deren Lösung zur Bestimmung der Lage führt:

$$\dot{\mathbf{q}}_b^n = \frac{1}{2}\mathbf{q}_b^n \bullet \begin{pmatrix} 0 \\ \boldsymbol{\omega}_{nb}^b \end{pmatrix} = \frac{1}{2}\begin{pmatrix} q_0 & -q_1 & -q_2 & -q_3 \\ q_1 & q_0 & -q_3 & q_2 \\ q_2 & q_3 & q_0 & -q_1 \\ q_3 & -q_2 & q_1 & q_0 \end{pmatrix}\begin{pmatrix} 0 \\ \boldsymbol{\omega}_{nb}^b \end{pmatrix} \tag{9.16}$$

Zwischen Eulerwinkeln, Orientierungsvektor und Quaternion bestehen Zusammenhänge, mit deren Hilfe zwischen den drei Darstellungsformen gewechselt werden kann [189]. Sind die Eulerwinkel bekannt, können diese wie folgt als Quaternion abgelegt werden:

$$\mathbf{q}_b^n = \begin{pmatrix} q_0 \\ q_1 \\ q_2 \\ q_3 \end{pmatrix} = \begin{pmatrix} \cos\frac{\psi}{2}\cos\frac{\theta}{2}\cos\frac{\varphi}{2} + \sin\frac{\psi}{2}\sin\frac{\theta}{2}\sin\frac{\varphi}{2} \\ \cos\frac{\psi}{2}\cos\frac{\theta}{2}\sin\frac{\varphi}{2} - \sin\frac{\psi}{2}\sin\frac{\theta}{2}\cos\frac{\varphi}{2} \\ \cos\frac{\psi}{2}\sin\frac{\theta}{2}\cos\frac{\varphi}{2} + \sin\frac{\psi}{2}\cos\frac{\theta}{2}\sin\frac{\varphi}{2} \\ \sin\frac{\psi}{2}\cos\frac{\theta}{2}\cos\frac{\varphi}{2} - \cos\frac{\psi}{2}\sin\frac{\theta}{2}\sin\frac{\varphi}{2} \end{pmatrix} \tag{9.17}$$

Eulerwinkel aus einem gegebenen Quaternion errechnen sich mit:

$$\begin{pmatrix} \theta \\ \psi \\ \varphi \end{pmatrix} = \begin{pmatrix} \arcsin\left(2\left(q_0q_2 - q_3q_1\right)\right) \\ \arctan\left(\frac{2\left(q_0q_3+q_1q_2\right)}{q_0^2+q_1^2-q_2^2-q_3^2}\right) \\ \arctan\left(\frac{2\left(q_0q_1+q_2q_3\right)}{q_0^2-q_1^2-q_2^2+q_3^2}\right) \end{pmatrix} \tag{9.18}$$

Sind die Änderungen der Eulerwinkel klein (wie es bei einer ausreichend hohen Abtastrate der Sensoren der Fall ist), kann die DCM-Matrix angenähert werden. Die im Folgenden aufgeführte Annäherung erhält man auch bei Betrachtung des Orientierungsvektors – es besteht in diesem Fall kein Unterschied zwischen den Komponenten des Orientierungsvektors und den Eulerwinkeln:

$$\begin{aligned} \mathbf{C}_b^n(t+\delta t) &= \begin{pmatrix} 1 & -\psi & \theta \\ \psi & 1 & -\phi \\ -\theta & \phi & 1 \end{pmatrix} = [\mathbf{I} + \boldsymbol{\delta\psi}]\,; \\ \text{mit: } \boldsymbol{\delta\psi} &= \begin{pmatrix} 0 & -\psi & \theta \\ \psi & 0 & -\phi \\ -\theta & \phi & 0 \end{pmatrix} = \begin{pmatrix} \phi \\ \theta \\ \psi \end{pmatrix}\times = \begin{pmatrix} \mu_x \\ \mu_y \\ \mu_z \end{pmatrix}\times \\ &= \begin{pmatrix} 0 & -\mu_z & \mu_y \\ \mu_z & 0 & -\mu_x \\ -\mu_y & \mu_x & 0 \end{pmatrix} \end{aligned} \tag{9.19}$$

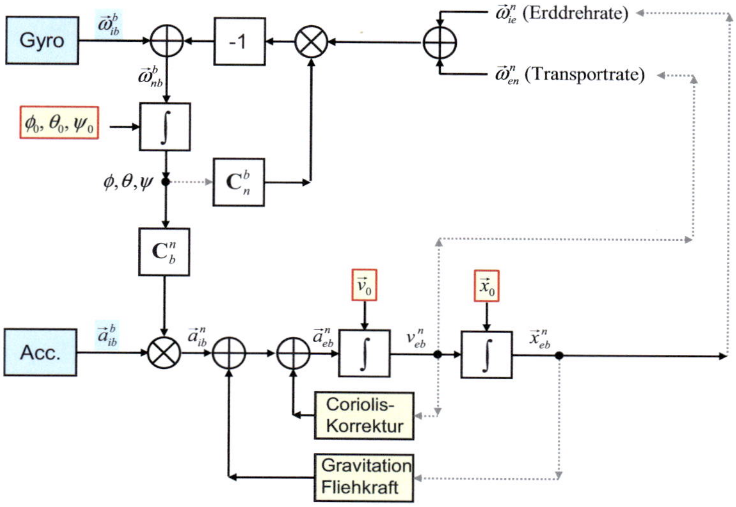

Abb. 9.7 Übersicht zur Mechanisierung der IMU

Die Strap-down-Rechnung ist eine Rechenvorschrift, um aus gemessenen Beschleunigungen und Drehraten aus der Navigationslösung zu einem vergangenen Zeitpunkt $(k-1)$ auf die Navigationslösung zum aktuellen Zeitpunkt (k) zu schließen. Dies umfasst im Wesentlichen drei Schritte: Ermittlung (Propagation) der Lage durch Integration der Drehraten, Propagation der Geschwindigkeit durch Integration der Beschleunigung und Propagation der Position durch Integration der Geschwindigkeit. Dabei werden die gemessenen Beschleunigungen um die Gravitation, um die Fliehkraft und um die Corioliskraft korrigiert, bei den Drehraten erfolgt eine Berücksichtigung der Erddrehrate sowie der Transportrate. Umfangreiches Material zur benötigten Algorithmik ist beispielsweise bei [166, 167] angegeben. Ein Blockschaltbild der Rechenmethodik zur Mechanisierung ist in Abb. 9.7 dargestellt.

Die Propagation der Lage erfolgt mit den gemessenen Winkelbeschleunigungen im körperfesten Frame $\boldsymbol{\omega}_{ib}^b$ durch Lösung der Bortzschen Orientierungsvektor-Differenzialgleichung [189]. Die Korrekturterme für Erddrehung und die Transportrate aufgrund der Flugzeugbewegung sind gesondert angeführt. Aus dem resultierenden Quaternion wird mit Gl. (9.18) die Lage durch die Eulerwinkel $(\theta;\ \psi;\ \varphi)^T$ ausgedrückt:

$$\dot{\boldsymbol{\mu}} = \boldsymbol{\omega}_{nb}^{b} + \frac{1}{2}\boldsymbol{\mu} \times \boldsymbol{\omega}_{nb}^{b} + \frac{1}{\mu^2}\left(1 - \frac{\mu \sin\mu}{2\,(1-\cos\mu)}\right)\boldsymbol{\mu} \times \left(\boldsymbol{\mu} \times \boldsymbol{\omega}_{nb}^{b}\right)$$

Mit:

$$\boldsymbol{\omega}_{nb}^{b} = \boldsymbol{\omega}_{ib}^{b} - \mathbf{C}_{n}^{b}\left(\boldsymbol{\omega}_{ie}^{n} + \boldsymbol{\omega}_{en}^{n}\right)$$

$\boldsymbol{\omega}_{ib}^{b}$; Messwerte der Drehwertgeber

$$\boldsymbol{\omega}_{ie}^{n} = \begin{pmatrix} \omega_{ie}\cos\varphi \\ 0 \\ -\omega_{ie}\sin\varphi \end{pmatrix}; \text{ Erddrehung}$$

$$\boldsymbol{\omega}_{en}^{n} = \begin{pmatrix} \frac{v_{eb,E}^{n}}{R_e - h} \\ -\frac{v_{eb,N}^{n}}{R_n - h} \\ -\frac{v_{eb,E}^{n}\tan\varphi}{R_e - h} \end{pmatrix}; \text{ Transportrate} \tag{9.20}$$

Die Geschwindigkeit ergibt sich ebenfalls mit den Beschleunigungen in Körperkoordinaten $\mathbf{a}_{ib}^{b}$ aus der numerischen Lösung einer Differenzialgleichung:

$$\dot{\mathbf{v}}_{eb}^{n} = \mathbf{C}_{b}^{n}\,\mathbf{a}_{ib}^{b} - \left(2\,\boldsymbol{\omega}_{ie}^{n} + \boldsymbol{\omega}_{en}^{n}\right) \times \mathbf{v}_{eb}^{n} + \mathbf{g}_{l}^{n}$$

Mit:

$$\boldsymbol{\omega}_{ie}^{n} = \begin{pmatrix} \omega_{ie}\cos\varphi \\ 0 \\ -\omega_{ie}\sin\varphi \end{pmatrix}; \quad \boldsymbol{\omega}_{en}^{n} = \begin{pmatrix} \frac{v_{eb,E}^{n}}{R_e - h} \\ -\frac{v_{eb,N}^{n}}{R_n - h} \\ -\frac{v_{eb,E}^{n}\tan\varphi}{R_e - h} \end{pmatrix}$$

$$\mathbf{a}_{ib}^{b}; \text{ Messwerte der Beschleunigungssensoren} \tag{9.21}$$

In einem weiteren Propagationsschritt folgt aus den ermittelten Geschwindigkeiten die gesuchte Position des Luftfahrzeugs in elliptischen Koordinaten $(\lambda;\ \varphi,\ h)^T$ des WGS-84 aus der Lösung der nachstehenden Differenzialgleichung. Dabei können die Krümmungsradien der Erde aufgrund deren nur langsamer Variation auch mit einer geringeren Updaterate ermittelt werden:

$$\begin{pmatrix} \dot{\lambda} \\ \dot{\varphi} \\ \dot{h} \end{pmatrix}_{eb}^{n} = \begin{pmatrix} \frac{v_{eb,E}^{n}}{(R_E(\varphi) - h)\cos\varphi} \\ \frac{v_{eb,N}^{n}}{R_N(\varphi) - h} \\ -v_{eb,D}^{n} \end{pmatrix} \tag{9.22}$$

Zur numerischen Berechnung von Lage, Geschwindigkeit und Position im Navigationscomputer müssen die Gl. (9.20) bis (9.22) in zeitdiskreter Form angegeben werden. Dabei bezeichnet $\Delta t = 1/f_{Abtast}$ den Zeitabstand zwischen zwei Messpunkten $(k-1)$ und

(k). Für die Behandlung der entstehenden Differenzialgleichungen zeitdiskreter Systeme stehen numerische Lösungsverfahren wie beispielsweise Runge-Kutta-Verfahren oder Integration nach der Trapezregel zur Verfügung. Die Gleichungen beinhalten mit $\boldsymbol{\omega}_{ib}$ und $\mathbf{a}_{ib}$ die Messwerte der IMU jeweils in Koordinaten des b-Frames. Die Schwerebeschleunigung der Erde $\mathbf{g}_l^n$ erscheint der inertialen Messeinheit als eine scheinbare Beschleunigung nach oben und hat ein negatives Vorzeichen bezüglich der Koordinatenrichtung „Down". Diese wird durch Addition des lokalen Gravitationsterms kompensiert. In der Literatur (etwa [22,144,166,167,180,189]) finden sich weitergehende Ausführungen, welche Anleitungen zur Implementierung des Lösungsverfahrens im Navigationsrechner geben.

Die Schwachstelle des inertialen Navigationssystems liegt darin, dass eine Kopplung zwischen verschiedenen fehlerbehafteten Sensorgrößen (als Koppelnavigation bezeichnet), verbunden mit einer mehrfachen Integration vorliegt. Wesentliche Fehlerquellen bei der Trägheitsnavigation sind der Offset (Bias) der Beschleunigungssensoren sowie die Drift der Drehratensensoren. Schließt man für eine Betrachtung der entstehenden Fehler eine rotatorische Bewegung des Flugzeugs zunächst aus, so ist ersichtlich, dass ausgehend von einem als bekannt angenommenen Startpunkt aufgrund des Sensor-Bias der Fehler der Geschwindigkeit linear, der Fehler der zurückgelegten Strecke jedoch quadratisch anwächst. Ähnlich die Situation bei einer rein rotatorischen Bewegung: auch hier führt die Integration aufgrund der Sensor-Drift zu einem linearen Anwachsen des Lagefehlers. Da jedoch beide Bewegungsmoden durch die Koordinatentransformation vom körperfesten in den Navigationsframe über die DCM-Matrix verkoppelt sind, führt ein Lagefehler zu einer fehlerhaften Berechnung der Beschleunigungskomponenten. Die daraus ermittelten Geschwindigkeits- und Positionsdaten werden in den Zweig der Lageberechnung rückgekoppelt, um die Erddreh- und Transportrate zu berücksichtigen und führen dort ebenfalls zu einem Fehler. Die Größe des auftretenden Positionsfehlers beträgt zwischen $1\,km$ pro Stunde bei hochstabilen und etwa 10 km pro Stunde bei kostengünstigeren INS (siehe Ausführungsformen unten). Die Lagefehler aufgrund der Sensordrift reichen von $\approx 0{,}01°$ pro Stunde bei Verwendung von Laserkreiseln über $\approx 1°$ pro Stunde bei faseroptischen Kreiseln bis zu >300° pro Stunde bei MEMS-Gyroskopen [180]. Als weitere Störgröße tritt das Rauschen der Sensoren auf, welches bei Gyroskopen in $°/\sqrt{h}$ angegeben wird. Aufgrund der Integration ist zudem eine korrekte Initialisierung der Startposition und Anfangslage unumgänglich.

9.2.5 Ausführungsformen des INS

Das Trägheitsnavigationssystem wird im Flugzeug häufig unter verschiedenen Bezeichnungen eingesetzt. Die nachfolgende Aufstellung soll hierzu eine Orientierung bieten:

- INS: Inertiale Navigationssysteme verwenden hochgenaue und langzeitstabile Beschleunigungs- und Drehratengeber, sie werden als primärer Sensor für Kurs und Lage des Flugzeugs verwendet.

- IRS: die Bezeichnung inertiales Referenzsystem (Inertial Reference System) wird häufig im Bereich der Zivilluftfahrt gebraucht. Während die Genauigkeit der Lageinformation mit der des INS vergleichbar ist, weist die Drift der Position einen um etwa den Faktor 2-3 größeren Fehler auf [22].
- AHRS: Das Attitude Heading Reference System (AHRS) verwendet preisgünstigere und stärker fehlerbehaftete IMU-Sensoren. Sie werden in der Luftfahrt oft als sekundäre Quelle für Lage und Kurs eingesetzt.
- ADAHRS: Das Air Data/Attitude Heading Reference System (ADAHRS) kombiniert die zuvor vorgestellten Systeme Luftdatenrechner und inertiales Navigationssystem zu einem kombinierten System.

9.2.6 Stützung des inertialen Navigationssystems

Sensordrift und -rauschen lassen den Einsatz einer Medium- oder Low-grade-IMU für eine langzeitstabile Trägheitsnavigation zunächst als nicht brauchbar erscheinen. Jedoch kann der durch die Integration auftretende Fehler durch regelmäßige Stützungen anhand einer anderen Navigationslösung zurückgesetzt werden. Als solcherart unterstützend wirksame Systeme können beispielsweise eingesetzt werden:

- barometrischer Höhenmesser für den Höhenkanal der IMU
- Radar-Höhenmesser für den Höhenkanal der IMU
- Magnetkompass für den Kurskanal der IMU
- Kopplung mit dem Luftdatenrechner für Höhen- und Geschwindigkeitskanäle der IMU
- Kopplung mir ADF-, VOR- und/oder DME-Empfänger für Kurs und Position
- GNSS-Empfänger zur Stützung der Positions- und Geschwindigkeitskanäle (mit Einschränkung auch des Kurskanals) der IMU.

Dabei werden die Daten der IMU und des stützenden Systems mit Hilfe von Fusionierungsalgorithmen wie Komplementär- oder Kalman-Filter zusammengeführt, um die Langzeitstabilität der Navigationslösung zu verbessern. Das Beispiel der Kopplung einer IMU mit einem GNSS-Empfänger anhand Kalman-Filterung soll das Prinzip der Stützung veranschaulichen (Abb. 9.8). Eine kurze und gut verständliche Einführung in die Theorie der Kalman-Filter findet sich beispielsweise bei [188], bei [126] findet sich eine weitaus umfassendere Darstellung des Themas.

Die Verfügbarkeit kostengünstiger inertialer Messsysteme auf MEMS-Basis lässt diese als für den Navigationseinsatz trotz der oben dargelegten Unzulänglichkeiten sehr attraktiv erscheinen. Durch Kopplung mit einem GNSS-Sensor ist es möglich, den auftretenden Positionsfehler zu eliminieren und die Performance des INS zu verbessern [190]. Die hierzu notwendige Kalman-Filterung stellt allgemein formuliert einen linearen, sequenziellen und rekursiven Algorithmus dar. Dieser schätzt einen Zustandsvektor $\mathbf{x}_k$ zu einem gegebenen Zeitpunkt (k) auf Basis von vorangegangenen Messungen $\mathbf{z}_k$. Die Varianz des

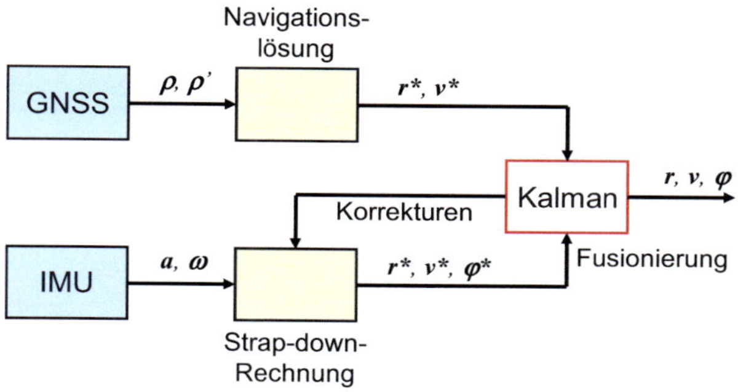

Abb. 9.8 Integration von IMU und GPS

Schätzfehlers (Differenz zwischen wahrem und geschätztem Zustand) wird dabei minimal. Des Weiteren werden das System- oder Prozessrauschen $\mathbf{w}_k$ wie auch das Messrauschen $\mathbf{v_k}$ berücksichtigt. Rauschen wird in diesem Zusammenhang als mittelwertfreier, weißer Zufallsprozess mit bekannter Autokovarianzfunktion angenommen, wobei System- und Messrauschen nicht kreuzkorreliert sind. Der betrachtete Zeitpunkt ist dazu mit k indiziert, der Folgezeitpunkt mit $k+1$:

$$\begin{aligned} \mathbf{x}_{k+1} &= \Phi_k \cdot \mathbf{x}_k + \mathbf{w}_k \\ \mathbf{z}_k &= \mathbf{H}_k \cdot \mathbf{x}_k + \mathbf{v}_k \end{aligned} \tag{9.23}$$

Dabei ist $\mathbf{H}_k$ eine Matrix, welche den Zustandsvektor mit der zugehörigen Messung verbindet. Die Transitions- oder Überführungsmatrix Φ stellt den Übergang des Systemzustandes von einem Zeitpunkt zum nächsten dar und kann mit der Systemmatrix $\mathbf{A}$ des zugehörigen n-dimensionalen linearen Differenzialgleichungssystems ermittelt werden. T ist der Zeitabstand zwischen zwei aufeinanderfolgenden diskreten Zuständen:

$$\begin{aligned} &\dot{\mathbf{x}} = \mathbf{A} \cdot \mathbf{x} \\ &\Phi = e^{\mathbf{A}\,T} \approx \mathbf{I} + \mathbf{A}\,T + \frac{1}{2}\mathbf{A}\,T^2 + \ldots \end{aligned} \tag{9.24}$$

Bei einer GPS/INS-Integration umfasst der Zustandsvektor üblicherweise die geschätzten Fehler der Position, der Geschwindigkeit, der Lage, des Nullpunktfehlers der Sensoren sowie den Uhrenfehler des GPS-Empfängers. Der Messvektor beinhaltet die Position, Geschwindigkeit und Lage.

Die Schätzung und damit die Fusionierung verläuft in mehreren Schritten (Abb. 9.9):

- Initialisierung: Zunächst werden sämtliche Startwerte für Geschwindigkeiten, Position und Lage gesetzt.
- Vorabschätzung: Die Kovarianzmatrizen für Prozess- und Messrauschen werden anhand der Standardabweichungen der jeweiligen Sensoreinheit vorabgeschätzt.

Abb. 9.9 Zur Sensordatenfusionierung mittels Kalman-Filterung

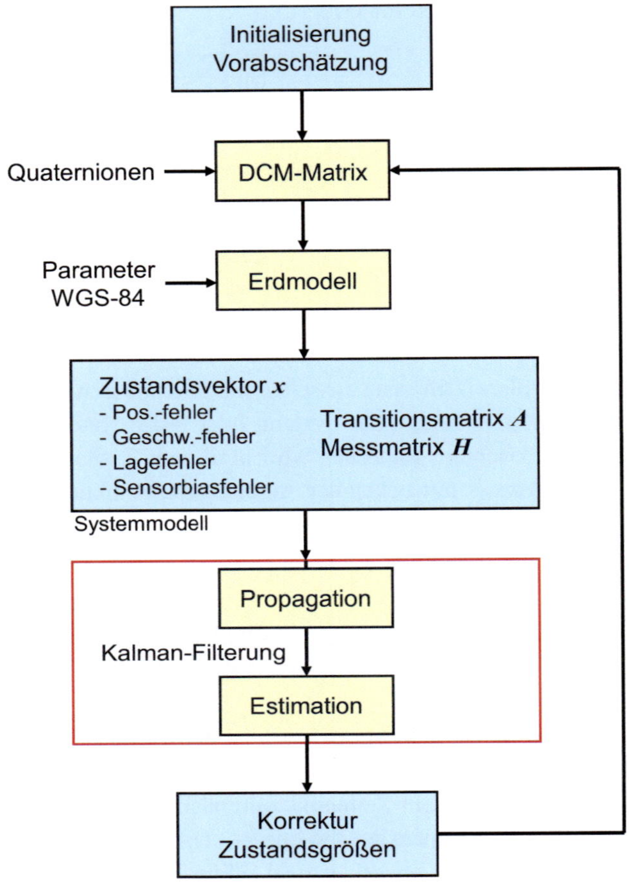

- Richtungskosinusmatrix, Quaternionendarstellung: Für Koordinatentransformationen werden die Richtungskosinusmatrix DCM bzw. Quaternionen als äquivalente Darstellung ermittelt.
- Erdmodell: Notwendige Parameter des angenommenen Rotationsellipsoids und die Erddrehrate werden aus dem WGS-84-Modell bestimmt.
- Systemmodell: Meist wird das Systemmodell in der „Error State Space"-Darstellung gewählt. Dabei wird ein Messwert als Differenz zwischen dem erwarteten Messwert oder der aktuellen Zustandsschätzung und der eigentlichen Messung formuliert. Neben Schätzung der Navigationsfehler werden auch die Fehler der Inertialsensor-Biase geschätzt, um eine Kalibration des IMU zu ermöglichen. Mit diesen Vorgaben erhält man einen Zustandsvektor wie in Abb. 9.9 verwendet.
- Kalman-Filterung: Die Filterung kann in zwei Schritte eingeteilt werden, den Estimationsschritt und den Propagationsschritt:
  - Propagationsschritt („Predict"): Es wird der geschätzte Systemzustand in der Zeit propagiert, d. h. aus dem aktuellen Schätzwert zum Zeitpunkt (k) wird ein vor-

übergehender Schätzwert für den Zeitpunkt $(k + 1)$ berechnet. Dabei wächst die Unsicherheit der Zustandsschätzung und die Schätzfehlerkovarianz muss angepasst werden.
  - Estimationsschritt („Correct"): Die zum aktuellen Zeitpunkt vorliegenden Messungen werden verarbeitet. Dadurch wird die Schätzung des Systemzustandes verbessert. Entsprechend muss wiederum die Kovarianzmatrix des Schätzfehlers angepasst werden.
- Korrektur der Zustandsgrößen: Nach Verarbeitung der zu einem Zeitpunkt vorliegenden Messwerte enthält der Zustandsvektor des Kalman-Filters aufgrund der Wahl eines Error-State-Space-Modells die geschätzten Fehler. Die totalen Größen müssen daher nach jedem Schritt mit Hilfe dieser geschätzten Fehler korrigiert werden.

9.3 Radarhöhenmesser

Die Radarhöhenmessung stellt neben dem Satellitennavigationsempfänger, dem Luftdatenrechner und dem Inertialnavigationssystem einen weiteren Informationskanal für Höhenmessungen bereit. Dies ist besonders für Landeanflüge von Relevanz, um den die Piloten unterstützenden Systemen die Höhe über Grund mit hinreichender Genauigkeit bereitzustellen.

9.3.1 Impulsradar-Höhenmesser

Die Funktionsweise des Impulsradar-Höhenmessers ist weitgehend mit derjenigen des Primärradars vergleichbar. Es wird die Laufzeit eines elektromagnetischen Pulses gemessen, der am Erdboden reflektiert wird. Das Radar verwendet dazu eine Betriebsfrequenz im Bereich von 4200–4400 MHz und sendet kurze Pulse mit einer Länge von etwa $\tau_i = 20\,ns$ aus. Im Gegensatz zum Primärradar ist die Rückstrahlfläche relativ groß. Jedoch führt die Reflexion am Boden aufgrund von Multipath zu Laufzeitfehlern, die für die erzielbare Genauigkeit bestimmend sind und vom Gelände abhängen.

Die zu messende Höhe wird aus der Laufzeit Δt des Pulses ermittelt:

$$h = \frac{c\,\Delta t}{2} \tag{9.25}$$

Die Pulsfolgefrequenz richtet sich nach den flugbetrieblichen Anforderungen und wird so klein gewählt, dass die Impulslaufzeit Δt im gesamten zu messenden Höhenbereich kleiner bleibt als das Pulsfolgeintervall T_{PR}:

$$f_{PR} \leq \frac{c}{2\,H_{max}} \tag{9.26}$$

Die kleinste messbare Höhe H_{min} tritt auf, wenn die Impulslänge mit der Signallaufzeit übereinstimmt:

$$H_{min} \approx \frac{c\,\tau_i}{2} \tag{9.27}$$

Bei der oben aufgeführten Pulsdauer von 20 ns wäre der Messbereich nach unten mit etwa 3 m begrenzt. Da die Pulsdauer nicht beliebig verkleinert werden kann, kann dieser Bereich auch nicht erweitert werden. Im Flugbetrieb werden Impuls-Höhenmesser für die Höhenmessung von etwa 0,1–15 km über Grund eingesetzt und sind aufgrund der Pulsdauergrenze nicht für Landeanflüge geeignet.

9.3.2 FMCW-Radarhöhenmesser

Das FMCW-Radar folgt dem Prinzip des Impulsradar-Höhenmessers, verwendet jedoch ein kontinuierlich (Continuous Wave, CW) abgestrahltes und frequenzmoduliertes (Frequency Modulation, FM) Signal. Teilweise wird es deshalb auch als Dauerstrichradar bezeichnet. Das FMCW-Radar wertet die Signallaufzeit aus, greift hierzu aber auf die laufzeitabhängige Frequenzverschiebung zwischen dem empfangenen und dem gesendeten Signal zurück. Aufgrund der starken zu erwartenden Echosignale ist seine Sendeleistung mit < 100 mW relativ gering gewählt.

Für die Höhenmessung verwendet das FMCW-Bordradar einen Betriebsfrequenzbereich von 4200–4400 MHz, die gesendete Frequenz wird mit einer konstanten Rate df/dt verändert. Dazu wird ein dreiecksförmiges Signal mit einer Frequenz von $f = 100$ Hz eingesetzt, welches im Modulator einen Frequenzhub von $\pm$ 50 MHz erzeugt (Abb. 9.10).

Der Empfänger des FMCW-Radars empfängt den um die Laufzeit verzögerten Signalverlauf und kann aus einem Vergleich der momentan gesendeten mit der aktuell empfangenen Frequenz auf die Höhe schließen, da die Änderungsrate der Sendefrequenz Δ durch die Modulation mit 100 Hz bekannt ist:

$$\Delta = \frac{\Delta f}{\Delta t} = 20\ \text{MHz/ms} \tag{9.28}$$

Ist empfängerseitig der laufzeitabhängige Frequenzunterschied Δf_{TX-RX} bekannt, kann mit der Änderungsrate die Signallaufzeit und damit die Flughöhe bestimmt werden (siehe dazu Abb. 9.11):

$$\Delta t = \frac{\Delta f_{TX-RX}}{\Delta} \tag{9.29}$$

$$h = \frac{c\,\Delta t}{2} \tag{9.30}$$

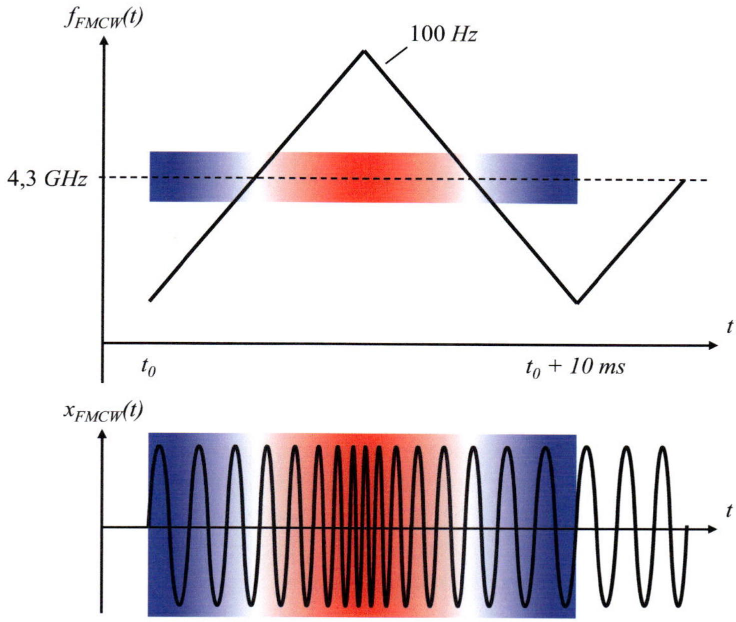

Abb. 9.10 Sendesignal eines FMCW-Radarhöhenmessers

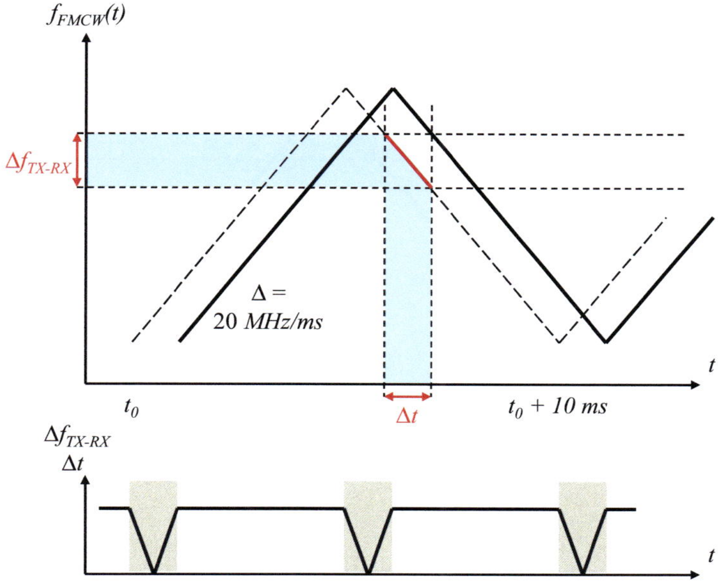

Abb. 9.11 Bestimmung der Flughöhe anhand der Frequenzverschiebung

In den Bereichen des Zeitverlaufs, in denen die Sende- bzw. Empfangsfrequenz die Richtung des Hubs ändert, liegen Diskontinuitäten vor. Hierdurch entsteht, wie weiter unten gezeigt, durch die Auswertung bedingt ein Fehler, der die Mindesthöhe H_{min} beim FMCW-Radar bestimmt.

Neben der Flughöhe kann mit dem FMCW-Radars auch die Höhenänderung ermittelt werden. Sinkt oder steigt das Luftfahrzeug, tritt aufgrund der vertikalen Geschwindigkeitskomponente und des damit verbundenen Dopplereffekts eine zusätzliche Frequenzverschiebung ein. Im Sinkflug vergrößert sich die Frequenz scheinbar, während sie im Steigflug abnimmt. Hierdurch entsteht in der beobachteten Frequenzverschiebung Δf_{TX-RX} bzw. in der damit verknüpften Laufzeit Δt des Signals eine Unsymmetrie, die bei größeren Vertikalgeschwindigkeiten größer ausfällt und umgekehrt. Abb. 9.12 zeigt dieses Verhalten für den Fall des Steigsflugs.

Der Aufbau des FMCW-Radar besteht (siehe dazu Abb. 9.13) aus einer Senderkette mit spannungsgesteuertem Oszillator, die vom Empfänger durch einen Isolator getrennt ist. Hierdurch wird sichergestellt, dass die von der Sendeantenne aufgrund Fehlanpassung rücklaufende Welle nicht in das FMCW-System weiterläuft. Empfängerseitig wird das vom Boden reflektierte Signal erfasst, verstärkt und mit dem Sendesignal gemischt. Die entstehenden Mischprodukte beinhalten die gesuchte Differenzfrequenz. Nach einer Tiefpassfilterung wird das Signal zur weiteren Verarbeitung in einem Signalprozessor digitalisiert und die Laufzeit ausgewertet. Dabei ist zu beachten, dass aufgrund der auftretenden Diskontinuitäten die Frequenz nur zu diskreten Zeitpunkten bestimmt werden

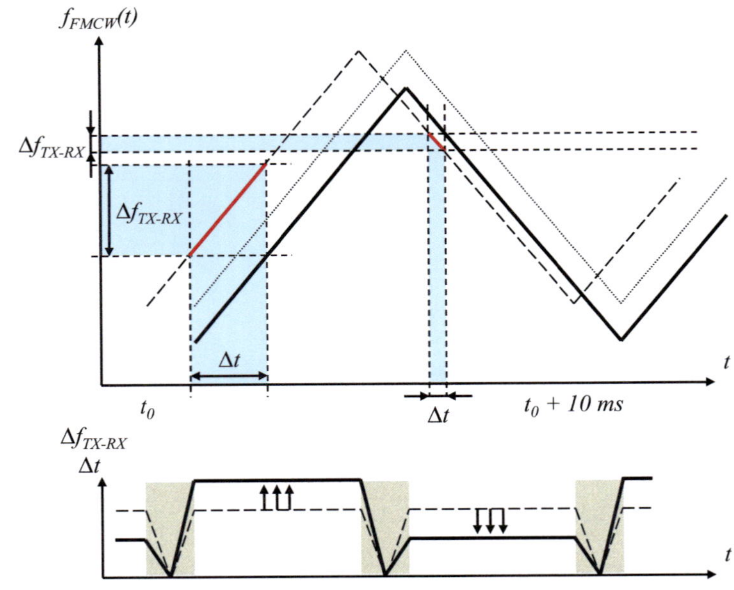

Abb. 9.12 Bestimmung der Höhenänderung im Steigflug mit dem FMCW-Radar

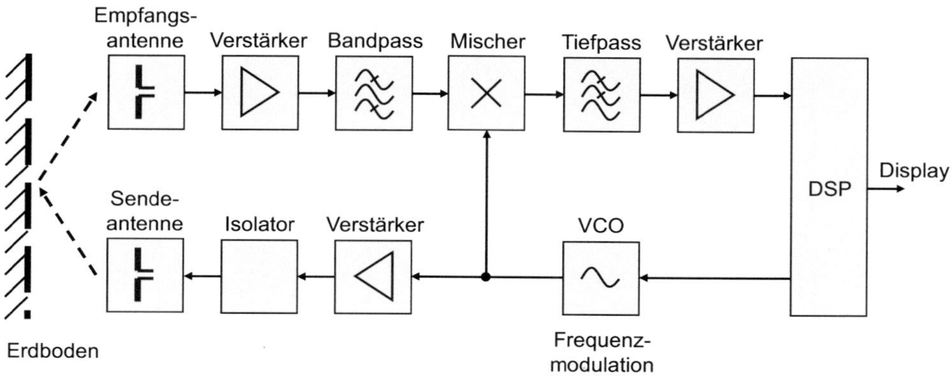

Abb. 9.13 Schematisch dargestellter Aufbau des FMCW-Radars

kann. Die Antennen weisen eine moderate Richtcharakteristik mit einer Halbwertsbreite von etwa 55° auf [136].

Der Einsatzbereich des FMCW-Radars dient speziell zur Messung geringerer Flughöhen bis etwa 2000 m (z. B. beim Landeanflug), die minimal messbare Höhe liegt aufgrund der angesprochenen Diskretisierung bei etwa 1 m.

9.4 Wetterradar

Das Bord-Wetterradar dient der Darstellung von Niederschlagsgebieten und trägt damit zur Sicherheit im Luftverkehr bei. Aufgrund seines dem Primärradar ähnlichen Wirkungsprinzips stellt es anhand der empfangenen Echosignale Wasserdampf (Wolken) und Regentropfen (Niederschlagsgebiete) dar. Es kann in der Ausführung als Dopplerradar auch die von Turbulenzen, Windscherungen oder Aufwindregionen verursachte Bewegung dieser Partikel abbilden und diese für Luftfahrzeuge gefährlichen Situationen darstellen.

Die Betriebsfrequenz liegt im X-Band (9375 MHz), die Reichweite wird durch die Pulsfolgefrequenz bestimmt und erreicht 150 NM bei $f_{PR} = 400$ Hz. Seine Impulsdauer liegt zwischen 2,5 µs und 5 µs, die Sendeleistung bei etwa 20 kW Spitzenleistung.

Während das sogenannte Breitband-Wetterradar lediglich eine räumliche Verteilung des Niederschlags darstellt, liefert das Doppler- oder Schmalband-Wetterradar aufgrund der Frequenzverschiebung zwischen Sende- und Empfangssignal auch Informationen über die radialen Geschwindigkeitskomponenten beispielsweise der Regentropfen in einer Wolke. Durch deren Auswertung kann auf Turbulenzen in der Wolke geschlossen werden.

Ältere Geräte verwendeten meist eine mechanisch schwenkbare Parabolantenne, deren Hauptstrahlrichtung mittels Aktuatoren steuerbar war. Moderne Systeme setzen Antennen mit elektronischer Strahlformung (Phased-Array-Antenne) ein, die aus matrixförmig angeordneten Einzelantennen mit nahezu ungerichteter Strahlungscharakteristik gebildet werden. Durch Verzögerungselemente wird das Signal gestaffelt an die Einzelantennen

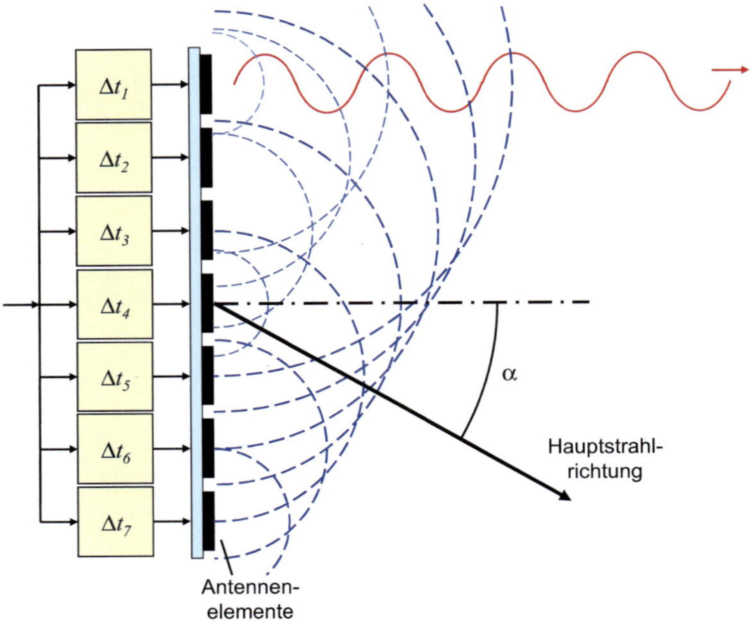

Abb. 9.14 Prinzip der Strahlformung bei einer Phased-Array-Antenne

geleitet und von diesen abgestrahlt. Nach dem Überlagerungsprinzip bildet sich durch die von Element zu Element verzögerte Aussendung eine um den Scanwinkel α geneigte Wellenfront aus (Abb. 9.14). Mit dieser Methodik lässt sich die Antenne elektronisch schwenken und auch in ihrer Charakteristik verändern.

Der übliche Einbauort des Wetterradars ist in der Flugzeugspitze, das Radar selbst wird durch ein für X-Band-Wellen durchlässiges Radom, eine Abdeckung der Radarantenne, geschützt.

Flugzeugsysteme 10

Neben den bereits behandelten Systemen für die Navigation, Kommunikation und Surveillance sowie den sensorischen Systemen werden im Verkehrsflugzeug eine Reihe weiterer Einrichtungen benötigt, die für die Interaktion mit der Flugzeugbesatzung, für die Überwachung des Flugzeugs selbst sowie für die Durchführung des Fluges notwendig sind. Ausgehend von der Betrachtung der Integration dieser Systeme und den daraus resultierenden Avionik-Architekturen wird der Aufbau und die Funktionsweise der wichtigsten Baugruppen vorgestellt.

10.1 Systemintegration

Die Integration der Flugzeugsysteme folgt unter dem Gesichtspunkt der Zuverlässigkeit und berücksichtigt zumeist funktionale Gegebenheiten. Nach einer kurzen Hinführung zur Problematik werden die für die Flugführung und die Flugzeugüberwachung relevanten Systeme und deren Einbindung in die Flugzeugarchitektur vorgestellt.

Elektronisches Zusatzmaterial Die elektronische Version dieses Kapitels enthält Zusatzmaterial, das berechtigten Benutzern zur Verfügung steht. https://doi.org/10.1007/978-3-662-64823-0_10.

H. Flühr, *Avionik und Flugsicherungstechnik*,
https://doi.org/10.1007/978-3-662-64823-0_10

10.1.1 Architektur der Flugzeugelektronik

Der grundlegende Systemaufbau der Flugzeugelektronik kann in drei Kategorien unterteilt werden [100]:

- Zentrale Architektur: Bei der zentralen Architektur wird die Rechenleistung des Systems überwiegend an einem Ort konzentriert und auf diesem Rechnersystem die nötigen Funktionalitäten programmiert. Der offensichtliche Vorteil liegt darin, dass lediglich ein redundantes Computersystem benötigt wird. Selbiges gilt für die peripheren Systeme wie die Energieversorgung, die ebenfalls nur zentral (aber redundant) vorliegen müssen. Jedoch wird von einem solchen System, um es für sicherheitskritische Anwendungen einsetzen zu können, ein sehr hohes Maß an Ausfallsicherheit gefordert. Alleine der Umstand, dass ein zentrales, an einem Punkt des Flugzeugs untergebrachtes System beispielsweise bei einem Brand von einem Ausfall betroffen sein könnte, spricht gegen eine derartige Zentralisierung.
- Verteilte Architektur: Das Gegenstück zur zentralen ist die verteilte Architektur. Hierbei wird jedem Sensor oder Teilsystem eine eigene Recheneinheit zugeordnet und diese untereinander, etwa mit Avionik-Bussen, vernetzt. Hierdurch wäre bei einem Ausfall lediglich eine klar abgegrenzte Funktionsgruppe betroffen, die Integrität des übrigen Systems bliebe gewahrt. In einer solchen Architektur wäre es auch möglich, dass ein „benachbarter" Mikrocontroller Aufgaben eines ausgefallenen Systems mit übernimmt. Auf der anderen Seite benötigt aber jeder dezentrale Rechner seine eigene Stromversorgung, was alleine hierdurch die Kosten, den Aufwand, das Gewicht und den Energiebedarf des Systems in die Höhe schraubt.
- Föderative Architektur: Sie stellt eine Lösung zwischen den oben dargelegten Extrempunkten dar. Hierzu werden die von der Flugzeugelektronik als Gesamtes zu erfüllenden Aufgaben aufgrund funktioneller Gesichtspunkte in Teilsysteme partitioniert und jede Funktionsgruppe mit einem Computer ausgestattet. Ein zentralisierter Rechner übernimmt die Gesamtkoordination zwischen den Systemblöcken und ist meist auch für die Flugregelung und Flugkontrollsteuerung verantwortlich.

In der Vergangenheit waren Verkehrsflugzeuge meist nach dem Prinzip der föderativen Architektur aufgebaut: Jede im Flugzeug benötigte Funktion wurde anhand einer oder mehrerer Line Removable Units (LRU) nach ARINC-600-Bauform (Modular Concept Unit, MCU) – teilweise auch redundant ausgeführt – realisiert. Die einzelnen LRU sind dabei mit einem Avionik-Bus verbunden, um den Datenaustausch zwischen den einzelnen Systemen zu ermöglichen. Ausfälle einer einzelnen LRU blieben damit auf die dazugehörige „Funktion" beschränkt. Somit war aufgrund der klaren Partitionierung und Zuordnung der Funktionen zu Systemen auch die Nachweisführung im Zuge der Zulassung transparent: Systemausfälle konnten beispielsweise anhand der Fault Tree Analysis auf die Ausfallwahrscheinlichkeit des Fluggeräts rückgeführt werden.

In modernen Verkehrsflugzeugen geht der Trend aufgrund des immer stärker werdenden Einzugs elektrischer und elektronischer Systeme (More Electric Aircraft) mittlerweile von einer verteilten Architektur, wie sie beispielsweise mit Datenbussen nach dem ARINC-429-Standard vorliegt, immer stärker in Richtung einer moderat zentralisierten Architektur [174, 175]. Beginnend mit Teilsystemen, dem Aircraft Integrity Monitoring System (AIMS) der B777 und bei der Gesamtarchitektur der A380 wurde die föderative Architektur durch eine stärker zentralisierte Lösung abgelöst. Die resultierende Lösung wird als Integrierte Modulare Avionik (IMA) bezeichnet und ist bis heute Stand der Technik. Ein IMA-Kabinett der B777 enthält zwei oder mehr Power-Supply-Module, Gateways zum Netzwerk, Processing-Module, IO-Module und ist intern mit einer Backplane zum Datenaustausch zwischen den Modulen ausgerüstet. Auf den Rechenmodulen läuft ein IMA-Betriebssystem (ARINC 653), welches mehrere „Funktionen" in unterschiedlichen Speicherbereichen des „Systems" (=Modul) ausführen kann. Ein Netzwerk (etwa nach ARINC 629) verbindet die Elemente im Flugzeug untereinander.

Die IMA der A380 ist gekennzeichnet durch eine Ethernet-basierte Netzwerkverbindung (ADCN, Aircraft Data Communication Network) bestehend aus dem von Airbus entwickelten AFDX-Netzwerk (ARINC 664) und mehreren AFDX-Switches. Die AFDX-Switches stellen virtuelle Verbindungen (Virtual Link, VL) zwischen den mehr als einhundert angeschlossenen Endsystemen dar. In mehreren Core Processing and I/O Modulen (CPIOM) werden wiederum einzelne „Funktionen" per Software und basierend auf einem IMA-Betriebssystem nach ARINC 653 in zentralisierten Rechnereinheiten implementiert. Sie sind auf mehrere redundante Kabinette aufgeteilt. Die Flugsteuerung ist mittels eigenen redundanten Computern realisiert. Mittels Input-/Output-Modulen (IOM) werden die Sensoren und Aktuatoren des Flugzeugs über das AFDX-Netzwerk in das Gesamtsystem eingebunden. Die Anbindung der CPIOM und IOM an das AFDX-Netzwerk erfolgt anhand eines „End Systems", welches die Konnektivität zum A664-Netzwerk ermöglicht. Die „Funktionen" sind als Software in unterschiedlichen Speicherbereichen partitioniert, so dass Ausfälle in einem Speicherbereich andere Partitionen nicht beeinflussen. Die Partitionierung wird von einem Echtzeitbetriebssystem nach ARINC 653 implementiert. Der Austausch von Daten zwischen den ARINC-653-Partitionen und dem ARINC-664-Endsystem erfolgt über eine Middleware, anhand derer eine Trennung der Systeme von der Netzwerkinfrastruktur erfolgt. Die Endsysteme sind vergleichbar zu IP-Adressen adressiert und können über die AFDX-Switches und virtuelle Links untereinander kommunizieren.

Das Konzept der Integrierten Modularen Avionik (IMA) der B787 und der A350 greift die Idee des AFDX-Netzwerks der A380 auf und adaptiert dieses stärker in Richtung föderativer Architektur – eine solchermaßen verteilte IMA wird häufig auch als Distributed Integrated Modular Avionics (DIMA) bezeichnet. Im Falle der B787 wird das IMA-Konzept als Common Core System bezeichnet. Das IMA-Kabinett mit den Prozessor-Modulen wird hier Common Computing Ressource (CCR) genannt. An den Avionik-Bus (Common Data Network, CDN) sind neben den CCR auch als Remote Data Concentrators (RDC) bezeichnerte I/O-Module (vergleichbar zu den IOM bei der A380) angeschlossen.

10.1.2 Redundanzkonzepte

Der zweite Systemaspekt betrifft die Fehlertoleranz des Systems. Gerade für sicherheitskritische Aufgaben wie die Flugkontrollsteuerung muss sichergestellt sein, dass der Ausfall eines Teilsystems nicht zum Versagen der kompletten Flugsteuerung führt. Durch die Verwendung redundanter Systeme (siehe dazu auch Abschn. 3.4.6) kann dem Rechnung getragen werden – jedoch muss ein Kompromiss zwischen wirtschaftlichen Überlegungen und dem erzielbaren Zugewinn an Sicherheit durch Hinzunahme weiterer Kanäle gefunden werden. Ein weiterer Gesichtspunkt liegt in der Komplexität heutiger Hard- und Software, bei der die Fehlerfreiheit nicht zu 100 % getestet und sichergestellt werden kann. Dies bedeutet, dass ein redundantes System fehlerhaft arbeiten könnte, wenn die Ursache hierfür in einem Fehler in der Hard- oder Software zu suchen ist. Durch gegenseitige Überwachungen bliebe ein solcher Fehler möglicherweise unentdeckt, da alle (redundanten) Systeme den gleichen fehlerhaften Rechenschritt reproduzieren. Abhilfe schafft die Verwendung redundanter Rechner oder Softwareprodukte unterschiedlicher Hersteller, um durch Diversifikation die Wahrscheinlichkeit des gleichzeitigen Auftretens eines fehlerhaften Zustands zu minimieren. In der Luftfahrt häufig eingesetzte Strategien hierzu sind beispielsweise [22, 100, 146, 147, 174, 175]:

- Duo-Duplex-Redundanz
- Vierfachrechner
- Triple-Triple-Redundanz.

Bei der Duo-Duplex-Redundanz, eingesetzt beispielsweise bei Airbus-Flugzeugen [181], werden zwei redundante Systeme verwendet, die intern ebenfalls eine duale Redundanz aufweisen (Abb. 10.1). Am ersten System (Kanal 1) wird Hardware des Herstellers „A“ verwendet, die mit zwei unterschiedlichen Programmen oder mittels durch unterschiedliche Compiler erzeugter Software betrieben wird. Während der Rechner „A“ mit

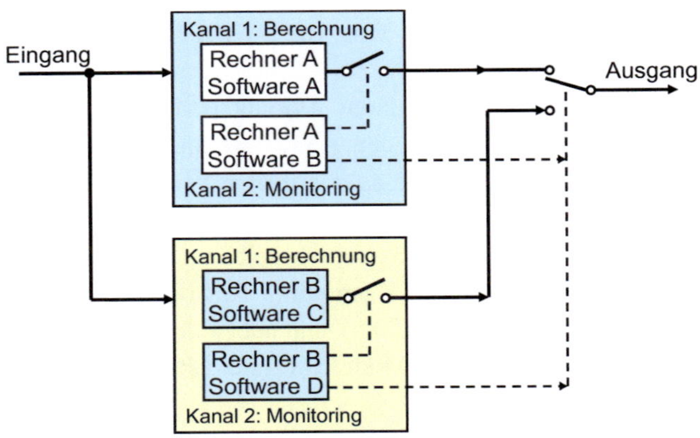

Abb. 10.1 Duo-Duplex-Redundanz

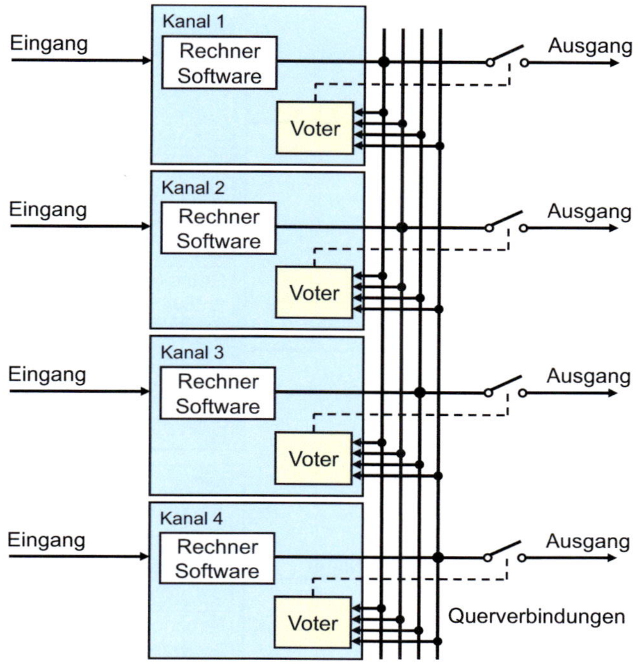

Abb. 10.2 Vierfachrechner (Quadruplex-Redundanz)

Software „A" als operativer Rechner fungiert, wird der Rechner „A" mit Software „B" als Monitor verwendet. Dieser vergleicht seine eigenen Ergebnisse mit denen des zu überwachenden Teilrechners. Sobald eine Abweichung auftritt, wird der betroffene Kanal isoliert und dessen Aufgabe von einem dezidierten Ersatzrechner übernommen. Dieser ist intern ebenfalls redundant ausgeführt, greift allerdings auf Hardware eines Herstellers „B" zurück.

Eine weitere häufig verwendete Redundanzstrategie besteht darin, vier mit der Bearbeitung einer bestimmten Task betraute Kanäle auf abweichende Ergebnisse zu verifizieren. Ein solcher Vierfachrechner (Abb. 10.2) verwendet ausgangsseitig in jedem Kanal einen Voter, der die Ergebnisse aller Kanäle vergleicht und seinen Kanal isoliert, sobald eine Abweichung zu einem der anderen Kanäle detektiert wird. Wurde nach einem Fehlerfall ein Kanal isoliert, kann aufgrund der hohen Redundanz noch ein weiteres Teilsystem ausfallen, ohne dass der Gesamtrechner verloren geht. Erst bei einem Ausfall von drei oder vier Kanälen würde diese Strategie versagen – jedoch kann eine solche Situation als höchst unwahrscheinlich und vernachlässigbar angenommen werden. Voraussetzung hierzu – wie bei allen betrachteten Redundanzkonzepten – ist jedoch, dass die Kanäle über getrennte beziehungsweise redundante Spannungsversorgungen verfügen, was jedoch bei den zum Einsatz kommenden elektrischen Bordnetzen (siehe Abschn. 3.5.6) als gegeben angenommen werden kann.

Abb. 10.3 Triplex-Triplex-Redundanz

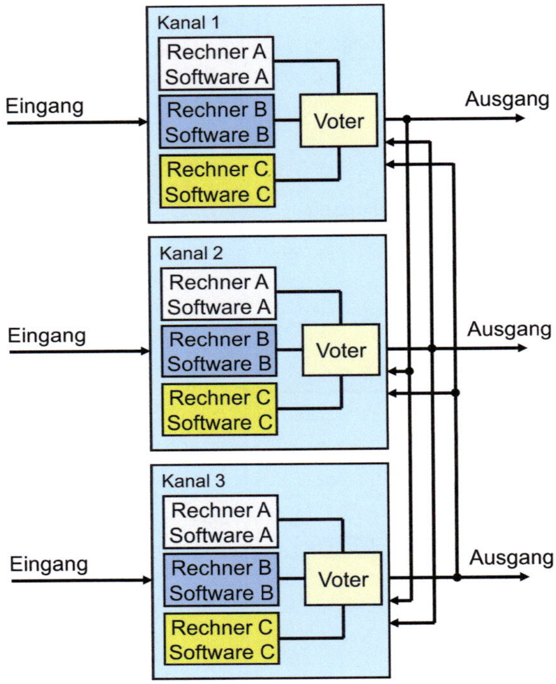

Das dritte hier vorgestellte Konzept folgt einer Verschachtelung der obigen Ansätze. Bei einer Triple-Triple-Redundanz (Abb. 10.3), wie sie etwa bei der Boing 777 eingesetzt wird [191, 192], werden drei parallele und identische Kanäle eingesetzt, wobei jeder Rechner intern ebenfalls dreifach redundant aufgebaut ist. Zudem sind die drei Teilkanäle eines Rechners mit diversifizierter Hardware und Software realisiert. Von den drei Teilkanälen ist jeweils einer als operativ, die beiden verbleibenden sind als überwachende Rechner konfiguriert. Ein in jedem Kanal vorhandener Voter vergleicht die Ergebnisse der eigenen Teilrechner mit den Ergebnissen der weiteren Kanäle, isoliert einen als fehlerhaft arbeitend erkannten Teilkanal und versetzt sodann einen der beiden Monitore in den Zustand des operativen Rechners. Durch diese hochgradige Redundanz können selbst zwei der drei Kanäle sowie ein Teilkanal des verbleibenden Rechners ohne Einschränkung der Gesamtfunktionalität ausfallen. Auch hier wird die Redundanz und Fehlertoleranz der Spannungsversorgung als gegeben vorausgesetzt.

10.2 Flugführungssysteme

Flugführungssysteme stellen den Kern der Flugzeugelektronik dar. Sie sind als Mensch-Maschine-Schnittstelle das Bindeglied der Avionik zur Cockpitbesatzung, entlasten diese von Routinevorgängen und unterstützen beginnend von der Missionsplanung über die

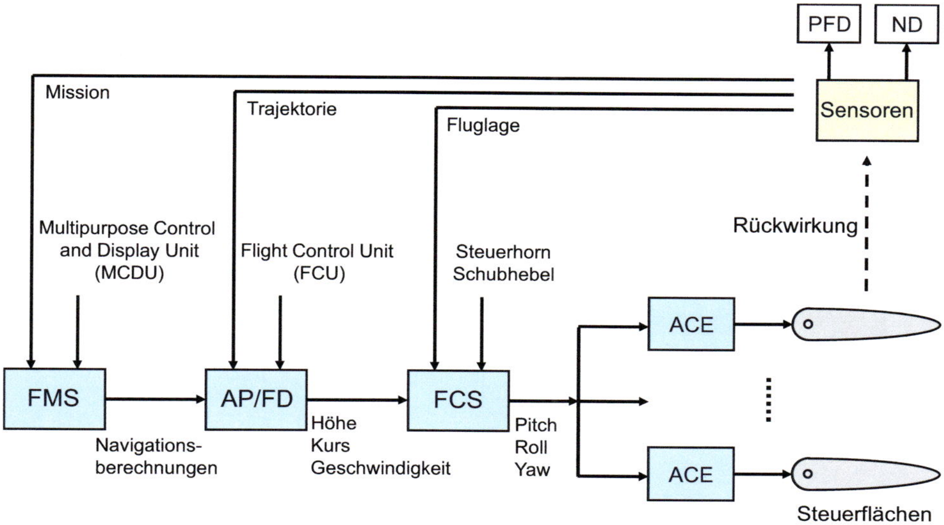

Abb. 10.4 Abgrenzung der Flugführungssysteme

automatisierte Bahnführung bis hin zur Kontrolle und Stabilisierung der Flugzeuglage die Durchführung des Fluges.

Abb. 10.4 segmentiert diese Supporttätigkeit in die nachfolgend behandelten Bereiche der Flugkontrollsteuerung (Flight Control System, FCS), der Autopilotenfunktion (Autopilot/Flight Director, AP/FD) und in das Flugmanagementsystem (Flight Management System, FMS). Die Cockpitbesatzung kann an mehreren Stellen in den Steuerungsablauf eingreifen: beim FMS durch Eingabe der Flugpläne, am Bedienpanel des FCS durch Wahl eines Autopilotenmodus und letztlich am FCS durch manuelle Betätigung der Flugzeugsteuerungselemente (Steuerknüppel oder Sidesticks, Schubhebel). Der Zugriff auf die Aktuatoren erfolgt bei einem solchen Fly-by-Wire-System anhand von Aktuatoren, welche die Steuerflächen des Flugzeugs bewegen und kontrollieren. Über die Dynamik des Flugzeugs sowie der Flugbahndynamik erfolgt eine Rückwirkung auf das Flugzeug, diese wird von der Sensorik erfasst, angezeigt und in das System zurückgeführt. Auf diese Weise entsteht eine mehrfach verschachtelte Regelungsschleife, die in den folgenden Abschnitten generisch betrachtet werden soll. Die zugrunde liegenden Besonderheiten der von den führenden Herstellern Airbus und Boeing eingesetzten Architekturen können mittels weiterführender Literatur (etwa [22, 30, 145–147, 174, 175]) oder wissenschaftlichen Veröffentlichungen (etwa [3, 17, 181, 191, 192]) weiter vertieft werden.

10.2.1 Flugkontrollsystem (FCS)

Das Flugkontrollsystem greift auf die Steuerflächen des Flugzeugs zurück, um eine vom AP/FD-System oder dem Piloten manuell kommandierte Fluglage zu halten. Hierzu stehen

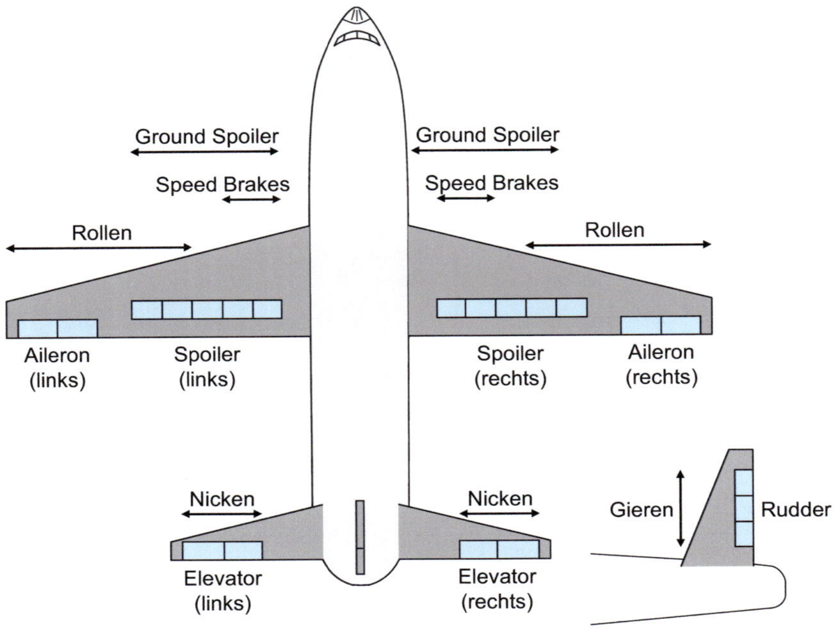

Abb. 10.5 Primäre Steuerflächen an einem generischen Verkehrsflugzeug

vereinfacht dargestellt eine Reihe primärer und sekundärer Steuerflächen zur Verfügung (Abb. 10.5).

Zu den primären Steuerflächen werden gezählt:

- Aileron: Das Querruder dient der Ein- und Ausleitung einer Rollbewegung um die Flugzeuglängsachse.
- Elevator: Das Höhenruder steuert die Nickbewegung (Pitch) um die Flugzeugquerachse.
- Rudder: Das Seitenruder beeinflusst das Gieren (Bewegung um die Flugzeughochachse).

Daneben stehen zumeist sekundäre Steuerflächen zur Verfügung:

- Spoiler: Die Störklappen dienen der Verringerung der Fluggeschwindigkeit, indem durch Vergrößerung der Tragfläche die aerodynamischen Eigenschaften (und damit der Auftrieb) verändert werden.
- Flaps: Die Landeklappen an der Tragflügelhinterkante dienen ebenfalls der Veränderung der Tragflächengröße während des Landeanflugs und des Startvorgangs.
- Slats: Der Vorflügel an der Vorderkante der Tragfläche dient ebenfalls auf Auftriebhilfe.

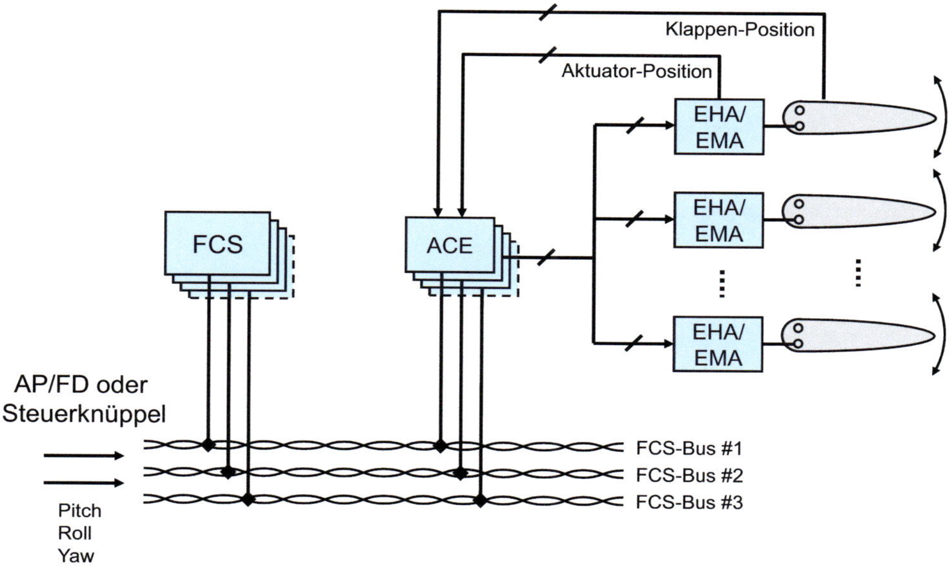

Abb. 10.6 Aufbau eines generischen Flight Control Systems

Bei Verkehrsflugzeugen werden häufig auch Kombinationen dieser Steuerflächen eingesetzt (beispielsweise Flaperon = Flaps + Aileron, Stabilator = Stabilizer + Elevator). In der Regel sind die Steuerflächen segmentiert und werden von einem redundant aufgebauten hydraulischen System angetrieben. Die Einkopplung der elektrischen Steuersignale in das meist hydraulisch ausgeführte Steuerungssystem erfolgt über elektro-hydrostatische Aktuatoren (EHA). Aktuell wird auch der Einsatz elektromechanischer Aktuatoren (EMA) vorangetrieben.

Ein generisches Flugsteuerungssystem nach Abb. 10.6 besteht aus einem fehlertoleranten (mehrfach redundanten) Flugkontrollrechner (Flight Control Computer, FCC), der über einen ebenfalls redundanten Avionik-Bus Lagevorgaben über die Steuerknüppel oder vom Autopiloten erhält. Anhand der am Avionik-Bus angeschlossenen Sensorik sowie durch Rückführung der Aktuator- und Klappenposition errechnet der FCC mit Hilfe des flugdynamischen Modells des Flugzeugs die für die kommandierte Fluglage nötige Klappenstellung und übermittelt diese an die Aktuatorkontrollelektronik (Actuator Control Electronic, ACE). Die zugrunde liegende Theorie der Flugregelung und Flugdynamik wird an dieser Stelle nicht betrachtet, hierzu sei auf die einschlägige Literatur (z. B. [18]) verwiesen.

Die Ansteuerung der Aktuatoren kann durch unterschiedliche Methoden erfolgen. Zwei verbreitete Ansätze aus der Zivilluftfahrt werden nachfolgend behandelt. Flugsteuerungssysteme, welche dem Konzept eines Vierfachrechners folgen („Boeing-Philosophie"), verwenden 4 Steuerkanäle mit jeweils einer Aktuatorsteuereinheit. Die Steuerflächen selbst werden von Quadruplex-Aktuatoren angesteuert, welche mit allen vier voneinander

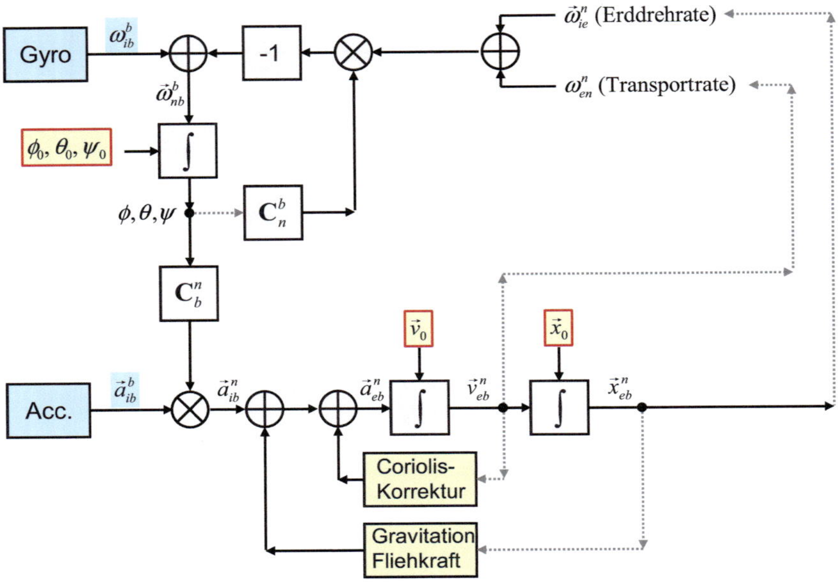

Abb. 10.7 Konzepte zur Aktuatoransteuerung: Verwendung von Mehrfachaktuatoren

unabhängigen Kanälen verbunden werden (Abb. 10.7). Die Bewegung der Steuerfläche erfolgt durch Addition der von den vier Kanälen kommandierten Bewegung. Liegt kein Fehler vor, addieren sich die Steuerkräfte wie vorgesehen. Bei einem fehlerhaften Kanal wird dieser von den funktionierenden Kanälen überschrieben. Erst bei 2 fehlerhaften Steuerkanälen tritt eine „fail-passive"-Situation ein; die Steuerfläche bewegt sich nicht. Abhängig von der gewählten Segmentierung der Steuerflächen wird eine bestimmte Anzahl an Aktuatoren benötigt, zudem wird als zusätzliches mechanisches Backup ein Teil der Flight Controls auch rein hydraulisch bewegt.

Eine Lösung basierend aus dem Duo-Duplex-Konzept („Airbus-Philosophie") ist in Abb. 10.8 dargestellt. Eine Reihe von primären Flugsteuerungsrechnern (Flight Control Primary Computer, FCPC) gibt Steuerbefehle an die vorhandenen Aktuatoren, die einzelnen Steuerflächen zugeordnet sind. Erkennt der FCPC anhand seines internen dualen Aufbaus eine Fehlfunktion, deaktiviert dieser sich und übergibt die Steuerungsaufgaben an einen sekundären Flugsteuerungsrechner (Flight Control Secondary Computer, FCSC). Auch bei diesem Ansatz wird die Aktuator- und Klappenposition an die Steuerrechner rückgemeldet. Die Vorgabe der Fluglage erfolgt wie oben entweder über den Autopiloten oder die Sidesticks im Cockpit.

Aufgaben des Flugsteuerungscomputers beinhalten zudem die Umsetzung der vom Hersteller definierten Steuergesetze (diese definieren vereinfacht ausgedrückt den Funktionsumfang der Flugkontrollsteuerung), die Stabilisierung und Dämpfung einzelner

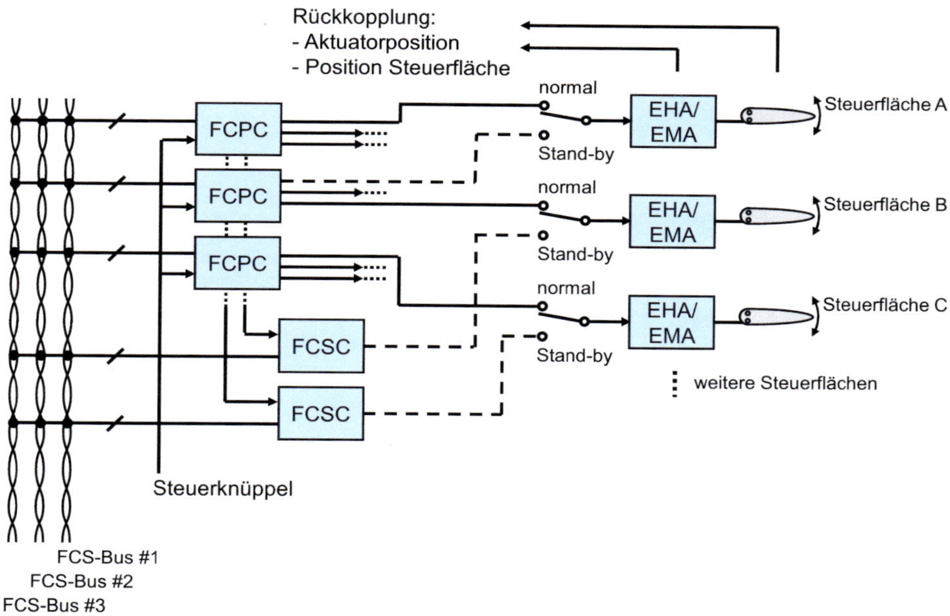

Abb. 10.8 Konzepte zur Aktuatoransteuerung: Umschaltung der Kontrollrechner

oder mehrerer Flugzeugachsen, Unterdrückung von Strukturresonanzen und auch die Steuerung des Triebwerksschubs (Autothrottle).

10.2.2 Autopilotensystem (AP/FD)

Um die vom FCS gebildete innere, für die Fluglage bestimmende Regelungsschleife schließt sich eine weitere Schleife, die der Bahnführung dient. Diese wird vom Autopiloten-System (auch als Autopilot/Flight Director bezeichnet) gebildet. Dieses System besteht aus Flugführungsrechnern (Flight Guidance Computer, FGC), dem im Glareshield (der Blendscheibe oberhalb der Cockpitinstrumente) untergebrachten Bedienpanel des Autopiloten (Flight Control Unit, FCU oder Mode Control Panel, MCP) und der MCDU in der Mittelkonsole des Cockpits. Der FGC ist redundant vorhanden und am Flight-Control-Bus angeschlossen. Das MCDU wird auch vom nachfolgend behandelten Flugmanagementsystem verwendet. Anhand der Bedienpanels kann der Betriebsmodus des Autopiloten (etwa Höhe halten, Kurs halten) selektiert werden (Abb. 10.9). Abhängig von der Philosophie des Herstellers, der Komplexität des Flugzeugs und damit der Avionikarchitektur wird der Autopilot teilweise auch als Teil des FMS oder als Teil des FCS dargestellt.

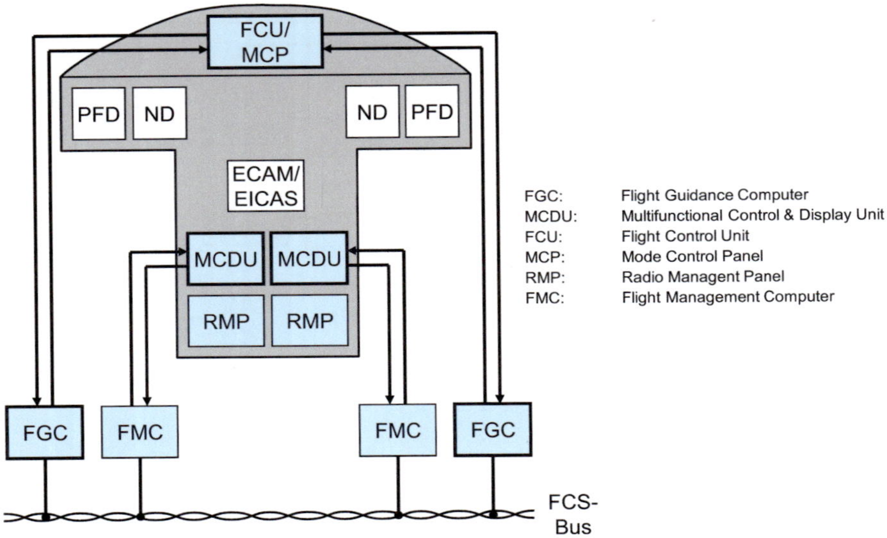

Abb. 10.9 Elemente des Autopilot/Flight-Director-Systems

Der Autopilot greift seinerseits auf die am Flight-Control-Bus angeschlossenen und ebenfalls redundant vorhandenen Flugzeugsensoren wie inertiales Referenzsystem, Luftdatenrechner oder Höhenradar und (abhängig vom gewählten AP/FD-Mode) auch auf die Navigationsempfänger zurück. Anhand der gemessenen Fluglage, Position und Kinematik berechnet er die für den vom Flugmanagementsystem oder den Piloten vorgegebenen Flugpfad nötigen Klappen- und Schubhebelstellungen und sendet diese über die Avionik-Busse an die Computer des FCS sowie an die Triebwerkssteuerung (FADEC, Abschn. 10.2.4). Neben der vom FCS geschlossenen Wirkungsschleife der Flugzeugdynamik wird damit die darüber liegende Wirkungsschleife der Flugbahndynamik geschlossen. Abb. 10.10 stellt diese Kreisläufe mit den umgebenden Sensoren an.

Die Autopilotensysteme können anhand der von Ihnen kontrollierten Freiheitsgrade wie folgt kategorisiert werden:

- 1-/2-/3-achsig, es werden bis zu drei Achsen kontrolliert
- Autothrust, eine Schubregelung vervollständigt die Kontrolle der Flugbahn
- Autoland, durch Kopplung mit den Landesystemempfängern wird auch der Landeanflug unterstützt.

10.2.3 Flugmanagementsystem (FMS)

Das Flugmanagementsystem stellt eine wichtige Schnittstelle zur Cockpitbesatzung dar (Abb. 10.11 und Abb. 10.12). Neben den eigentlichen Flugmanagementrechnern

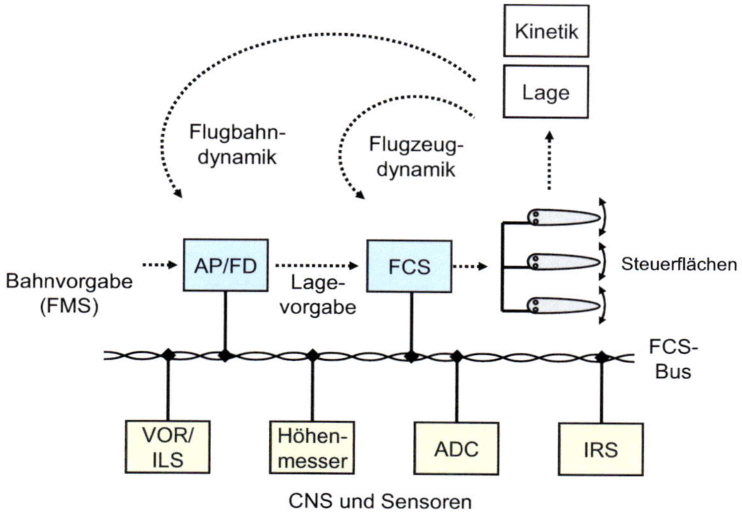

Abb. 10.10 Wirkungsprinzip des AP/FD-Systems

(Flight Management Computer, FMC) umfasst das FMS auch die bereits beim Autopiloten angesprochenen Ein-/Ausgabeterminals (MCDU), das Radio Management-Panel mit dem für das Kommunikations-/Navigationssystemmanagement zugeordneten Computer (COM/NAV-Computer, CNC), als auch die elektronischen Anzeigen des EFIS (Electronic Flight System) mit primärem Flugdisplay (Primary Flight Display, PFD) und Navigationsdisplay (Navigation Display, ND).

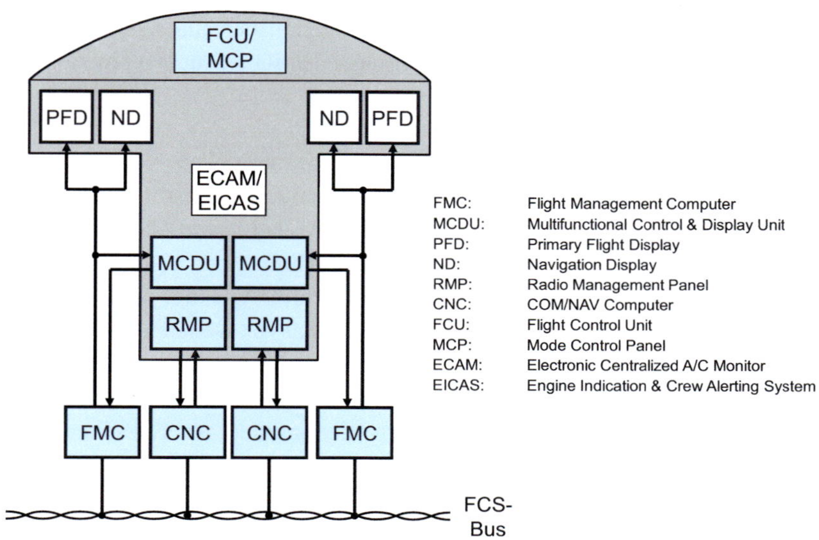

Abb. 10.11 Elemente des Flugmanagementsystems

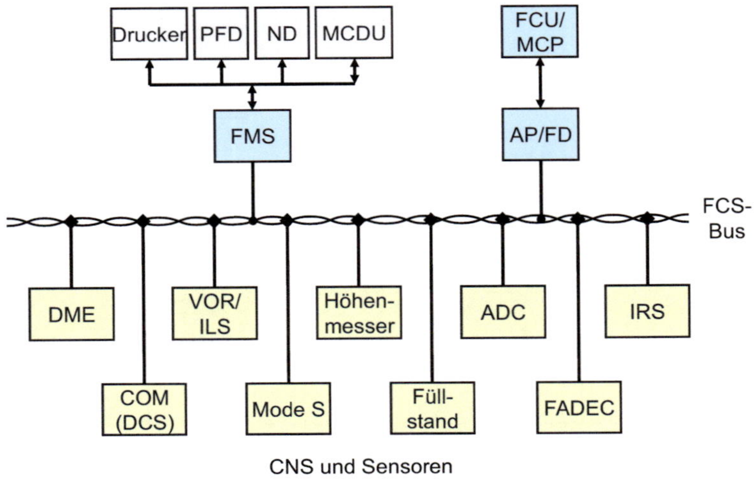

Abb. 10.12 Elemente des Flugmanagementsystems, Redundanzen sind nicht berücksichtigt

Das FMS greift auf eine Vielzahl an Flugzeugsystemen zurück und bezieht Daten von diesen. Neben dem inertialen Referenzsystem, den Navigationsempfängern und dem Luftdatenrechner sind dies vor allem Tankfüllstands- und Treibstoffflussdaten. Über die MCDUs können ACARS-Meldungen verfasst oder initiiert werden, der Kommunikations- und Navigationscomputer greift hierzu auf die vorhandenen Datenkanäle zurück und sendet Statusmeldungen oder empfängt Freigaben oder Wetterinformationen. Zudem schlägt das FMS anhand seiner Navigationsdatenbank die zu verwendenden Frequenzen für den Sprechfunk und die Radionavigationsempfänger vor. Eingaben am Bedienpanel des AP/FD werden ebenfalls dem FMS für die Navigationsberechnungen übermittelt.

Die Aufgaben des FMS können in die nachfolgenden fünf Gruppen unterteilt werden.

10.2.3.1 Navigation

Die Navigationsfunktion dient dazu, anhand der bereitgestellten Navigationsdaten der Flugzeugsensoren und Navigationshilfen den tatsächlichen Positionsvektor, den Geschwindigkeitsvektor, den aktuellen Kurs und Driftwinkel sowie eine Abschätzung der Positionsunsicherheit zu liefern. Hierzu wird mit Hilfe einer Kalman-Filterung eine Multisensor-Datenfusionierung durchgeführt. Der ermittelte Flugzeugzustand stellt die Basis für die weiteren FMS-Aufgaben dar und wird auch von weiteren Systemen wie etwa dem Mode-S-Transponder benötigt.

Auch das Management der Empfänger für terrestrische Radionavigationseinrichtungen wird von der Navigationsfunktion durchgeführt. Hierzu sendet das FMS Steuerbefehle an die Empfänger, um diese auf eine in der integrierten Navigationsdatenbank gespeicherte Frequenz zu stimmen, sofern dies nicht von der Cockpitcrew manuell durchgeführt wird.

Aufgrund geometrischer Überlegungen selektiert das FMS die für die Positionsschätzung am günstigsten liegenden Navigationshilfen.

10.2.3.2 Flugplanung

Aufbauend auf dem von der Navigationsfunktion ermittelten Flugzeugzustand erfolgt mit Hilfe einer regelmäßig aktualisierten Navigationsdatenbasis die Flugplanung durch die Cockpitcrew. Dies umfasst die Konstruktion des Flugverlaufs anhand der Auswahl von Start- und Zielflughafen mit den zugehörigen An- und Abflugverfahren sowie Hinzunahme einer Reihe von Wegpunkten mit Angaben, wie diese anzufliegen sind. Im nächsten Schritt wird mit Hilfe des FMS die laterale und vertikale Flugplanung detailliert. Hierzu kann den Wegpunkten eine Geschwindigkeit, Flughöhe oder Uhrzeit zugeordnet werden. Durch die Ergänzung von vorhergesagten atmosphärischen Daten (etwa Wind und Temperatur) für den anstehenden Flug wird die Schätzung der Trajektorie, des Treibstoffverbrauchs oder der Steig- und Sinkraten erleichtert.

10.2.3.3 Trajektorien-Schätzung

Während des Flugverlaufs wird vom FMS laufend die Trajektorie des weiteren Verlauf als vierdimensionale Information abgeschätzt. Neben der lateralen und vertikalen Position wird Zeitschätzung hinzugefügt. Eine laufende Aktualisierung dieser Schätzung berücksichtigt auch nicht geplante Einflüsse auf den Flugverlauf.

10.2.3.4 Berechnungen zur Flugleistung

Mit Hilfe der Flugleistungsberechnungen erhält die Cockpitcrew Angaben zur optimalen Flughöhe und weiteren vertikalen Flugplanungsparametern. Die Berechnung eines Kostenindizes, der flugzeitbezogene Kosten mit den Treibstoffkosten vergleicht, hilft bei einer möglichst ökonomischen Flugdurchführung. Für diese Aufgabe steht dem FMS eine Performance-Datenbank zur Verfügung.

10.2.3.5 Flugführung

Vom Flugführungsmodul werden Navigationsberechnungen durchgeführt, um die laterale und vertikale Bahnführung zu bestimmen. Die so ermittelten kinematischen Vorgaben werden an den Autopiloten übermittelt, der seinerseits Vorgabegrößen für Fluglage und Schubregelung errechnet.

10.2.4 Autonome Triebwerkssteuerung (FADEC)

Die autonome Triebwerkssteuerung (Full Authority Digital Engine Control, FADEC) wird als Teil der Flugführungssysteme behandelt, da sie die vom Autopiloten ermittelte Schubvorgabe zur Einhaltung der Trajektoriendynamik umsetzt. Im Gegensatz zu einer einfachen elektronischen oder digitalen Triebwerkssteuerung (Electronic Engine Control, EEC), bei der die Piloten Eingriffsmöglichkeiten in das Betriebsverhalten der Turbine und der zugehörigen Steuerung haben, fehlt bei der FADEC eine solche Möglichkeit. Es ist lediglich der vom Autopiloten oder per Schubhebel kommandierte Schub als Eingangsgröße vorhanden. Mit Hilfe der Triebwerksgrößen wie Drehzahl der einzelnen Triebwerksstufen, Abgastemperatur, Temperatur und Druck in den Turbinenstufen oder Turbinengehäusetemperatur wird in einem geschlossenen Regelkreis meist das Engine Pressure Ratio (EPR), der Quotient zwischen ausgestoßener und angesaugter Luft, als primäre Regelgröße gebildet. Damit wird von der FADEC der Treibstofffluss und damit der Schub geregelt.

Durch die fehlende Eingriffsmöglichkeit des Piloten würde ein Ausfall der FADEC zu einem Totalausfall des Triebwerks führen. Deshalb ist auch hier ein mehrkanaliger Aufbau vorgesehen. Beispielsweise kann mittels einer Duo-Duplex-Struktur eine zweikanalige FADEC konzipiert werden, deren Kanäle jeweils intern eine doppelte Redundanz aufweisen.

Die FADEC liefert zum einen Informationen zu den Triebwerksdaten und zum Treibstofffluss unter anderem an das FMS und ermöglicht somit die Flugleistungsberechnung. Zum anderen werden die Informationen auch an die zentrale Flugzeugüberwachung weitergeleitet und auf den Schirmen des ECAM (Electronic Centralized Aircraft Monitor) bzw. EICAS (Engine Indication and Crew Alerting System) dargestellt.

10.3 Flugsupport- und Maintenancesysteme

Unter dem Begriff der Flugsupport- und Mainenancesysteme sind eine Reihe von Systembeispielen zusammengefasst, die nicht unmittelbar zur Flugführung beitragen, aber wesentliche Informationen zur Integrität des Flugzeugs liefern oder der Sicherheit des Flugverlaufs dienen.

10.3.1 Zentrale Flugzeugüberwachung

Die zentrale Flugzeugüberwachung (Central Maintenance System, CMS bzw. Central Maintenance Computing System, CMCS) ist mit den verschiedenen Flugzeugsystemen verbunden, sammelt Daten zu derem Betriebsstatus und stellt diese an den Überwachungsschirmen des ECAM bzw. EICAS im Cockpit (Abb. 10.14) dar [175]. Die Piloten können dabei zwischen Darstellungen der verschiedenen Flugzeugsysteme wählen.

Für diese Aufgabe enthalten die Flugzeugsysteme eingebaute Selbsttest-Einrichtungen (Built-in Test Equipment, BITE), anhand derer aufgetretene Fehler erkannt werden können. Aber auch Betriebsgrößen der elektrischen und hydraulischen Systeme werden übermittelt und dargestellt, um beispielsweise die Spannungen auf den Sammelschienen des Bordnetzes darzustellen oder die prozentuale Auslastung eines Generators anzuzeigen. Nicht zuletzt werden Positions- und Näherungsschalter ausgewertet, um die Stellung von Klappen oder Fahrwerk zu überwachen (Abb. 10.13).

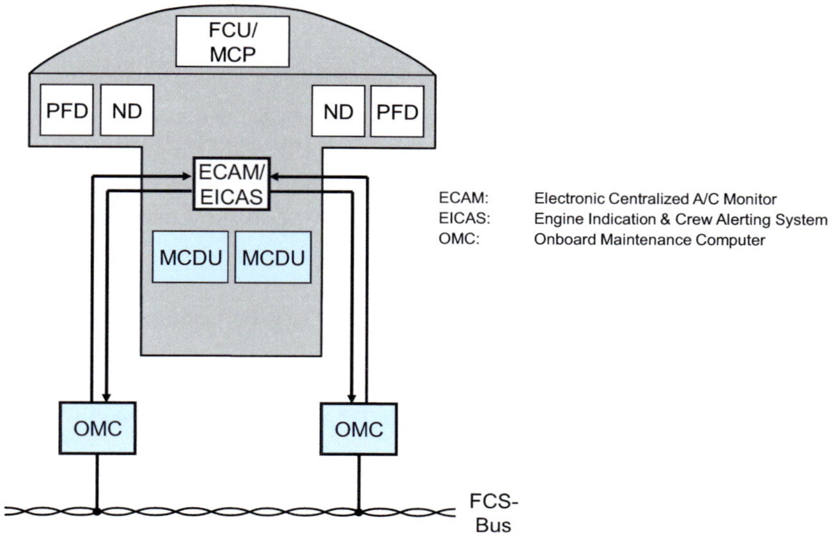

Abb. 10.13 Exemplarischer Aufbau eines Integritätsmanagementsystems

Abb. 10.14 Zentrale Flugzeugüberwachung

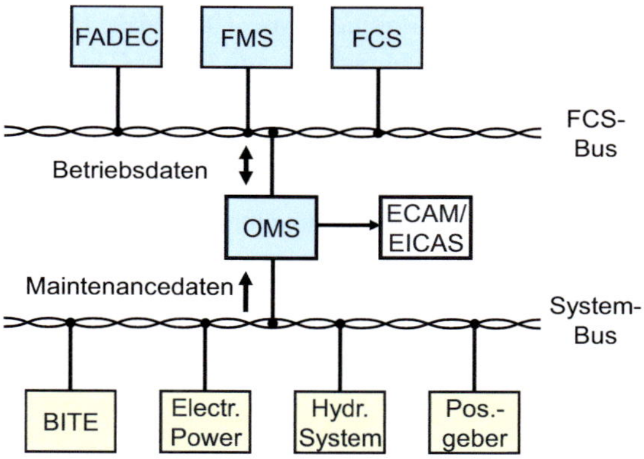

Als Grundlage für die Entwicklung eines solchen integrierten Health Monitorings stehen die ARINC-Standards 604 („Guidance for Design and Use of Built-in Test Equipment") und 624 („Design Guidance for Onboard Maintenance Systems") zur Verfügung.

10.3.2 Kollisionsverhinderung (ACAS)

Das von der ICAO standardisierte Airborne Collision Avoidance System (ACAS) [116] dient der Kollisionsverhinderung in der Luft („Mid-air Collisions") und baut auf dem Mode-S-Transpondersystem auf. Das als „Traffic Alert and Collision Avoidance System" (TCAS) bekannte Flugzeugsystem ist eine kommerzielle Implementierung des ACAS-

Konzeptes. TCAS ist der Überbegriff für eine Gruppe von Kollisionsverhinderungssystemen, die unterschiedliche Funktionalitäten bieten:

- TCAS I ist eine ACAS-Implementierung, bei der vom Kollisionsverhinderungssystem Warnmeldungen über benachbarte Flugzeuge („Traffic Advisory, TA"), jedoch keine Ausweichempfehlungen generiert werden.
- TCAS II bietet neben den Warnmeldungen auch vertikale Ausweichempfehlungen („Resolution Advisory, RS").

Abhängig von der Größe des Luftfahrzeuges und der betrachteten Region ist eine Ausrüstung mit TCAS I oder II verpflichtend vorgeschrieben. So müssen in Europa zivile turbinengetriebene Flächenflugzeuge mit einem maximalen Startgewicht von mehr als 5700 kg oder mehr als 19 Passagiersitzen mit TCAS II in der Version 7.0 ausgerüstet sein [74].

Die Elemente eine solchen Systems sind in Abb. 10.15 dargestellt. Aufbauend auf der vorhandenen Mode-S-Transponder-Installation mit den zugehörigen Antennen auf der Flugzeugober- und -unterseite wird ein mit dem Mode-S-Prozessor verbundener TCAS-Prozessor eingebaut. Dieser sendet über eine eigene Richtantenne auf der Flugzeugoberseite auf der Frequenz von 1030 MHz Interrogationen aus und empfängt die Replies der benachbarten Flugzeuge auf 1090 MHz. Auf der Unterseite des Luftfahrzeugs kann optional eine weitere gerichtete oder omnidirektionale Antenne verbaut sein [85].

Die Überwachung des umgebenden Luftraums basiert auf den bekannten Abfragen des ATCRBS-Systems. Luftfahrzeuge mit Mode-S-Transponder senden regelmäßig einen Squitter-Puls aus. Wird ein solcher vom TCAS-Prozessor empfangen und decodiert, folgt eine selektive Mode-S-Abfrage an das Flugzeug, die dem Austausch von Informationen zur jeweiligen TCAS-Ausstattung dient und Kurs sowie Höhe umfasst. Der TCAS-

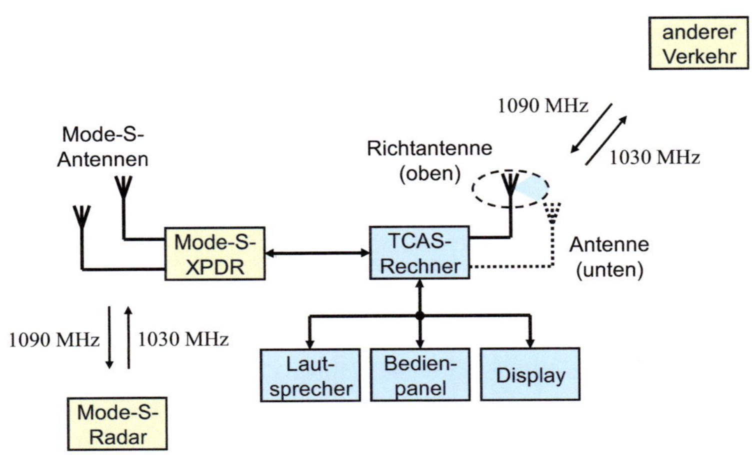

Abb. 10.15 Komponenten des ACAS

Prozessor verfolgt daraufhin die Bewegung des erkannten Fluggeräts. Weiterhin wird vom TCAS-Prozessor regelmäßig eine Mode-C/All-call-Abfrage gesendet, um Flugzeuge mit ATCRBS-Mode-A/C-Transpondern zu erfassen. Diese werden nach einer erfolgten Antwort ebenfalls vom TCAS-Prozessor verfolgt. Die Darstellung des umgebenden Verkehrs kann entweder auf eigenen TCAS-Displays oder in bereits vorhandenen multifunktionalen Displays erfolgen. Ausweichempfehlungen werden zusätzlich im Sinne von Vorgaben im primären Flugdisplay angezeigt.

Der Kollisionsschutz basiert auf der Definition eines mit τ bezeichneten Annäherungsparameters. Dieser gibt die Zeit bis zur geringsten Annäherung (Closest Point of Approach, CPA) an und errechnet sich aus dem Quotienten der Distanz und der gegenseitigen Annäherungsrate. Abhängig von der Flughöhe werden daraufhin Sensitivitätslevel (siehe dazu Tab. 10.1) definiert, welche die Auslösezeit für eine Warnmeldung (TA) oder Ausweichempfehlung (RA) festlegen. Basierend auf dem Abstand/Annäherungsrate-Gesetz könnte sich jedoch ein Flugzeug mit geringer Annäherungsrate bis auf kurze Distanz nähern, ohne eine Warnung auszulösen (Beispiel: $\tau = 40$ s, Annäherungsrate 1 m/s: Distanz für TA ist 40 m). Einen zusätzlichen Schutz hiergegen bietet ein modifizierter Distanzparameter DMOD. Dieser legt in den einzelnen Sensitivitätsklassen zusätzlich eine Mindestentfernung zwischen den Flugzeugen fest.

Der auf diese Weise von TCAS überwachte entstehende Schutzraum um das Flugzeug ist in Abb. 10.16 dargestellt.

Tab. 10.1 Exemplarische Sensitivitätslevel für TCAS (Auszug aus [85])

Eigene Höhe	Sensitivitäts-	TA	RA	DMOD [NM]	
[ft]	level	[s]	[s]	TA	RA
	:				
5000–10000	5	40	25	0.75	0.55
10000–20000	6	45	30	1.00	0.80
20000–42000	7	48	35	1.30	1.10
	:				

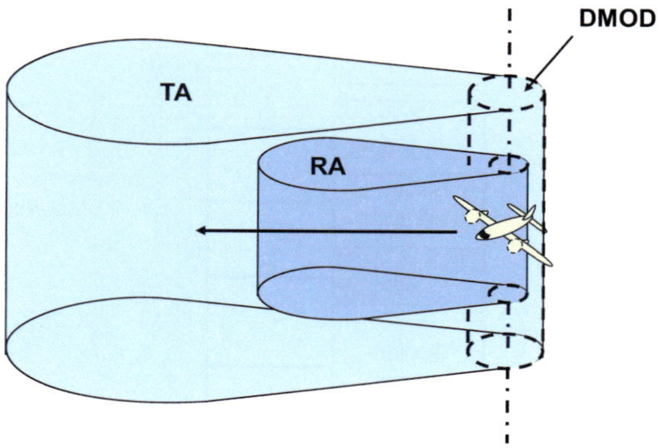

Abb. 10.16 Wirkungsprinzip von ACAS

Abhängig von der Ausrüstung des eigenen Flugzeugs liefert TCAS unterschiedliche Informationsebenen. Während bei einer Ausrüstung mit TCAS I nur Warnmeldungen über benachbarte Flugzeuge (TA) ausgegeben werden, muss bei Ausrüstung mit einem TCAS-II-System unterschieden werden, in welche Kategorie (vorhandene Ausrüstung) das benachbarte Flugzeug fällt:

- Mode-A-Transponder: Ausgabe von TA
- Mode-C-Transponder: Ausgabe von TA, vertikaler RA
- Mode-S-Transponder: Ausgabe von TA, vertikaler RA
- TCAS I: Ausgabe von TA, vertikaler RA
- TCAS II: Ausgabe von TA, koordinierter vertikaler RA

Die Ausgabe einer koordinierten vertikalen Ausweichempfehlung wird durch die Kommunikation zwischen den beteiligten TCAS-II-Prozessoren ermöglicht.

10.3.3 Bodenannäherungswarnsystem (TAWS)

Ein weiteres Beispiel für die Verflechtung der Flugzeugsysteme ist das Bodenannäherungswarnsystem (Terrain Awareness and Warning System, TAWS). Die Bezeichnung TAWS wurde von der FAA geprägt, die technische Umsetzung wird in der Flugzeugindustrie als Ground Proximity Warning System (GPWS) bezeichnet (Abb. 10.17). Ziel des Systems ist es, sogenannte kontrollierte Flüge in den Boden („Controlled Flight into Terrain", CFIT) zu verhindern.

Dazu verwendet GPWS von den jeweiligen Flugzeugsystemen die Radarhöhe, die vertikale Geschwindigkeit, die horizontale Geschwindigkeit, die Druckhöhe, Fahrwerksstellung, Landeklappenstellung sowie die Abweichung vom Gleitpfad (Ablage). Abhängig

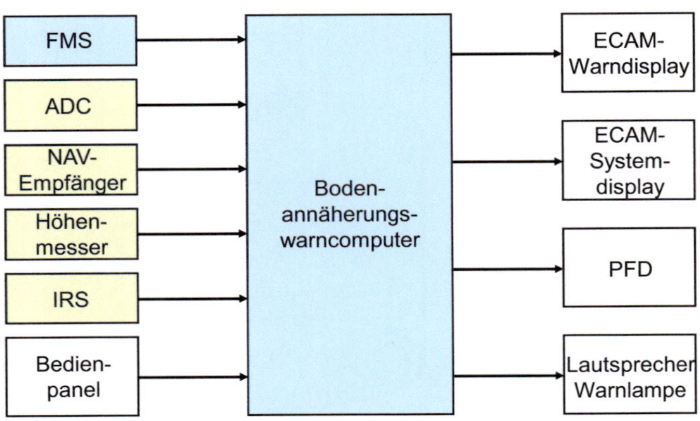

Abb. 10.17 Systemkonzept des Ground Proximity Warning Systems

vom gewählten Betriebsmodus erfolgt mit diesen Parametern eine Überwachung des Fluges:

- Mode 1: Warnung vor überhöhten Sinkraten. Bei geringeren Flughöhen (gemessen mit dem Radarhöhenmesser) und gleichzeitig hohen Sinkraten (gemessen mit dem barometrischen Höhenmesser) erfolgt eine Alarmierung.
- Mode 2: Warnung vor überhöhten Bodenannäherungsraten. Hierzu wird die mit dem Funkhöhenmesser bestimmte Höhe über Grund herangezogen.
- Mode 3: Alarmiert bei unbeabsichtigtem Sinken nach Start oder Missed Approach. Inaktiviert sich nach Erreichen einer sicheren Flughöhe. Es werden die Radiohöhe und die Sinkrate (vom barometrischen Höhenmesser) verwendet.
- Mode 4: Meldet das Unterschreiten einer Mindesthöhe, wenn das Flugzeug nicht in der Landekonfiguration ist. Diese wird durch Auswertung der Stellung von Fahrgestell und Landeklappen ermittelt und in Verbindung mit Radiohöhe und Geschwindigkeit gebracht.
- Mode 5: Warnt vor Unterschreitung des ILS-Gleitpfads. Aktiviert sich nach Wahl der ILS-Frequenz durch Crew und nach Ausfahren der Landeklappen. Der Mode verwendet Radiohöhenmesser und ILS-Empfänger.
- Mode 6: In diesem Mode ertönen zuvor programmierte Höhenansagen vom Radiohöhenmesser.
- Mode 7: Warnsystem für Windscherung und Fallwind aus einem Vergleich der Indicated Airspeed (IAS vom Air Data Computer) und der Geschwindigkeit über Grund (GS vom IRS). Schnelle Änderungen der IAS gegenüber GS deuten auf Windscherung hin, schnelle Änderungen der GS gegenüber der IAS hingegen auf Fallwind.

Eine als Extended GPWS (EGPWS) bekannte Erweiterung des Systems greift zusätzlich auf einen GNSS-Empfänger zur genaueren Positionsbestimmung sowie auf eine Geländemodell-Datenbank zurück. Hierdurch ist es möglich, im Navigationsdisplay oder einem synthetischen Sichtsystem Geländestrukturen zwei- oder dreidimensional darzustellen und zusätzlich farblich zu codieren. Hierbei sind die Geländeanteile oder Hindernisse, die auf der aktuellen Flugebene liegen, rot markiert. Eine solche Funktionalität wird auch mit „Terrain Awareness and Display Function" (TAD) bezeichnet.

10.4 Weitere Flugzeugsysteme

Neben den besprochenen Systemen existieren eine Reihe weiterer Funktionen, die nachfolgend eine kurze Erwähnung finden sollen. Für eine ausführliche Besprechung wird auf die weiterführende Literatur verwiesen (etwa [19,30,43,100,129–131,145,146,152,174]).

10.4.1 Elektrische Flugzeugsysteme

Zu den elektrischen Flugzeugsystemen zählen:

- Starter-System, in der Regel ein Starter-Motor, um Kolbenmaschinen oder Turbinenantriebe für den Startvorgang in Bewegung zu versetzten
- Zündsysteme für Kolbenmaschinen (Magneto) oder Turbinenantriebe
- Beleuchtung des Flugzeugs wie Landelichter, Tragflächenbeleuchtung zur Kontrolle etwaiger Vereisung, Beleuchtung der Notausgänge etc.
- elektrische Aktuatoren.

10.4.2 Feuer- und Rauchdetektion

Die Feuerdetektion wird in vom Flugzeughersteller definierten Feuerzonen (z. B. Triebwerks-Abteil) zur Überwachung verwendet. Abhängig von der verwendeten Sensorik werden Spotsensoren für die punktförmige Überwachung oder kontinuierliche Sensoren („Fire-wire-Systeme“) eingesetzt. Das verwendete Wirkprinzip beruht auf dem Einsatz temperaturempfindlicher Materialien zwischen zwei beispielsweise konzentrisch verlaufenden Elektroden. Ausgewertet wird dazu die Widerstands- oder Kapazitätsänderung.

Zur Rauchdetektion saugt ein Gebläse Luft aus dem zu überwachenden Compartment in eine Detektionskammer an. Eine Lichtquelle (Pilotlicht) sendet einen fokussierten Lichtstrahl durch die Kammer. Da Rauch das Licht streut, wird eine außerhalb des Strahlengangs liegende Fotodiode dazu verwendet, das Streulicht als Messgröße für die Anzahl der streuenden Partikel zu detektieren.

Bildnachweis

Der Autor dankt folgenden Personen und Organisationen für die Bereitstellung von Bild- und Anschauungsmaterial:

ATCNEA, Verband der österreichischen Flugsicherungsingenieure und -techniker, Wien
Austro Control Österreichische Gesellschaft für Zivilluftfahrt mbH, Wien
Herrn Marc Genicot
Herrn Dipl.-HTL-Ing. Robert Matousek
Herrn Dipl.-Ing. Gerald Nittnaus
Rohde & Schwarz Österreich GmbH, Wien
Saft S.A., Bagnolet
Herrn Dipl.-Ing. Robert Schneebauer, MMBA

Der Autor hat sich bemüht, alle Rechteinhaber ausfindig zu machen und entsprechend den einschlägigen Zitierregeln aufzuführen. Eventuelle Fehler oder Auslassungen wird er bei entsprechendem Hinweis gerne in einer folgenden Auflage richtigstellen.

Abb. 3.17: Holger Flühr und FH JOANNEUM (Graz).
Abb. 3.18: Saft S.A. (Bagnolet) und ISO (Bordeaux).
Abb. 3.19: Saft S.A. (Bagnolet) und ISO (Bordeaux).
Abb. 3.20: Holger Flühr und FH JOANNEUM (Graz).
Abb. 3.21: Holger Flühr und FH JOANNEUM (Graz).
Abb. 6.3: Austro Control Österreichische Gesellschaft für Zivilluftfahrt mbH (Wien).
Abb. 6.12: Austro Control Österreichische Gesellschaft für Zivilluftfahrt mbH (Wien).
Abb. 6.51: Austro Control Österreichische Gesellschaft für Zivilluftfahrt mbH (Wien).
Abb. 7.1: Austro Control Österreichische Gesellschaft für Zivilluftfahrt mbH (Wien).
Abb. 7.16: Austro Control Österreichische Gesellschaft für Zivilluftfahrt mbH (Wien).
Abb. 5.6: Rohde & Schwarz GmbH & Co KG (München).
Abb. 5.10: Austro Control Österreichische Gesellschaft für Zivilluftfahrt mbH (Wien) und Rohde & Schwarz GmbH & Co KG (München).
Abb. 5.13: Rohde & Schwarz GmbH & Co KG (München).
Abb. 9.3: Gerald Nittnaus.

H. Flühr, *Avionik und Flugsicherungstechnik*,
https://doi.org/10.1007/978-3-662-64823-0

Literaturverzeichnis

1. Aeronautical Radio, Inc (2009) Homepage. www.arinc.com
2. Air Transport Association (2009) Homepage. www.airlines.org
3. Aplin J (1997) Primary Flight Computers for the Boeing 777. Microprocessors and Microsystems 20(8):473–478
4. ATA (2008) iSpec 2200: Information Standards for Aviation Maintenance. The Air Transport Association of America, Inc., Washington (DC)
5. Avionics Communications Inc (Hrsg) (2004) FAA Avionics Certifications and Approval Guide. Avionics Communications Inc., Leesburg
6. Austro Control Gesellschaft für Zivilluftfahrt mit beschränkter Haftung (2021) Luftfahrthandbuch Österreich. eaip.austrocontrol.at
7. B-VHF Consortium (2009) Homepage. www.b-vhf.org
8. Bachmann P (1998) Cockpit-Instrumente. Motorbuch Verlag, Stuttgart
9. Bärner K (1957) Flugsicherungstechnik I. Hanns Reich Verlag, München
10. Bärner K (1959) Flugsicherungstechnik II. Hanns Reich Verlag, München
11. Barton D (2005a) Radar Systems Analysis and Modelling. Artech House, Boston
12. Barton D (2005b) Radar today. Microwave J 48(1):24–36
13. Beauchamps K (2001) A History of Telegraphy: Its Technology and Applications. IEE History of Technology Series, Institution of Engineering and Technology, Stevenage
14. Bekir E (2007) Introduction to Modern Navigation Systems. World Scientific Publishing, Singapore
15. Berkhahn S (2002) Untersuchungen zur Architektur des Aeronautischen Telekommunikationsnetzwerkes. Shaker Verlag, Aachen
16. Bouwman R (2008) Fundamentals of Radar. SciTech Publishing, Inc., Mendham
17. Briére D, Traverse P (1993) AIRBUS A320/A330/A340 Electrical Flight Controls – A Family of Fault-Tolerant Systems. In: Proceeding of the Twenty-Third International Symposium on Fault-tolerant Computing, Institute of Electrical and Electronics Engineers (IEEE) Computer Society, Toulouse, S 615–623
18. Brockhaus R (2001) Flugregelung. Springer, Berlin
19. Buckwalter L (Hrsg) (2003) Avionics Databuses. Avionics Communications, Inc., Leesburg
20. Bundesaufsichtsamt für Flugsicherung (2021) Homepage. www.baf.bund.de
21. CCSDS (Hrsg) (1992) Telemetry Channel Coding. Consultative Committee for Space Data Systems, Washington (DC)
22. Collinson R (2006) Introduction to Avionics Systems. Springer, Dordrecht
23. Comité Européen de Normalisation (2009) Homepage. www.cen.eu
24. Comité Européen de Normalisation Electrotechnique (2009) Homepage. www.cenelec.eu

H. Flühr, *Avionik und Flugsicherungstechnik*,
https://doi.org/10.1007/978-3-662-64823-0

25. COMSOFT GmbH (2005) ARTAS External Interface Requirements Specification (V.7.2). European Organization for the Safety of Air Navigation, Brüssel
26. Condor Engineering (2004a) ARINC429 Protocol Tutorial. Condor Engineering, Inc., Santa Barbara
27. Condor Engineering (2004b) Mil-STD-1553 Protocol Tutorial. Condor Engineering, Inc., Santa Barbara
28. Condor Engineering (2005) AFDX Protocol Tutorial. Condor Engineering, Inc., Santa Barbara
29. Cook A (2007) European Air Traffic Management. Ashgate, Farnham
30. Davies M (Hrsg) (2004) The Standard Handbook for Aeronautical and Astrological Engineers. McGraw-Hill, New York
31. Davies J, Siart U (Hrsg) (2006) Grundlagen der Hochfrequenztechnik. Oldenbourg Wissenschaftsverlag, München
32. DFS Deutsche Flugsicherung GmbH (2021) Luftfahrthandbuch Deutschland. aip.dfs.de/basicIFR
33. De Florio F (2008) Airworthiness. Butterworth-Heinemann, Oxford
34. Department of Defense (1991) MIL-HDBK-217F: Reliability Prediction of Electronic Equipment. U.S. Department of Defense, Washington (DC)
35. Department of Defense Interface Standard (1988) MIL-HDBK-1553A: Multiplex Applications Handbook. U.S. Department of Defense, Washington (DC)
36. Department of Defense Interface Standard (1996) MIL-STD-1553B: Digital Time Division Command/Responde Multiplex Data Bus. U.S. Department of Defense, Washington (DC)
37. Department of Defense Interface Standard (2004) MIL-STD-704F: Aircraft Electrical Power Characteristics. U.S. Department of Defense, Washington (DC)
38. Deutsche Flugsicherung GmbH (2005) AIC IFR 9/2005
39. EASA (2010) CS-ETSO: European Technical Standard Orders, 6th edn. European Aviation Safety Agency, Köln
40. EASA (2011) CS-25: Large Aeroplane, Amendment 5. European Aviation Safety Agency, Köln
41. EASA (2020) Opinion No 01/2020: High-level regulatory framework for the U-space. www.easa.europa.eu/document-library/opinions/opinion-012020
42. EASA (2021) Civil drones (unmanned aircraft). www.easa.europa.eu/domains/civil-drones-rpas
43. Eismin T (1994) Aircraft Electricity & Electronics. McGraw-Hill, New York
44. ETSI (2003a) EN 300 676: Electromagnetic Compatibility and Radio Spectrum Matters (ERM); Ground-based VHF Hand-held, Mobile and Fixed Radio Transmitters, Receivers and Transceivers for the VHF Aeronautical Mobile Service Using Amplitude Modulation; Technical Characteristics and Methods of Measurement (V1.3.1). European Telecommunications Standards Institute, Sophia Antipolis
45. ETSI (2003b) EN 301 841-1: Electromagnetic compatibility and Radio Spectrum Matters (ERM); VHF Air-ground Digital Link (VDL) Mode 2; Technical Characteristics and Methods of Measurement for Groundbased Equipment; Part 1: Physical Layer and MAC Sub-layer (V1.2.1). European Telecommunications Standards Institute, Sophia Antipolis
46. ETSI (2005) EN 301 842-1: Electromagnetic Compatibility and Radio Spectrum Matters (ERM); VHF Air-ground Digital Link (VDL) Mode 4 Radio Equipment; Technical Characteristics and Methods of Measurement for Ground-based Equipment; Part 1: EN for Ground Equipment (V1.2.1). European Telecommunications Standards Institute, Sophia Antipolis
47. EUROCAE (1999) ED-12B: Software Considerations in Airborne Systems and Equipment Certification, 2nd edn. European Organization for Civil Aviation Equipment, Paris
48. EUROCAE (2000) ED-80: Design Assurance Guidance for Airborne Electronic Hardware. European Organization for Civil Aviation Equipment, Paris

49. EUROCAE (2004a) ED-108A Part 1: Minimum Operational Performance Specifications for VDL Mode 4 Aircraft Transceiver, Part 1: Core Requirements (Draft). European Organization for Civil Aviation Equipment, Paris
50. EUROCAE (2004b) ED-108A Part 2: Minimum Operational Performance Specifications for VDL Mode 4 Aircraft Transceiver for ADS-B, Part 2: Additional Broadcast Requirements (Draft). European Organization for Civil Aviation Equipment, Paris
51. EUROCAE (2008a) ED-14F: Environmental Conditions and Test Procedures for Airborne Equipment. European Organization for Civil Aviation Equipment, Paris
52. EUROCAE (2008b) ED-79: Certification considerations for Highly Integrated or Complex Aircraft Systems. European Organization for Civil Aviation Equipment, Paris
53. EUROCONTROL (1997) WGS 84 Implementation Manual (Version 2.4). European Organization for the Safety of Air Navigation, Brüssel
54. EUROCONTROL (2000a) ESARR 2: Safety Measurement and Improvement Programme. European Organization for the Safety of Air Navigation, Brüssel
55. EUROCONTROL (2000b) ESARR 3: Safety Management Systems in ATM. European Organization for the Safety of Air Navigation, Brüssel
56. EUROCONTROL (2001) ESARR 4: Risk Assessment and Mitigation in ATM. European Organization for the Safety of Air Navigation, Brüssel
57. EUROCONTROL (2002) ESARR 5: ATM Services' Personell. European Organization for the Safety of Air Navigation, Brüssel
58. EUROCONTROL (2003a) ESARR 6: Software in ATM Systems. European Organization for the Safety of Air Navigation, Brüssel
59. EUROCONTROL (2003b) VDL Mode 4 Implementation Manual (Version 1.2). European Organization for the Safety of Air Navigation, Brüssel
60. EUROCONTROL (2003c) Principles of Mode S Operation and Interrogator Codes (Edition 2.3). European Organization for the Safety of Air Navigation, Brüssel
61. EUROCONTROL (2004) ESARR 1: Safety Oversight in ATM. European Organization for the Safety of Air Navigation, Brüssel
62. EUROCONTROL (2005a) CASCADE Charter (Edition 1.0). European Organization for the Safety of Air Navigation, Brüssel
63. EUROCONTROL (2005b) LINK2000+ Programme Baseline 1 (Version 1.0). European Organization for the Safety of Air Navigation, Brüssel
64. EUROCONTROL (2008) Airlines propose ADS-B implementation sites. Pressemitteilung
65. EUROCONTROL (2009) L-DACS1 System Definition Proposal: Deliverable D2. European Organization for the Safety of Air Navigation, Brüssel
66. EUROCONTROL (2020) Introducing the EUROCONTROL Network Manager Operations Centre (NMOC). www.eurocontrol.int/publication/introducing-eurocontrol-network-manager-operations-centre-nmoc
67. EUROCONTROL (2021a) SKYbrary Wiki Platform. www.skybrary.aero
68. EUROCONTROL (2021b) European ATM Master Plan. www.atmmasterplan.eu/rnd/technical-systems-overview
69. European Aviation Safety Agency (2009) Homepage. www.easa.eu.int
70. European Aviation Safety Agency (2012) Regulations structure. easa.europa.eu/regulations/regulations-structure.php
71. European Aviation Safety Agency (2021) Certification Specifications. www.easa.europa.eu/document-library/certification-specifications
72. European Civil Aviation Conference (2021) ECAC in focus 2021. www.ecac-ceac.org/images/documents/ECAC_in_Focus_2021.pdf
73. European Organization for Civil Aviation Equipment (2009) Homepage. www.eurocae.net

74. European Organization for the Safety of Air Navigation (2009) Homepage. www.eurocontrol.int
75. European Organization for the Safety of Air Navigation (2009) Artas-homepage. www.eurocontrol.int/artas
76. European Space Agency (2012) Galileo specifications: How the Galileo atomic clocks work. www.esa.int
77. European Telecommunications Standards Institute (2009) Homepage. www.etsi.eu
78. Europäische Gemeinschaft (2004a) Verordnung (EG) Nr. 550/2004 des Europäischen Parlaments und des Rates vom 10. März 2004 über die Erbringung von Flugsicherungsdiensten im einheitlichen europäischen Luftraum („Flugsicherungsdienste-Verordnung"). Amtsblatt der EU Nr. L 96 S. 10
79. Europäische Gemeinschaft (2004b) Verordnung (EG) Nr. 549/2004 des Europäischen Parlaments und des Rates vom 10. März 2004 zur Festlegung des Rahmens für die Schaffung eines einheitlichen europäischen Luftraums („Rahmenverordnung"). Amtsblatt der EU Nr. L 96 S. 1
80. Europäische Gemeinschaft (2004c) Verordnung (EG) Nr. 551/2004 des Europäischen Parlaments und des Rates vom 10. März 2004 über die Ordnung und Nutzung des Luftraums im einheitlichen europäischen Luftraum („Luftraum-Verordnung". Amtsblatt der EU Nr. L 96 S. 20
81. Europäische Gemeinschaft (2004d) Verordnung (EG) Nr. 552/2004 des Europäischen Parlaments und des Rates vom 10. März 2004 über die Interoperabilität des europäischen Flugverkehrsmanagementnetzes („Interoperabilitäts-Verordnung"). Amtsblatt der EU Nr. L 96 S. 26
82. Europäische Kommission (2021) Functional Airspace Blocks (FABs). ec.europa.eu/transport/modes/air/single-european-sky/functional-airspace-blocks-fabs_en
83. Europäische Union (2019) Durchführungsverordnung (EU) 2019/947 der Kommission vom 24. Mai 2019 über die Vorschriften und Verfahren für den Betrieb unbemannter Luftfahrzeuge. Amtsblatt der EU Nr. L 152 S. 45
84. Evans B (1999) Satellite Communication Systems. The Institution of Engineering and Technology, London
85. FAA (2000) Introduction to TCAS II Version 7. US Department of Transportation, Federal Aviation Administration, Oklahoma City
86. FABEC (2021) FAB Europe Central. www.fabec.eu
87. Fabig A (1995) Konzept eines digitalen Empfängers für die Funknavigation mit optimierten Algorithmen zur Signaldemodulation. TU Berlin (Dissertation)
88. Federal Aviation Administration (2009) Homepage. www.faa.gov
89. Fistas N (2011) SESAR Future COM Infrastructure (FCI) Activities. ATC Global 2011, Data Communications Workshop. www.eurocontrol-at-atcglobal.com/wp-content/uploads/2011/03/4-ATC-Global-2011-DATACOM-EUROCONTROL-LDACS-and-SATCOM-_v10.pdf
90. Flühr H (2020) Avionics: Trends for 2030 and Beyond. Workshop on Avionics Systems and Software Engineering, Innsbruck
91. Flühr H, Gangl S, Gruber M (2008) EDA toolbox for VHF data link system simulation. Aerospace Science and Technology 12(8):599–607
92. Föllinger O (1990) Laplace- und Fourier-Transformation. Hüthig, Heidelberg
93. Frost & Sullivan (2008) Aircraft Electrical Power Systems — Charged with Opportunities. IAG. www.iag-inc.com/articles/aeps.pdf
94. Gilbert T, Jin J, Berger J, Henriksen S (2008) NASA Contractor Report 2008-215144: Future Aeronautical Communication Infrastructure Technology Investigation. National Aeronautics and Space Administration, Cleveland

95. Gracey W (1958) NACA Technical Note 4351: Summary of Methods of Measuring Angle of Attack on Aircraft. National Advisory Committee for Aeronautics, Washington (DC)
96. Gracey W (1980) NASA Reference Publication 1046: Measurement of Aircraft Speed and Altitude. National Aeronautics and Space Administration, Hamptons
97. Haering E (1958) NASA Technical Memorandum 104316: Air Data Measurement and Calibration. National Aeronautics and Space Administration, Edwards
98. Hara S, Prasad R (2002) Multicarrier Techniques for 4G Mobile Communications. Artech House, Norwood
99. Hauser J (2005) Building and Programming a Synthetic Vision Information System (SVIS). AeroSpectra, Boulder
100. Helfrick A (2002) Principles of Avionics. Avionics Communications Inc., Leesburg
101. Hilderman V, Baghai T (2007) Avionics Certification. Avionics Communications Inc., Leesburg
102. Hinsch M (2010) Industrielles Luftfahrtmanagement. Springer, Heidelberg
103. Hofmann-Wellenhof B, Lichtenegger H, Wasle E (2008) GNSS – Global Navigation Satellite Systems. Springer, Wien
104. Hilderman V, Baghai T (2007) Avionics Certification. Avionics Communications Inc., Leesburg
105. Hinsch M (2010) Industrielles Luftfahrtmanagement. Springer, Heidelberg
106. ICAO (1998a) Draft Manual on HF Data Link (HFDL) Technical Specifications. International Civil Aviation Organisation, Montréal
107. ICAO (1998b) Draft Manual on the Implementation of HF Data Link (HFDL). International Civil Aviation Organisation, Montréal
108. ICAO (2001a) Aeronautical Telecommunications. Annex 10 to the Convention on International Civil Aviation. Volume II: Communications Procedures including those with PANS Status, International Civil Aviation Organisation, Montréal
109. ICAO (2001b) Aeronautical Telecommunications. Annex 10 to the Convention on International Civil Aviation. Volume V: Aeronautical Radio Frequency Spectrum Utilization, International Civil Aviation Organisation, Montréal
110. ICAO (2001c) Doc 9776, Manual on VHF Digital Link (VDL) Mode 2. International Civil Aviation Organisation, Montréal
111. ICAO (2002) Draft VDL Mode 4 Implementation Manual. International Civil Aviation Organisation, Montréal
112. ICAO (2003) Doc 9816, Draft Manual on Detailed Technical Specifications for the VDL Mode 4 Digital Link. International Civil Aviation Organisation, Montréal
113. ICAO (2005) Draft Standards and Recommended Practices for the Universal Access Transceiver (UAT). International Civil Aviation Organisation, Montréal
114. ICAO (2006) Aeronautical Telecommunications. Annex 10 to the Convention on International Civil Aviation. Volume I: Radio Navigation Aids, International Civil Aviation Organisation, Montréal
115. ICAO (2007a) Aeronautical Telecommunications. Annex 10 to the Convention on International Civil Aviation. Volume III: Communications Systems, International Civil Aviation Organisation, Montréal
116. ICAO (2007b) Aeronautical Telecommunications. Annex 10 to the Convention on International Civil Aviation. Volume IV: Surveillance Radar and Collision Avoidance Systems, International Civil Aviation Organisation, Montréal
117. ICAO (2007c) Draft Manual for ICAO Aeronautical Mobile Satellite (Route) Service. International Civil Aviation Organisation, Montréal
118. ICAO (2021) Annexes 1 to 19. www.icao.int/safety/safetymanagement/pages/sarps.aspx
119. International Civil Aviation Organization (2009) Homepage. www.icao.int
120. Kramar E (1973) Funksysteme für Ortung und Navigation. Verlag Berliner Union, Stuttgart

121. Kopetz H (1997) Real-Time Systems. Kluwer Academic Publishers, Boston
122. Krischke A (2013) Rothammels Antennenbuch. DARC Verlag, Baunatal
123. Kuo W, Zuo M (2002) Optimal Reliability Modeling: Principles and Applications. John Wiley & Sons, Ltd., Hoboken
124. Langhans W (2005) Multilateration Takes off in Europe. Skyway Mag 9(38):32–34
125. Langley R (1999) Dilution of precision. GPS World (5):52–59
126. LEONDES C (1970) AGARD-AG-139: Theory and Applications of Kalman Filtering. North Atlantic Treaty Organization, Brüssel
127. Lertes E (2001) Kohärentes-Pulsradar mit Festzielunterdrückung durch MTI und MTD. AGAVE Mitteil 2(2):38–41
128. Ludloff A (2002) Praxiswissen Radar und Radarsignalverarbeitung. Vieweg, Braunschweig
129. Luftfahrt-Bundesamt (1985a) Grundlagen der Luftfahrzeugtechnik in Theorie und Praxis. Band IV-1: Elektronik, Verlag TÜV Rheinland, Köln
130. Luftfahrt-Bundesamt (1985b) Grundlagen der Luftfahrzeugtechnik in Theorie und Praxis. Band IV-2: Elektronik, Verlag TÜV Rheinland, Köln
131. Luftfahrt-Bundesamt (1992) Grundlagen der Luftfahrzeugtechnik in Theorie und Praxis. Band IV-3: Elektronik, Verlag TÜV Rheinland, Köln
132. Luftfahrt-Bundesamt (1996) NfL I-203/96
133. Luftfahrt-Bundesamt (2009a) Aufgaben und Organisation. www.lba.de
134. Luftfahrt-Bundesamt (2009b) Homepage. www.lba.de
135. Lufthansa AG (2004) Immer öfter, immer weiter. Newslink Special „Allianzen“, S 10–13
136. Mansfeld W (1994) Funkortungs- und Funknavigationsanlagen. Hüthig, Heidelberg
137. Mansfeld W (2004) Satellitenortung und Navigation. Hüthig, Heidelberg
138. Marten M (2005) Flugfunk. Siebel Verlag, Baden-Baden
139. Maurer P (2007) Luftverkehrsmanagement. Oldenbourg Wissenschaftsverlag, München
140. Meinke H, Gundlach F (1992a) Taschenbuch der Hochfrequenztechnik. Band 1: Grundlagen, Springer, Berlin
141. Meinke H, Gundlach F (1992b) Taschenbuch der Hochfrequenztechnik. Band 2: Komponenten, Springer, Berlin
142. Mensen H (2003) Handbuch der Luftfahrt. Springer, Berlin
143. Mensen H (2004) Moderne Flugsicherung. Springer, Berlin
144. Merhav S (1996) Aerospace Sensor Systems and Applications. Springer, New York
145. Middleton D (1993) Avionik. Transpress, Berlin
146. Moir I, Seabridge A (2003) Civil Avionics Systems. American Institute of Aeronautics & Astronautics (AIAA), Inc., Reston
147. Moir I, Seabridge A (2007) Military Avionics Systems. John Wiley & Sons, Ltd., Chichester
148. NASA (2010) Contractor Report NASA/CR – 2010-216324: C-Band Airport Surface Communications System Standards Development, Phase I Final Report. ntrs.nasa.gov/archive/nasa/casi.ntrs.nasa.gov/20100042396_2010045917.pdf
149. National Coordination Office for Space-Based Positioning, Navigation, and Timing (2012) Interface Specification IS-GPS-200. www.gps.gov/technical/icwg/
150. Newcome L (2004) Unmanned Aviation – A Brief History of Unmanned Aerial Vehicles. American Institute of Aeronautics & Astronautics (AIAA), Inc., Reston
151. NIMA (1997) Technical Report TR8350.2: Department of Defense World Geodetic System 1984, Its Definition and Relationships With Local Geodetic Systems, 3. Aufl. National Imaginery and Mapping Agency (NIMA), Inc., Reston
152. Pallett E (1987) Aircraft Electrical Systems. Pearson, Essex
153. Pehl E (2001) Digitale und analoge Nachrichtenübertragung. Hüthig, Heidelberg
154. Plass S (2011) Future Aeronautical Communications. IntechOpen, London

155. Prasad R (2003) OFDM for Wireless Communication Systems. Artech House, Norwood
156. Prasad R, Ruggieri M (2005) Applied Satellite Navigation Using GPS, GALILEO, and Augmentation Systems. Artech House, Boston
157. Radio Technical Commission for Aeronautics, Inc (2009) Homepage. www.rtca.org
158. Räisänen L (2003) Radio Engineering for Wireless Communications and Sensor Applications. Artech House, Norwood
159. RTCA (1992) DO-178B: Software Considerations in Airborne Systems and Equipment Certification. Radio Technical Commission for Aeronautics, Inc., Washington (DC)
160. RTCA (2000a) DO-254: Design Assurance Guidance for Airborne Electronic Hardware. Radio Technical Commission for Aeronautics, Inc., Washington (DC)
161. RTCA (2000b) DO-224A: Signal-in-space Minimum Aviation System Performance Standards (MASPS) for Advanced VHF Digital Data Communications Including Compatibility with Digital Voice Techniques. Radio Technical Commission for Aeronautics, Inc., Washington (DC)
162. RTCA (2007) DO-160F: Environmental Conditions and Test Procedures for Airborne Equipment. Radio Technical Commission for Aeronautics, Inc., Washington (DC)
163. SAE (1996a) ARP 4754: Certification considerations for Highly Integrated or Complex Aircraft Systems. SAE International, Warrendale
164. SAE (1996b) ARP 4761: Guidelines and Methods for Conducting the Safety Assessment on Civil Airborne Systems and Equipment. SAE International, Warrendale
165. SAE (2006) AS 50881: Wiring Aerospace Vehicle. SAE International, Warrendale
166. Savage P (1998a) Strapdown inertial navigation integration algorithm design, part 1: Attitude algorithms. J Guid Control Dyn 21(1):19–28
167. Savage P (1998b) Strapdown inertial navigation integration algorithm design, part 2: Velocity and position algorithms. J Guid Control Dyn 21(2):208–221
168. Schleher D (2010) MTI and Pulsed Doppler Radar. Artech House, Norwood
169. Schleicher D (2000) Digital VHF Data Link for Air Traffic Control. Shaker Verlag, Aachen
170. SESAR Joint Undertaking (2021) U-space. www.sesarju.eu/U-space
171. Skolnik M (1986) Introduction to Radar Systems. McGraw-Hill, New York
172. skyguide (2021) skybriefing. www.skybriefing.com
173. Society of Automotive Engineers, Inc (2009) Homepage. www.sae.org
174. Spitzer C (2000) Digital Avionics Systems. Blackburn Press, Caldwell
175. Spitzer C (2007) Avionics: Elements, Software and Functions. CRC Press, Boca Raton
176. Sporer S, Kinzner B, Flühr H, et al (2007) WHEELIE – Advanced Display Filtering Technique (Design of a Simulation Setup). EUROCONTROL Experimental Centre, Brétigny-sur-Orge
177. Stimson G (1998) Introduction to Airborne Radar. SciTech Publishing, Inc., Mendham
178. Sun J (2021) The 1090 Megahertz riddle. mode-s.org/decode/content/quickstart.html
179. Thompson F (1937) Technical Note 616: The Measurement of Air Speed of Airplanes. National Advisory Committee for Aeronautics, Washington (DC)
180. Titterton D, Weston J (2004) Strapdown Inertial Navigation Technology. AIAA, Reston
181. Traverse P, Lacaze I, Souyris J (2004) Airbus Fly-by-wire: A Total Approach to Dependability. In: International Federation for Information Processing (Hrsg) Building the Information Society, Springer, Boston
182. Trenkle F, Reinhardt M (1973) AGARD-AG-160 Vol. 2: In-Flight Temperature Mesurement. North Atlantic Treaty Organization, Brüssel
183. TTA-Group (2009) TTP Specification Request. www.tttech.com/specs/index.php
184. US Department of Defense (2009) Homepage. www.defenselink.mil
185. Vodhanel M (2011) Problems in GPS accuracy. In: CGU Theses & Dissertations (Paper 22). https://doi.org/10.5642/cguetd/22

186. Wadia A (2007) Aircraft electrical systems and why they operate at 400 Hz frequency. GE Aircraft Engines. www.wonderquest.com/expounding-aircraft-electrical-systems.htm
187. Wagner J (2007) Zur Verallgemeinerung integrierter Navigationssysteme auf räumlich verteilte Sensoren und flexible Fahrzeugstrukturen. Fortschritt-Berichte VDI-Reihe 8 Nr. 1008, VDI-Verlag, Düsseldorf
188. Welch G, Bishop G (2006) TR 95-041: An Introduction to the Kalman Filter. University of North Carolina at Chapel Hill, Chapel Hill
189. Wendel J (2007) Integrierte Navigationssysteme. Oldenbourg Wissenschaftsverlag, München
190. Winkler S (2007) Zur Sensordatenfusion für integrierte Navigationssysteme. Shaker Verlag, Aachen
191. Yeh Y (1996) Triple-triple Redundant 777 Primary Flight Computer. In: Proceeding of the IEEE Aerospace Applications Conference, Institute of Electrical and Electronics Engineers (IEEE) Aerospace & Electronic Systems Society, Aspen, S 293–307
192. Yeh Y (1998) Design Considerations in Boeing 777 Fly-by-wire Computers. In: Proceeding of the Third High-assurance Systems Engineering Symposium, Institute of Electrical and Electronics Engineers (IEEE) Computer Society, Washington (DC), S 64–72
193. Zogg J (2011) GPS und GNSS: Grundlagen der Ortung und Navigation mit Satelliten. Tech. rep., ublox

Stichwortverzeichnis

A
ACARS 99
ACR 69
ADAHRS 272
ADC, siehe Luftdatenrechner 257
ADF 126, 133
ADS-B 233
ADS-C 69
AeroMACS 118
Aeronautical Information Circular 10
Aeronautical Information Publication 10
Aeronautical Mobile Airport Communications System 118
Aeronautical Mobile Satellite Service 116
Aeronautical Telekommunications Network 70
AFDX 254
  -Endsystem 254
  Switch 254
  Virtueller Link 255
AFTN 10
AHRS 272
AIC 10
AIP 10
Aircraft Communications and Reporting System 99
Air Data Attitude Heading Reference System 272
Air Data Computer 257
Airline Operations Centre 68
Air Navigation Service Provider 10, 16
Air Traffic Control 68
Air Traffic Control Radar Beacon System, siehe Sekundärradar 220
Air Traffic Management 16
Air Traffic Service Unit 69
Air Transport Racking 32
Airworthiness Codes 23
Akkumulator 52
AMSS 116
  A-BPSK 117
  AES 117
  Aircraft Earth Station 117
  A-QPSK 117
  C-Kanal 117
  GES 116
  Ground Earth Station 116
  P-Kanal 117
  R-Kanal 117
  Space Segment 117
  SS 117
  T-Kanal 117
ANSP 10, 16
AOC 68
AP/FD 291
  Bedienpanel 291
  Flight Control Unit 291
  Flugbahndynamik 292
  MCDU 291
  Mode Control Panel 291
APU 50
ARINC 429 239
  BCD-Format 240
  BNR-Format 240
  Datenwort 241
  Leitungscode 239
ARINC 629 247
  Stromkoppler 248
  Wortaufbau 248

H. Flühr, *Avionik und Flugsicherungstechnik*,
https://doi.org/10.1007/978-3-662-64823-0

ARINC 664-7, siehe AFDX 254
A-SMGCS 235
ATA Chapter 60
ATA Chapters 47
ATC 68
ATCRBS, siehe Sekundärradar 220
ATM 16
ATN 70
  CMU 71
  Router 71
ATR 32
ATSU 69
Automatic Dependent Surveillance-Broadcast 233
Automatic Dependent Surveillance-Contract 69
Automatic Direction Finding 126, 133
Autonome Triebwerkssteuerung, siehe FADEC 295
Autopilotensystem, siehe AP/FD 291
Auxiliary Power Unit 50
Availability 44
Aviation VHF Link Control 105
Avionics Communications Router 69
Avionics Full Duplex Switched Ethernet, siehe FDX 254
Avionik-Bus 237

B

Batterie 52
Batterierelais 53
Bauvorschrift 22
Beat Frequency Oscillator 132
BFO 132
BITE 36, 296
Bodenannäherungswarnsystem, siehe GPWS 300
Bordnetz 47
Bordnetzarchitektur 57
BTB 59, 60
Built-In Test Equipment 36
Busbar 54
Bus Tie Breaker 59

C

CAMO 27
Carrier Sense Multiple Access 106
Certificate of Airworthiness 25
Certification Specification 22
CFG 48
Circuit Breaker 57
CNS/ATM 16, 63
Common Signaling Channel 109
Communications Management Unit 71
Cone of Silence 128
Constant Frequency Generator 48
Constant Speed Drive 47, 48
CPDLC 69
CSD 47, 48

D

Data Communication System 99
Data Link Services 110
Datenkommunikation 99
DCS 99
DIMA 283
Distance Measuring Equipment 145
Distributed Integrated Modular Avionics 283
DME 145
  Füllpuls 149
  Kennungspulse 148
  Pulsamplitudenmodulation 148
  Pulsbreite 147
  Radarmeile 149
  Squitter 149
DME/N 146
DME/P 146
DME/W 146
Doppler-VOR 137, 138
Drehfunkfeuer 136
Duo-Duplex-Redundanz 284
DVOR 137, 138

E

1090ES 114
EASA 7
EASA-Regelwerk 22
EATMP 72
ECEF 122
EGNOS 184
  EGNOS Wide Area Network 184
  EWAN 184

Ranging and Integrity Monitoring Station 184
RIMS 184
EGPWS 301
Energieversorgung 46
frequenzkonstante 48
frequenzvariable 48
Energiewahlschalter 53
Entfernungsmessung 145
Entwicklungsbetrieb 26
EUROCONTROL 8
European ATM Matser Plan 72
European Technical Standard Order 24
Externe Energieversorgung 53

F
FAB 12
FADEC 295
Failures-in-time 39
FANS 69
Fault Tree Analysis 44
FCI 68
FCS 287
Aktuatoren 289
Flugkontrollrechner 289
Steuerflächen 287
Fehlerbaumanalyse 44
Feuerdetektion 302
FIT 39
Flächennavigation 66
Flugführungssystem 286
AP/FD 287
FCS 287
FMS 287
Flugfläche, FL 13
Flugkontrollsystem, siehe FCS 287
Flugmanagementsystem, siehe FMS 292
Flugsicherung 5
AFTN 10
AIS 16, 17
ATC 18
ATFM 17
ATM 8, 16
ATN 19
ATS 18
CFMU 8, 18
CNS 16
-dienste 16
Flugverkehrskontrolle 19
MET 16
Network Manager Operations Centre 17
NMOC 17
SAR 16
SES 8, 9
SESAR 8
Flugzeugsensor 257
Flugzeugsystem 281
FMCW-Radarhöhenmesser 276
FMCW-Radar 276
FMS 292
EFIS 293
Flugführung 295
Flugleistungsberechnungen 295
Flugmanagementcomputer 292
Flugplanung 295
MCDU 293
Navigationsdatenbank 294
Navigationsdisplay 293
primäres Flugdisplay 293
Radio Management Panel 293
Trajektorienschätzung 295
FTA 44
Funkfeuer, ungerichtetes 126
Funkstandlinie 126
Future Air Navigation System 69
Future Communications Infrastructure 68

G
GAGAN 184
Galileo 175
GBAS 156, 184
GCB 50, 59, 60
GCU 50
Generator 48
AC- 50
Circuit Breaker 50, 59
Control Unit 50
Generatorrelais 50
Generator-Steuergerät 50
Gleichrichter 53
Global Positioning System 165
GLONASS 173
GNSS 155
GNSS-1 156
GNSS-2 156
GPS 165

GPS Aided Geo Augmented Navigation 184
GPU 53
GPWS 300
  Betriebsmode 301
  CFIT 300
Ground Based Augmentation System 156, 184
Ground Power Unit 53
Ground Proximity Warning System, siehe GPWS 300

H
HF-COM 94
HF Data Link 100
HFDL 100
Hilfsenergieversorgung 50

I
ICAO 6
IDG 48
IFR 67
ILS 184
  DMM 187
  Glide Slope 187
  GS 187
  LOC 186
  Localizer 186
  Marker Beacon 188
  Raummodulation 193
IMA 34, 283
Impulsradar-Höhenmesser 275
IMU, siehe INS 263
Inertiales Navigationssystem, siehe INS 263
Inertial Measurement Unit, siehe INS 263
INS 263
  Beschleunigungssensor 264
  Drehratensensor 264
  IMU 263
  inertiale Messeinheit 263
  Navigationsfilter 272
  Strap-down-Rechnung 266
Instrumentenflugregel 67
Instrument Landing System 184
Integrated Drive Generator 48
Inverter 51
IRS, siehe INS 272
Isolationsrelais 56

K
Kabelbaum 54
Kalman-Filter 272
Kollisionsverhinderung, siehe TCAS 297
KW-Sprechfunk 94

L
LAAS 184
Laderegler 53
L-Band Digital Aeronautical Communications-System 117
LDACS 117
Leitungsschutzschalter 57
Line of Position 126
Line Removable Unit 32
Line Replaceable Module 34
Link Management Entity 105, 110
Local Area Augmentation System 184
Loop-Antenne 130
LOP 126
LRM 34
LRU 32
Luftdatenrechner 257
  Angle-of-Attack 259
  Anstellwinkel 261
  AoA 261
  Außentemperatur 261
  Normalatmosphäre 258
  Pitot-Static-System 259
  statischer Druck 259
  statischer Luftdruck 259
  Staudruck 259
  TAT, OAT 261
  Temperatur 259
Luftraum 11
  CTA 11
  CTR 11
  FAB 12
  FIR 11
  -klassen 13
  Radarsektor 11
  Single European Sky 12
  TMA 12
  UIR 11
  UTA 11
Lufttüchtigkeit 21
Lufttüchtigkeitszeugnis 25

M
Maintenance-System, zentrales 296
MCU 32
Mean Time Between Failures 38
Mean Time To Repair 45
Media Access 110
Media Access Control 105
Mehrwegeausbreitung 144
Mil-STD-1553 243
  Kommunikationsablauf 246
  Leitungscode 243
  Transformatorkopplung 246
  Wortaufbau 244
MLAT 234
Mode S
  Data Link 114
  ELS 115
  SLM 115
Mode-S-Radarsystem 226
  1090ES 231
  All-call 226
  Downlink Aircraft Parameter 230
  Downlink Format 231
  EHS 230
  Elementary Surveillance 230
  ELS 230
  Enhanced Surveillance 230
  Extended Squitter 231
  Fehlerkorrektur 231
  Intermode 226
  Manchester-Codierung 229
  Mode-S-Reply 229
  Pulse Position Modulation 229
  Roll-call 227
  selektive Abfrage 226, 229
  Squitter 230
  Sync Phase Reversal 229
  Uplink Format 231
Modulare Avionik, integrierte 34, 283
Modular Concept Unit 32
More Electric Aircraft 47
MSAS 184
MTBF 38
  Parts-Count-Methode 39
  Parts-Stress-Methode 40
MTTR 45
Multi-functional Satellite Augmentation System 184
Multilateration 234
Multipath 144
Musterzulassung 25

N
Nachricht für Luftfahrer 10
Navigation Composite 137
Navigationshilfe, integrierte 152
NDB 126
NextGen 72
NfL 10
Non Directional Beacon 126
NOTAM 10

O
On-off keying 127
OOK 127

P
Part 21, siehe Zulassung 22
PE-90 174
Peilantenne 130
Peiler 98
Peilung 98
Physical Layer Protocoll Data Unit 102
Power Selection Switch 53
PPDU 101
p-persistent Carrier Sense Multiple Access 105
Primärradar 197
  Apertur 207
  ARTAS-Tracker 215
  Auflösungsvermögen 201
  Blindgeschwindigkeit 218
  CFAR 214
  Detektierbarkeitsdynamik 213
  Display 199
  Dynamikbereich 212
  Frequenzbänder 199
  Halbwertsbreite 203
  HF-Kopf 208
  Hochfrequenzkopf 197
  Impulsfolgestaffelung 218
  Matched Filter 212
  MTD 218
  MTI 216
  PRF 201
  PRI 201

Radarantenne 208
Radardisplay 216
Radargleichung 204, 212
Radarmeile 201
Rauschen 207, 211
Reichweite 201
Rückstreufläche 205
Tracker 199, 215
Trefferzahl 203
Zielexktraktion 213
Zielextraktor 198
PRN 161

R

Radarhöhenmesser 275
siehe Radarhöhenmesser 275
Radiokompass 126
Radiokompassanzeiger 135
Raised-Cosine-Filter 109
Ram Air Turbine 50
RAT 50
Rauchdetektion 302
Redundanzkonzept 284
Reverse Current Relais 56
Rückstromrelais 56
RMI 135
RNAV 66
Rotary Inverter 51
RPAS 14

S

SARPs 6
SATCOM 116
Satellite Based Augmentation System 156, 182
Satellitenkommunikation 116
Satellitennavigation 155
SBAS 156, 182
Schaltautomat 54
Schwebungsmodulator 132
Schweigekegel 128
Secondary Surveillance Radar, siehe Sekundärradar 219
Sekundärradar 219
Antworttelegramm 223
Decoder 224
Interrogator 219
Mode A 221
Mode C 221
Mode S, siehe Mode-S-Radarsystem 226
Monopulsantenne 221
Nebenkeulenunterdrückung 221
Pulsgruppe 220
SLS 221
Transponder 219, 222
Sense-Antenne 131
Sichtflugregel 67
Silicon Controlled Rectifier 53
Single European Sky 12
SPDU 101
Sprachkommunikation 85
Squitter Protocol Data Unit 101
SRC 53
SRE, siehe Primärradar 197
SSR, siehe Sekundärradar 219
Static Inverter 51
Staudruckturbine 50
Strap-down-Rechnung 266
Sub-Network Access Protocol 104
Surveillance Radar Equipment, siehe Primärradar 197
Stromgenerator, integrierter 48
Systemintegration 281
Architektur 282
Redundanz 284

T

TCAS 297
Annäherungsparameter 299
-Antennen 298
-Display 299
modifizierter Distanzparameter 299
-Prozessor 298
Resolution Advisory 298
Traffic Advisory 298
Time-Triggered Protocol, siehe TTP 248
Traffic Alert and Collision Avoidance System, siehe TCAS 297
Transformer Rectifier Unit 53
Triple-Triple-Redundanz 284
TRU 53
TTP 248
Bus Guard 252
CRC 253
Global Time 251

MEDL 250
TDMA-Runde 250

U

UAS 14
UAT 119
UKW-Sprechfunk 86
Universal Access Transceiver 119
Unmanned Traffic Management 15
U-space 15
UTM 15, 126

V

Variable Frequency Generator 48
VCS 85
VDL 103
VDL2 104
- AVLC 105
- CMU 104
- CSC 109
- CSMA 106
- DLS 105
- LME 105
- MAC 105
- p-persistent CSMA 105
- RC-Filter 109
- SNAcP 104
- VDL 8208 104

VDL4 109
- CCI-Prinzip 112
- DLS 110
- LME 110
- MAC 110
- Robin-Hood-Prinzip 112
- SNAcP 109
- VSS 109, 110

VDL4 Specific Services 109, 110
Verbraucher
- essenzielle 56
- nicht essenzielle 56
- vitale 56

Verbraucherkategorie 55
Verteilerschiene 54
VFG 48
VFR 67
VHF-COM 86
- Entfernungsdynamik 92
- Überlagerungsempfänger 90
- Transceiver 93

VHF Data Link 103
- Mode 2 104
- Mode 4 109

VHF Omnidirectional Beacon 136
VHF Omnidirectional Range 137
Vierfachrechner 284
Voice Communication System 85
VOR 136, 137

W

WAAS 183
WAGE 184
Wechselrichter 51
Wetterradar 279
WGS-84 122
Wide Area Augmentation System 183
Wide Area GPS Enhancement 184
Wide Area Multilateration 235
World Geodetic System 1984 122

Z

Zulassung 21
- Acceptable Means of Compliance 23
- Airworthiness Codes 23
- Ausrüstungsgegenstände 24
- Bauteile 24
- Certificate of Airworthiness 25
- Continuing Airworthiness 21
- Durchführungsbestimmungen 21
- ETSO 24
- Implementing Rules 21
- Lufttüchtigkeitszeugnis 25
- Means of Compliance 26
- Musterzulassung 25

Zulassungsprozess 25
Zuverlässigkeit 34
- Design Assurance Level 35
- Sicherheitsbewertung 34

MIX
Papier aus verantwortungsvollen Quellen
Paper from responsible sources
FSC® C105338

If you have any concerns about our products,
you can contact us on
ProductSafety@springernature.com

In case Publisher is established outside the EU,
the EU authorized representative is:
Springer Nature Customer Service Center GmbH
Europaplatz 3, 69115 Heidelberg, Germany

Printed by Libri Plureos GmbH
in Hamburg, Germany